工业和信息化普通高等教育“十二五”规划教材立项项目

21 世纪高等院校电气工程与自动化规划教材

21 century institutions of higher learning materials of Electrical Engineering and Automation Planning

A nalog Electronic

模拟电子技术

陈永强 魏金成 吴昌东 编著

李春茂 鲁顺昌 主审

人民邮电出版社

北京

图书在版编目（CIP）数据

模拟电子技术 / 陈永强，魏金成，吴昌东编著. --
北京 ：人民邮电出版社，2013.1（2022.7重印）
21世纪高等院校电气工程与自动化规划教材
ISBN 978-7-115-29588-0

Ⅰ. ①模… Ⅱ. ①陈… ②魏… ③吴… Ⅲ. ①模拟电路－电子技术－高等学校－教材 Ⅳ. ①TN710

中国版本图书馆CIP数据核字(2012)第241465号

内 容 提 要

本书包括电位及其分析方法、二极管及其基本电路、三极管及其放大电路、场效应管及其放大电路、集成运算放大器、信号运算与处理电路、负反馈放大电路、功率放大电路、正弦波振荡电路和小功率直流稳压电源 10 章内容。书中附有大量的例题、思考题和习题。

本书可作为高等学校电气信息类及相关专业模拟电子技术基础课程教材或教学参考书，也可供有关专业的工程技术人员学习参考。

21 世纪高等院校电气工程与自动化规划教材

模拟电子技术

- ◆ 编　　著　陈永强　魏金成　吴昌东
  主　　审　李春茂　鲁顺昌
  责任编辑　刘　博
- ◆ 人民邮电出版社出版发行　　北京市丰台区成寿寺路 11 号
  邮编　100164　　电子邮件　315@ptpress.com.cn
  网址　http://www.ptpress.com.cn
  北京九州迅驰传媒文化有限公司印刷
- ◆ 开本：787×1092　1/16
  印张：18.25　　2013 年 1 月第 1 版
  字数：453 千字　　2022 年 7 月北京第 15 次印刷

ISBN 978-7-115-29588-0

定价：36.00 元

读者服务热线：(010) 81055256　印装质量热线：(010) 81055316
反盗版热线：(010) 81055315

前 言

"电路"、"模拟电子技术"、"数字电子技术"是电类专业学生必修的重要基础课程，它们将直接影响到后续专业课的学习。为帮助大家更好地学习《模拟电子技术》课程，我们在充分考虑初学者的现有知识水平和学习能力的基础上，把教师丰富的教学经验与课程知识体系紧密结合而编写了这本书。

本书正文共 11 章，附录 2 篇。第 0 章　绪论：主要介绍《模电》课程的特点，以及学习特点、学习目标和学习方法。第 1 章　电位及其分析方法：主要用于复习《电路》课程中电位的概念，并讲解电位的具体分析方法以及在《模电》课程中的应用。第 2 章　二极管及其基本电路：主要介绍半导体和二极管的相关知识，并讲解常用二极管电路的分析方法。第 3 章　三极管及其放大电路：主要介绍三极管和三极管放大电路的相关知识，并讲解三极管放大电路的特点和分析方法。第 4 章　场效应管及其放大电路：主要介绍场效应管和场效应管放大电路的相关知识，并讲解场效应管放大电路的特点和分析方法。第 5 章　集成运算放大器：主要介绍电流源电路、差分放大电路、集成运算放大器。第 6 章　信号运算和处理电路：主要介绍理想集成运算放大器的特点，并讲解其构成的典型运放电路的特点和分析方法。第 7 章　负反馈放大电路：主要介绍反馈的相关知识、反馈类型的判别方法，并讲解负反馈放大电路的特点和分析方法。第 8 章　功率放大电路：主要介绍功率放大电路的相关知识，并讲解乙类、甲乙类功率放大电路的特点和分析方法。第 9 章　正弦波振荡电路：主要介绍正弦波振荡电路。第 10 章　小功率直流稳压电源：主要介绍交流电变直流电的相关知识，并讲解整流、滤波、稳压电路的特点和分析方法。附录 A　课程扩展学习内容：主要用于指导与课程相关的小制作和小论文，以拓宽课程学习内容和激发学生的学习积极性。附录 B　Tina 软件在课程学习中的应用：主要介绍 Tina 软件的基础知识，并引导学生在课程学习过程中使用 Tina 软件去深入研究典型电路的结构和功能，更好地理解和掌握它们的工作原理和特点。

本书免费提供了习题册、PPT 教案、电子作业、课程自测题、机考视频、近百个 Tina 仿真测试电路，读者可从人民邮电出版社教学资源与服务网（www.ptpedu.com.cn）上免费下载。

本书适合普通大学本科电子信息、电气工程、自动化等专业学生学习"模拟电子技术"课程时使用。本书配备了一本课程习题册，所以书中各章节之后没有编写练习题。本书通过课程小制作和课程小论文去拓宽学生的知识面，并培养学生的动手能力和写作能力，培养学生对知识的初步探索能力和研究能力。本书相关章节中的"学习记录"栏目是专门留给读者记录学习笔记和心得体会的，希望大家合理利用。

本书由西华大学电气信息学院电工电子教研室集体编写，陈永强主要负责编写第 0、1、2、3 章，魏金成负责编写第 4、5、6 章，吴昌东负责编写第 7、8、9 章，雷雨负责编写第 10 章和附录。另外，西南电子设备研究所的王以波高级工程师也参与了本书的编写工作。由于编者水平有限，书中难免会出现一些疏漏、欠妥和错误之处，希望广大读者予以指正。读者可以通过邮箱 cyqlq@mail.xhu.edu.cn 与我们联系，我们将尽力回答大家的学习问题。

另外，本书还提供模拟上机练习，详细信息请访问 http://md.xhu.edu.cn。

编　者

2012 年 8 月

目　　录

第 0 章 绪论

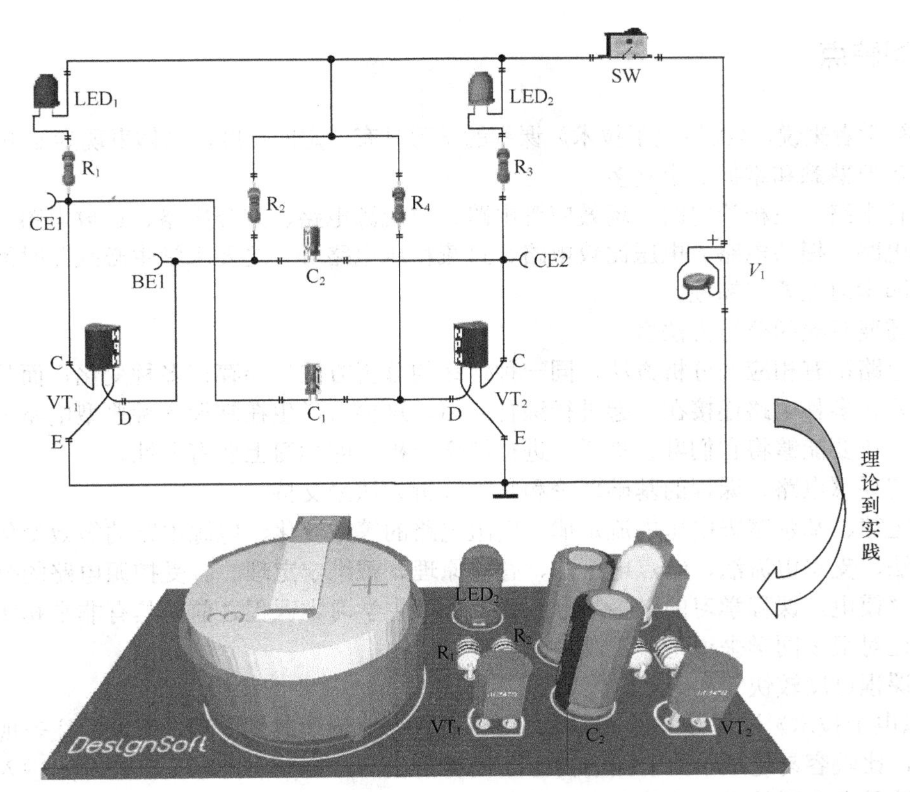

引言：本章主要介绍《模拟电子技术》课程的特点，以及学习特点、学习目标和学习方法。

0.1 课程特点

《模拟电子技术》课程主要讲解一些典型模拟电路的结构、特点、分析方法及其应用。其课程特点是具有工程性和实践性。

（1）工程性

- 实际工程需要证明其可行性，所以《模电》课程会强调定性分析。

- 实际工程在满足基本性能指标的前提下总是容许存在一定范围的误差，所以《模电》课程的定量分析通常为“估算”。
- 在近似分析过程中要抓主要矛盾和矛盾的主要方面，即具有“合理”性。
- 电子电路归根结底是电路，只是在不同条件下其构造模型不同。

（2）实践性

- 掌握常用电子仪器的使用方法。
- 掌握电子电路的一般测试方法。
- 了解故障的判断与排除方法。
- 逐步学习 EDA 软件的应用方法。

本课程的总体学习精神是“注重培养系统的观念、工程的观念、科技进步的观念和创新意识，学习科学的思维方法”。

0.2 学习特点

对于初学者来说，《模拟电子技术》课程的学习具有一定的难度，具体表现为如下几点。

（1）需要熟悉和掌握的电路多

二极管电路、三极管电路、场效应管电路、电流源电路、差分电路、运放电路、反馈电路、功放电路、振荡电路、电压比较电路、直流稳压电路等。这要求学生必须花时间去理解和记忆，即学习上要有韧性。

（2）需要掌握的分析方法多

各种电路都有相应的分析方法，同一种电路的分析方法也会存在多种变化，而且实际电路往往需要将多种电路连接在一起进行综合应用。这要求学生在掌握各种典型电路分析方法的基础上，还要能够将它们融会贯通，进行综合分析，即学习上要有灵性。

（3）需要《电路》课程的基础理论和基本分析方法来支持

欧姆定律、基尔霍夫电压电流定律、电阻电路的等效变化、电源电路的等效变化、电位的分析方法、支路电流法、结点电压法、叠加原理、戴维宁定理、含受控源电路的分析方法等，都是《模电》课程学习的必备基础。这要求学生学习本课程之前就具有非常扎实的电路基础，但这对很多同学来说是非常难的。

（4）课程进度较快

《模拟电子技术》课程涉及的内容多、教学任务重，但学时却有限，所以往往表现为教学进度较快，比较容易造成学生前面的内容还没有消化掉，后面的内容又已经开始进入。这要求学生应该具有合适的学习方法和良好的学习习惯。

0.3 学习目标

《模拟电子技术》课程主要通过对常用电子元器件、模拟电路及其系统的分析和设计的学习，使学生获得模拟电子技术方面的基础知识、基础理论和基本技能，为深入学习电子技术及其在相关专业中的应用打下坚实的基础。

1. 基本目标

① 掌握基本概念、基本电路、基本方法和基本实验技能。

② 具有能够继续深入学习和接受电子技术新发展的能力，以及将所学知识用于本专业的能力。

2．择业要求

如果希望自己以后能够成为一名电子技术工程师，并从事相关工作，就必须通过本课程的学习去熟练掌握如下一些典型的模拟电路。

（1）RC 微分电路（具体电路见本书的第 6 章）

（2）RC 积分电路（具体电路见本书的第 6 章）

（3）二极管限幅电路（具体电路见本书的第 2 章）

（4）二极管稳压电路（具体电路见本书的第 2 章）

（5）二极管桥式整流电路（具体电路见本书的第 10 章）

（6）三极管共射极放大电路（具体电路见本书的第 3 章）

（7）三极管分压偏置式共射极放大电路（具体电路见本书的第 3 章）

（8）三极管共集电极放大电路（具体电路见本书的第 3 章）

（9）场效应管共源放大电路（具体电路见本书的第 4 章）

（10）场效应管共漏放大电路（具体电路见本书的第 4 章）

（11）射极耦合差分放大电路（具体电路见本书的第 5 章）

（12）运放反相比例运算电路（具体电路见本书的第 6 章）

（13）运放同相比例运算电路（具体电路见本书的第 6 章）

（14）运放差分运算电路（具体电路见本书的第 6 章）

（15）反馈框图（具体电路见本书的第 7 章）

（16）带自举功能的功放电路（具体电路见本书的第 8 章）

（17）RC 文氏桥（具体电路见本书的第 9 章）

（18）LC 振荡电路（具体电路见本书的第 9 章）

（19）整流滤波电路（具体电路见本书的第 10 章）

（20）串联反馈式稳压电路（具体电路见本书的第 10 章）

对上述这些电路，同学们可以分成以下 3 个阶段去学习和把握。

① 第一阶段：熟练记住这些电路，清楚这些电路的作用。这个阶段是电子技术爱好者、学习者必须达到的，这也是学习《模拟电子技术》课程的基本目标。

② 第二阶段：能分析这些电路中的关键元器件的作用，每个元器件出现故障时电路的功能会受到什么影响，测量时参数的变化规律，掌握对故障元器件的处理方法；能定性分析电路信号的流向，相位变化，信号波形的变化过程；基本了解电路输入输出阻抗的大小，信号与阻抗的关系。如果能够到达这个阶段，你就具备了成为电子产品和工业控制设备维修维护技师的基本条件。

③ 第三阶段：能定量计算这些电路的输入输出阻抗、输出信号与输入信号的比值，熟知电路中信号电流或电压与电路参数的关系、电路中信号的幅度与频率关系特性、相位与频率关系特性、电路中元器件参数的选择等。如果能够达到这个阶段，想成为一名电子产品和工业控制设备的开发设计工程师将是没有任何问题的。

0.4 学习方法

根据教学经验，可以把《模拟电子技术》课程必要的学习方法归纳如下。

① 明确学习目的、端正学习态度。这是前提，如果这个问题没有解决好，你的学习就是在浪费时间，最后什么也不可能得到。

② 注重概念的学习。只有概念清晰了，才能够去理解和分析问题。

③ 牢记基本电路的作用、特点、分析方法和应用方向。这需要大家投入必要的时间和精力。

④ 注重知识点的总结。通过总结，不仅能够把相关问题简化而使之更容易掌握，还能在前后章节的学习过程中把知识点进行融汇贯通而提高综合分析问题的能力。

⑤ 针对性地完成课程习题。做题是必要的，通过解题能够提高自己分析和解决问题的理论水平。建议最好自己独立完成习题，必要时大家可以讨论，但绝不要简单地去抄袭——照抄解题过程不如照抄答案，照抄答案又不如不做习题，至少不浪费时间……

⑥ 要及时解决自己在学习过程中遇到的问题，可以查资料、问同学或问老师。问题留下来始终是问题，而且只会累积，绝不会因时间的延续而消除。问题的累积，只会使自己远离课程学习。

⑦ 课余时间应多看多学一些相关知识。例如，看一些有关常用电子元器件和电路设计与制作方面的书籍，至少学习并基本掌握一款 EDA 软件。

总之，学习是枯燥的，但在必须面对时，你应该善于在学习中找到自己的目标和共振点（感兴趣的地方），这样你的学习才有可能因它们而变得精彩和感受到学习的快乐。

第 1 章 电位及其分析方法

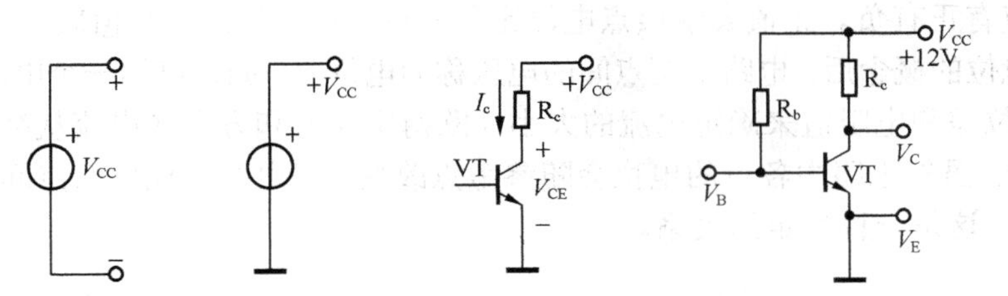

引言：电位的概念在电子电路中应用非常广泛，这里有必要先讲清楚其概念和分析方法。

本章内容：

- 电位的概念（基础）
- 电位的画图方法（基础）
- 电位的分析方法（重点）

建议：花一定时间复习《电路》课程中与直流电路分析相关的知识。例如，电路的基本定律和定理，列 KCL 和 KVL 方程，电路的基本分析方法——支路电流法、网孔电流法、结点电压法、叠加定理、戴维宁定理，输入电阻的分析方法，含受控源电路的分析方法等。这些内容不仅是学习《模拟电子技术》课程所必备的基础知识，在电位分析中也可能用到。

1.1 电位的概念

在分析电子电路时，经常要用到电位的概念。例如，在分析二极管的工作状态时，可以通过比较二极管的阴阳极电位来判断二极管是否导通——阳极电位高于阴极电位二极管导通，否则截止，如图 1.1 所示；又如，在分析三极管的工作状态时，也需要比较三极管各管脚的电位高低。

✍ 学习记录

电位的概念可以这样来定义：在电路中首先选择一个公共参考点，并假设该点的电位（或电势）为零，该参考点常被称做地点（电路符号⊥），电路中其他各点与公共参考点（地点）之间的电压差（或电势差）就称为该点的电位。

\+ VD − − VD +

（a）导通状态 （b）截止状态

图 1.1 二极管的工作状态

关于电位的几点说明如下。

① 电路中的参考地⊥和工程接地⏚是有区别的，前者仅强调是电路中的一个公共参考点，而后者强调电路要实际接地。

② 电位是一个相对概念，只有确定了参考点后，电位才有意义。因此要在电路中使用电位，就应该先确定地点。如果参考点的位置发生了变化，电路中各点的电位值也会随之变化。

③ 在表达式中，电位常用字母 V[1]表示。例如，V_A 表示电路中 A 点的电位值。注意，本教材中如果出现 V_{AB}，这不是表电位，而是表电路中 AB 两点之间的电压。

④ 电位值有正有负。正值表示该点电位比参考点（地点）高，负值表示比参考点低。

⑤ 有了电位的概念后，电路中两点间的电压称为电位差。如果已知一个电阻两端的电位，就可以根据电位差和电阻值来确定电流的大小（欧姆定律）和方向（电流从高电位端流向低电位端）。注意，虽然电路中各点的电位会随参考点改变，但电路中任意两点间的电位差是不会随之改变的，这是一种稳定的关系。

1.2 电位的画图

电位在电路图中的表示方法及等效电路如图 1.2 所示。

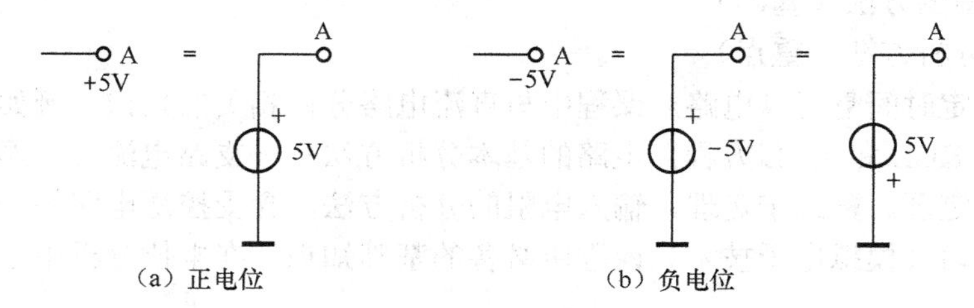

（a）正电位 （b）负电位

图 1.2 电位的表示及等效电路

使用电位能够有效地简化电路的画图。在电子电路中，电源多采用电位方式表示，即图中不直接画出电源。例如，图 1.3 所示为三极管共射极放大电路的两种画图形式，今后大家

[1] 习惯上，电压用写字母 u 表示，电位用字母 v 表示。注意，本书中没有对电压和电位的符号进行区分，统一使用字母 v 表示，小写是交流，大写是直流。

✍ 学习记录

要逐步熟悉看这种电路图。

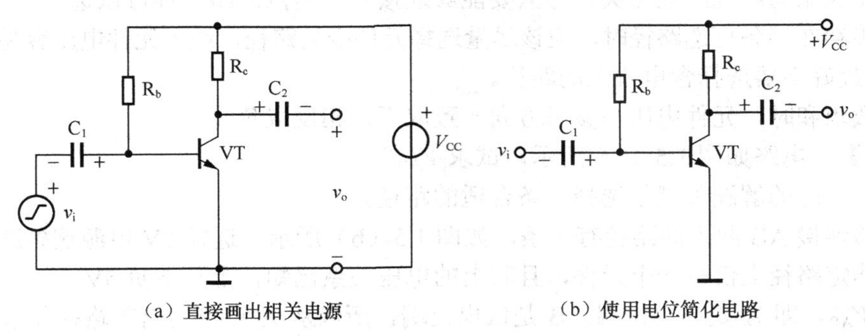

（a）直接画出相关电源　　（b）使用电位简化电路

图 1.3　三极管共射极放大电路

在图 1.4 所示电路中，对于（a）图和（c）图，提 A 点电位 V_A 是正确的，但对于（b）图则是错误的。虽然（a）图中没有直接画出地点，但+5V 隐含了地的概念，其实（a）图和（c）图是等效的。至于（b）图，因为没有定义地点，所以提电位是没有意义的，而这也是同学们在学习过程中经常犯的错误。

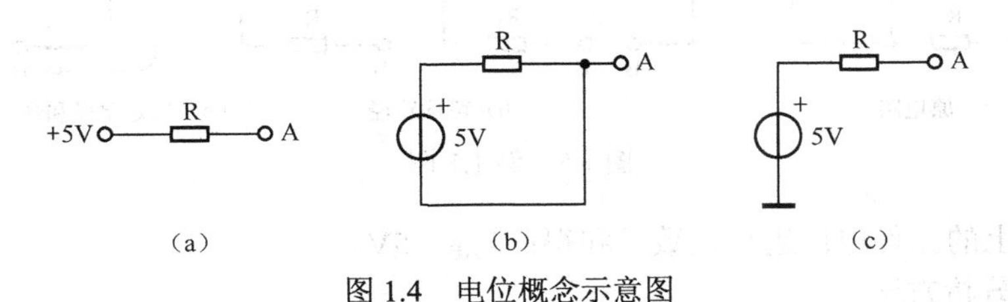

（a）　　（b）　　（c）

图 1.4　电位概念示意图

1.3　电位的分析方法

根据电位的概念可知：求电路中某点的电位就是求该点与电路公共参考点（地点）之间的电压差，所以求电位的问题可以归结为求电路中两点间电压的问题。

1．两点间的电压分析方法

【分析步骤】

① 确定一条能够连接被求两点的路径。

② 分析该选定路径上的各元件电压关系。

③ 从高电位端沿着选定路径做参考方向指向低电位端。

④ 以参考方向为标准将元件电压进行代数求和。

学习记录

【方法说明】

① 电压关系与所选路径无关，即只要能够连接被求两点的路径都可以选。

② 如果存在多条可选路径时，应该尽量选择元件少的路径，或者元件电压容易分析的路径，但建议最好不要选择含电流源的路径。

③ 代数求和时，元件电压与参考方向一致取正，相反取负。

【例 1.1】 电路如图 1.5（a）所示，试求 V_{AB}?

【解】 本题的解题关键是选择一条合适的路径。

① 能够连接 AB 两点的路径有 3 条，如图 1.5（b）所示，选择 5V 电源这条路径。

② 该选定路径上仅有一个元件，且其上的电压关系已知，上正下负 5V。

③ 求 V_{AB}，即 A 是高电位端，B 是低电位端，所以从 A 点出发沿着路径作参考方向指向 B 点，具体如图 1.5（c）所示。

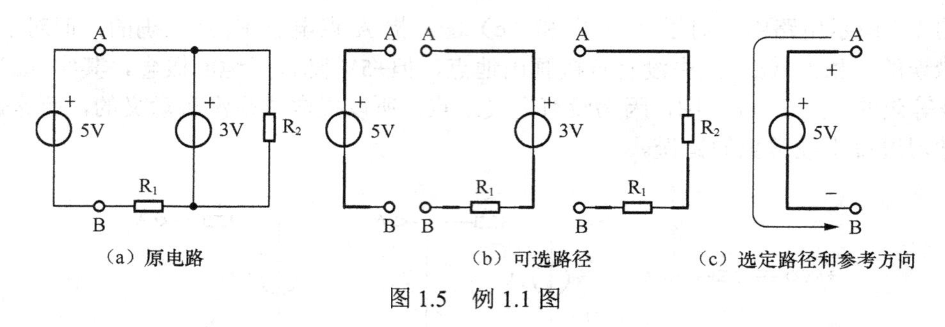

图 1.5　例 1.1 图

④ 把路径上的元件电压进行代数求和得：$V_{AB}=5V$。

2．电位的分析方法

求电位可以看成是求电路中两点间电压的特例，因为求电位时，有一个被求点是地点（公共参考点），这是固定不变的。另外，作参考方向时，始终认为被求电位点是高电位端，地点是低电位端。

【例 1.2】 电路如图 1.6（a）所示，试求 A 点的电位 V_A?

【解】 本题 S 开关的状态将影响电路的结构。

（1）S 开关断开时，电路如图 1.6（b）所示

① 选定路径：A 点通过 $R_2 \rightarrow R_1 \rightarrow +6V \rightarrow$ 地。

② 因为不构成闭合回路，电阻上电压为 0。

③ A 点电位：$V_A = 0 + 0 + 6 = 6$（V）。

（2）S 开关闭合时，电路如图 1.6（c）所示。

① 选定路径：A 点通过 $R_2 \rightarrow S \rightarrow$ 地。

学习记录

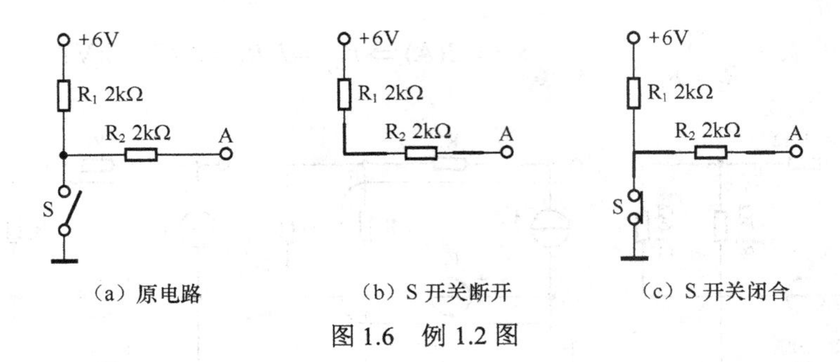

图 1.6　例 1.2 图

② 因为 R_2 上没有电流，故其上电压为 0。

③ A 点电位：$V_A = 0$。

【例 1.3】 电路如图 1.7（a）所示，试求 A 点的电位 V_A？

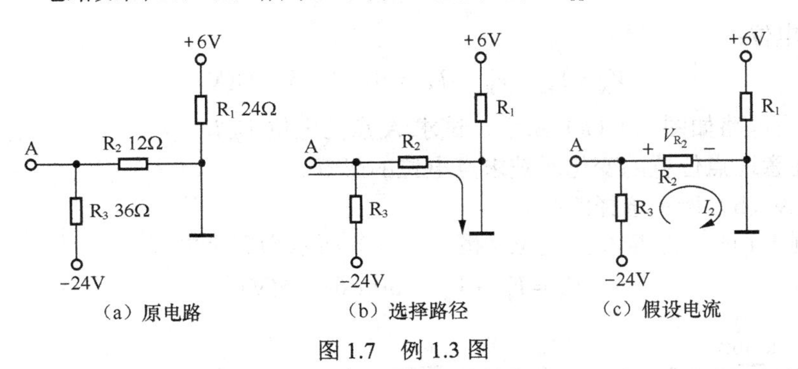

图 1.7　例 1.3 图

【解】 注意+6V 电源对 R_2 没有影响。

① 按图 1.7（b）所示选择路径。

② 按图 1.7（c）所示假设电流并计算电压 V_{R_2}：

$$I_2 = \frac{-24}{R_2 + R_3} = \frac{-24}{12+36} = -0.5(\text{A}) \Rightarrow V_{R_2} = I_2 R_2 = -0.5 \times 12 = -6(\text{V})$$

③ A 点电位：$V_A = V_{R_2} = -6\text{V}$。

【例 1.4】 电路如图 1.8（a）所示，试求 A 点的电位 V_A？

【解】 注意恒压源和恒流源的特点。

① 按图 1.8（b）所示选择路径。

② 按图 1.8（c）所示假设电流并计算电阻元件上的电压。

$$I_1 = I_S \Rightarrow V_{R_1} = I_1 R_1 = 3 \times 10 = 30(\text{V})$$

学习记录

$$I_2 = \frac{R_3}{R_2 + R_3} I_S = \frac{6}{3+6} \times 3 = 2(\text{A}) \Rightarrow V_{R_2} = I_2 R_2 = 2 \times 3 = 6(\text{V})$$

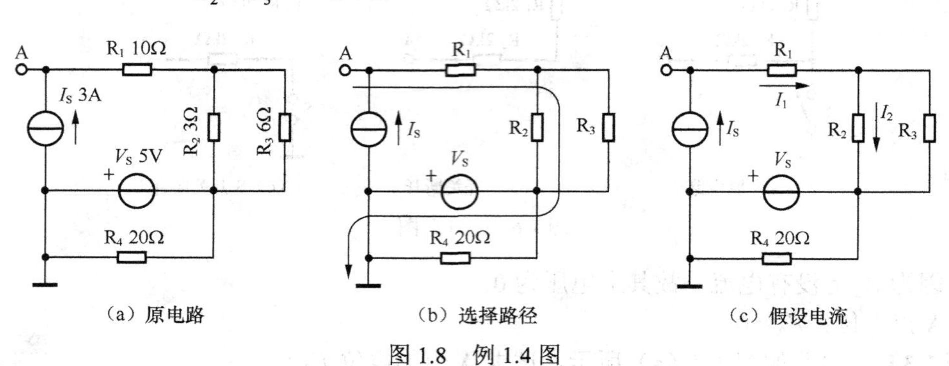

（a）原电路 （b）选择路径 （c）假设电流

图 1.8 例 1.4 图

（3）A 点电位：

$$V_A = V_{R_1} + V_{R_2} - V_S = 30 + 6 - 5 = 31(\text{V})$$

【例 1.5】 电路如图 1.9（a）所示，试求 A 点的电位 V_A？

【解】 注意地点位置的变化对被求点电位的影响。

① 按图 1.9（b）所示选择路径。

② 根据例 1.4 的结论得 A 点电位（图 1.9（c）所示为假设电流）：

$$V_A = V_{R_1} + V_{R_2} = 30 + 6 = 36(\text{V})$$

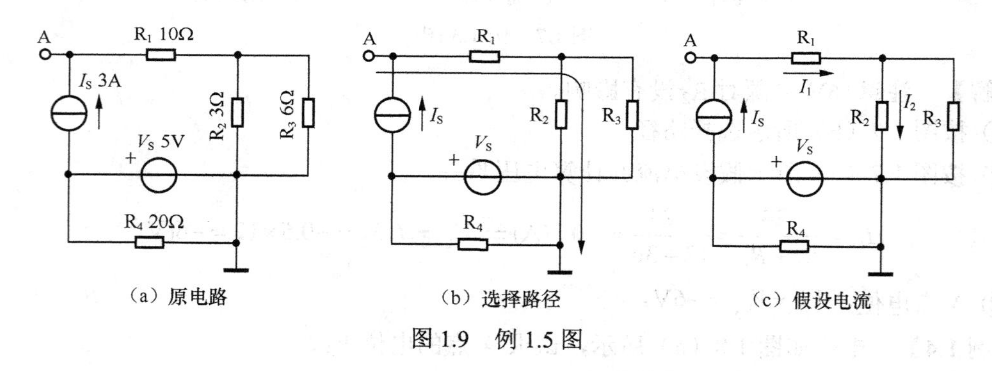

（a）原电路 （b）选择路径 （c）假设电流

图1.9 例 1.5 图

1.4 本章小结

本章主要介绍了电位的概念以及电位的分析方法。表面上看，电位的分析方法较为简

✍ 学习记录

单——其求解步骤可以不变，但随着电路复杂程度的增加，电位的求解过程可能变得非常复杂，特别是含有受控源的电路。对复杂电路求电位，通常需要用到电路的其他分析方法，如支路电流法、结点电压法、叠加原理、戴维宁定理等进行综合分析。

值得庆幸的是，《模拟电子技术》课程中没有特别难的电位分析，大家只要熟练掌握本章所介绍的主要内容，并认真完成和掌握相应的练习题，便足以应付本课程学习的基本要求。

1.5 思考题[1]

1. 基尔霍夫定律及其应用方法。
2. 纯电阻电路的分析方法。
3. 两点间电压关系的分析方法。
4. 电源串并联关系。
5. 实际电源的等效变换。
6. 二端网络输入电阻（等效电阻）的分析方法。
7. 支路电流法。
8. 回路电流法。
9. 结点电压法。
10. 叠加定理分析电路。
11. 戴维宁定理分析电路。

[1] 相关内容可以参看邱关源主编的《电路》（第四版，高等教育出版社）。

学习记录

第2章 二极管及其基本电路

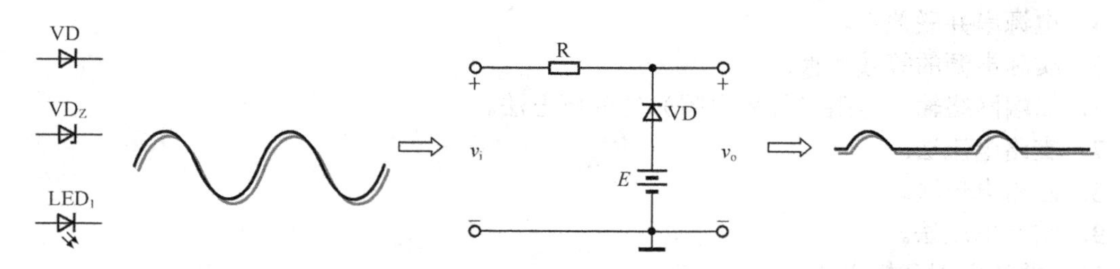

引言：半导体器件在现代电子电路中应用广泛，其主要特点是：体积小、质量轻、使用寿命长、输入功率小和功率转换效率高等。半导体二极管、三极管和场效应管都是最为常用的电子器件。

本章内容：

- 半导体的相关知识（基础）
- PN 结的相关知识（基础）
- 二极管的相关知识（基础）
- 二极管电路及其分析方法（重点）
- 特殊二极管及其应用（常识）

建议：PN 结是半导体二极管和三极管的重要组成部分，充分理解和掌握 PN 结的相关知识是非常必要的。在学习 PN 结的形成过程时，要特别注意理解半导体内部载流子运动的条件、方式和相互关系。另外，二极管电路的分析需要用到电位的概念，具体内容可以参看本教材的第 1 章。

学习记录

2.1　半导体的基础知识

所谓半导体，顾名思义，这种物质的导电能力介于导体和绝缘体之间，即半导体能够导电，但其导电能力不强[1]。常见的半导体材料有硅、锗、硒以及金属氧化物和硫化物、砷化镓等，其中硅是目前最常用的一种半导体材料[2]。

很多半导体的导电能力在不同条件下变化很大。例如，有些半导体（如钴、锰、镍等的氧化物）对温度的变化非常敏感，可以用来制造热敏电阻；有些半导体（如镉、铅等的硫化物与硒化物）受到光照时，其导电能力会急剧增加，可以用来制造光敏电阻；而有些半导体（如硅和锗）通过掺杂（掺入微量杂质），其导电能力会极大增强[3]，可以用来制造新型的导电结构（即后面将要介绍的PN结）。

2.1.1　本征半导体

高度提纯后的硅或锗会形成单晶体结构，将其称为本征半导体。图2.1所示为生产好的柱状硅晶体和圆形的硅晶体切片，分别是制造半导体器件的原材料和基片。

（a）柱状硅晶体

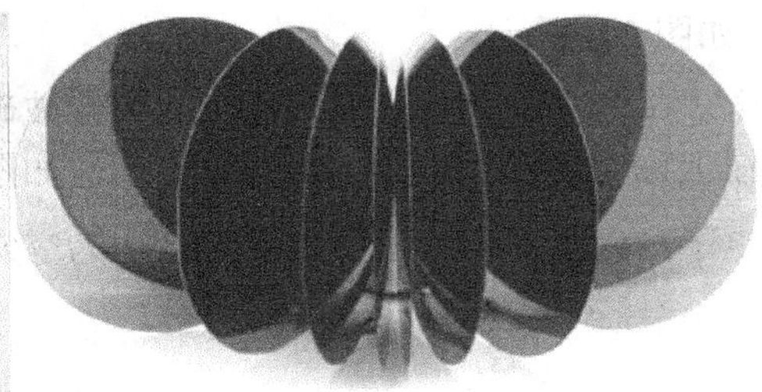

（b）硅晶体切片

图2.1　硅晶体

1．晶体结构

由于硅和锗都是四价元素，即原子最外层电子数为4，所以在形成晶体时，每一个原子都会与相邻的4个原子构成4个共价键，以满足原子最外层有8个电子的稳定状态，如图2.2所示。从空间角度来看，硅晶体（或锗晶体）是一种非常稳定的空间网状结构，如图2.3所示。

[1] 要理解半导体的导电能力，需要先学习半导体的导电原理。

[2] 本教材中如果没有特别说明，半导体材料主要是指硅或锗。

[3] 硅和锗通过掺杂，其导电能力能够增加几十万甚至几百万倍。例如，在纯净的硅中掺入百万分之一的硼后，其电阻率就从大约$2\times10^{3}\Omega\cdot m$减小到$4\times10^{-3}\Omega\cdot m$左右。

学习记录

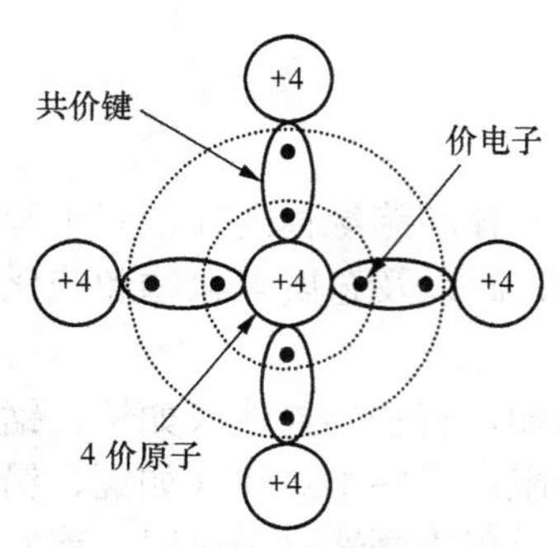

图 2.2　晶体平面结构示意

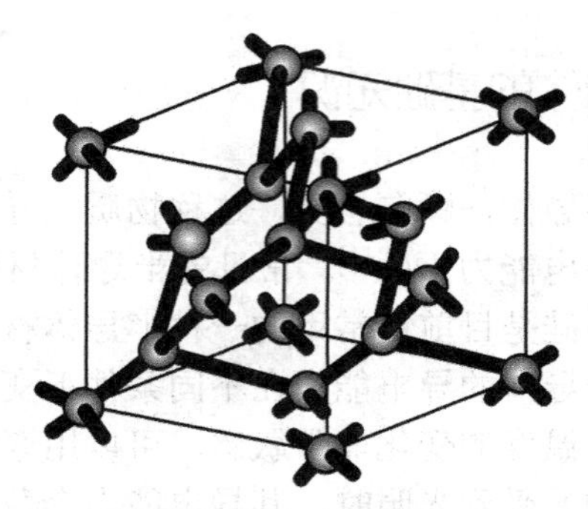
图 2.3　晶体空间结构示意

2．本征激发

晶体结构中的共价键虽然十分稳定，但其上的价电子还不像在绝缘体中的价电子被束缚得那样紧，在获得一定能量（如环境温度升高或受到光照）后，有一部分价电子即可挣脱共价键对其束缚（价电子受到激发）而成为自由电子；同时，自由电子走后在共价键上留下的空位称为空穴。上述现象称为本征激发，其结果就是产生成对的自由电子和空穴（简称电子-空穴对），如图 2.4 所示。

自由电子带负电，其出走后，原子的中性被破坏，而显示出带正电。电子走后剩下的原子部分习惯上称为离子，带正电，即正离子，如图 2.5 所示。很明显，一个正离子应该对应一个自由电子。为了简化问题，以后直接认为空穴带正电，与自由电子相对应。

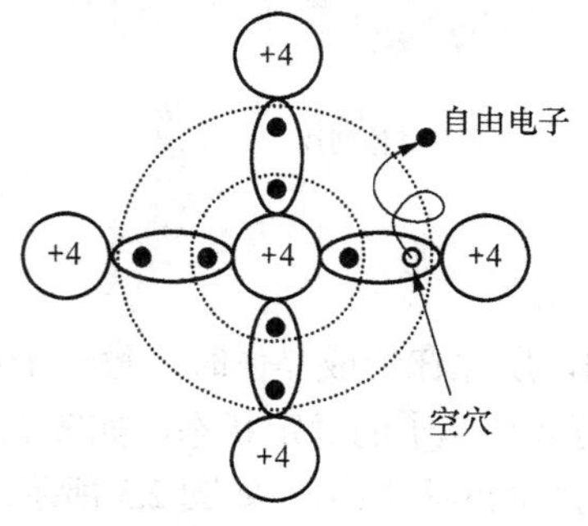

图 2.4　本征激发

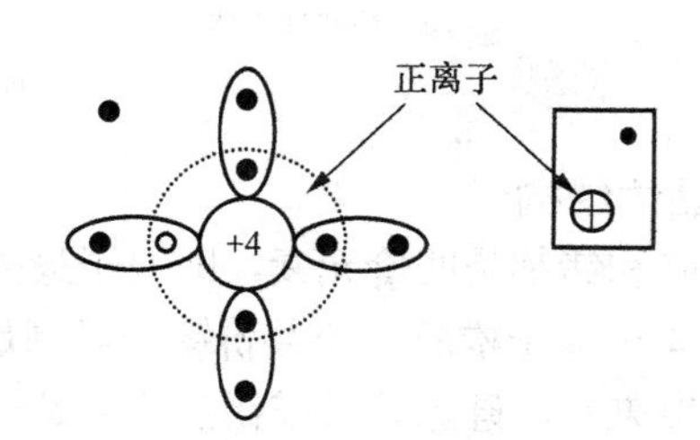

图 2.5　正离子及其符号

3．复合运动

本征半导体内部的空穴对周围的自由电子具有吸引能力，因而会造成自由电子填补空

学习记录

穴的现象，把这种现象称为复合运动，其结果正好与本征激发相反——使自由电子和空穴成对消失。

在一定温度下，本征半导体内部的本征激发和复合两种运动同时存在，且会到达动态平衡——同一时间产生的自由电子空穴对和复合掉的数目是一样的。因此在一定温度下，本征半导体内部的自由电子和空穴数目是一定的，且是成对关系。如果温度升高，自由电子和空穴的数目也会随之增加。

需要特别指出的是：

① 在室温（300K，即 27℃）下，本征半导体内部的自由电子和空穴的数目非常少。在室温下，纯净的硅晶体中原子的密度约为 $5\times10^{22}/\text{cm}^3$，而自由电子的浓度约为 $1.45\times10^{10}/\text{cm}^3$。即在室温下，$3.45\times10^{12}$ 个硅原子中只有一个价电子打破共价键的束缚而成为自由电子。

② 虽然本征半导体内部存在带负电的自由电子和带正电的空穴，但由于它们数量相同，故整体而言，本征半导体呈中性，是不带电的。

4．载流子

所谓载流子，是指半导体内部的导电物质。上述的自由电子和空穴都是载流子，因为它们都能导电。

（1）自由电子导电

自由电子能够在半导体内部自由移动，其导电原理比较容易理解：在外加电场的作用下，自由电子会做定向运动而形成电流。

（2）空穴导电

空穴位于共价键上，实际上是不能移动的，那如何理解空穴导电呢？下面用图 2.6 来帮助大家理解空穴导电的原理。

【说明】

（a）外加电场后的初始状态：空穴最开始在①号共价键上；

（b）价电子运动：②号共价键上的电子被空穴吸引而填补空穴，使新空穴出现在②号共价键上；

（c）价电子运动：③号共价键上的电子被空穴吸引而填补空穴，使新空穴出现在③号共价键上；

（d）价电子运动：④号共价键上的电子被空穴吸引而填补空穴，使新空穴出现在④号共价键上；

（e）最终结果：在电子运动（多次填补空穴）的作用下，空穴从最开始的①号共价键“移动”到了④号共价键上；

（f）空穴运动的实质：电子的运动。

学习记录

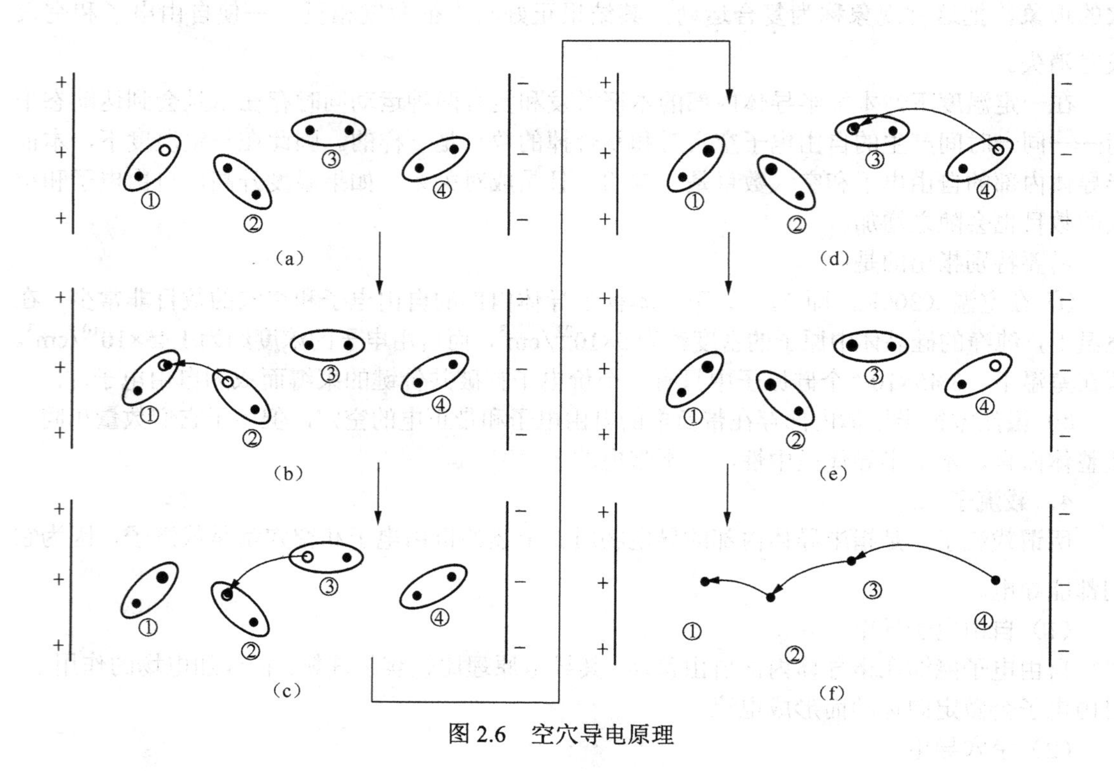

图 2.6　空穴导电原理

【结论】

图示表明，在外电场的作用下，空穴虽然不能直接移动，但因电子运动使其位置发生了改变，且是按照一定方向发生的（从电源正极到电源负极），即从结果来看，可以简单认为空穴在外电场的作用下产生了定向运动，能够导电。

5．导电性能

（1）半导体能够导电

正因为本征半导体内部存在自由电子和空穴两种载流子，故在外电场的作用下，半导体能够导电。

（2）本征半导体导电能力弱

在室温下，由于本征半导体内部存在的自由电子和空穴数目有限，所以导电能力不强。

（3）半导体的导电能力会受温度影响

温度越高，本征半导体内部的自由电子和空穴就越多，相应的导电能力也就越强。因此，温度对半导体器件性能的影响非常大。

学习记录

2.1.2　杂质半导体

为了增加室温下本征半导体的导电能力，可以通过向本征半导体内部掺入微量杂质来实现。掺杂后的半导体称为杂质半导体。由于掺入的杂质不同，杂质半导体可以分为两大类，即N型（电子）半导体和P型（空穴）半导体。

1．N型半导体

如果向硅（或锗）晶体掺入微量的五价元素（如磷，其原子最外层有 5 个价电子），就能形成所谓的N型半导体。由于掺入的磷原子数远远小于硅（或锗）原子的数量，所以晶体结构基本不会改变，只是某些位置上的硅（或锗）原子被磷原子取代。磷原子和相邻 4 个硅（或锗）原子组成 4 个共价键，其外层多出的一个价电子很容易挣脱磷原子核的束缚而成为自由电子，如图 2.7 所示。

很显然，上述杂质半导体具有如下特点。

① 掺杂浓度越高，半导体中自由电子的数目就越多，半导体的导电能力也就随之增强[1]。

② 随着自由电子数目的增加，其与空穴复合的几率也就增大，即空穴数目会减少，比掺杂前本征半导体拥有的空穴数目还要少。

③ 这种杂质半导体中自由电子是多数载流子（简称多子），而空穴是少数载流子（简称少子），故这种半导体又可称为电子半导体，只是人们更习惯使用N型半导体这个名称。

另外，必须指出的是“N 型半导体仍然呈中性不带电”[2]。虽然自由电子和空穴的数量平衡被打破了，但自由电子数量的增加是因为掺杂引起的，多出的自由电子一定与掺入的五价原子相对应。五价原子最外层多出的价电子成为自由电子后，其留下的原子核部分就变成了带正电的正离子，而与走掉的自由电子相对应，如图 2.8 所示，因而整体来看N型半导体仍然是中性的，不带电。

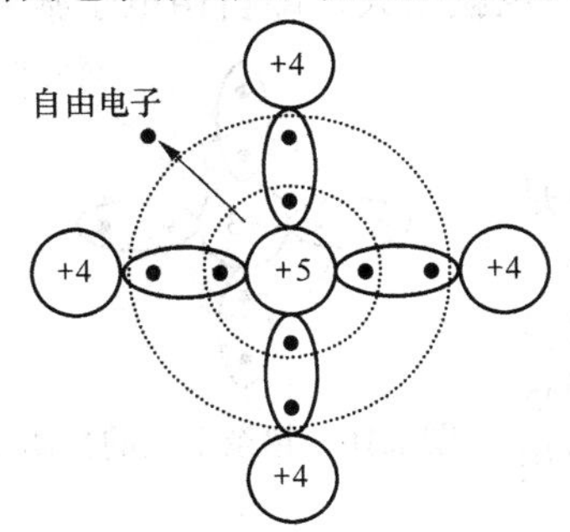

图 2.7　N型半导体共价键结构

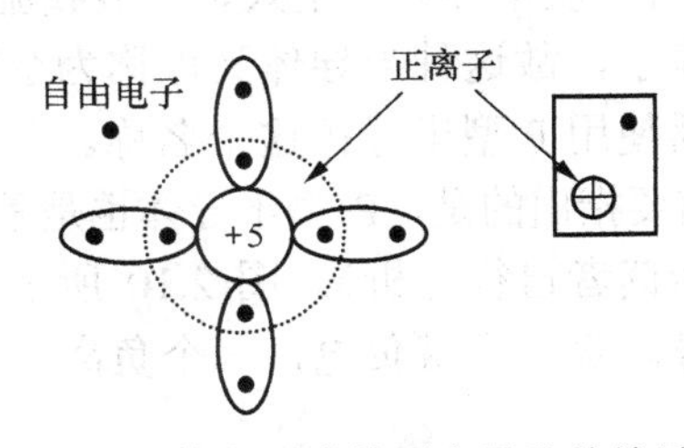

图 2.8　掺杂形成的正离子及其符号

[1] 在室温下（27℃），每立方厘米纯净的硅晶体中约有 1.45×10^{10} 个自由电子，掺杂形成N型半导体后，其数量会增加几十万倍；同时空穴数目会减少到 2.3×10^{5} 个以下。

[2] 初学者往往会因为直接比较自由电子和空穴的数目而得到错误结论“N 型半导体带负电”。

学习记录

2．P 型半导体

如果向硅（或锗）晶体掺入微量的三价元素（如硼，其原子最外层有 3 个价电子），就能形成所谓的 P 型半导体。由于掺入的硼原子数远远小于硅（或锗）原子的数量，所以晶体结构基本不会改变，只是某些位置上的硅（或锗）原子被硼原子取代。硼原子和相邻 4 个硅（或锗）原子组成 4 个共价键，其外层因缺少一个价电子而在共价键上形成一个空位（注意这还不是空穴），当相邻共价键上的价电子因受热或其他激发而填补该空位后，就会在该相邻共价键上形成一个空穴，具体如图 2.9 所示。

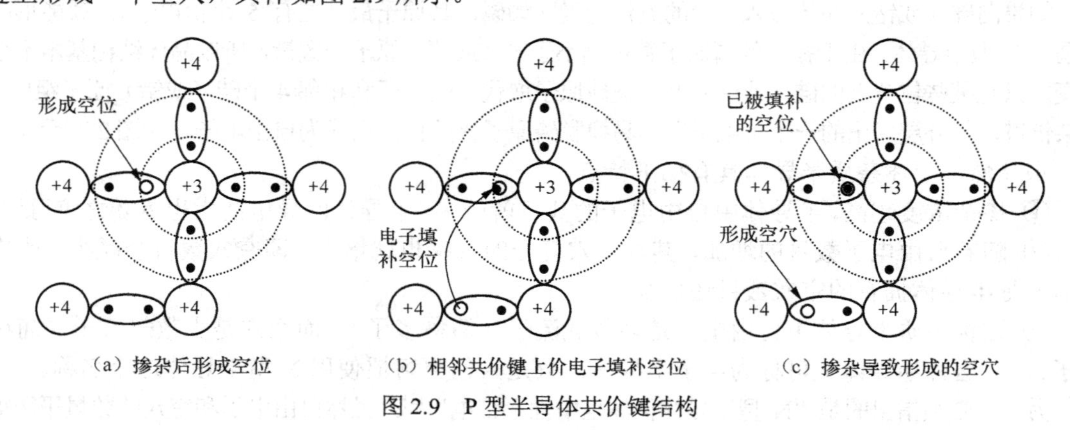

图 2.9　P 型半导体共价键结构

很显然，上述杂质半导体具有如下特点。

① 掺杂浓度越高，半导体中空穴的数目就越多，半导体的导电能力也就随之增强。

② 随着空穴数目的增加，其与自由电子复合的几率也就增大，即自由电子数目会减少，比掺杂前本征半导体拥有的自由电子数目还要少。

③ 这种杂质半导体中空穴是多数载流子，而自由电子是少数载流子，故这种半导体又可称为空穴半导体，只是人们更习惯使用 P 型半导体这个名称。

同样需要指出的是，P 型半导体也是呈中性不带电（关于这一点请读者自行分析）。图 2.10 所示为掺杂形成的负离子和符号。负离子带负电，一个负离子会与一个空穴相对应。

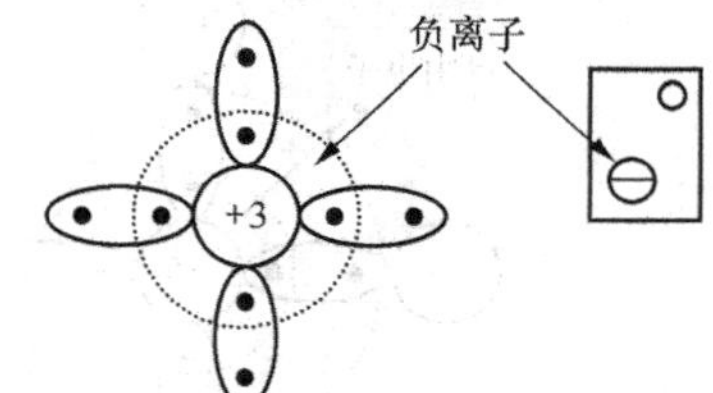

图 2.10　掺杂形成的负离子及其符号

2.2　PN 结

N 型和 P 型半导体的导电能力虽然得到了增强，但不能直接用来制造半导体器件，通常

学习记录

是将它们合并在一起构成所谓的 PN 结。PN 结是很多半导体器件的关键组成结构，具有极为重要的单向导电特性。

2.2.1 PN 结的形成

如果将 N 型和 P 型半导体放在一起[1]，经过一段时间后，就会在它们的交界面处形成 PN 结，其具体形成的过程如下。

1．多子的扩散[2]

图 2.11 所示为 N 型和 P 型半导体相结合的示意图。图示左边区域为 P 型半导体（简称 P 区），右边区域为 N 型半导体（简称 N 区）。P 区中存在大量的空穴和少量的自由电子，空穴主要与负离子对应；而 N 区中存在大量的自由电子和少量的空穴，自由电子主要与正离子对应。

由于 N 区中的多子（自由电子）的浓度远高于 P 区，所以 N 区中的自由电子会向 P 区扩散：①靠近交界面的自由电子首先开始扩散，到达 P 区靠交界面的位置；②自由电子在 P 区靠界面处累积到一定数量后，继续向 P 区内部扩散；③自由电子在扩散过程中，一部分会与 P 区中的多子（空穴）复合；④N 区中的自由电子扩散走后，会在靠交界面处留下不能移动的正离子，如图 2.12 所示。

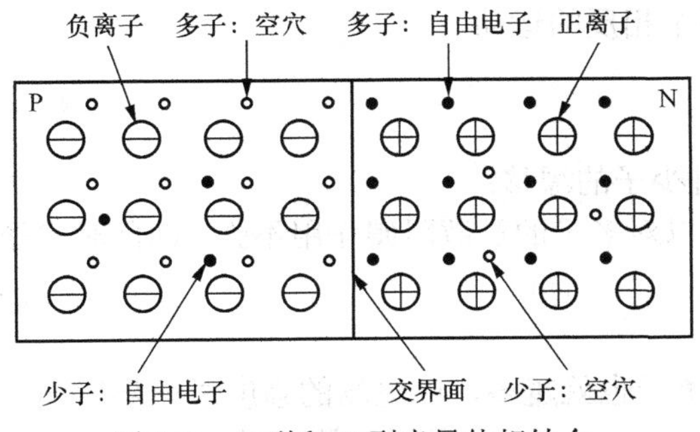

图 2.11 P 型和 N 型半导体相结合

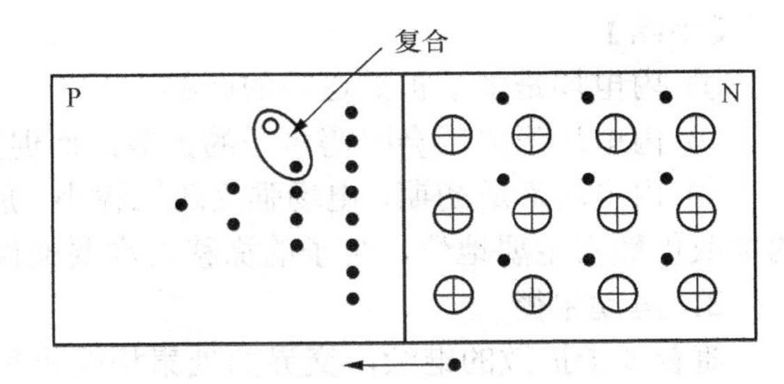

图 2.12 N 区中多子的扩散

同时，P 区中多子（空穴）也会向 N 区扩散，过程与自由电子的扩散类似（读者可以自行分析），具体如图 2.13 所示。

2．内电场出现

多子扩散一段时间后，就会在交界面处累积一定数量的正负离子（靠 N 区的是正离子，

---

[1] 通常是在一块 N 型（或 P 型）半导体基片的局部再掺入浓度较大的三价（或五价）杂质，使该局部区域变为 P 型（或 N 型）半导体，这样基片上就同时存在 N 型和 P 型半导体。

[2] 扩散是指分子从高浓度的地方向低浓度的地方运动。

学习记录

靠P区的是负离子），而形成一个空间电荷区，导致内电场出现，如图2.14所示。内电场的方向如图，由电场的正极指向负极（即N区指向P区）。

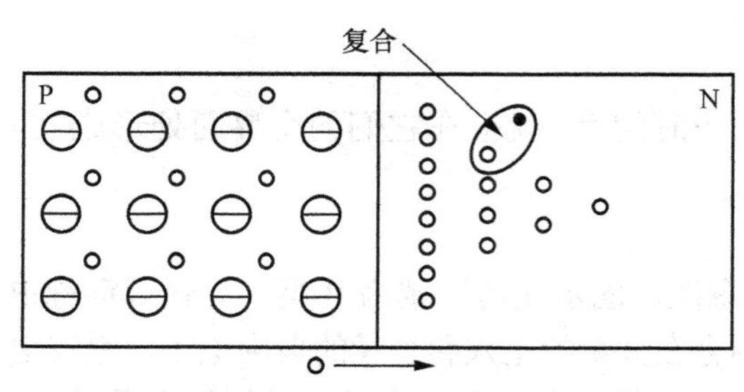

图2.13　P区中多子的扩散

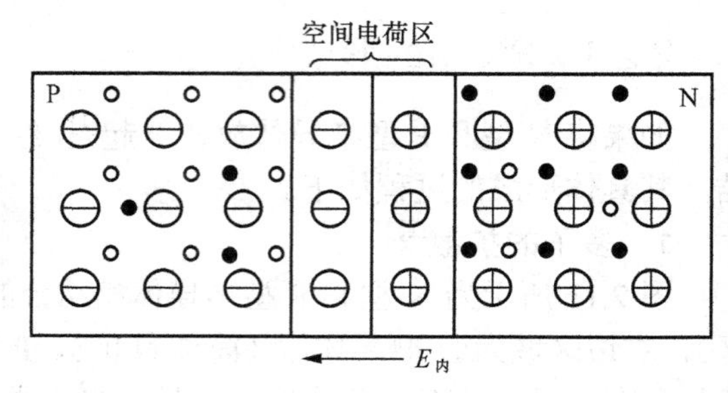

图2.14　空间电荷区

内电场出现后会对载流子的运动产生如下影响。

① 内电场首先会阻碍多子的扩散。因为自由电子（或空穴）在内电场中会受到指向N区（或P区）的力，与其扩散方向相反，故扩散运动会受到阻碍。

② 内电场其次会促进少子的漂移。漂移运动是特指半导体中的少数载流子在内电场的作用下从低浓度地方移向高浓度地方，即N区中的少子（空穴）向P区移动，P区中的少子（自由电子）向N区移动。很显然，漂移和扩散是两个相反的运动。

【小结】

① 内电场是多子扩散运动的产物；

② 内电场形成后会阻碍多子的扩散，而促进少子的漂移；

③ 内电场形成初期，电场强度还比较小，所以对多子的扩散阻碍作用不强，即此时多子的扩散仍然占主要地位，少子的漂移占次要地位。

3. 运动平衡

随着多子扩散的继续，交界面处累积的正负离子也就越多，内电场的强度进一步增加，对多子扩散的阻碍也随之增大，同时少子的漂移也得到加强。最终，当内电场达到某一强度时，便能促使多子和少子的运动到达动态平衡，即同一时刻，从N（或P）区扩散到P（或N）区的自由电子（或空穴）数等于从P（或N）区漂移到N（或P）区的自由电子数。载流子运动达到平衡后，空间电荷区的宽度就基本稳定下来，不再变化，如图2.15所示。

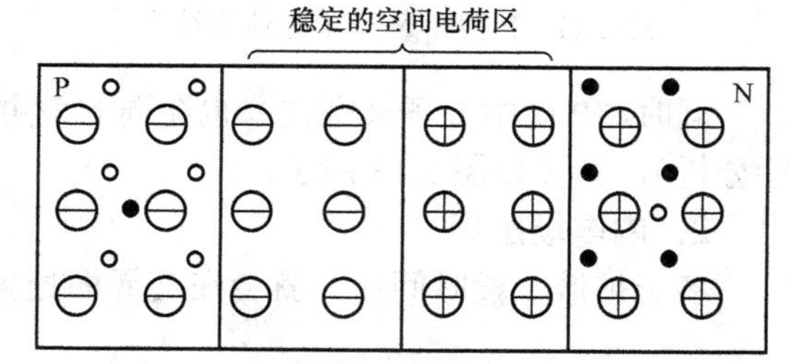

图2.15　PN结

习惯上把在P型和N型半导体交界面处形成的空间电荷区称为PN结。另外，当达到动

学习记录

态平衡后，空间电荷区（PN 结）中过去和过来的载流子数是相同的，所以从静态的角度来看，此时空间电荷区中不再有载流子存在，好像其中的载流子都被消耗殆尽了，故此时的空间电荷区又称为耗尽层。

4．小结

上述过程简单归纳如图 2.16 所示。

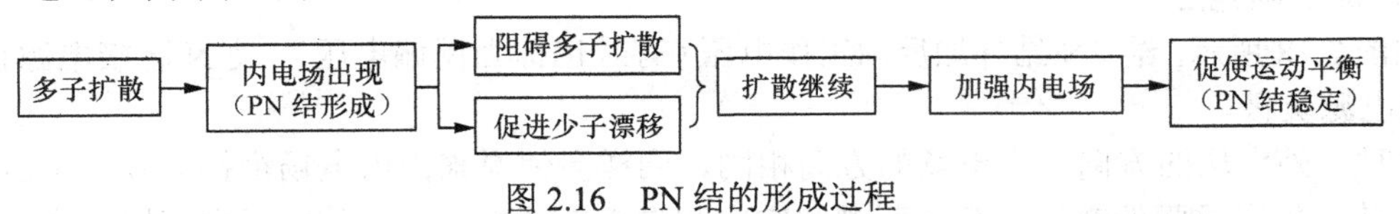

图 2.16　PN 结的形成过程

2.2.2　PN 结的单向导电性

PN 结的导电性能会随着外加电压的改变而变化，其特点是具有单向导电性。

1．加正向电压

如图 2.17 所示，给 PN 结外加正向工作电压（有时也称为正偏电压），使 P 区接电源正极，N 区接电源负极。

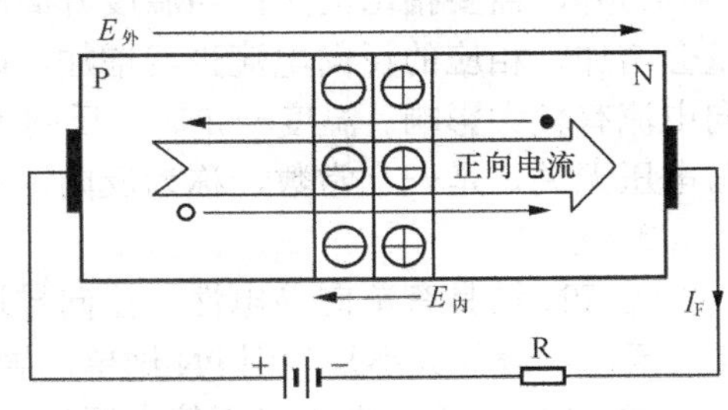

图 2.17　PN 结加正向电压

此时，外电场的方向与内电场的方向相反，使原来由内电场维持的载流子运动平衡被打破。在外电场的驱动下，P 区中的多子（空穴）进入空间电荷区抵消一部分负离子，N 区中的多子（自由电子）进入空间电荷区抵消一部分正离子，致使空间电荷区变窄，内电场被削弱，从而释放了多子的扩散，并抑制了少子的漂移。当大量的多子开始扩散时，就会形成较大的正向扩散电流 I_F（简称正向电流），如图 2.17 所示，电流方向从 P 区流向 N 区。在一定范围内，外电场越强，正向电流越大，这时 PN 结呈现的电阻很小。正向电流包括空穴扩散电流和自由电子扩散电流。虽然空穴和自由电子的运动方向相反，但它们带电极性相反，故形成的电流方向是一致的。在电源的作用下，正向电流得以维持。

下面就正向电流的维持问题作简单说明。

（1）自由电子扩散电流

当 N 区中的自由电子向 P 区扩散时，N 区中的自由电子数并不会减少，因为扩散走的自由电子由电源的负极负责补充，而扩散到 P 区的自由电子会被电源正极拉出去，最终满足电源负极注入 N 区的自由电子数等于电源正极从 P 区拉出的自由电子数。

（2）空穴扩散电流

当 P 区中的空穴向 N 区扩散时，P 区中的空穴数并不会减少。但请注意，电源的正极不

学习记录

能直接向P区补充空穴，而是通过将自由电子拉出P区来实现（拉出一个自由电子，相当于补充一个空穴）。同样，扩散到N区的空穴也不会被电源负极拉出去，而是电源负极通过注入相应的自由电子使其复合，最终满足电源负极注入N区的自由电子数等于电源正极从P区拉出的自由电子数。再次强调，空穴运动的实质是电子的运动。

2．加反向电压

如图2.18所示，给PN结外加反向工作电压（有时也称为反偏电压），使N区接电源正极，P区接电源负极。

此时，外电场的方向与内电场的方向相同，同样会使原来由内电场维持的载流子运动平衡被打破。外电场驱使空间电荷区两侧的空穴和自由电子移出，致使空间电荷区变宽，内电场被加强，从而释放少子的漂移，抑制多子的扩散。少子漂移形成反向电流 I_R，如图2.18所示，电流方向从N区流向P区。但少子的数量稀少，所以反向电流不大（例如，硅PN结的 I_R 一般都在微安数量级），此时PN结呈现的反向电阻很大。

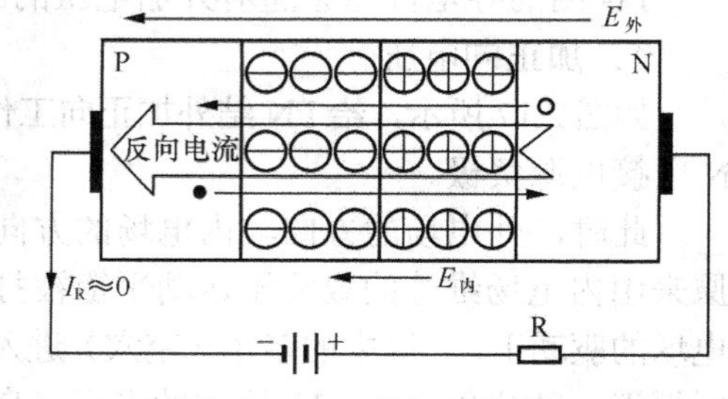

图2.18　PN结加反向电压

另外，需要指出的是：当温度升高时，少子数量会增加，相应的反向电流也就增加，即温度对反向电流有较大影响。温度一定时，反向电流 I_R 几乎与电压无关，是一个常数，称为反向饱和电流 I_S。

3．小结

① PN结具有单向导电性，正向导通，反向截止。反向电流的大小是判别PN结单向导电性能好坏的依据——其值越小，单向导电性越好。

② 加正向工作电压（正偏电压）时，PN结变窄，结电阻较小，能够形成较大的正向电流，处于导通工作状态。理想情况下，结电阻为0。

③ 加反向工作电压（反偏电压）时，PN结变宽，结电阻较大，所形成的反向电流非常小（常常可以忽略），处于截止工作状态。理想情况下，结电阻为无穷大。

2.2.3　PN结的伏安特性[1]

图2.19所示为PN结的伏安特性[2]，可以分为正向特性和反向特性进行讨论。图2.20所示为PN结的工作状态分区，可用于辅助理解PN结的工作特性。

[1] 伏安特性能够描述元件上的电压和电流关系，是表征元件导电性能的重要指标。元件的伏安特性可以试验的方式获得：改变一次元件上的电压值，测量一次流过元件的电流，最后把所有测得的点值（电压值，电流值）在一个二维平面中用直线段连接起来，就构成了元件的伏安特性曲线。

[2] PN结的伏安特性可以近似表示为：$i = I_S(e^{v/V_T} - 1)$，其中：e为自然对数的底，V_T 为温度的电压当量（室温27℃时 V_T 约为26mV），I_S 为反向饱和电流。

✍ 学习记录

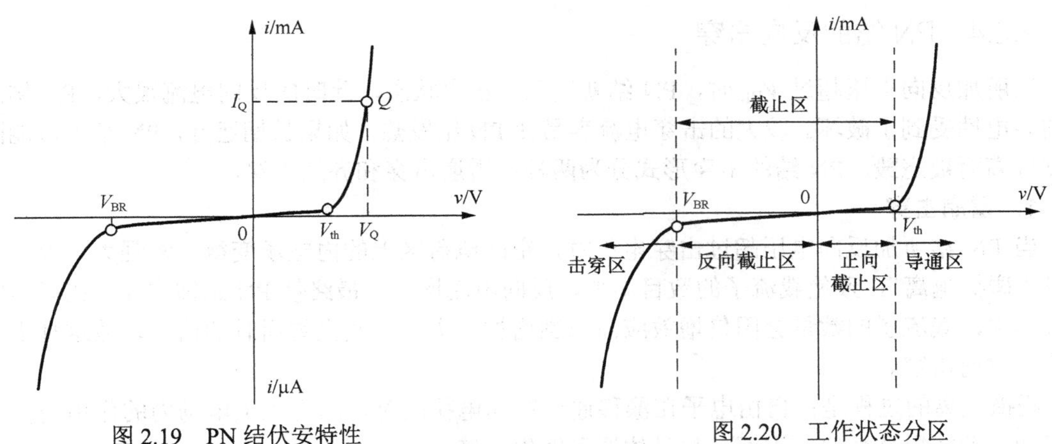

图 2.19　PN 结伏安特性　　图 2.20　工作状态分区

1．正向特性

正向特性描述 PN 结外加正向电压时电流随电压的变化规律。从图 2.19 可以看出：正向电压较小（小于 V_{th}）时电流非常小（近似为 0）；正向电压达到一定值（超过 V_{th}）后，电流随电压迅速增加。这是因为正向电压较小时，不足以削弱内电场对多子扩散运动的阻碍作用，故虽然加的是正向电压，但 PN 结仍然没有导通；当正向电压足够大时，完全能够克服内电场的阻碍作用而驱动多子扩散，驱动（正向电压）越大，参与扩散的载流子越多，相应的电流也就越大。

习惯将 V_{th} 称为死区电压或者开启电压，该电压可以作为判别 PN 结导通与否的条件。对于硅材料，V_{th} 约为 0.5V，锗约为 0.1V。另外，PN 结导通后，其正常工作电压 V_Q 通常仅有零点几伏，相应的电流 I_Q 一般为毫安数量级。对于硅材料，V_Q 为 0.6～0.7V，锗为 0.2～0.3V，该特征值可以作为判断半导体器件材料的依据。

2．反向特性

反向特性描述 PN 结外加反向电压时电流随电压的变化规律。从图 2.19 可以看出：反向电压在一定范围内（不超过 V_{BR}）时电流非常小（近似为 0，且几乎与电压无关），PN 结处于反向截止工作状态；反向电压达到一定值（超过 V_{BR}）后，反向电流随电压迅速增加，PN 结的单向导电性已经被破坏，处于击穿状态（关于击穿的问题将在下一节中介绍）。

把 V_{BR} 称为反向击穿电压，其大小与 PN 结的制造参数相关。一般来说，PN 结的 V_{BR} 为几伏到几十伏，有些能够达到上百伏。

3．工作分区

可以根据 PN 结的伏安特性来为其划分工作区——正向导通区、截止区（包括反向截止

✍ 学习记录

区和正向截止区）和击穿区，具体如图 2.20 所示。

2.2.4 PN 结的反向击穿

当所加反向电压超过 V_{BR} 时，PN 结就进入了击穿状态，此时的反向电流很大，PN 结的单向导电性受到了破坏。较大的击穿电流容易使 PN 结发热，如果长期运行，PN 结很可能因温度过高而被烧毁。PN 结的击穿形式分为两种：雪崩击穿和齐纳击穿。

1. 雪崩击穿

当 PN 结所加反向电压超过击穿电压时，空间电荷区上的内电场变得非常强大，很容易引发“碰撞电离”，致使载流子的数目增加，反向电流增大，最终使 PN 结被击穿。在碰撞电离过程中，载流子的数量会因倍增效应而急剧增加，类似于发生雪崩时的情况，故这种击穿被称为雪崩击穿。

碰撞电离的过程是：自由电子在漂移通过空间电荷区时，因受到强电场力的作用而做加速运动，动能提高很快；进而在与晶体原子发生碰撞时，直接从共价键上撞击出价电子而形成新的自由电子和空穴对。新产生的自由电子又引发新的碰撞电离，导致载流子出现倍增效应。图 2.21 所示为碰撞电离的示意图。

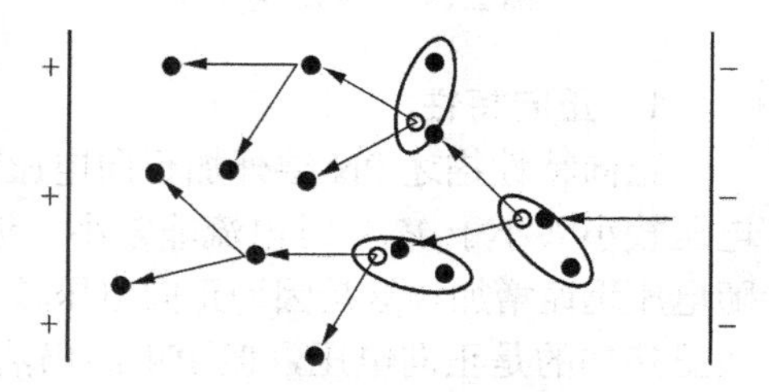

图 2.21　碰撞电离示意图

2. 齐纳击穿

PN 结上的反向电压过高时，有可能直接破坏原子共价键的束缚，将电子分离出来形成自由电子和空穴对，导致载流子快速增加并参与导电，形成较大的反向电流，PN 结被击穿。这种击穿称为齐纳击穿。

发生齐纳击穿所需电场强度约为 2×10^5V/cm，这只有在掺杂浓度特别高的 PN 结中才能达到。普通二极管[1]一般掺杂浓度没有这么高，其击穿多为雪崩击穿。齐纳击穿多出现在特殊二极管中，如齐纳二极管（稳压管）。

3. 电击穿和热击穿

雪崩击穿和齐纳击穿都属于电击穿，如果及时去掉反向电压，PN 结能够恢复单向导电性。但如果长时间发生电击穿，就可能因过大的反向电流造成 PN 结温度快速升高而被烧毁，即发生所谓的热击穿。电击穿是可逆的，但热击穿不可逆。对于普通二极管，通常情况下不要让其发生电击穿，这样很容易过渡到热击穿而造成电路损坏；但某些特殊二极管就是要让其工作在反向击穿区，如齐纳二极管。

[1] 二极管从结构上来说就是一个 PN 结。

学习记录

2.2.5　PN 结的电容效应

因电压变化引起电荷变化的现象称为电容效应。外加工作电压时 PN 结内部存在电荷的变化，因此 PN 具有电容效应。

1．扩散电容

PN 结加正向电压将促进多子的扩散运动，N 区的自由电子向 P 区扩散，P 区的空穴向 N 区扩散。自由电子和空穴在对方区扩散的过程中都会出现累积现象，如图 2.22 所示，且正向电压越大，累积的数量越多。这可以视为一种电荷存储关系[1]，其体现的电容效应可用扩散电容 C_D 来表示。

2．势垒电容

PN 结加反向电压时将驱离空间电荷区两侧的自由电子和空穴，如图 2.23 所示，使空间电荷区变宽。这可以看成是空间电荷区存储的电荷量增加。如果反向电压减小，部分自由电子和空穴又会进入空间电荷区，这可以看成是空间电荷区存储的电荷量减少。PN 结的这种电容效应可用势垒电容 C_B 来表示。

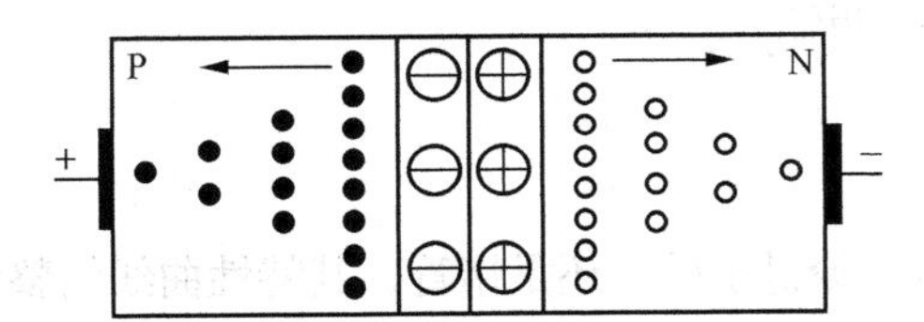

图 2.22　多子扩散过程中的累积现象

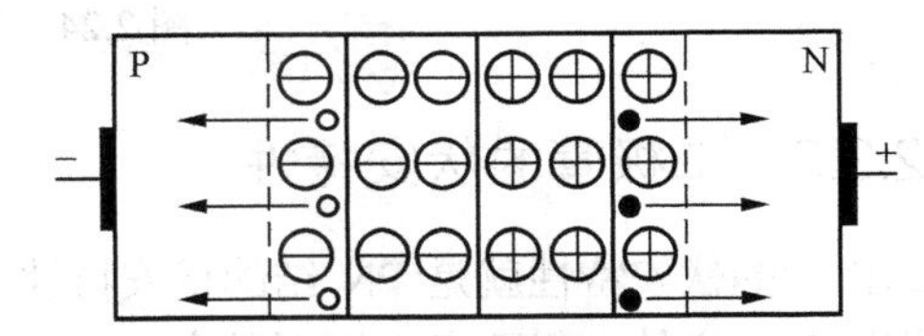

图 2.23　载流子被反向电压驱离

3．小结

PN 结的电容效应是扩散电容 C_D 和势垒电容 C_B 的综合反应。PN 结正偏时，扩散电容 C_D 起主要作用，PN 结反偏时，势垒电容 C_B 起主要作用。

2.3　二极管

二极管是电子电路中最常用的器件之一，其种类和型号众多，应用广泛，可用于整流、限幅、稳压、检波、鉴频、鉴相等电路，或者在电路中充当电子开关、显示器件、保护器件等。

[1] 主要考虑在 PN 结附近载流子的累积（存储）关系，因为这个区域扩散载流子累积的浓度最高。

学习记录

2.3.1 二极管的基本结构

简单讲，二极管就是一只封装好的 PN 结。按结构分，二极管可以分为点接触型和面接触型两种。点接触型二极管（一般为锗管）如图 2.24（a）所示，其 PN 结的结面积较小，因此不能通过较大的电流；但因结电容小，其高频性能好，适用于高频和小功率工作，也可用作数字电路中的开关元件。面接触型的二极管（一般为硅管）如图 2.24（b）所示，其 PN 结的结面积较大，故可以通过较大的电流；但因结电容大，其工作频率较低，一般用于整流。图 2.24（c）所示为二极管的电路符号，常用字母 VD 表示。

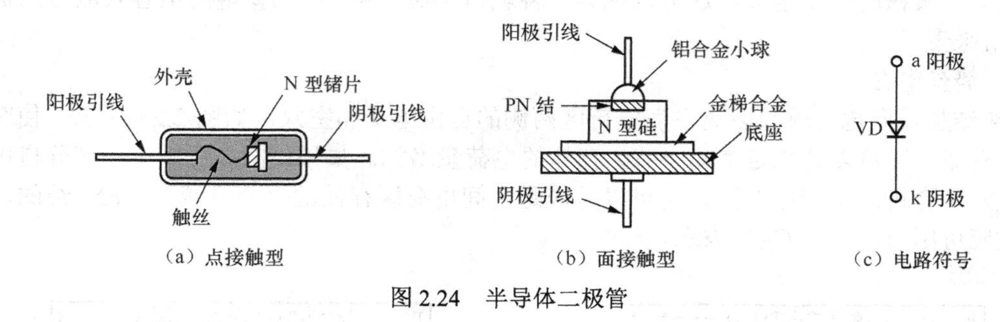

（a）点接触型　（b）面接触型　（c）电路符号

图 2.24　半导体二极管

2.3.2 二极管的伏安特性

二极管的伏安特性就是 PN 结的伏安特性，所以不论是于硅管还是锗管，其特性曲线的整体变化规律是一样的，但两者之间还是存在一些细节差异。图 2.25 所示为二极管的伏安特性。

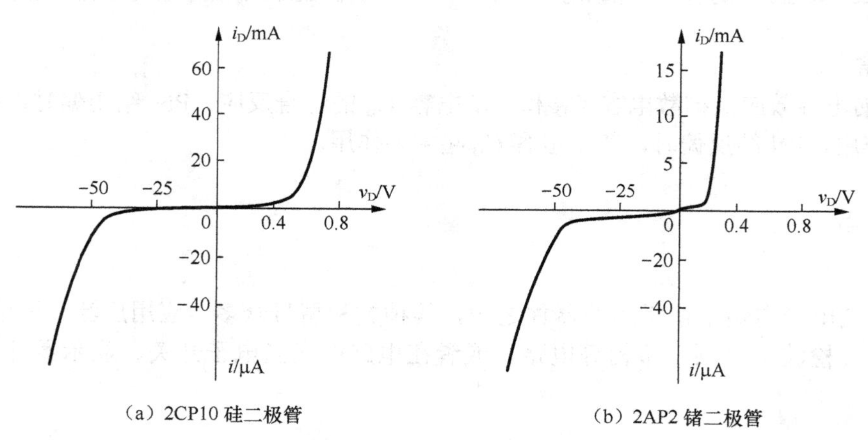

（a）2CP10 硅二极管　（b）2AP2 锗二极管

图 2.25　二极管的伏安特性

学习记录

比较两个特性可知如下几点。

① 死区电压：硅管约为0.5V，锗管约为0.1V。

② 导通电压：硅管为0.6～0.7V，锗管为0.2～0.3V。

③ 正向电流：通常硅管比锗管大。

④ 反向电流：通常硅管比锗管小得多，即硅管的单向导电性能较锗管好。

2.3.3 二极管的主要参数

元器件的参数是其特性的定量描述，是正确使用和合理选择器件的依据。半导体二极管的主要参数如下。

（1）应该掌握的

① 最大整流电流 I_F：二极管允许通过的最大正向平均电流。

② 最大反向工作电压 V_{BR}：二极管允许的最大工作电压，一般取击穿电压的一半作为 V_{BR}。

③ 反向电流 I_R：二极管加反向电压但未击穿时的电流。温度一定时，I_R 的值基本不变，又称为反向饱和电流 I_S。$I_R(I_S)$越小，二极管的单向导电性越好。

（2）可以了解的

① 最高工作频率 f_M：二极管具有单向导电性的最高交流信号的频率，其值取决于PN结结电容的大小，结电容越小，工作频率越高。

② 直流电阻 R_D：加在管子两端的直流电压与直流电流之比，就称为直流电阻。它可表示为式（2.1），该电阻值是非线性的，正反向阻值相差越大，二极管的性能越好。

$$R_D = \frac{V_D}{I_D} \tag{2.1}$$

③ 交流电阻 r_d：在二极管工作点附近电压的微变化（Δv_d）与相应电流的微变化（Δi_d）值之比，就称为该点的交流电阻，即

$$r_d = \frac{\Delta v_d}{\Delta i_d} \tag{2.2}$$

2.4 二极管电路分析

通常二极管电路可以使用图解法[1]和模型法进行分析，下面主要介绍模型分析法。

---

[1] 图解法的分析步骤：①把电路分为线性和非线性两部分；②在同一坐标上分别画出非线性部分的伏安特性和线性部分的特性曲线；③由两条特性曲线的交点求电路的电压和电流。

✍ 学习记录

2.4.1 二极管电路模型

二极管是一种非线性器件，《电路》课程中所学的电路分析方法不能直接应用于二极管电路。为此，需要重新建立二极管的电路模型，以便将其转变为线性器件进行分析。

建模的一般方法如下。

① 使用分段直线近似表示器件的伏安特性。

② 把分段直线转换成相应的线性器件。

考虑到普通二极管的正常工作状态是导通和截止，所以只需要对导通区和截止区的伏安特性进行建模，而无需考虑击穿区。

二极管伏安特性直线化的近似过程如图 2.26 所示。

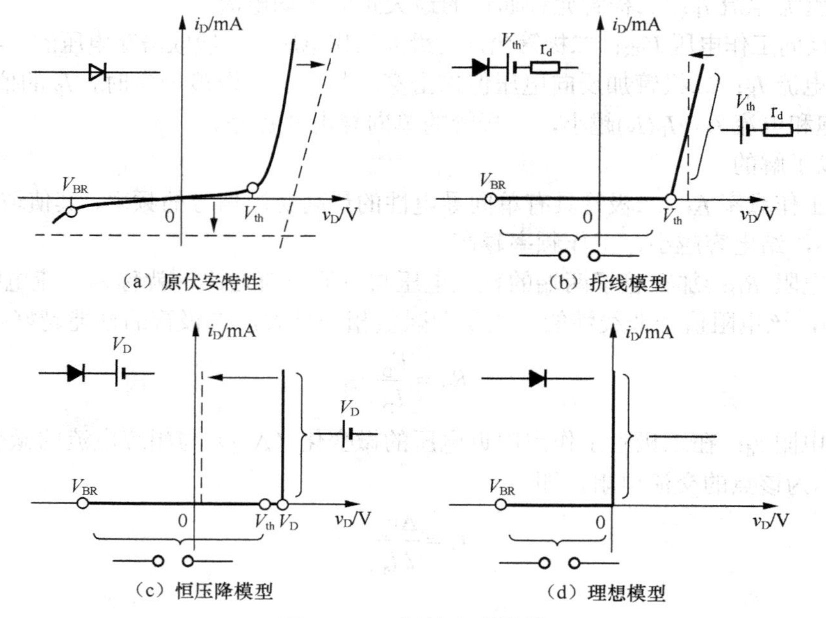

图 2.26　二极管电路模型

【说明】

① 实心二极管表示理想模型。加正向电压，二极管导通，相当于一根导线，其上电压为 0，电流由电路中其他元件决定；加反向电压，二极管截止，截止电阻无穷大，即二极管开路，上面没有电流，而两端电压由电路中其他元件决定。

② 理想模型加一个恒压源组成恒压降模型。二极管导通需要满足正向电压大于 V_{th}，但导通后认为二极管的工作电压 V_D 恒定，硅管为 0.6～0.7V，锗管为 0.2～0.3V。

学习记录

③ 本书在实际分析二极管电路时主要采用理想模型和恒压降模型。

2.4.2　分析方法和举例

1．常用的一些二极管电路

（1）整流电路

整流电路利用二极管单向导电性，将交流电变为直流电，广泛用于直流稳压电源中。

（2）限幅电路

限幅电路利用二极管单向导电性和导通后两端电压基本不变的特点组成，将信号限定在某一范围中变化，分为单向限幅和双向限幅电路，多用于信号处理电路中。

（3）开关电路

开关电路利用二极管的单向导电性来接通和断开电路，广泛用于数字电路中。

（4）低电压稳压电路

低电压稳压电路利用二极管导通后两端电压基本不变的特点，采用几只二极管串联，获得 3V 以下输出电压。

2．二极管电路的一般分析方法

关键：分析二极管的通断条件。

步骤：① 假设二极管断开，求其阴阳极电位；

② 比较阴阳极电位，阳极高于阴极，二极管导通。

说明：① 如果要考虑二极管导通电压，阳极与阴极电位之差应超过死区电压；

② 如果同时多个二极管具有导通条件，应比较它们的正向电压差，值大的先导通。注意，先导通的二极管可能使其他二极管截止。

3．应用举例

【例 2.1】　二极管整流电路如图 2.27 所示，已知：$v_i = 380\sin\omega t$ V，二极管是理想的。试画出与输入相对应的输出电压波形。

【解】　解题关键是分析清楚二极管的工作情况。另外，二极管是理想的，使用理想模型分析。

① 假设二极管断开，阳极电位为v_i，阴极电位为 0。

② 输入为正半周期时，二极管导通，其上没有压降，输出电压等于输入电压；

输入为负半周期时，二极管截止，电阻 R 上没有电流，电压为 0，故输出电压为 0。

③ 画输出波形，如图 2.28 所示。

【例 2.2】　二极管限幅电路如图 2.29 所示，已知：$v_i = 10\sin\omega t$ V，$E = 5$V，二极管是理想的。试画出与输入相对应的输出电压波形。

✍ 学习记录

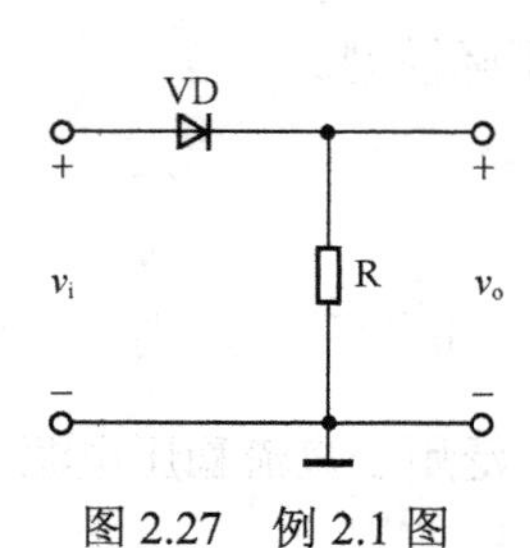

图 2.27　例 2.1 图

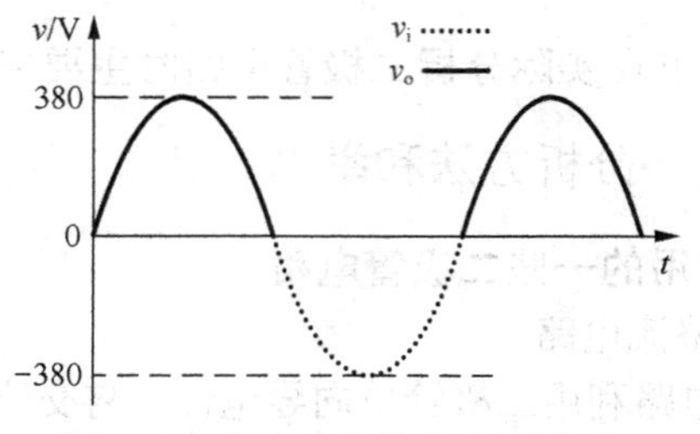

图 2.28　例 2.1 的输出电压波形

【解】　解题关键是分析清楚二极管的工作情况。另外，二极管是理想的，使用理想模型分析。

【(a) 图】

① 假设二极管断开，电阻上没有电流，故阳极电位为 v_i，阴极电位为 5V。

② 当 $v_i > 5V$，二极管导通，输出电压 $v_o = E = 5V$；当 $v_i \leqslant 5V$，二极管截止，电阻 R 上没有电压，故输出 $v_o = v_i$。

③ 画输出波形，如图 2.30 所示。

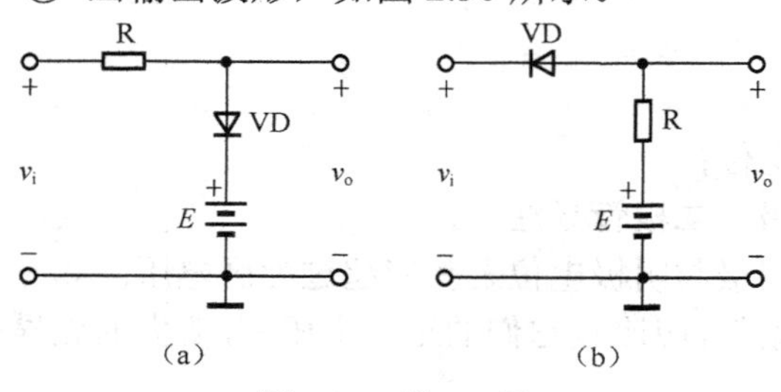

图 2.29　例 2.2 图

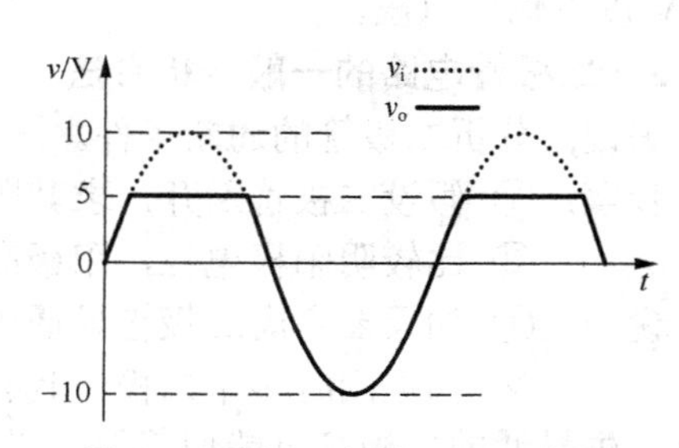

图 2.30　例 2.2 的输出电压波形

【(b) 图】

① 假设二极管断开，电阻上没有电流，故阴极电位为 v_i，阳极电位为 5V。

② 当 $v_i < 5V$，二极管导通，二极管相当于导线，没有电压降，故输出电压 $v_o = v_i$；当 $v_i \geqslant 5V$，二极管截止，电阻 R 上没有电流，电压为 0，故输出 $v_o = E = 5V$。

③ 画输出波形，如图 2.30 所示。

【例 2.3】　二极管开关电路如图 2.31 所示，已知：v_1 和 v_2 为 0V 或者 3V，二极管导通电压 $V_D = 0.7V$。试分析 v_1 和 v_2 的值在不同组合情况下的输出电压。

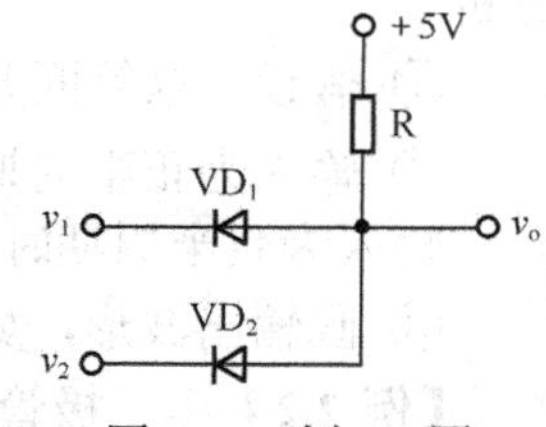

图 2.31　例 2.3 图

【解】　解题关键考虑二极管的优先导通权。另外，使用恒压降模型分析电路。

① 假设 VD_1 和 VD_2 都断开，电阻上没有电流，电压为 0，故两只二极管的阳极电位都为 5V，

学习记录

而阴极电位分别由 v_1 和 v_2 决定。

② 当 $v_1 = v_2 = 0\text{V}$ 时，两只二极管导通权相同，都导通，考虑其上的正向压降，故 $v_o = 0.7\text{V}$。

③ 当 $v_1 = 0\text{V}$，$v_2 = 3\text{V}$ 时，VD_1 和 VD_2 理论上都具有导通条件，但 VD_1 具有优先导通权，先导通，VD_1 导通后将 VD_2 的阳极电位限制在 0.7V，故 VD_2 截止。所以 $v_o = 0.7\text{V}$。

④ 当 $v_1 = 3\text{V}$，$v_2 = 0\text{V}$ 时，VD_1 和 VD_2 理论上都具有导通条件，但 VD_2 具有优先导通权，先导通，VD_2 导通后将 VD_1 的阳极电位限制在 0.7V，故 VD_1 截止。所以 $v_o = 0.7\text{V}$。

⑤ 当 $v_1 = v_2 = 3\text{V}$ 时，两只二极管导通权相同，都导通，考虑其上的正向压降，故 $v_o = 3.7\text{V}$。

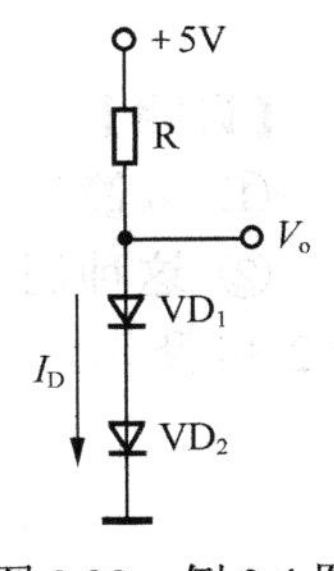

图 2.32　例 2.4 图

【例 2.4】　二极管低压稳压电路如图 2.32 所示，已知：二极管导通电压 $V_D = 0.7\text{V}$，$R = 1.2\text{k}\Omega$。试求输出电压和流过二极管的电流。

【解】　使用恒压降模型分析电路。

① 5V 电压足以驱动两只二极管都导通，故输出电压 $V_o = 2V_D = 1.4\text{V}$。

② 二极管上的电流即电阻 R 上的电流

$$I_D = \frac{5 - V_o}{R} = \frac{5 - 1.4}{1.2} = 3(\text{mA})$$

2.5　特殊二极管

前面介绍的二极管属于普通二极管，下面将介绍一些特殊二极管及其使用。

2.5.1　稳压二极管

稳压二极管（齐纳二极管），简称稳压管，是一种特殊的面接触型硅半导体二极管，在电路中能够起到稳压的作用，其电路符号及伏安特性如图 2.33 所示。稳压时稳压管需要工作在击穿区（稳压管的击穿是可逆的，当去掉反向电压之后，稳压管又恢复正常）。击穿后，由于稳压管的反向击穿特性非常陡直，电流虽然在很大范围内变化，但其两端的电压变化却很小，通常都可以忽略不计。利用这一恒压特性，稳压管在电路中能够起到稳压的作用，其稳定的电压值表示为 V_Z。

由稳压管构成的基本稳压电路如图 2.33（c）所示，其稳压原理如下（假设由于某种原因导致输入电压增加，这直接会引起输出电压增加）：

$$V_i\uparrow \rightarrow V_o\uparrow \rightarrow I_Z\uparrow \; I_o\uparrow \rightarrow I_R\uparrow = I_Z + I_o \rightarrow V_R\uparrow \rightarrow V_o\downarrow = V_i\uparrow - V_R\uparrow$$

学习记录

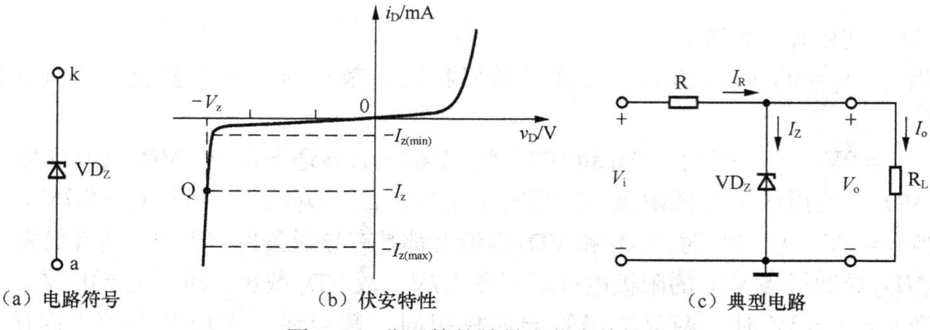

（a）电路符号　　（b）伏安特性　　（c）典型电路

图 2.33　稳压管的符号和伏安特性

【说明】

① 双箭头强调其变化快于单箭头。

② 这种调节是一种动态调节，在往复多次调整后最终使输出电压趋于稳定，该过程如图 2.34 所示。

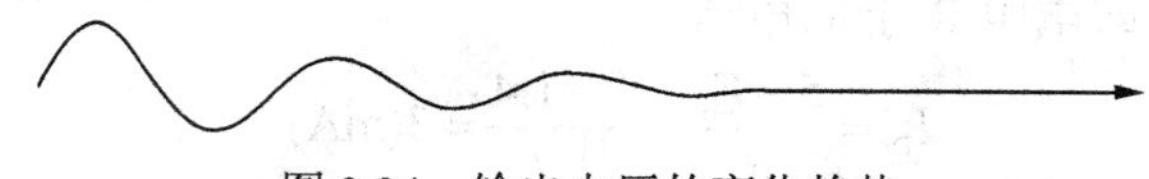

图 2.34　输出电压的变化趋势

③ 只有输出电压变化后，才会出现上述过程。

④ 电阻 R 在稳压电路中是必须存在的，它将电流的变化转换为电压的变化，并最终补偿输出电压的变化（输出电压增加时，电阻 R 上的分压快速增加，驱使输出电压减小；输出电压减小时，电阻 R 上的分压快速减小，驱使输出电压增加；即输出电压的增量最终会被电阻 R 分担）。R 称为限流电阻，通过调节该电阻值可以限制流过稳压管的工作电流（反向击穿电流）I_Z 处在 $I_{Z(min)}$ 和 $I_{Z(max)}$ 之间。

稳压管的主要参数如下。

① 稳定电压 V_Z：是指稳压管正常工作时管子两端的电压。稳压管的型号不同，其稳定电压不同，通常在几伏到几十伏之间。

② 稳定电流 I_Z：是一个参考数值，设计选用时要根据具体情况（如工作电流的变化范围）来考虑。

③ 最大稳定电流 I_{ZM}：是指稳压管正常工作时管子上允许通过的最大电流。

④ 动态电阻 r_Z：是指稳压管在击穿状态下电压变化量与电流变化量的比值。反向击穿伏安特性越陡，其值越小，稳压效果越好。

学习记录

2.5.2　光电二极管

光电二极管的结构与 PN 结二极管类似，但这种二极管在接受外部特定光照的情况下，其反向电流会随光照强度的增加而上升。图 2.35 所示为光电二极管的电路符号和特性。

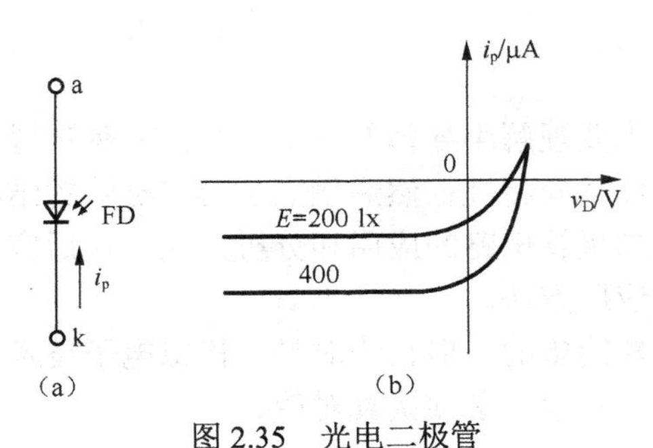

图 2.35　光电二极管

2.5.3　发光二极管

发光二极管，简称 LED，与普通二极管一样由 PN 结构成，也具有单向导电性。但发光二极管在正向导通后会发出各种特定颜色的光（常见的有红、蓝、绿等，发光颜色与生产材料有关）。发光二极管的工作电压比普通二极管高，一般为 1.5～2.0V，其工作电流一般取 10～20mA。目前发光二极管在显示领域的应用广泛，技术更新的速度也非常快，潜力巨大。图 2.36 所示为发光二极管的电路符号。

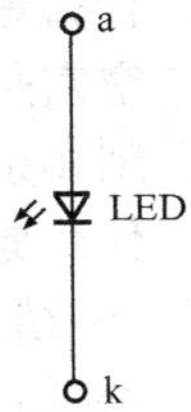

a
LED
k

图 2.36　发光二极管

2.5.4　肖特基二极管

肖特基二极管（SBD，Schottky Barrier Diode 的缩写）是一种低功耗、大电流、超高速半导体器件，其反向恢复时间极短（可以小到几纳秒），正向导通压降仅 0.4V 左右，而整流电流却可达到几千毫安。肖特基二极管以金属（金、银、铝、铂等）为阳极，以 N 型半导体为阴极，利用二者接触面上形成的势垒具有整流特性而制成的金属-半导体二极管。图 2.37 所示为肖特基二极管的电路符号。

a
SBD
k

图 2.37　肖特基二极管

肖特基二极管的主要优点包括两个方面：①由于肖特基势垒高度低于 PN 结势垒高度，故其正向导通门限电压和正向压降都比 PN 结二极管低（约低 0.2V）；②由于肖特基二极管是一种多数载流子导电器件，不存在少数载流

✍ 学习记录

子寿命和反向恢复问题，肖特基二极管的反向恢复时间只是肖特基势垒电容的充、放电时间，故开关速度非常快，开关损耗也特别小，尤其适合于高频应用。

但是，由于反向势垒较薄，并且在其表面极易发生击穿，所以肖特基二极管的反向击穿电压比较低（大多不高于 60V），且反向漏电流比 PN 结二极管大。

2.6 本章小结

在本章的学习过程中首先要理解半导体的导电特性，掌握 P 型和 N 型半导体的特点，着重掌握 PN 结的单向导电性和伏安特性；然后重点学习二极管的结构和特性，理解二极管的参数含意，并着重掌握一般二极管电路的应用和分析方法；最后应了解特殊二极管的特点，并重点掌握稳压管的特性和应用方法。

本章内容总体来说是比较简单的，但它绝对是《模拟电子技术》课程的重点，也是学习三极管及其放大电路的基础，同学们必须认真对待。

2.7 思考题

1．半导体材料制作的电子器件与传统的真空电子器件相比有什么特点？

2．什么是本征半导体和杂质半导体？

3．空穴是一种载流子吗？空穴导电时电子运动吗？

4．制备杂质半导体时，一般按什么比例在本征半导体中掺杂？

5．什么是 N 型半导体？什么是 P 型半导体？当两种半导体制作在一起时会产生什么现象？

6．PN 结最主要的物理特性是什么？

7．PN 结还有哪些名称？

8．PN 结上所加端电压与电流是线性的吗？它为什么具有单向导电性？

9．在 PN 结加反向电压时果真没有电流吗？

10．二极管最基本的技术参数是什么？

11．二极管主要用途有哪些？

12．为什么二极管的反向饱和电流与外加反向电压基本无关？而当环境温度升高时，又明显增大？

13．在工程实践中，为什么硅二极管比锗二极管应用广泛？

14．使用万用表，怎样判断二极管的阴阳极？怎样判断二极管是否已经损坏？

15．能否将 1.5V 干电池的正负极直接接到普通二极管的阳极和阴极上？为什么？

16．稳压管可以怎样使用？

✍ 学习记录

第3章 三极管及其放大电路

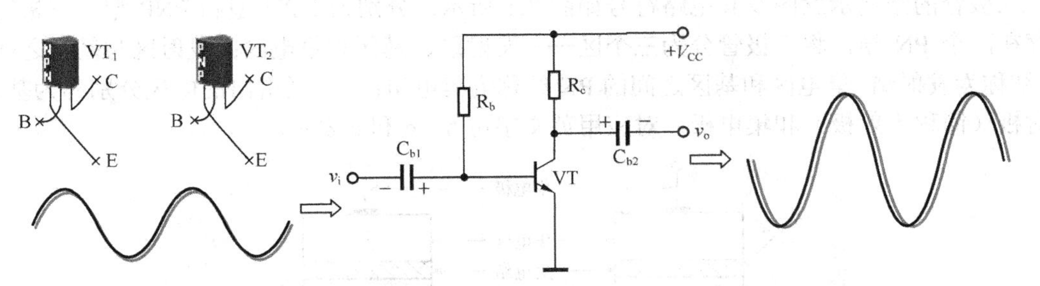

引言：三极管[1]（BJT，Bipolar Junction Transistor 的缩写）是一种三端器件，内部有两个背靠背排列的 PN 结，其上加不同的电压，三极管呈现不同的工作特性。三极管是电流控制电流器件，有两种载流子参与导电，属于双极型器件。在模拟电子技术中，三极管主要用来构成各种放大电路，将微弱的电信号进行不失真地放大。

本章内容：

- 三极管的相关知识（基础）
- 共射极放大电路及其分析方法（重点）
- 共集电极放大电路及其分析方法（重点）
- 共基极放大电路及其分析方法（了解）
- 三种放大电路的特点和作用（重点）
- 多级放大电路和组合放大电路（了解）
- 放大电路的频率响应（了解）

[1] 有些教材也将其称为晶体三极管，简称晶体管。

学习记录

建议：学习三极管及其放大电路，首先要熟悉三极管的基本结构、工作原理、特性曲线和相关参数，特别是正确理解三极管的特性曲线对于学习三极管放大电路非常重要；然后要结合电路结构和特点掌握电路的分析方法；最后要熟练掌握共射、共集和共基放大电路的特点和用途。

3.1 三极管

三极管的种类很多，按照所用材料可以分为硅管和锗管；按照内部结构可以分为 NPN 型和 PNP 型；按照工作频率可以分为低频管和高频管；按照功率可以分为小功率管和大功率管。

3.1.1 三极管的基本结构

三极管的结构示意图及其电路符号如图 3.1 所示，分别为 NPN 型和 PNP 型。三极管内部存在两个 PN 结，将三极管分为三个区——发射区、基区和集电区；发射区与基区之间的 PN 结称为发射结，集电区和基区之间的 PN 结称为集电结；三个区引出的电极分别称为基极、发射极（简称为射极）和集电极，对应用英文字母 b、e 和 c 表示。

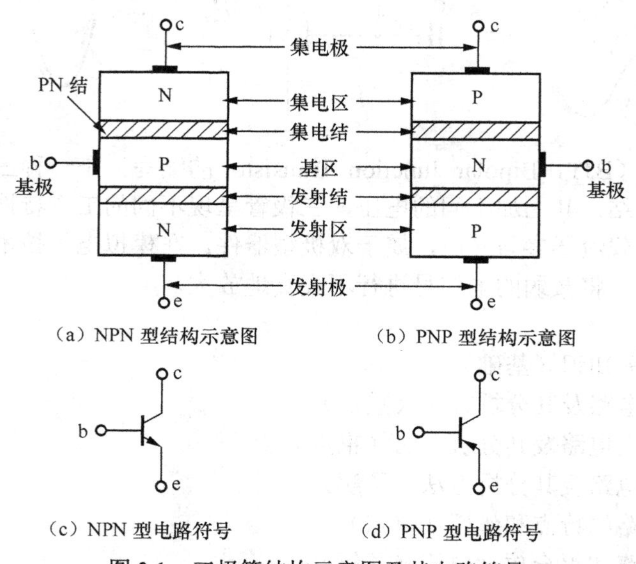

图 3.1　三极管结构示意图及其电路符号

就结构而言，三极管的集电区和发射区虽然属于同一种类型的杂质半导体，但它们都具有各自的结构特点（这个内容将在工作原理一节中介绍），因而两个区不能互换，即使用三极管时不能够将集电极和发射极对换使用。

学习记录

就电路符号来看，两种三极管非常相似，需要通过发射极上箭头的方向来区分：对于 NPN 型三极管箭头方向强调实际电流是从基极流向射极，而 PNP 型三极管正好相反，电流是从射极流向基极。

3.1.2　三极管的工作原理

本章将主要以 NPN 型三极管为例讲解其工作原理、特点及其放大电路，但所得结论同样适用于 PNP 型三极管，只不过两者所需工作电压的极性相反，产生的电流方向相反。

1. 三极管内部多数载流子的运动

当 3 个电极加上如图 3.2（a）所示的工作电压时，三极管的发射结处于正偏状态（由电源 E_B 确定），集电结处于反偏状态（由 E_C 和 E_B 共同确定，$E_C>E_B$）。正偏的 PN 结有利于多数载流子的扩散运动，而反偏的 PN 结有利于少数载流子的漂移运动，所以三极管内部会同时存在两种载流子的运动。但为了大家更容易理解三极管的放大工作原理，这里将主要考虑从发射区出来的多数载流子的运动，而忽略少数载流子（与少数载流子运动相关的电流将在后面介绍）。

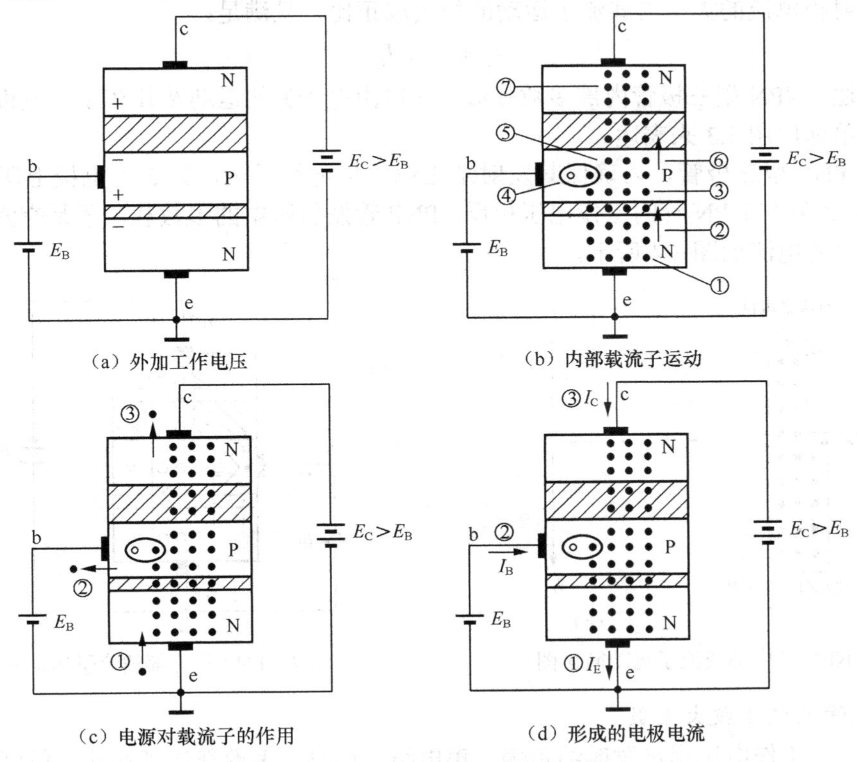

图 3.2　多数载流子的运动示意图

学习记录

多数载流子在三极管内部的运动可以配合图 3.2（b）来看：①NPN 型三极管的发射区中存在大量的自由电子（多数载流子）；②发射结正偏时有利于自由电子向基区扩散；③自由电子首先在基区表面累积，形成新的浓度差后，继续向基区内部扩散；④在基区的扩散过程中，有一部分自由电子会与基区中的多数载流子空穴复合；⑤剩下的（没有复合的）自由电子则继续扩散而到达集电结表面；⑥在反偏的集电结的作用下，自由电子向集电区漂移（自由电子在基区中属于少数载流子）；⑦达到集电区的自由电子。

三极管外加电源的作用可以配合图 3.2（c）、（d）来看：①自由电子从发射区大量扩散到基区的同时，电源的负极向发射区补充自由电子，维持发射区的自由电子浓度不变，从而在发射极上形成向外的电流 I_E（注意，自由电子定向运动的方向与电流方向相反），称为发射极电流或射极电流；②同理，基区中因复合而消耗的空穴由基极外加的电源补充（电源正极虽然不能向基区注入空穴，但其可以将自由电子从基区中拉出来，拉出一个自由电子就相当于补充了一个空穴），从而在基极上形成向内的电流 I_B，称为基极电流；③到达集电区的自由电子被集电极外接电源正极拉出，从而形成向内的电流 I_C，称为集电极电流。显然，基极、集电极和发射极电流的大小与载流子运动的规模成正比，且满足：

$$I_E = I_B + I_C \tag{3.1}$$

综上所述，NPN 型三极管内部多数载流子（自由电子）的运动及其在 3 个电极上引发的电流可以简单地用图 3.3 来表述。

如果是 PNP 型三极管，为确保其发射结正偏、集电结反偏，其 3 个电极上所加电压如图 3.4 所示，正好与 NPN 管的工作电压相反。PNP 管发射区中的多数载流子是空穴，其运动过程及其产生的电流如图 3.4 所示。

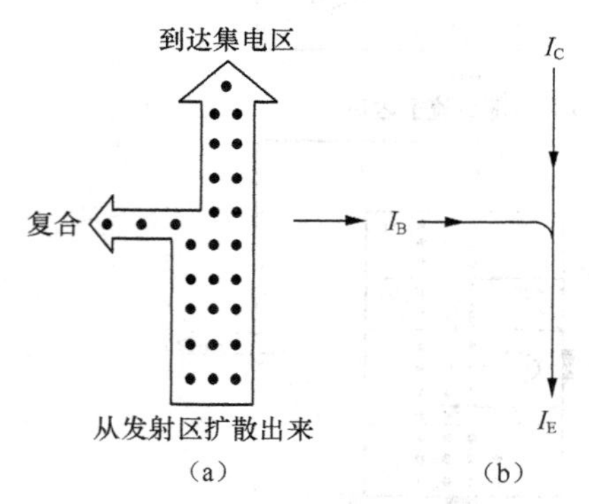

图 3.3 NPN 管内部载流子运动简化图

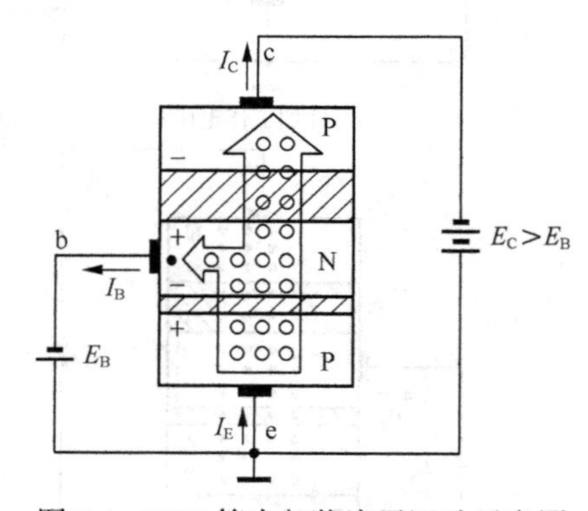

图 3.4 PNP 管内部载流子运动示意图

2. 三极管的电流放大系数

当三极管的工作电压满足发射结正偏、集电结反偏时，多数载流子在从发射区到集电区

学习记录

的运动过程中将形成一种较为稳定的比例分配关系，即一部分在基区复合掉，其余的进入集电区。考虑到各电极上所产生的电流大小与载流子的运动规模成正比，故可以用宏观上可测的电极电流关系来描述载流子在运动过程中的比例分配关系，即定义三极管的直流电流放大系数（倍数）[1]为

$$\overline{\beta}=\frac{I_{\mathrm{C}}}{I_{\mathrm{B}}} \tag{3.2}$$

上式表明，三极管只要满足发射结正偏、集电结反偏的条件，其集电极电流就与基极电流成正比关系，比值为$\overline{\beta}$。换句话说，在上述条件下，只要知道三极管的电流放大系数，就可以根据其基极电流推导出集电极电流，这体现了基极电流对集电极电流的控制作用。

由式（3.2）可得：

$$I_{\mathrm{E}}=I_{\mathrm{B}}+I_{\mathrm{C}}=I_{\mathrm{B}}+\overline{\beta}I_{\mathrm{B}}=(1+\overline{\beta})I_{\mathrm{B}} \tag{3.3}$$

考虑到三极管的$\overline{\beta}$通常较大（能够达到几十甚至上百），而I_{B}较小，故有

$$I_{\mathrm{E}}\approx I_{\mathrm{C}} \tag{3.4}$$

式（3.4）在后续三极管放大电路的分析计算中会经常使用。

3. 三极管的结构特点

为了提高三极管的电流放大能力，即提高$\overline{\beta}$值，三极管的结构上需要满足如下基本特点。

（1）发射区高浓度掺杂

发射区的掺杂浓度越高，其中含有的多数载流子的数量就越多，在发射结正偏程度相同的情况下，从发射区扩散出去的多数载流子的数量就越大，从而有利于其后运动过程中的比例分配。

（2）基区掺杂浓度应尽可能低一些，且尽可能做得薄一些

以 NPN 管为例，发射区出来的自由电子在基区中继续扩散时，势必有一部分会与基区中的多数载流子空穴复合。基区掺杂浓度低和基区较薄都可以有效减小自由电子和空穴的复合几率，从而使更多的自由电子到达集电结的表面。

（3）集电结的结面积尽可能大一些

如果集电结的结面积越大，在集电结反偏程度相同的情况下，越有利于自由电子（仍以 NPN 管为例）通过集电结而到达集电区。

简单说，三极管在结构上应确保更多的多数载流子（是从发射区扩散出来的）到达集电区，而减少在基区的复合数目，这种比例分配关系满足了，其电流放大系数自然也就高了。图 3.5 所示为一个硅平面型三极管的结构示意图，其生产过程如下。

[1] 通常情况下，认为在三极管的基极输入一个较小的电流而能在集电极上获得一个较大的电流就是一种放大关系。如果假设基极输入的是一个正弦交流电流，则集电极电流与基极电流相比是同频率同相位的关系，只是幅值有所增大。

学习记录

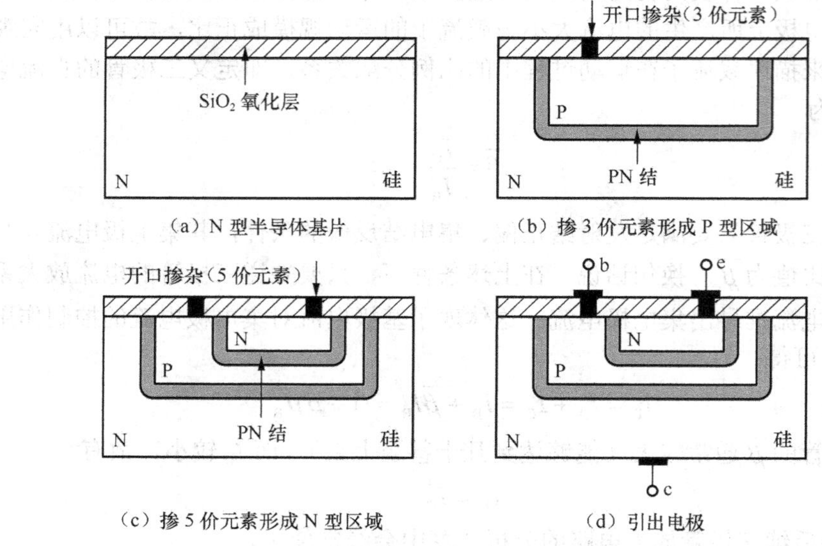

（a）N 型半导体基片　（b）掺 3 价元素形成 P 型区域

（c）掺 5 价元素形成 N 型区域　（d）引出电极

图 3.5　硅平面型三极管结构示意图

① 在 N 型半导体基片上方的氧化层上开口掺入 3 价元素（如硼）以在其中形成新的反型层——P 型区域，其掺杂浓度应高于原 N 型区域的掺杂浓度。

② 在 P 型区域上方的氧化层上开口掺入 5 价元素（如磷）以在其中形成新的反型层——N 型区域，其掺杂浓度应高于原 P 型区域的掺杂浓度。

③ 在 3 个区域上引出电极。很明显，上方的 N 型区域掺杂浓度最高，是发射区，故引出电极为发射极；中间的 P 型区域是基区，引出电极为基极；下方的 N 型区域掺杂浓度最低，是集电区，其与基区之间的 PN 结是集电结，结面积较大，故引出电极为集电极。

4. *三极管特点及判别方法小结*

如上所述，三极管工作时需要在 3 个电极上外加电压，同时电极上也会出现相应的电流。电极上电压和电流的基本关系总结如下。

（1）电压关系

要使三极管具有放大作用，必须确保三极管的发射结正偏、集电结反偏，即 3 个电极上的电位应满足如图 3.6 所示的关系：①NPN 管满足 $V_C > V_B > V_E$，且 V_{BE} 要超过死区电压（硅 0.5V，锗 0.1V）；②PNP 管则正好相反，$V_E > V_B > V_C$，但 V_{EB} 同样要超过死区电压。

（2）电流关系

三极管的电流关系如图 3.7 所示：NPN 管的电流关系是“两入一出”，即基极和集电极电流流入三极管，射极电流流出三极管；PNP 管则是“一入两出”，即基极和集电极电流流出

学习记录

三极管，射极电流流入三极管。大小上，两种三极管都满足 $I_E = I_B + I_C$，且 $I_C = \overline{\beta} I_B$。

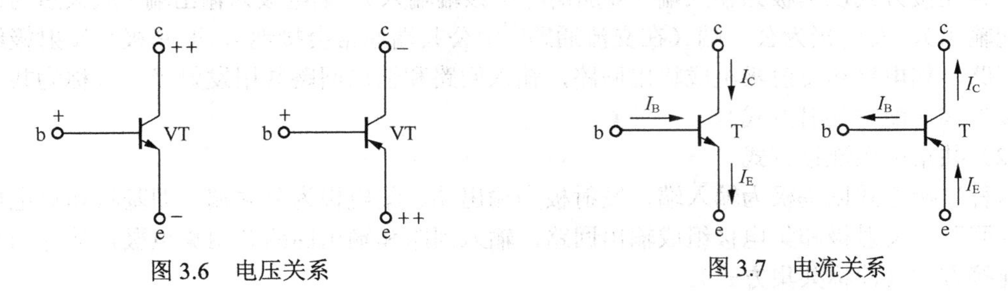

图 3.6　电压关系　　　　图 3.7　电流关系

根据上述特点，当三极管工作在放大状态时，就可以通过 3 个管脚上的电压或电流关系来判别三极管的类型和管脚等信息，具体方法如下。

（1）分析电压关系

- 根据电位正负分析类型：管脚电位全正为 NPN 管，全负为 PNP 管。
- 根据电位大小分析管脚：NPN 管电位关系为 $V_C > V_B > V_E$，PNP 管正好相反。
- 根据发射结电压 $|V_{BE}|$ 分析材料：0.6V 或 0.7V 是硅管，0.2V 或 0.3V 是锗管。

（2）分析电流关系

- 根据电流流向分析类型：两入一出为 NPN 管，一入两出为 PNP 管。
- 根据电流大小分析管脚及 $\overline{\beta}$：$I_E > I_C > I_B$，$I_E = I_B + I_C = (1+\overline{\beta})I_B$，$I_C = \overline{\beta} I_B$。

3.1.3　三极管的连接方式

三极管在构成放大电路[1]时有 3 种连接方式（或者称为连接组态）——共发射极、共集电极和共基极，具体如图 3.8 所示。

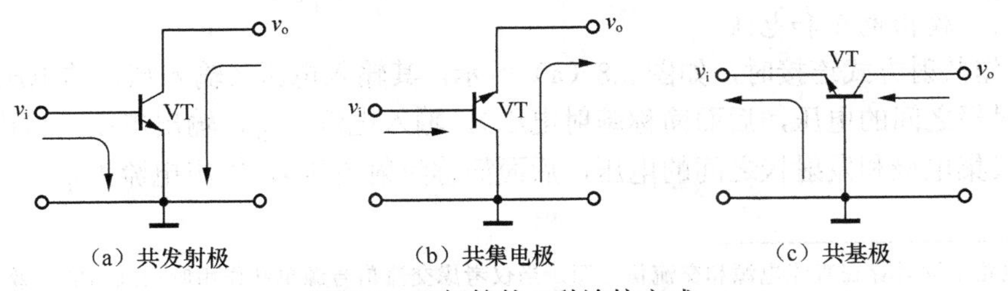

（a）共发射极　（b）共集电极　（c）共基极

图 3.8　三极管的 3 种连接方式

[1] 这里所谓的放大电路是一种能够将输入信号的幅值有效提高并输出的电路，其具有一个输入回路（端口）和一个输出回路（端口），本章后续内容将专门予以介绍。

学习记录

（1）共发射极连接方式

这种连接方式以基极为输入端（外加信号由该端输入）、集电极为输出端（放大后的信号由此端输出）、发射极为公共端（在交流通路[1]中公共端通常会接地），即基极和发射极组成输入回路，集电极和发射极组成输出回路，输入回路和输出回路共用发射极，故称为共发射极连接方式（简称共射方式）。

（2）共集电极连接方式

这种连接方式以基极为输入端、发射极为输出端、集电极为公共端，即基极和集电极组成输入回路，发射极和集电极组成输出回路，输入回路和输出回路共用集电极，故称为共集电极连接方式（简称共集方式）。

（3）共基极连接方式

这种连接方式以发射极为输入端、集电极为输出端、基极为公共端，即发射极和基极组成输入回路，集电极和基极组成输出回路，输入回路和输出回路共用基极，故称为共基极连接方式（简称共基方式）。

上述 3 种连接方式构成的放大电路各有其特点和用途，这将在后面作为重点内容介绍，这里还需要指出的是：

- 以后在分析放大电路时，快速、准确地判断三极管的连接方式（组态）非常重要，其关键在于找准电路的输入端和输出端，剩下的便是公共端；
- 无论放大电路采用何种连接方式，为了使三极管有放大作用，都必须保证三极管的发射结正偏、集电结反偏。

3.1.4 三极管的伏安特性

三极管的伏安特性包括输入和输出特性，理解其含义和变化规律是学习三极管放大电路工作原理的重要基础。下面将着重介绍共射极连接方式的伏安特性[2]。

1. 输入、输出电压和电流

三极管作共射方式连接时，如图 3.8（a）所示，其输入电压（输入端口的电压）为 v_{BE}[3]（基极和发射极之间的电压，后面简称基射电压），输入电流为 i_B，输出电压（输出端口的电压）为 v_{CE}（集电极和发射极之间的电压，后面简称集射电压），输出电流为 i_C。

---

[1] 放大电路中同时存在直流电源和交流信号源，当仅考虑交流信号源单独作用时而画出的等效电路称为交流通路。

[2] 有些《模电》教材除介绍共射方式下的伏安特性外，还会介绍共基方式下的伏安特性。

[3] 电压或电流符号大写表示稳定的直流信号，小写则表示变化的信号；如果小写且带小写下标表示纯粹的交流信号，如果小写而带大写下标则表示信号中包含直流信号和交流信号。因为实际放大电路中同时存在直流信号和交流信号，所以电压或电流的符号采用小写且带大写下标。

学习记录

2. 输入特性曲线

所谓输入特性是指在输出电压一定的情况下，输入电流与输入电压之间的相互关系。共射极连接方式的输入特性描述了输入电流 i_B 随输入电压 v_{BE} 的变化规律，具体定义如下：

$$i_B = f(v_{BE})\big|_{v_{CE}=\text{常数}} \tag{3.5}$$

共射极连接方式的输入特性曲线可以通过如图 3.9 所示电路进行测试：①首先通过电源 E_C 确定一个 v_{CE}；②其次通过改变电源 E_B 而改变 v_{BE}，改变一次 v_{BE} 就测量一次 i_B；③然后重复步骤②；④最后将测得的电压电流值在坐标（v_{BE}，i_B）平面上画点并连接成曲线便可。

图 3.10 所示为 NPN 型硅管共射极连接时的输入特性曲线。

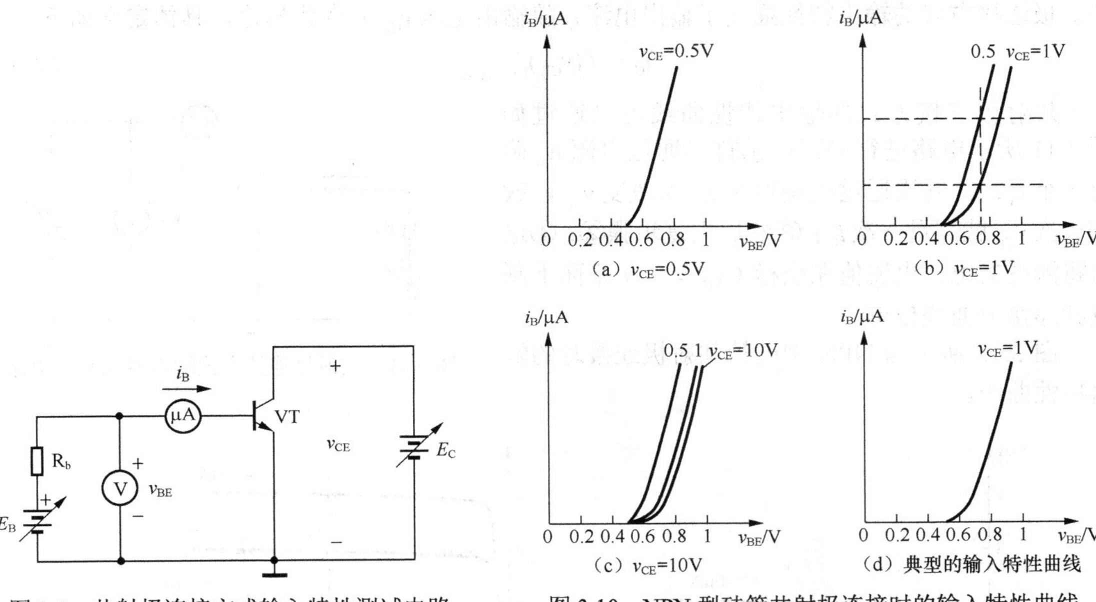

图 3.9　共射极连接方式输入特性测试电路

图 3.10　NPN 型硅管共射极连接时的输入特性曲线

输入特性曲线说明如下。

① 单条输入特性曲线，如图 3.10（a）所示，类似于 PN 结的伏安特性曲线，因为 i_B 与 v_{BE} 的关系就是发射结上的电压电流关系，发射结是一个 PN 结。

② 当 v_{CE} 较小（硅管低于 1V）时，v_{CE} 越大，对应的输入特性曲线向右扩展。结合图 3.10（b）所示的参考线来看，当 v_{BE} 一定时，v_{CE} 的增加使集电结的反偏程度增大，收集电子的能力增强，即在相同条件下到达集电区的电子数增加，因而在基区复合的电子数相应减少，故 v_{CE} 越大 i_B 越小，曲线右移。

✍ 学习记录

③ 当 v_{CE} 达到一定值（硅管约 1V）后，v_{CE} 继续增加，曲线的变化趋势仍是向右移，但右移的位置非常小，近似可以看成不变。因为当 v_{CE} 达到一定值后，反偏的集电结收集电子的能力已经足以把能够到达集电区的电子拉入集电区，只要保持 v_{BE} 不变，从发射区扩散出来的电子数目就不会变化，故到达集电区的电子数目也不会增加，基极电流也就维持基本不变。

④ 通常情况下，输入特性曲线往往只需要绘出较为典型的一条曲线便可。例如，对于 NPN 型硅管，常用 $v_{CE}=1V$ 时的曲线来描述输出特性曲线。

3. 输出特性曲线

所谓输出特性，是指在输入电流一定的情况下，输出电流与输出电压之间的相互关系。共射极连接方式的输出特性描述了输出电流 i_C 随输出电压 v_{CE} 的变化规律，具体定义如下：

$$i_C = f(v_{CE})\big|_{i_B=\text{常数}} \tag{3.6}$$

共射极连接方式的输出特性曲线可以通过如图 3.11 所示电路进行测试：①首先通过电源 E_B 确定一个 i_B；②其次通过改变电源 E_C 而改变 v_{CE}，改变一次 v_{CE} 就测量一次 i_C；③然后重复步骤②；④最后将测得的电压电流值在坐标（v_{CE}，i_C）平面上画点并连接成曲线便可。

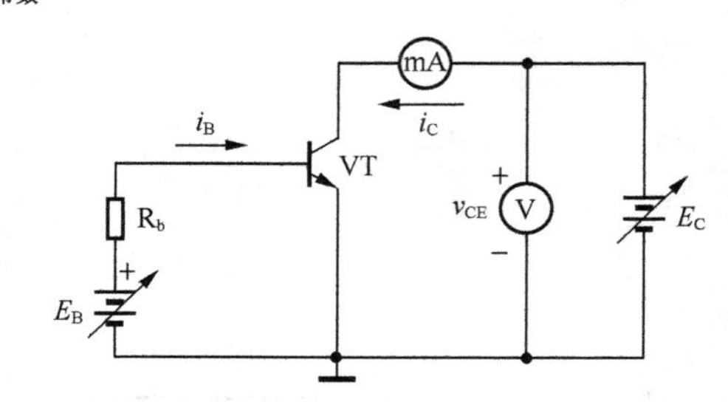

图 3.11 共射极连接方式输出特性测试电路

图 3.12 所示为 NPN 型硅管共射极连接时的输出特性曲线。

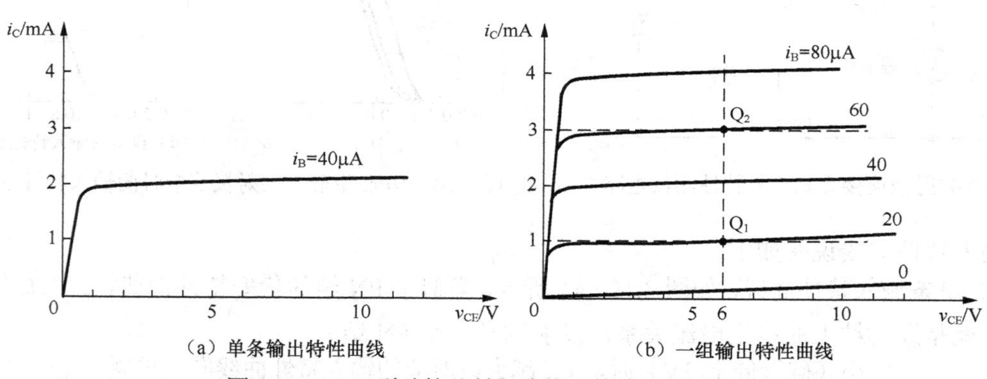

（a）单条输出特性曲线　（b）一组输出特性曲线

图 3.12 NPN 型硅管共射极连接时的输出特性曲线

输出特性曲线说明如下。

① 单条输出特性曲线，如图 3.12（a）所示，其变化可以分为两段：① v_{CE} 较小时，i_C 随

学习记录

v_{CE}增加而增加。这是因为v_{CE}较小时，v_{CE}增大，集电结的反偏程度增加，集电区收集电子的能力也随之增加，即到达集电区的电子数增加，集电极电流增大；②v_{CE}达到一定值（对于 NPN 硅管约 1V）后，i_C便稳定下来，不再随v_{CE}增加而增加[1]。这是因为v_{CE}继续增加而到达一定值后，使集电结的反偏程度足够大，集电区收集电子的能力足够强，足以将能够到达集电区的电子都拉入集电区而形成集电极电流，故再增加v_{CE}，虽然集电区收集电子的能力仍在增加，但只要发射区扩散出来的电子不变，集电极电流就不会再增加，即满足$i_C=\overline{\beta}\,i_B$。

② 当i_B取不同值时，可以测量得到多条输出特性曲线，把它们绘于同一个坐标平面，就可以得到如图 3.12（b）所示的典型的输出特性曲线图。配合图中垂直参考线看，当v_{CE}一定时，i_B越大i_C也就越大，所以曲线随着i_B增加向上变化。

③ 图 3.12（b）中$i_B=0$这条输出特性曲线实际上几乎是与横轴重合的，所以一般情况下画三极管的输出特性曲线时往往不需要专门强调（画出）这条曲线。

④ 在输出特性曲线的基础上还可以引出一个重要概念——三极管的交流电流放大系数。由多条曲线组成的输出特性能够直观地反映出基极电流i_B与集电极电流i_C之间的相对变化关系，例如，观察图 3.12（b）中所示的 Q_1 和 Q_2 点：从 Q_1 到 Q_2，i_B变化了 40μA，相应的i_C变化了 2mA。将集电极电流的变化量与基极电流的变化量之比定义为三极管的交流电流放大系数，用β表示，即

$$\beta=\left.\frac{\Delta i_C}{\Delta i_B}\right|_{v_{CE}=\text{常数}} \tag{3.7}$$

显然，直流$\overline{\beta}$和交流β的含义不同，前者反映了直流工作状态下（即静态时）的电流关系，而后者反映的是交流工作状态下（即动态时）的电流关系。但一般情况下，三极管的直流$\overline{\beta}$和交流β的大小近似相等，故可以混用。

例如，对于图 3.12（b）中的 Q_1（或 Q_2）点可以求出直流$\overline{\beta}$，即

$$\overline{\beta}_{(Q_1)}=\frac{i_{C(Q_1)}}{i_{B(Q_1)}}=\frac{1\text{mA}}{20\mu\text{A}}=50 \quad 或 \quad \overline{\beta}_{(Q_2)}=\frac{i_{C(Q_2)}}{i_{B(Q_2)}}=\frac{3\text{mA}}{60\mu\text{A}}=50$$

如果考虑从 Q_1 点到 Q_2 点变化，则可以求得交流β，即

$$\beta=\left.\frac{\Delta i_C}{\Delta i_B}\right|_{v_{CE}=6V}^{(Q_2-Q_1)}=\frac{(3-1)\text{mA}}{(60-20)\mu\text{A}}=\frac{2\text{mA}}{40\mu\text{A}}=50$$

[1] 理论分析时，常认为v_{CE}达到一定值后i_C不再随v_{CE}增加而增加，但实际情况是i_C会随v_{CE}的增加而略有增加。这是因为，v_{CE}增加会使集电结变宽而压缩基区使其变薄，进一步减小电子在基区复合的机会，致使到达集电区的电子数量略有增加，集电极电流增大，但其效果不明显，故理论分析时常不予考虑。这种现象也称为基区调制效应。

学习记录

【说明】

本教材后续内容中将不再明确区分直流$\overline{\beta}$和交流β，符号上统一采用β。

3.1.5 三极管的工作区

1. 工作区的基本概念

在输出特性曲线上，可以划分出三极管的3个工作区：①截止区、②放大区和③饱和区，具体如图3.13所示。

（1）截止区

截止区是指$i_B=0$这条输出特性曲线下方的区域。此时发射结没有正偏，发射区中多数载流子的扩散运动仍然受到抑制而不能扩散出来，即不能形成前面所述的多数载流子运动，所以集电极电流i_C非常小（近似为零），可以忽略。三极管进入截止区的条件是：发射结和集电结都反偏[1]。

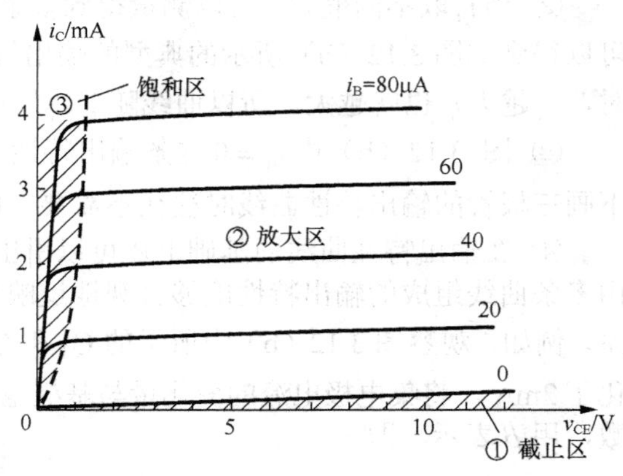

图3.13　三极管的工作区

（2）放大区

放大区是指输出特性曲线中变化较为平缓的这段区域。在放大区，集电极电流和基极电流成比例关系，即$i_C=\beta i_B$。常把这种关系称为一种控制关系，即在放大区，基极电流对集电极电流存在控制作用。三极管进入放大区的条件是：发射结正偏、集电结反偏。

（3）饱和区

饱和区是指输出特性曲线中v_{CE}较小时（对于NPN型硅管，通常是小于1V）对应的这段区域。在饱和区，由于集电结反偏程度不够，其收集电子的能力不强，虽然i_B增加，但i_C增加不多，两者之间没有β倍的控制关系。但随着v_{CE}增加，集电结的反偏电压增加，收集电子能力增强，i_C会随之增加。三极管饱和时的集射电压通常称为饱和压降，用v_{CES}表示，如果是深度饱和，该值约为0.2～0.3V。三极管进入饱和区的条件是：发射结和集电结都正偏。

2. 工作区的特点总结

表3.1以NPN型硅三极管为例总结了三极管3个工作区的进入条件和特点。

[1] 实际上只要发射结没有正偏，三极管就工作在截止状态，只是发射结反偏时能够确保三极管可靠截止。

✍ 学习记录

表 3.1　三极管工作区特点总结

工作区（工作状态）		截止区（截止状态）	放大区（放大状态）	饱和区（饱和状态）
进入条件		发射结和集电结均反偏	发射结正偏、集电结反偏	发射结和集电结均正偏
特点	i_C	$i_C \approx 0$（小）	$i_C = \beta i_B$（中）	$i_{CS} < \beta i_B$（大）
	v_{CE}	$v_{CE} = V_{CC}$（大）	$v_{CES} < v_{CE} < V_{CC}$（中）	$v_{CES} \approx 0$（小）
电压关系		基极 −，集电极 ++，发射极 +，VT	基极 +，集电极 ++，发射极 −，VT	基极 ++，集电极 +，发射极 −，VT
开关特性		c、e 间开关断开	（作开关使用时不会工作在放大区）	c、e 间开关闭合

对于具体的电路，常常可以通过基极电位来控制三极管的工作状态。例如，对于 NPN 型硅管（下面的表述中，v_B、v_C、v_E 分别表示基极、集电极和发射极的电位，v_{BE} 为基射电压——发射结两端的电压）：

① 当 $v_B \leqslant v_E$ 时，三极管工作在截止区；

② 当 $v_C > v_B > v_E$，且 v_{BE} 小于死区电压时，三极管的工作状态逐渐从截止向放大过渡；

③ 当 $v_C > v_B > v_E$，且 v_{BE} 大于死区电压时，三极管进入放大工作状态；

④ 当 v_B 继续增加接近 v_C 时，三极管的工作状态逐渐从放大向饱和过渡；

⑤ 当 $v_B > v_C$ 时，三极管进入饱和工作状态。

综上所述，基极电位 v_B 在从小变大的过程中，三极管工作区的变化趋势是从截止区到放大区，再到饱和区，v_B 越高三极管越容易饱和；同时，集电极电流 i_C 随之从小到大变化（截止时最小，饱和时最大），集射极电压 v_{CE} 随之从大到小变化（截止最大，饱和时最小）。

3. 工作区的判断方法

在分析电路时，可以通过如下步骤来判断三极管的工作状态。

① 首先判断三极管是否处在截止区，判断条件是 $i_B \leqslant 0$ 或者 $v_{BE} \leqslant 0$。

② 如果不满足截止条件，则判断其是否处在饱和区，判断条件是 $i_{CS} < \beta i_B$。

③ 如果不满足饱和条件，则可以肯定三极管工作在放大区。

学习记录

【例 3.1】 电路如图 3.14（a）所示，当开关 S 分别接 A、B 和 C 点时，试分析三极管的工作状态，并求相应的集电极电流 i_C 和集射电压 v_{CE}。令 v_{BE} 和饱和压降 v_{CES} 可以忽略。

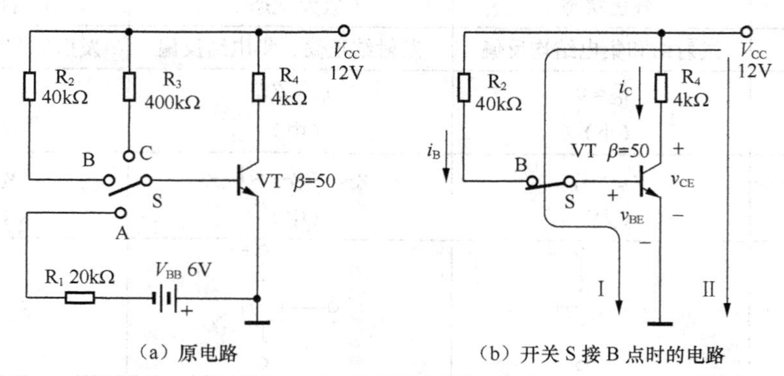

（a）原电路　　（b）开关 S 接 B 点时的电路

图 3.14　例 3.1 的电路图

【解】 ① 开关接 A 点时，发射结加反偏电压，故三极管截止，此时有

$$i_C \approx 0\ ,\quad v_{CE} = V_{CC}$$

② 开关接 B 点时，电路等效成图 3.14（b）。此时发射结加的是正偏电压，故三极管应该工作在放大区或者饱和区。因而先根据路径 I 求 i_B：

$$V_{CC} = i_B R_2 + v_{BE} \Rightarrow i_B = \frac{V_{CC} - v_{BE}}{R_2} \approx \frac{V_{CC}}{R_2} = \frac{12\text{V}}{40\text{k}\Omega} = 0.3\text{mA}$$

然后根据路径 II 求 i_{CS}：

$$V_{CC} = i_{CS} R_4 + v_{CES} \Rightarrow i_{CS} = \frac{V_{CC} - v_{CES}}{R_4} \approx \frac{V_{CC}}{R_4} = \frac{12\text{V}}{4\text{k}\Omega} = 3\text{mA} < \beta i_B = 50 \times 0.3\text{mA} = 15\text{mA}$$

三极管工作在饱和区，故有

$$i_C = i_{CS} = 3\text{mA}\ ,\quad v_{CE} = v_{CES} \approx 0$$

③ 开关接 C 点时，电路分析方法类似接 B 点的情况。根据路径 I 求 i_B：

$$i_B = \frac{V_{CC} - v_{BE}}{R_3} \approx \frac{V_{CC}}{R_3} = \frac{12\text{V}}{400\text{k}\Omega} = 0.03\text{mA} = 30\mu\text{A}$$

与 i_{CS} 比较有

$$\beta i_B = 50 \times 0.03\text{mA} = 1.5\text{mA} < i_{CS} = 3\text{mA}$$

三极管工作在放大区，故有

$$i_C = \beta i_B = 1.5\text{mA}\ ,\quad v_{CE} = V_{CC} - i_C R_4 = 12\text{V} - 1.5\text{mA} \times 4\text{k}\Omega = 6\text{V}$$

学习记录

3.1.6 三极管的主要参数

三极管的参数用于表征管子性能的优劣和适用范围，是实际设计电路时合理（正确）选择三极管的重要依据。下面将介绍最为常用的一些三极管参数。

1. 电流放大系数[1]

三极管的电流放大系数不仅有直流和交流之分，还有连接方式的区别。

（1）直流电流放大系数

① 共射极连接方式下的直流电流放大系数定义为

$$\overline{\beta}=\frac{I_C}{I_B}$$

② 共基极连接方式下的直流电流放大系数定义为

$$\overline{\alpha}=\frac{I_C}{I_E} \tag{3.8}$$

（2）交流电流放大系数

① 共射极连接方式下的交流电流放大系数定义为

$$\beta=\left.\frac{\Delta i_C}{\Delta i_B}\right|_{v_{CE}=\text{常数}}$$

② 共基极连接方式下的交流电流放大系数定义为

$$\alpha=\left.\frac{\Delta i_C}{\Delta i_E}\right|_{v_{CB}=\text{常数}} \tag{3.9}$$

在放大区，同样有$\overline{\alpha}\approx\alpha$，且其大小近似等于1，但比1略小。

2. 极间反向电流

极间反向电流是少数载流子漂移运动引起的，通常会受温度的影响，即其值会随温度增加而增加。

（1）集电极-基极反向饱和电流I_{CBO}

当集电结加上反偏电压时，集电区和基区的少数载流子漂移形成的反向电流即I_{CBO}。在一定温度下，该电流是个常数，故称为反向饱和电流。I_{CBO}的值通常较小，小功率硅管小于1μA，而小功率锗管约为10μA。因此相同情况下，应尽可能选用硅管。图3.15所示电路可以用于测试I_{CBO}。

[1] 三极管的电流放大系数不是一个常数（其值会随i_C变化），仅在一定条件下（如在放大区）近似认为是常数。

学习记录

（2）集电极-发射极反向饱和电流 I_{CEO}

基极开路时，由集电极到发射极的反向饱和电流为 I_{CEO}，这是一个经由三极管集电区、基区到发射区的穿透电流。在一定温度下，该电流也是个常数，小功率硅管在几微安以下，而小功率锗管在几十微安以上。图 3.16 所示电路可以用于测试 I_{CEO}。

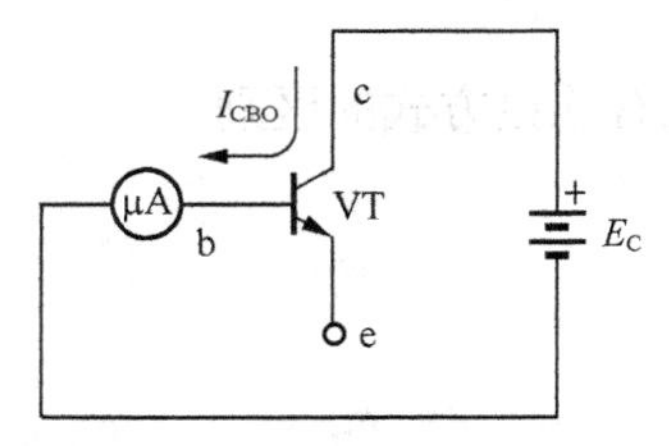

图 3.15　I_{CBO} 测试电路

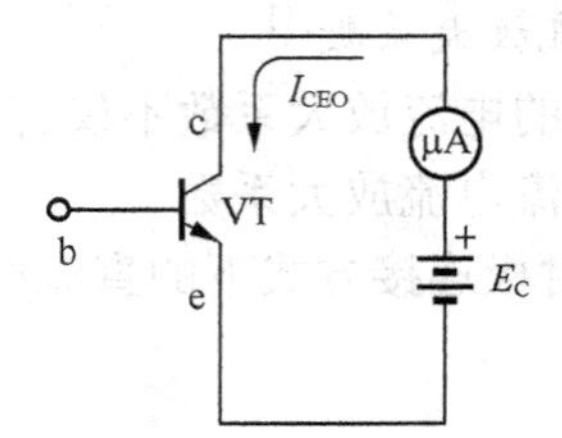

图 3.16　I_{CEO} 测试电路

I_{CEO} 与 I_{CBO} 之间存在如下关系：

$$I_{CEO} = (1+\beta)I_{CBO} \tag{3.10}$$

该关系的推导可以参看图 3.17。

实际选用三极管时，一般应尽量选择极间反向饱和电流小的管子，以减小温度对三极管工作性能的影响。因此硅管的应用比锗管更为广泛。

3. 极限参数

极限参数用于限定三极管正常工作时所允许的电压和电流范围。

（1）集电极最大允许电流 I_{CM}

如前所述，三极管的 β 不是一个常数，其值会随 i_C 变化，仅能在一定范围内近似认为其值不变。当 i_C 过大时，β 值将下降，从而影响到三极管的放大能力。因此在使用三极管时，需要限制集电极上的电流，使之不要超过 I_{CM}。

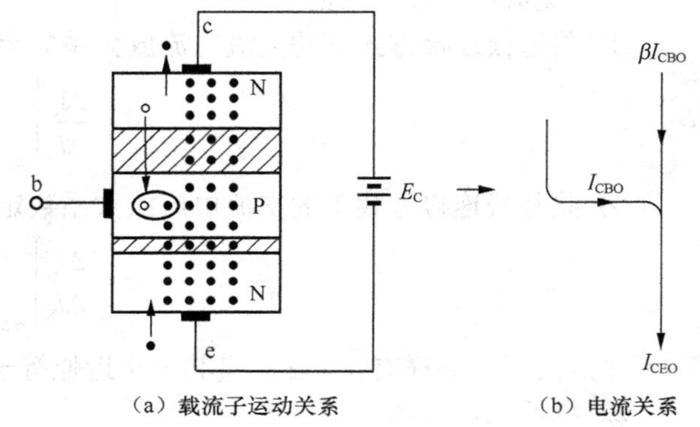

（a）载流子运动关系　　（b）电流关系

图 3.17　反向饱和电流 I_{CEO} 形成示意图

（2）集电极最大允许耗散功率 P_{CM}

三极管在工作过程中，内部的两个 PN 结都会消耗功率（大小由结电压和结电流的乘积决定），其结果是 PN 结的结温升高（PN 结消耗电能并转换为热能释放出来），如果结温超过三极管的承受范围（硅管约为 150℃，锗管约为 70℃），就会导致三极管工作性能下降，甚至被烧毁。考虑到集电结上的电压远大于发射结电压，因此其消耗的功率相对较大，占主要地位，故限制其值 P_C（$=i_C v_{CE}$）不得超过 P_{CM}。

学习记录

（3）反向击穿电压

三极管内部的两个 PN 结如果承受的反向电压过高，势必会造成其击穿，从而影响到三极管的正常工作，因而使用时必须限制其上的反向电压。

① $V_{(BR)EBO}$ 是指集电极开路时发射极-基极间的反向击穿电压。小功率管的 $V_{(BR)EBO}$ 通常只有几伏。实际电路中为避免发射结被反向击穿，可以在基极和发射极之间并联一个二极管，如图 3.18 所示，以起到保护作用：当发射极和基极间出现反向电压时，很容易导致二极管 VD 导通，二极管一旦导通其两端电压被箝位（限定）在零点几伏范围内，故能够有效保护发射结不被反向击穿。

② $V_{(BR)CBO}$ 是指发射极开路时集电极-基极间的反向击穿电压，其值较高，通常能够达到几十伏，甚至更高。

③ $V_{(BR)CEO}$ 是指基极开路时集电极-发射极间的反向击穿电压，其值主要由集电结的击穿电压决定。

总之，在实际电路中为了确保三极管安全工作，必须使集电极电流小于 I_{CM}，集电极-发射极间电压小于 $V_{(BR)CEO}$，集电极耗散功率小于 P_{CM}。结合上述极限参数可以在输出特性曲线中绘出三极管的安全工作区，具体如图 3.19 所示。

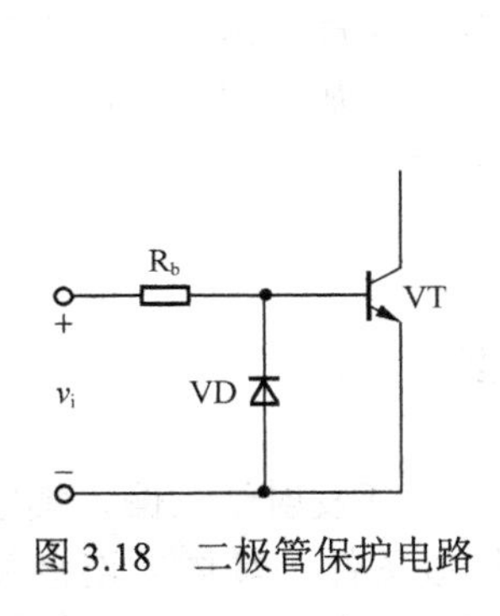

图 3.18　二极管保护电路

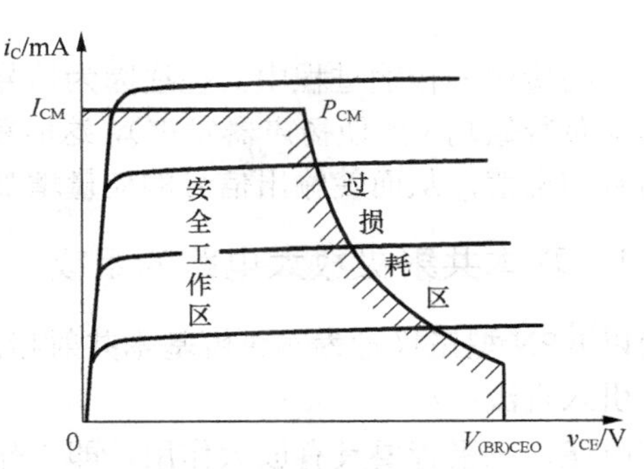

图 3.19　三极管的安全工作区

3.1.7　温度对三极管的影响

作为半导体器件，三极管的很多参数和特性都将受到温度的影响，使用时应予以注意。

1. 温度对三极管参数的影响

温度升高时，三极管的 I_{CBO}、I_{CEO}、β、$V_{(BR)CBO}$、$V_{(BR)CEO}$ 等参数值都会增大。例如，温度每升高 10℃，I_{CBO} 约增加一倍；而温度每升高 1℃，β 值增加 0.5%～1%。

2. 温度对特性曲线的影响

温度升高时，三极管共射极连接方式的输入特性曲线会向左移动，如图 3.20 所示（实线

学习记录

为温度升高前，虚线为温度升高后，下同），通常温度每升高 1℃，v_{BE} 将减小 2～2.5mV；输出特性曲线会向上移动，且各条曲线的间距加大，如图 3.21 所示。

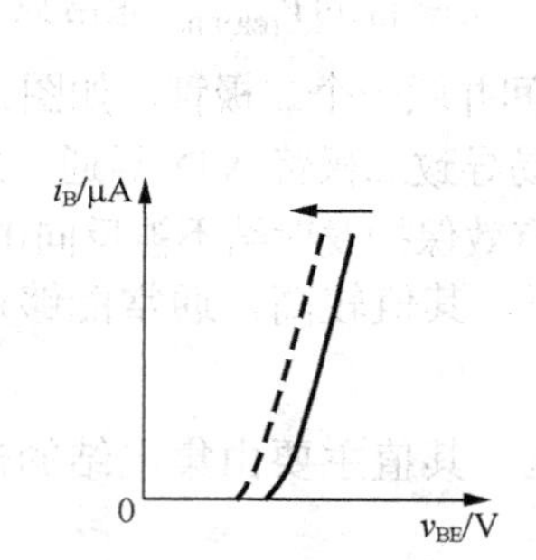

图 3.20 温度升高输入特性曲线左移

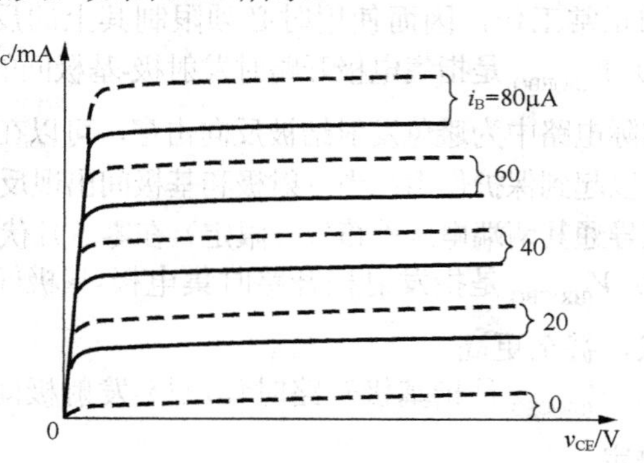

图 3.21 温度升高输出特性曲线上移

3.2 基本共射极放大电路

在信号的检测和传输过程中，往往因为信号源所产生信号的电压或电流过小而不能直接显示或驱动负载做功（如使扬声器发声），这时就需要用到放大电路。放大电路能够有效地提高输入信号的幅值，从而使输出信号的能量增加，以驱动负载做功。

3.2.1 基本共射极放大电路的组成

下面以 NPN 型三极管为例讲解基本共射极放大电路的组建过程。

（1）引入直流电源

如前所述，三极管要具有放大作用，即工作在放大区，必须保证发射结正偏、集电结反偏，所以在组成放大电路时首先需要通过引入直流电源来满足该条件，具体的连接关系如图 3.22 所示。其中：①直流电源 E_B 能够确保发射结正偏，直流电源 E_C（$>E_B$）能够确保集电结反偏；②考虑到限流的问题，分别在基极和集电极引入电阻 R_b[1]和 R_c[2]，以避免因电流过大造成三极管损坏；③集电极电阻 R_c 在动态时能够将集电极电流的变化转换为电压的变化，从而使电路具有电压放大作用。

[1] 基极电阻 R_b 与直流电源 E_B 配合能够产生合适的基极直流电流 I_B，该电流常称作基极偏流，而提供偏流的电路被称为偏置电路。

[2] 在放大区，三极管的集电极电流由基极电流决定，此时 R_c 没有限流作用，是一个负载电阻。但当三极管工作在饱和区时，饱和集电极电流 I_{CS}（集电极上的最大电流）将受到 R_c 限制。

✍ 学习记录

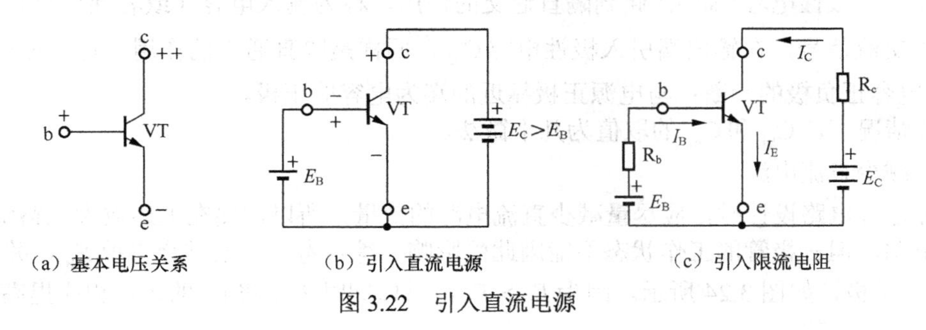

（a）基本电压关系　（b）引入直流电源　（c）引入限流电阻

图 3.22　引入直流电源

一般情况下，R_b 的取值在几十千欧到几百千欧，R_c 的取值在几千欧到几十千欧；E_B 的取值在几伏到十多伏，E_C 的取值在十多伏到几十伏。

（2）引出输入和输出端

放大电路是一个二端口网络，具有一个供信号输入的端口和一个供信号输出的端口。对于共射极放大电路来说，信号应该从三极管的基极引入、集电极取出，而发射极作为公共端，即基极和发射极组成输入端口（回路），集电极和发射极组成输出端口（回路），具体的连线关系如图 3.23 所示。其中：①v_i 表示输入信号，v_o 表示输出信号；②R_s 和 v_s 表示交流信号源，R_s 是内阻，v_s 是电源电动势；③R_L 是负载电阻；④为避免直流电源干扰交流信号源，

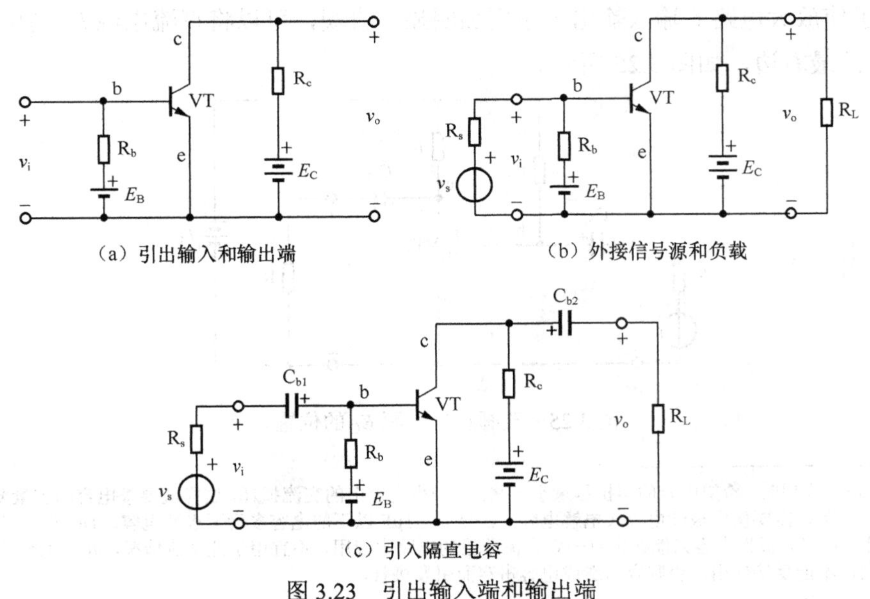

（a）引出输入和输出端　（b）外接信号源和负载

（c）引入隔直电容

图 3.23　引出输入端和输出端

✍ 学习记录

在输入端引入极性电容 C_{b1} [1]，起到隔直通交的作用，称为输入电容（或者耦合电容）；⑤为了只取出交流信号，在输出端引入极性电容 C_{b2}，同样是隔直通交的作用，称为输出电容；⑥ 极性电容正负极的判断：与电源正极靠近的端为电容的正极。

一般情况下，C_{b1} 和 C_{b2} 的取值为几十微法。

（3）减少直流电源

实际进行电路设计时，应尽量减少直流电源的数量，所以需要在上述放大电路中去掉一个直流电源，但三极管的工作状态不能因此受影响。综合考虑，通常会去掉 E_B，并将 R_b 换接到 E_C 的正极，如图 3.24 所示。因为 $E_C > E_B$，所以同时需要将 R_b 的阻值相应提高。

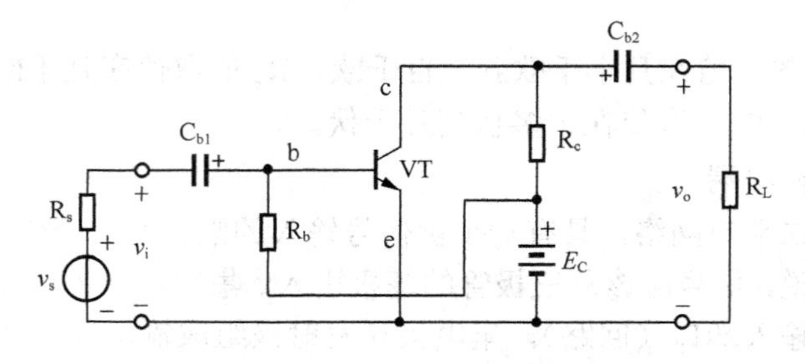

图 3.24　去掉直流电源 E_B

（4）改画电路

① 为了使放大电路的输入输出关系更加明显、直观，可以将直流电源 E_C 的位置从中间改画到电路的最右边，如图 3.25 所示。

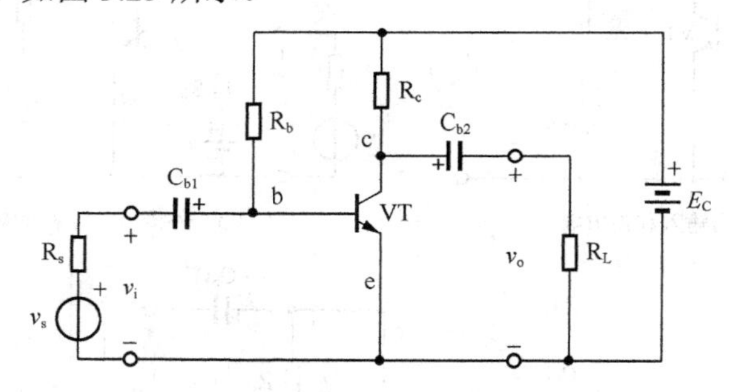

图 3.25　改画直流电源 E_C 的位置

[1] 在交流信号作用时，希望电容的容抗尽量小一些，以减少电容上的交流损耗，这样就要求电容的容量要足够大（一般在几十微法），所以需要使用极性电容（电解电容）。目前，1μF 以下的电容多为无极性电容，1μF 以上的电容均为电解电容。但应注意的是，极性电容只能在带有一定直流分量的电路中应用，不宜用于纯交流情况，并且电容的极性要顺应直流分量的方向，不能反接使用，否则容易造成电容击穿而引发爆管。

学习记录

② 电子电路通常采用电位方式来表述两点间的电压关系，即画图时不用画出直流电源，而直接在关键点标出其电位值，这样可以使电路看起来更加简洁。所以对于基本共射极放大电路，习惯上将发射极选为电路的公共参考点，即地点，用符号⊥表示，而在基极电阻 R_b 和集电极电阻 R_c 的公共连接端标示一个电位值 V_{CC}，具体如图 3.26 所示，这也是放大电路的典型绘图方式。

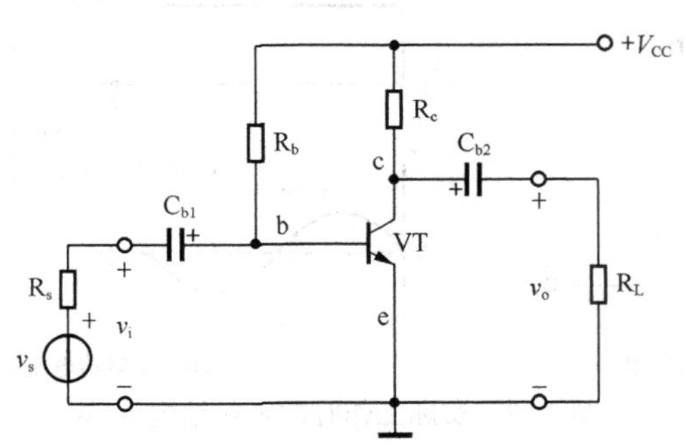

图 3.26 基本共射极放大电路的典型绘图方式

3.2.2 基本共射极放大电路的工作原理

在直流电源的作用下，三极管进入放大状态，同时放大电路的输入端口和输出端口上建立了一定的直流电压和直流电流，如图 3.27 所示，为交流信号的变化预留了必要的空间。

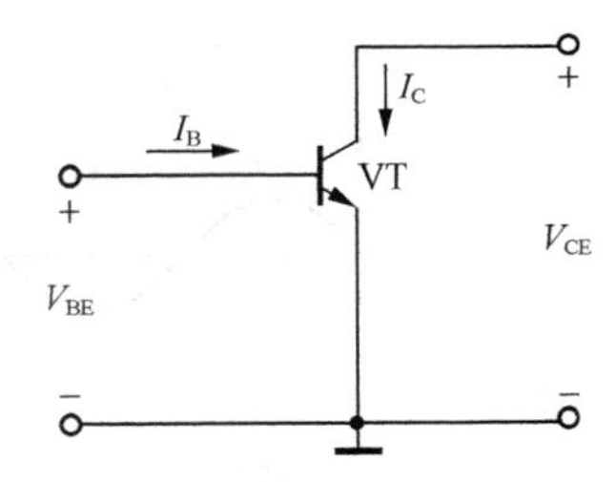

图 3.27 端口处的直流电压和电流

① 如果此时有外加的输入信号 v_i（通常假设是一个正弦交流信号）送入，其将与直流信号共同作用于发射结，如图 3.28 所示，此时的发射结电压为

$$v_{BE} = V_{BE} + v_i = V_{BE} + v_{be} \tag{3.11}$$

式中：V_{BE} 表示直流量[1]；v_{be} 表示纯粹的交流量；v_{BE} 表示直流量与交流量的叠加。显然，v_{BE} 是一个直流量，其最低值 $v_{BE(min)}$ 大于发射结的死区电压 V_{th}，以便始终保持发射结的正偏状态。

② 发射结电压的变化势必会引起基极电流的变化，如图 3.29 所示，此时的基极电流可以表示为

[1] 只要电流（或电压）的方向不随时间改变，则该电流（或电压）就是直流量。如果直流量的大小不变，则称为恒定的直流；如果大小随时间变化，则表明该直流量中包含有交流成分。

学习记录

$$i_B = I_B + i_b \tag{3.12}$$

式中：I_B 表示直流量；i_b 表示纯粹的交流量；i_B 表示直流量与交流量的叠加。同样，i_B 也是一个直流量，其最小值 $i_{B(min)}$ 仍然是大于零的，即 i_B 仍然满足流入基极的关系。

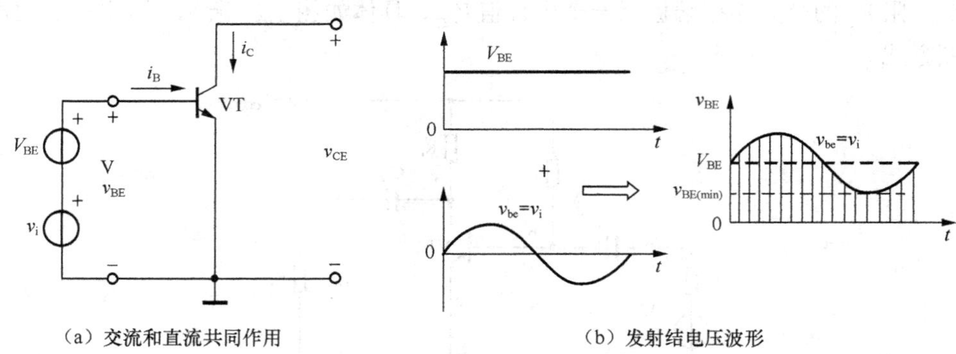

（a）交流和直流共同作用　　（b）发射结电压波形

图 3.28　实际工作时的发射结电压

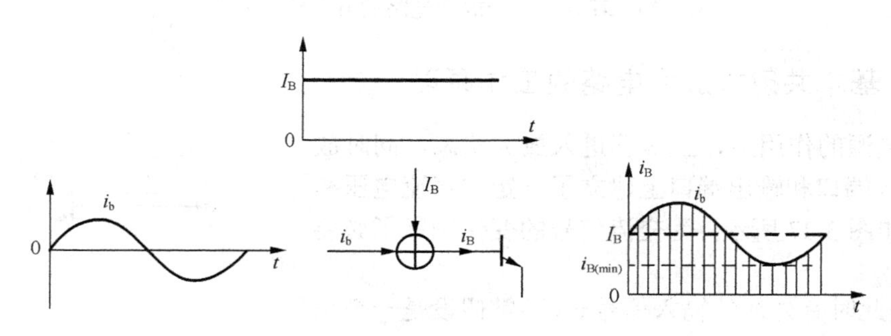

图 3.29　实际工作时的基极电流

③ 基极电流 i_B 的变化又会引起输出端口上的集电极电流 i_C 变化，考虑到在放大区，两者之间存在线性关系，所以集电极电流 i_C 同样是直流量，如图 3.30（b）所示，可以表示为

$$i_C = I_C + i_c \tag{3.13}$$

④ 集电极电流的变化被集电极电阻 R_c 转换为电压（$i_C R_c$）的变化，从而导致集射电压 v_{CE}（$=V_{CC} - i_C R_c$）[1]的变化，如图 3.30（c）所示。很明显，i_C 越大，R_c 上的分压也就越大，v_{CE} 变小；反之，i_C 越小，R_c 上的分压也就越小，v_{CE} 变大。同上，v_{CE} 可以表示为

$$v_{CE} = V_{CE} + v_{ce} = V_{CE} + v_o \tag{3.14}$$

---

[1] 这里只作定性分析，暂不考虑负载电阻 R_L 对 v_{CE} 的影响。

学习记录

注意，v_{ce}就是输出端口处的交流电压v_o。

⑤ 如果仅考虑v_{CE}和v_{BE}中的交流分量，它们之间存在关系：

$$v_{ce}=A_v v_{be} \quad 或 \quad v_o=A_v v_i \tag{3.15}$$

式中：A_v为常数（以后将称之为电压放大倍数）。对于基本共射极电路的A_v，其值通常是远大于1的，所以输出电压$v_o(v_{ce})$的幅值大于输入电压$v_i(v_{be})$的幅值，即电路的输出电压和输入电压之间存在着放大关系，故基本共射极电路被称为放大电路，能放大输入电压，属于电压放大器。

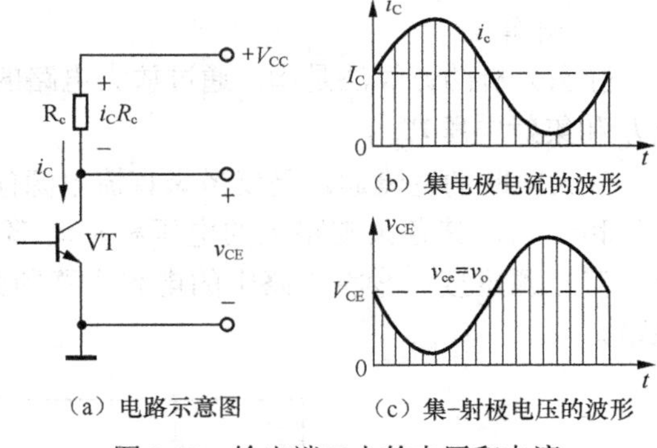

图 3.30 输出端口上的电压和电流

⑥ 需要特别指出的有如下两点。

- 对于放大电路来说，输入端口处的电压和电流波动，势必造成输出端口处的电压和电流波动，但只要输入信号的幅值限制在一定范围内（由相应的直流值决定），各电极的基本电压关系仍然满足发射结正偏、集电结反偏，而电流的基本关系仍然满足基极和集电极电流流入、发射极电流流出，三极管始终工作在放大区。
- 从交流关系来看，放大电路输出交流电压的幅值将获得提高，即其能量将增加，但应该注意，信号能量的增加不是来自于三极管，而是来自于直流电源。直流电源在放大电路中有两个作用，其一是确保三极管工作在放大区，其二是为交流信号放大提供所需的能量。

3.3 放大电路的分析

如前所述，放大电路实际工作时，直流电源V_{CC}和交流信号源v_s将同时作用于电路，故电路中各支路上的电压和电流都可以看成是由直流分量和交流分量叠加而成，因此可以使用叠加原理来分析放大电路：①先考虑直流电源的作用，称为静态分析，以明确三极管的工作点是否合适，即三极管是否工作在放大区的合适位置；②然后考虑交流信号源的作用，称为动态分析，用于计算放大电路的动态参数，如电压放大倍数、输入电阻和输出电阻等。

3.3.1 静态分析

静态分析的基础是放大电路的直流通路，分析方法包括计算法和图解法。

学习记录

1. 计算法

静态分析的计算法是指：通过放大电路的直流通路直接计算静态基极电流 I_B、集电极电流 I_C 和集射电压 V_{CE}。

放大电路的直流通路是仅考虑直流电源作用时的等效电路，电路中不包含与交流相关的参数和结构，其各条支路上的电压和电流都是稳定的直流量。画直流通路的关键是：①将交流信号源短接；②将电路中的电容支路断开。图 3.31 所示为基本共射极放大电路的直流通路。

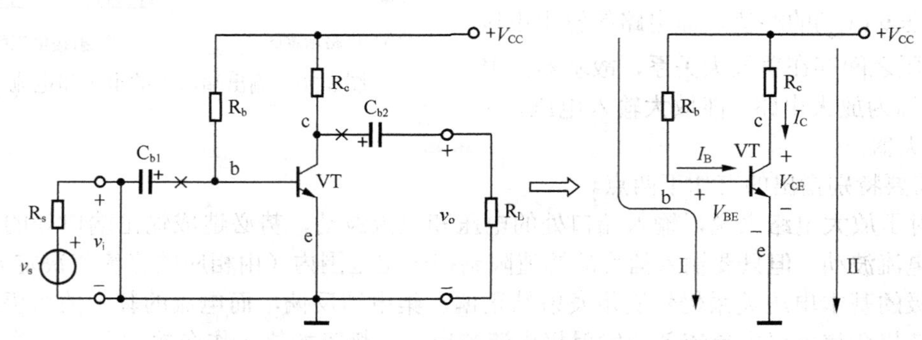

图 3.31　基本共射极放大电路的直流通路

【分析方法】

① 根据路径 I 列 KVL 方程：

$$V_{CC} = I_B R_b + V_{BE}$$

整理得

$$I_B = \frac{V_{CC} - V_{BE}}{R_b}$$

如果是估算，可以忽略 V_{BE}，即有

$$I_B \approx \frac{V_{CC}}{R_b}$$

② 根据三极管工作在放大区得

$$I_C = \beta I_B$$

③ 根据路径 II 列 KVL 方程：

$$V_{CC} = I_C R_c + V_{CE}$$

整理得

$$V_{CE} = V_{CC} - I_C R_c$$

2. 图解法

静态分析的图解法是指：以放大电路的直流负载线和三极管的输出特性曲线为基础，通过画图方式来确定电路的静态值。

直流负载线和输出特性曲线都描述了三极管集射电压与集电极电流之间的变化关系，但前者主要受放大电路参数 V_{CC} 和 R_c 的约束，而后者主要受三极管基极电流的约束。图解法就是要在 (v_{CE}, i_C) 平面上找到直流负载线与输出特性曲线的交集，并以此确定静态值。

学习记录

基本共射极放大电路的直流负载线为

$$V_{CE}=V_{CC}-I_CR_c \text{ 或 } I_C=-\frac{1}{R_c}V_{CE}+\frac{V_{CC}}{R_C} \tag{3.16}$$

这是一个直线方程，其斜率为$-1/R_c$，画图时可以通过两个特殊点来确定该直线。

① 令$I_C=0\Rightarrow V_{CE}=V_{CC}\Rightarrow(V_{CC},0)$——直流负载线与横轴（$v_{CE}$轴）的交点。

② 令$V_{CE}=0\Rightarrow I_C=\frac{V_{CC}}{R_c}\Rightarrow\left(0,\frac{V_{CC}}{R_c}\right)$——直流负载线与纵轴（$i_C$轴）的交点。

在三极管的输出特性曲线上画出直流负载线，如图3.32所示。显然，直流负载线与输出特性曲线的交点（如Q、Q′、Q″等）就是两者的交集，即放大电路处于静态时可能的工作点，将其称为静态工作点，用字母Q来表示。

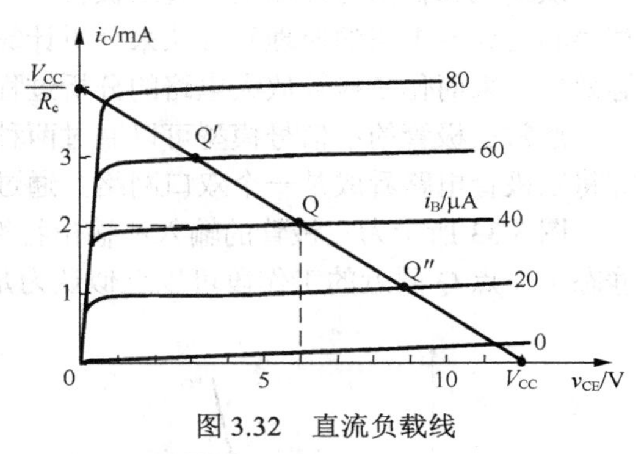

图3.32 直流负载线

关于静态工作点的几点说明如下。

① 放大电路实际工作时，静态工作点只可能有一个，且一定是直流负载线与输出特性曲线交点中的一个，但具体是哪一个点则由当前的静态基极电流I_B确定。例如，$I_B=40\mu A$时，静态工作点为Q点；$I_B=60\mu A$时，为Q′点；$I_B=20\mu A$时，为Q″点。考虑到失真问题，通常应将静态工作点调整到放大区的中心位置，就图3.32而言，实际的静态工作点就应该是Q点。

② 静态工作点的位置可以通过静态基极电流I_B来调整：I_B越大Q点越高；反之，Q点越低。考虑到电源电压V_{CC}一定时，基极电流I_B是由基极电阻R_b决定的，故实际调节放大电路静态工作点时，是通过调节基极电阻R_b来实现的。但应该注意到，I_B和R_b是成反比的，故增大R_b将降低Q的位置，而减小R_b将推高Q点的位置。

③ 从图示可以看出，静态工作点实际是由I_B、I_C和V_{CE}共同决定的，如果在图中确定了Q点的位置，就可以读出相应的I_B、I_C和V_{CE}值（例如，图3.32中的Q点对应的这3个值分别为40μA、2mA和6V）；反之，如果计算出了电路静态时的I_B、I_C和V_{CE}值，就可以在输出特性曲线中标出Q点的位置，这也是为什么计算法需要分析这3个物理量的原因。

④ 为了强调放大电路中决定Q点位置的静态值，通常将基极电流、集电极电流和集射电压书写为I_{BQ}、I_{CQ}和V_{CEQ}。

【小结】 关于静态分析图解法的小结

① 放大电路的静态工作点是直流负载线与某条输出特性曲线的交点，其中直流负载线限定了静态工作点的变化范围，而输出特性曲线决定了静态工作点在直流负载线上的具体位置。

学习记录

② 直流负载线由放大电路的参数 V_{CC} 和 R_c 决定，而输出特性曲线由三极管决定。因此，即使是同一结构的放大电路，使用同种类型的三极管，如果 V_{CC} 和 R_c 不同，则直流负载线不同，静态工作点的位置也会随之变化。

③ 分析放大电路的静态工作点就是求解 I_{BQ}、I_{CQ} 和 V_{CEQ} 的值。

3.3.2 动态分析

动态分析的基础是三极管的小信号模型、放大电路的交流通路和放大电路的小信号等效电路。

1. 三极管的小信号模型

从输入和输出特性曲线来看三极管是一种非线性器件，即由三极管构成的放大电路不能直接利用线性电路的原理和方法来分析计算。因此，需要先找到一种能够将三极管线性化的等效模型来简化三极管放大电路的分析过程。

通常三极管的小信号模型可以通过两种方法来建立：①根据三极管的特性曲线来推导；②将三极管电路看成是一个双口网络，通过分析其 H 参数[1]来推导。下面主要介绍前者。

图 3.33 所示为三极管的输入和输出特性曲线。从图中可以看出：当输入信号较小时，在静态工作点 Q 附近的工作段可以近似认为是直线。

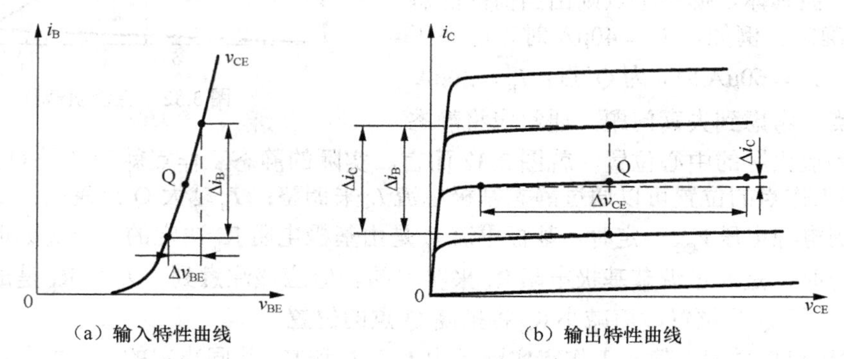

（a）输入特性曲线　　（b）输出特性曲线

图 3.33　三极管的特性曲线

（1）输入端口的等效

在输入特性曲线中，定义三极管的输入电阻 r_{be}：

$$r_{be}=\left.\frac{\Delta v_{BE}}{\Delta i_B}\right|_{v_{CE}=常数}=\left.\frac{v_{be}}{i_b}\right|_{v_{CE}=常数} \tag{3.17}$$

[1] H 参数是双口网络的一种混合型伏安关系，由 4 个子参数组成，分别反映了输入电压与输入电流和输出电压的关系，以及输出电流与输入电流和输出电压的关系。至于 H 参数的具体表达形式可以参看邱关源主编的《电路》一书。

学习记录

该电阻是一个对交流而言的动态电阻，强调变化电压（v_{be}）与变化电流（i_b）之间的关系。r_{be}的引入，就将三极管的基极和发射极之间的连接关系简化为一个电阻，如图3.34所示。

在小信号的条件下，r_{be}是一个常数。低频小功率三极管的输入电阻常用下式估算：

$$r_{be} \approx r_{bb'} + r_e = 200\Omega + (1+\beta)\frac{26(\text{mV})}{I_E(\text{mA})} = 200\Omega + \frac{26(\text{mV})}{I_B(\text{mA})} \tag{3.18}$$

式中：①$r_{bb'}$表示基区的体电阻，描述基区对电流的阻碍作用；②r_e表示基-射极之间的等效电阻，包括发射结的结电阻和发射区的体电阻；③在常温下$r_{bb'}$常取200Ω，而r_e可以通过静态时的发射极电流或基极电流来估算。r_{be}的阻值一般为几百欧到几千欧。

（2）输出端口的等效

在输出特性曲线的放大区，基极电流对集电极电流存在控制关系，所以首先可以使用一个受控电流源来描述它们之间的关系，如图3.35所示。注意，这是一个电流控电流源，基极电流是控制量。

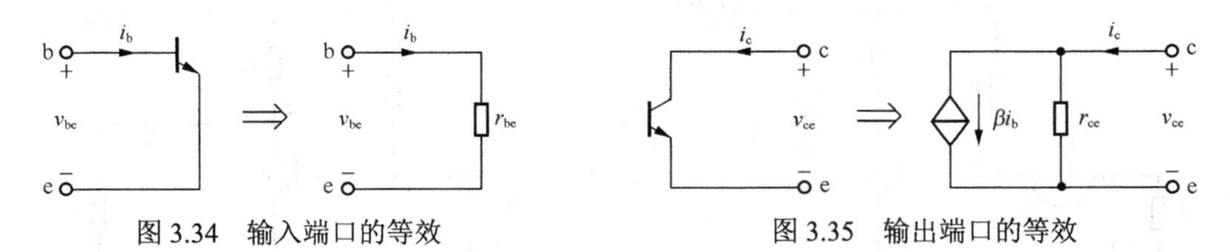

图3.34 输入端口的等效　　图3.35 输出端口的等效

另外，类似地定义三极管的输出电阻r_{ce}：

$$r_{ce} = \left.\frac{\Delta v_{CE}}{\Delta i_C}\right|_{i_B=\text{常数}} = \left.\frac{v_{ce}}{i_c}\right|_{i_B=\text{常数}} \tag{3.19}$$

这也是一个动态电阻，描述了交流信号v_{ce}和i_c之间的关系。在小信号的条件下，r_{ce}是一个常数。考虑到三极管在放大区时，集电极电流具有恒流性，即电压v_{ce}变化很大时，电流i_c基本不变（实际上略有上升），所以r_{ce}的阻值通常较大，为几十千欧到几百千欧。

如果将三极管的输出电路看作电流源，r_{ce}就可以看成是电源的内阻，故在等效电路中与受控电流源并联，如图3.35所示。此时的集电极电流可以表示为

$$i_c = \beta i_b + \frac{v_{ce}}{r_{ce}} \approx \beta i_b$$

考虑到放大电路外接的负载电阻值与r_{ce}相比往往较小，所以实际分析计算时，通常将r_{ce}忽略不计。

学习记录

（3）低频简化小信号模型

综上所述，三极管的低频[1]简化小信号模型如图 3.36 所示。

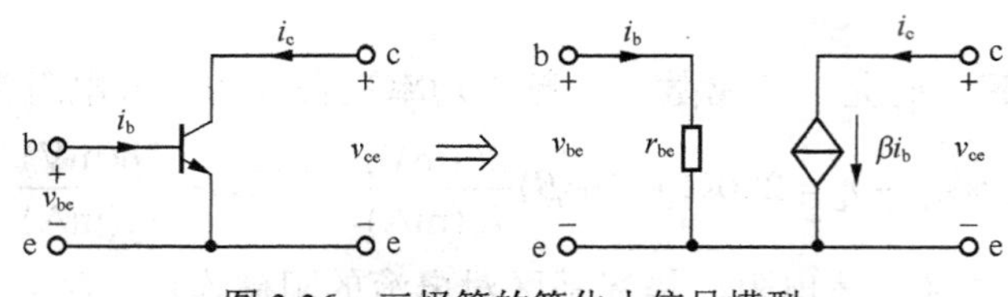

图 3.36　三极管的简化小信号模型

2. 放大电路的交流通路

放大电路的交流通路是指仅考虑交流信号源作用时的等效电路，电路中不包含直流电源 V_{CC}，其各条支路上电压和电流都是纯交流量。画交流通路的关键是：①将直流电源 V_{CC} 短接，即接 $+V_{CC}$ 的点改画成地点；②对于交流，输入输出电容的容量较大，可以视作短接，即电容支路用导线代替。图 3.37 所示为基本共射极放大电路的交流通路。

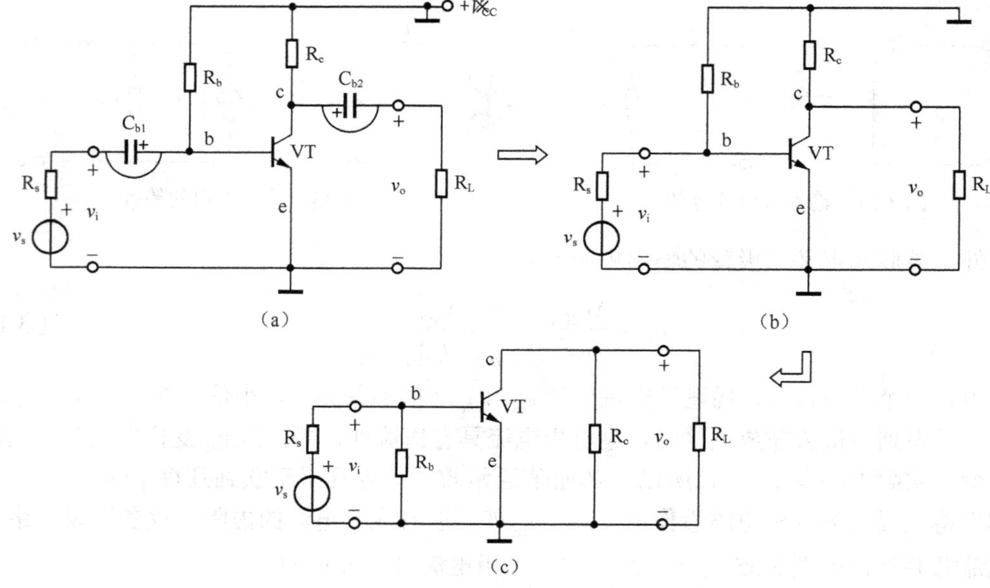

图 3.37　基本共射极放大电路的交流通路

[1] 三极管的发射结和集电结上都存在结电容，但其值较小，在中低频时通常不予考虑。但在高频段，三极管的结电容必须考虑，其小信号模型也有相应变化。本教材没有特别说明时，都是在中低频情况下应用三极管。

学习记录

3. 放大电路的小信号等效电路

在交流通路的基础上可以进一步画出放大电路的小信号等效电路——即将三极管改画为小信号模型后的交流等效电路。图3.38所示为基本共射极放大电路的小信号等效电路。

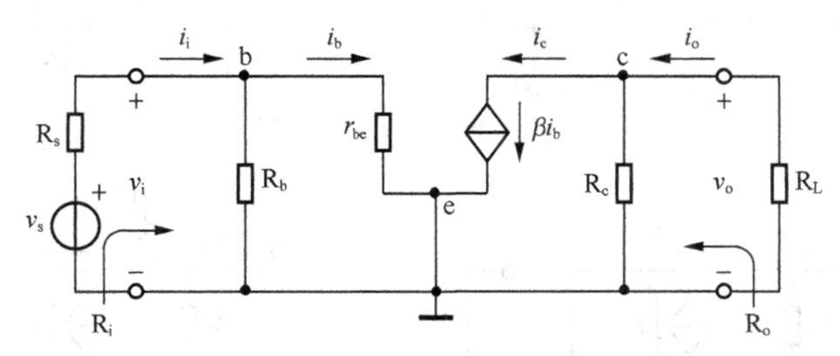

图3.38　基本共射极放大电路的小信号等效电路

【方法】

如果事先没有画出交流通路，可以按照如下步骤绘制放大电路的小信号等效电路。

① 分析放大电路中三极管的组态，以确定3个电极的绘图位置，如图3.39所示。注意，电路图中v_i标识的是输入端、v_o是输出端，据此可以分析出三极管的连接组态。

② 按电路组态画出三极管的小信号等效电路，如图3.39所示。

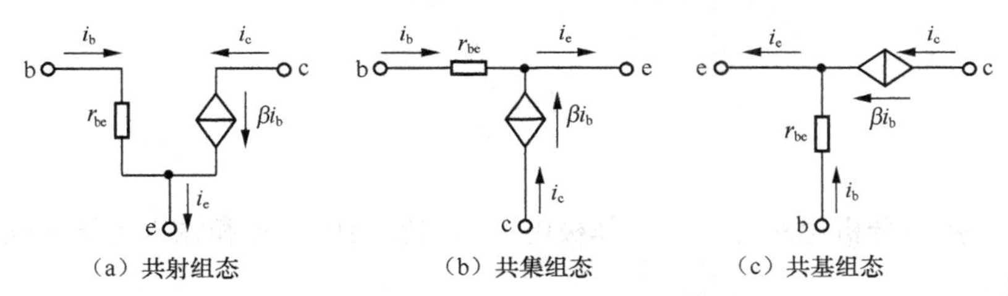

（a）共射组态　（b）共集组态　（c）共基组态

图3.39　三种组态对应的小信号模型绘图

③ 从公共端出发找地点（画出接地点——电路的公共参考点）。

④ 分别延长输入端线、输出端线和地线，以明确输入端口和输出端口。

⑤ 在输入端口和输出端口连接其他元件，完成小信号等效电路的绘图。

【示例】

下面以基本共射极放大电路为例简介上述绘图步骤，具体如图3.40所示。

4. 动态分析

在小信号等效电路的基础上可以计算放大电路的动态参数：电压放大倍数A_v、输入电阻R_i和输出电阻R_o。电压放大倍数反映了电路的放大能力；输入电阻反映了放大电路的抗干扰能力；而输出电阻反映了放大电路的带负载能力。

✍ 学习记录

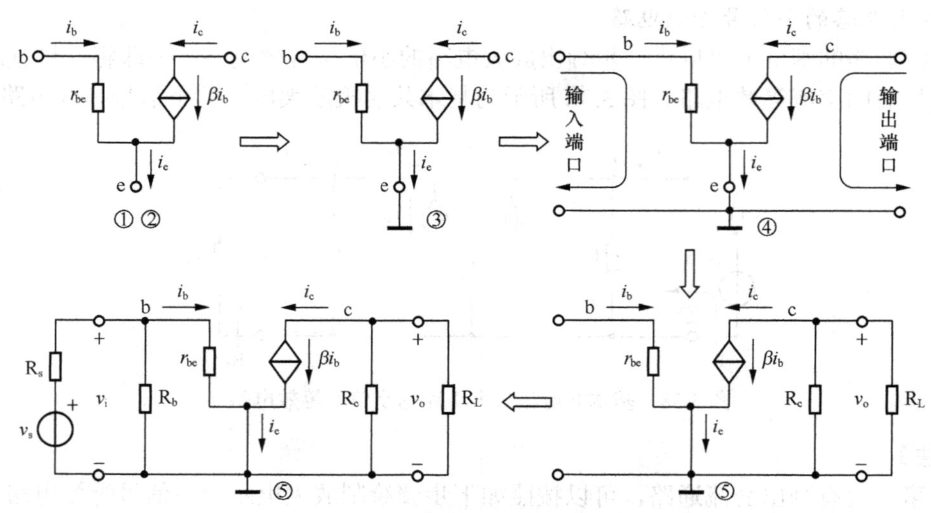

图 3.40　基本共射极放大电路的小信号等效电路绘图步骤

（1）电压放大倍数 A_v

放大电路的电压放大倍数（也可称为电压增益）定义为电路的输出电压 v_o 与输入电压 v_i 之比，即

$$A_v = \frac{v_o}{v_i} \tag{3.20}$$

【方法】

电压放大倍数的分析思路是，通过基极电流 i_b 将输出电压 v_o 和输入电压 v_i 联系起来。具体分析步骤如下。

① 根据输出回路写出输出电压随基极电流变化的关系式，即 $v_o = f_o(i_b)$。

② 根据输入回路写出输入电压随基极电流变化的关系式，即 $v_i = f_i(i_b)$。

③ 将输出电压和输入电压表达式代入定义式，消除中间量（基极电流），得电压放大倍数。

【示例】

分析基本共射极放大电路的电压放大倍数。

① 由图 3.38 可知，输出回路上 R_c 和 R_L 构成并联电路，其等效电阻常表示为 R_L'（$= R_c // R_L$），流过 R_L' 的电流为 i_c，但电流方向与电压 v_o 方向相反，故有

$$v_o = f_o(i_b) = -i_c R_L' = -\beta\, i_b R_L'$$

② 由图 3.38 可知，输入回路中 v_i 即电阻 r_{be} 两端的电压，且其上的电流为 i_b，故有

$$v_i = f_i(i_b) = i_b r_{be}$$

✍ 学习记录

③ 基本共射极放大电路的电压放大倍数为

$$A_v = \frac{v_o}{v_i} = \frac{-\beta\, i_b R_L'}{i_b r_{be}} = -\beta \frac{R_L'}{r_{be}} \tag{3.21}$$

【说明】

① 放大电路的电压放大倍数由自身参数和负载电阻决定，与实际外加的输入信号无关。

② 基本共射极放大电路的电压放大倍数带负号，表示输出电压与输入电压反相位。如果假设输入信号为正弦交流电压，则输入输出关系如图 3.41 所示。

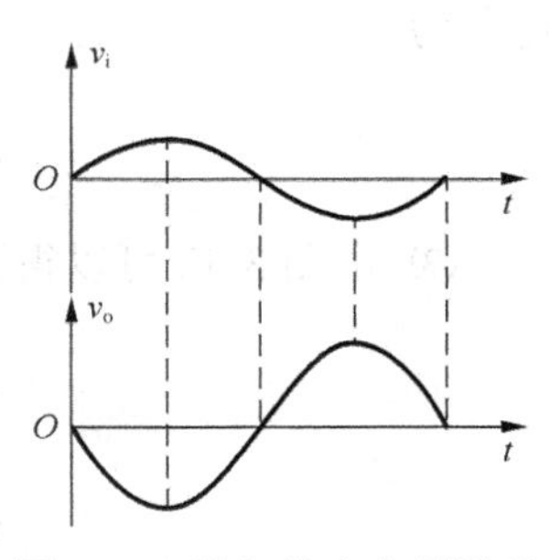

图 3.41　输入输出电压波形

③ 从电压放大倍数的绝对值大小 $|A_v|$，可以反映出电路的电压放大能力。通常在不失真的条件下，其值应是越大越好。

④ 对于基本共射极放大电路来说，由于 β 较大，故其电压放大能力较强。注意，电路不带负载（$R_L = \infty$）时电压放大倍数最大，为

$$\left|A_{v(\max)}\right| = \beta \frac{R_c}{r_{be}}$$

（2）输入电阻 R_i

输入电阻是从放大电路的输入端口看进去的等效电阻值，定义为输入电压 v_i 与输入电流 i_i 之比，即

$$R_i = \frac{v_i}{i_i} \tag{3.22}$$

【提示】

求输入电阻时要将外加的信号源 v_s 和 R_s 去掉后再分析。

【示例】

对于基本共射极放大电路的小信号等效电路，输入回路和输出回路没有直接连接关系，即输出回路不影响输入回路，所以输入电阻完全由输入回路决定，从图 3.38 可知，R_b 和 r_{be} 是并联关系，故输入电阻为

$$R_i = R_b \,//\, r_{be} \approx r_{be}$$

【说明】

关于输入电阻的说明如下。

① 输入电阻应该越大越好。关于这一点可以参看图 3.42，该图描述了外加信号源与放大电路输入回路的等效连接关系。很明显，信号源的内电阻 R_s 与输入电阻 R_i 是串联关系，故 R_i

✍ 学习记录

越大其上分得的电压就越大，即放大电路从信号源获得的有效信号 v_i 就越大。习惯上认为输入电阻越大，放大电路的抗干扰能力就越强。

② 关于源压放大倍数。有时希望知道放大电路输出电压 v_o 与信号源电压 v_s 之间的关系，故引入源压放大倍数的概念，其定义为

$$A_{vs}=\frac{v_o}{v_s} \tag{3.23}$$

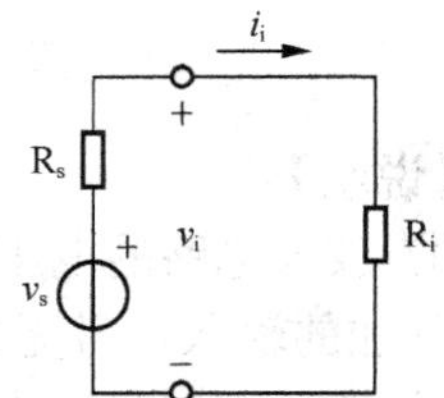

图 3.42　输入回路的等效电路

③ 由图 3.42 可以得到源压放大倍数的求解方法：

$$\left.\begin{aligned} A_{vs}&=\frac{v_o}{v_s}=\frac{v_i}{v_s}\times\frac{v_o}{v_i}=\frac{v_i}{v_s}A_v \\ v_i&=\frac{R_i}{R_i+R_s}v_s \end{aligned}\right\}\Rightarrow A_{vs}=\frac{R_i}{R_i+R_s}A_v \tag{3.24}$$

④ 通常情况下 R_b 的值比 r_{be} 大得多，故基本共射极放大电路的输入电阻近似等于 r_{be}。由于 r_{be} 一般为几百欧到几千欧，其值不大，故基本共射极放大电路的输入电阻不高。

（3）输出电阻 R_o

输出电阻是从放大电路的输出端口看进去的等效电阻值，定义为输出电压 v_o 与输出电流 i_o 之比，即

$$R_o=\frac{v_o}{i_o} \tag{3.25}$$

【提示】

求输出电阻时要将外接的负载电阻 R_L 去掉后再分析。

【示例】

对于基本共射极放大电路的小信号等效电路，求输出电阻。

① 考虑到输入回路会通过受控源影响到输出回路，故求解输出电阻时应先画出去掉输入端外加信号源 v_s 后的等效电路[1]，如图 3.43 所示。

② 从图 3.43 可以看出，如果在输出端口处外加激励并不会影响到输入回路，因为两个回路是断开的，即输入回路中的基极电流始终为零，故输出回路中受控源支路电流为零，所以可作开路处理。

③ 基本共射极放大电路的输出电阻为

[1] 求输入电阻时，二端网络中的所有独立电源都要去掉，即电压源短接处理，电流源开路处理。

✍ 学习记录

$$R_o \approx R_c \tag{3.26}$$

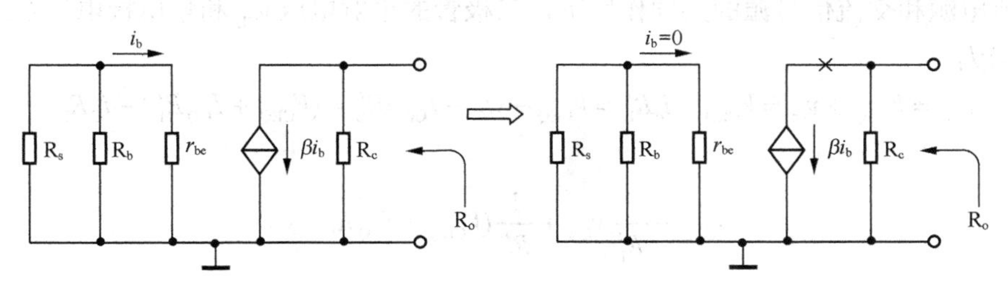

图 3.43 求输出电阻的等效电路

【说明】

关于输出电阻的说明如下。

① 式（3.26）中用约等号的原因是，三极管的小信号模型中忽略了动态电阻 r_{ce}，实际输出电阻的表达式应该为

$$R_o = R_c // r_{ce}$$

② 以后在分析类似结构的电路时，可以直接引用式（3.26），没有必要去推导。

③ 输出电阻应该越小越好，原因是：基本共射极放大电路属于电压放大器，以输出电压的稳定性为技术指标。故将放大电路的输出回路等效成一个电压源的形式对负载供电，如图 3.44 所示，R_o 就是电压源的内阻，即其值越小放大电路的电压输出特性就越好——当外接负载阻值改变时，负载两端的电压变化相对较小。习惯上认为输出电阻越小，放大电路带负载的能力就越强。

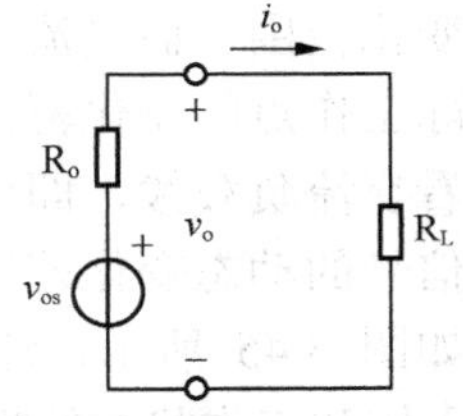

图 3.44 输出回路的等效电路

④ 考虑到基本共射极放大电路的输出电阻近似由集电极电阻 R_c 决定，而 R_c 一般为几千欧，故电路的输出电阻较大。

【总结】

对基本共射极放大电路动态分析的总结。

① 电路是一种电压放大器，具有较强的电压放大能力。

② 电路是一种反相放大器，输出电压与输入电压反相位。

③ 电路的输入电阻相对较小，抗干扰能力一般。

④ 电路的输出电阻相对较大，带负载能力一般。

3.3.3 综合图解分析

在静态分析和动态分析的基础上，可以将两种分析的结果用图解法合成，即将电路各条支路上直流量与交流量叠加在一起考虑，并用图形描述它们之间的相互关系。

学习记录

1. 交流负载线

在直流电源和交流信号源的共同作用下，三极管的集射电压v_{CE}和集电极电流i_C之间的关系可以表示为

$$v_{CE}=V_{CEQ}+v_{ce}=V_{CEQ}-i_cR'_L=V_{CEQ}-(i_C-I_{CQ})R'_L=(V_{CEQ}+I_{CQ}R'_L)-i_CR'_L \quad (3.27)$$

或者

$$i_C=-\frac{1}{R'_L}v_{CE}+\frac{1}{R'_L}(V_{CEQ}+I_{CQ}R'_L) \quad (3.28)$$

其中：

$$V_{CEQ}=V_{CC}-I_{CQ}R_c;\ \ v_{ce}=-i_cR'_L;\ \ i_C=I_{CQ}+i_c$$

这仍然是一种线性变换关系，将该条直线称为放大电路的交流负载线。交流负载线限制了放大电路实际工作点的变化范围，即实际工作点只能沿着该条直线变化。

很明显，当交流值为零时，交流负载线和直流负载线取值相同，即两者必然相交于静态工作点Q，如图3.45所示。其中，变化较平缓的是直流负载线（其斜率为$-1/R_c$），较陡直的是交流负载线（其斜率为$-1/R'_L$）。

2. 输出信号的动态变化范围

直流负载线约束了放大电路静态工作点Q的变化范围，而交流负载线约束了放大电路实际工作点的变化范围，所以作动态分析应该看交流负载线，即由交流负载线来确定输出信号的动态变化范围。

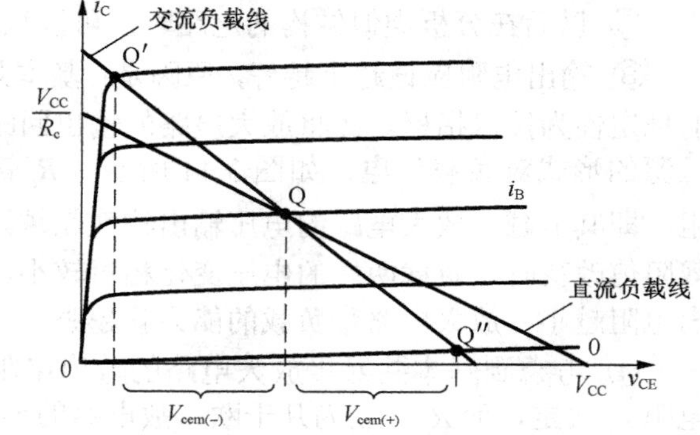

图3.45　交流负载线和直流负载线

如图3.45所示，通常情况下，以Q′点为进入饱和工作状态的临界点，以Q″点为进入截止工作状态的临界点（如果输出特性曲线中没有给出为零的这一条，则Q″点为交流负载线与横轴的交点），这样输出信号v_{ce}的动态范围（最大不失真幅值）就限制为

$$V_{cem}=\min(V_{cem(-)},V_{cem(+)}) \quad (3.29)$$

3. 输入信号和输出信号的波形关系

假设输入信号是一个单一频率的正弦交流电压v_i，则其通过共射极放大电路时，电路中相关电压、电流的波形关系如图3.46所示。

【看图说明】

① 注意：对于共射极放大电路，三极管的基射电压v_{be}等于输入电压v_i；而输出电压v_o等于三极管的集射电压v_{ce}。另外，所有交流信号都是在直流信号（静态值）的基础上变化。

✍ 学习记录

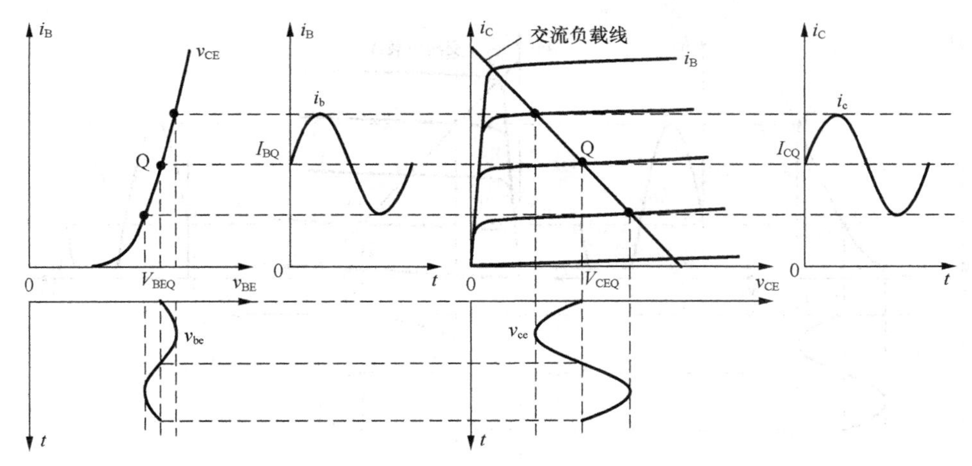

图 3.46　三极管上电压、电流的波形关系

② 首先以三极管的输入特性为中心，观察基极电流 i_b 随输入电压 v_i 变化的规律，这两者之间是同频同相位的关系，大小之间由动态电阻 r_{be} 决定。

③ 然后以三极管的输出特性为中心，观察集电极电流 i_c 随基极电流 i_b 变化的规律，这两者之间是同频同相位的关系，大小之间由三极管的电流放大系数 β 决定。

④ 仍然以三极管的输出特性为中心，观察基极电流变化引起实际工作点沿交流负载线变化的规律，当工作点升高时集电极电流 i_c 增大，而集射电压 v_{ce}（即输出电压 v_o）将减小；而当工作点随基极电流降低时，集电极电流 i_c 减小，而集射电压 v_{ce}（即输出电压 v_o）将增大。因而集电极电流和集射电压是同频反相位的关系。

⑤ 综上分析，可知输出电压 v_o(v_{ce})和输入电压 v_i(v_{be})之间是同频反相位的关系，所以共射极放大电路是反相放大器。

4. 输出信号的失真问题

如果放大电路的输出波形不能跟随输入波形变化而变化，就称输出信号失真。对于基本共射极放大电路而言，静态工作点的位置如果选择不合适，容易造成截止失真或饱和失真。

（1）截止失真

如果静态工作点的位置选得较低，当外加交流信号减小时，很容易造成实际工作点进入三极管的截止区，从而导致如图 3.47 所示的失真现象发生，这种失真称为截止失真。

【特点说明】

① 截止失真属于半波失真（仅有半个周期失真），失真发生在发射结正向电压减小的过程中。

学习记录

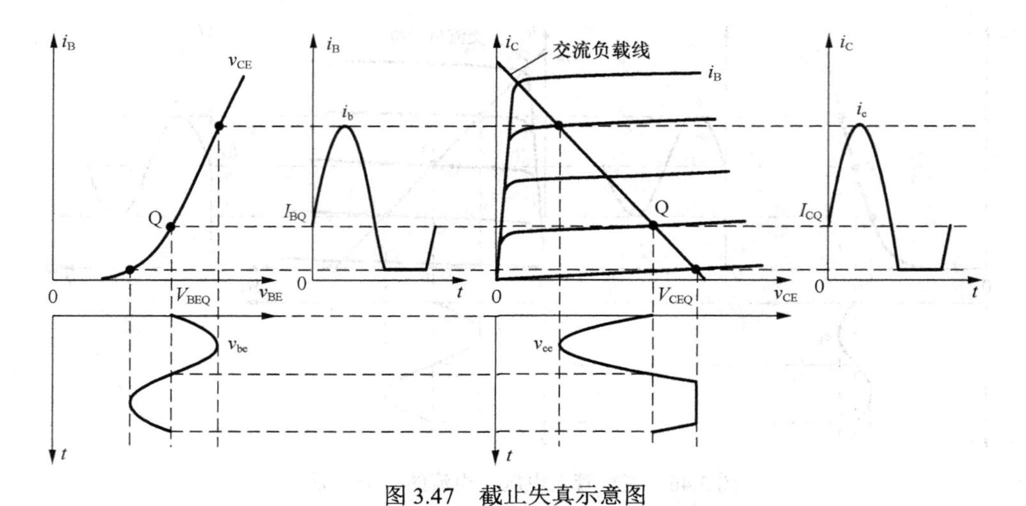

图 3.47　截止失真示意图

② 截止失真属于非线性失真，是因为三极管的实际工作点进入截止区而造成的。此时基极电流和集电极电流都会失真。

③ 如果放大电路出现截止失真，说明其静态工作点的位置偏低，应适当抬升。例如，对于基本共射极放大电路，可以通过减小基极电阻来增大基极电流，从而抬高静态工作点的位置。

（2）饱和失真

如果静态工作点的位置选得较高，当外加交流信号增加时，很容易造成实际工作点进入三极管的饱和区，从而导致如图 3.48 所示的失真现象发生，这种失真称为饱和失真。

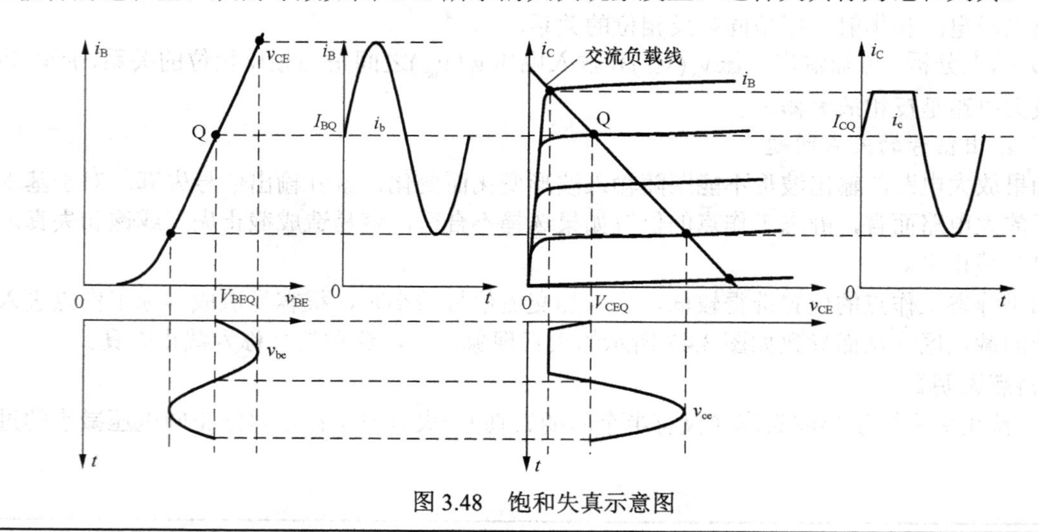

图 3.48　饱和失真示意图

学习记录

【特点说明】

① 饱和失真属于半波失真（仅有半个周期失真），失真发生在发射结正向电压增加的过程中。

② 饱和失真属于非线性失真，是因为三极管的实际工作点进入饱和区而造成的。此时基极电流没有失真，而集电极电流失真。

③ 如果放大电路出现饱和失真，说明其静态工作点的位置偏高，应适当降低。例如，对于基本共射极放大电路，可以通过增大基极电阻来减小基极电流，从而降低静态工作点的位置。

（3）合适的静态工作点位置

综合截止失真和饱和失真的特点，静态工作点应该尽量调到放大区的中心位置，如图3.46所示，以使静态工作点左右的变化范围对称，兼顾截止失真和饱和失真。

三极管放大电路静态工作点的调整可以通过调节基极电流来实现。例如，对于基本共射极放大电路，调节基极电阻就能够改变基极电流的大小，从而改变静态工作点的位置。

（4）大信号失真

静态工作点的位置选择合适的时候，如果输入信号的幅值过大仍然会造成输出信号失真，这种失真称为大信号失真，其特点是输出波形在两个半周期内都会发生失真。对于基本共射极放大电路，3种失真现象的对比关系如图3.49所示。

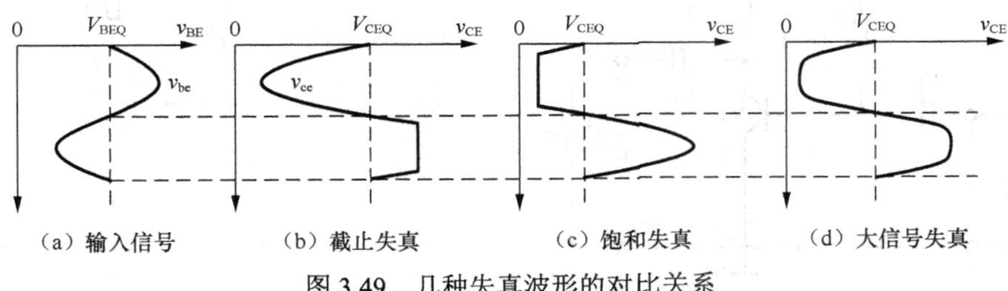

图3.49 几种失真波形的对比关系

在实验环境下，可以结合输出波形来调节放大电路的静态工作点。例如，对于基本共射极放大电路的具体操作如下。

① 用函数发生器作信号源，产生一定频率的正弦交流电压加到放大电路的输入端，信号幅值从小值开始变化；输出端则用示波器观察波形。

② 如果输出端观察到截止（或者饱和）失真的波形，就减小（或者增大）基极电阻，直至输出波形不失真。

③ 在输出波形不失真的情况下，逐步增加输入信号的幅值直至输出波形出现失真。如果输出波形出现半波失真，则重复步骤②和③；如果出现大信号失真，则表明静态工作点位置已经合适。

学习记录

3.3.4 综合示例

【例 3.2】 三极管放大电路如图 3.50 所示，假设V_{BE}可以忽略。①估算静态工作点；②画出该电路的小信号等效电路；③求电压放大倍数A_v、输入电阻R_i、输出电阻R_o和源压放大倍数A_{vs}。

【分析】

本例是一道典型的放大电路分析题，要求对电路进行静态分析和动态分析：①静态分析需要根据直流通路来求解，而动态分析需要根据小信号等效电路来求解；②求静态工作点即求I_{BQ}、I_{CQ}和V_{CEQ}，这 3 个值唯一确定 Q 点；③动态分析时需要先估算三极管的输入电阻r_{be}；④源压放大倍数需要在电压放大倍数和输入电阻的基础上求解。

【解】 ① 画直流通路，如图 3.51 所示，求静态工作点。

$$I_{BQ}=\frac{V_{CC}-V_{BE}}{R_b}\approx\frac{V_{CC}}{R_b}=\frac{12\text{V}}{300\text{k}\Omega}=40\mu\text{A}$$

$$I_{CQ}=\beta I_{BQ}=50\times40\mu\text{A}=2\text{mA}$$

$$V_{CEQ}=V_{CC}-I_{CQ}R_c=12\text{V}-2\text{mA}\times3\text{k}\Omega=6\text{ V}$$

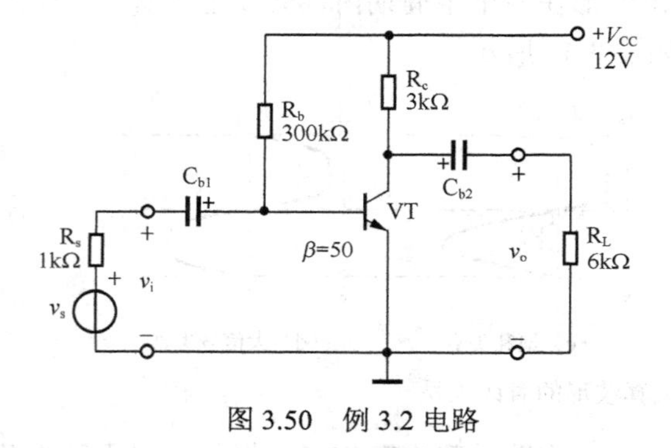

图 3.50 例 3.2 电路

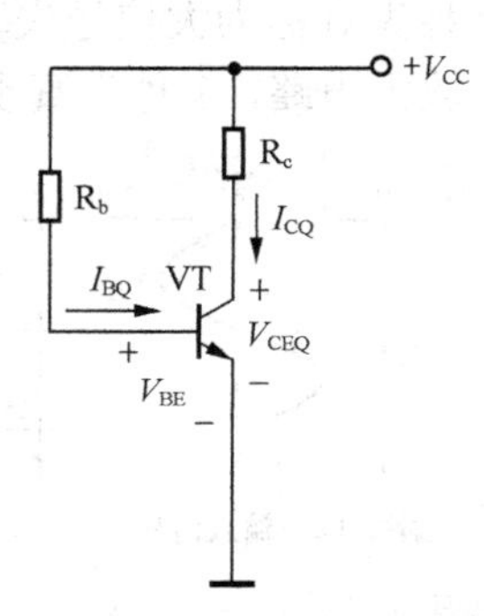

图 3.51 例 3.2 的直流通路

② 画小信号等效电路，如图 3.52 所示。

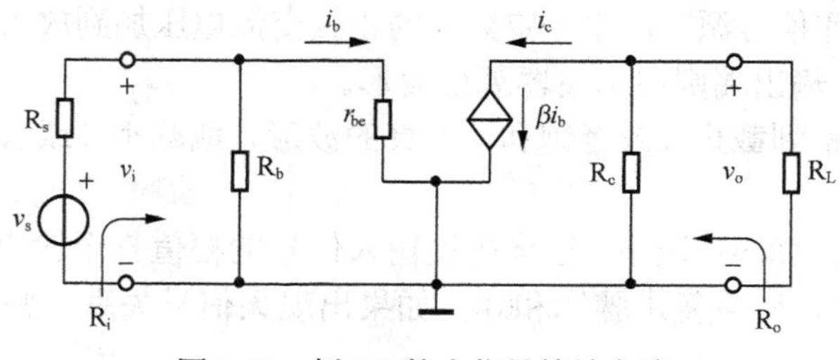

图 3.52 例 3.2 的小信号等效电路

✍ 学习记录

③ 动态分析

$$r_{be} \approx 200\Omega + \frac{26\text{mV}}{I_{BQ}} = 200\Omega + \frac{26\text{mV}}{40\mu\text{A}} = 850\Omega$$

$$A_v = -\beta \frac{R'_L}{r_{be}} = -50 \times \frac{3//6}{0.85} \approx -117.65$$

$$R_i = R_b // r_{be} \approx r_{be} = 850\Omega$$

$$R_o \approx R_c = 3\text{k}\Omega$$

$$A_{vs} = A_v \frac{R_i}{R_s + R_i} = -117.65 \times \frac{850\Omega}{1\text{k}\Omega + 850\Omega} \approx -54.1$$

【提示】

①在所画电路图上应该明确标出关键的物理量，包括其符号和参考方向，以便列写相关的 KCL 或者 KVL 方程；②动态分析时尽可能直接引用典型电路的计算公式，不用推导过程；③计算结果要带上相应的单位；④共射极放大电路的放大倍数为负值，不要忘了写负号（没有负号，其对应的物理含义也就变了）。

【例 3.3】 放大电路如图 3.50 所示，其中三极管的输出特性曲线如图 3.53 所示，试在输出特性曲线上：①画出直流负载线，并确定静态工作点；②画出交流负载线，并确定输出电压的动态变化范围。

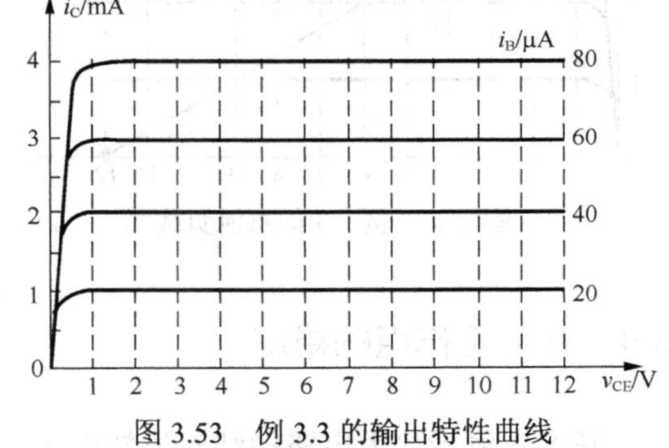

图 3.53 例 3.3 的输出特性曲线

【分析】

本题是一道典型的放大电路图解分析题：①画直流负载线，首先需要根据直流通路列直流负载线方程，然后用两点确定一条直线的方法画图；②根据静态工作点应尽量处于放大区的中心来确定 Q 点位置，并读取相关值；③交流负载线一定会通过 Q 点，且其斜率为 $-1/R'_L$；④输出电压的动态范围由交流负载线决定。

【解】 ①写方程画直流负载线：

$$V_{CE} = V_{CC} - I_C R_c$$

令 $V_{CE} = 0 \Rightarrow I_C = \dfrac{V_{CC}}{R_c} = \dfrac{12\text{V}}{3\text{k}\Omega} = 4\text{mA} \Rightarrow (0, 4\text{mA})$

令 $I_C = 0 \Rightarrow V_{CE} = V_{CC} = 12\text{V} \Rightarrow (12\text{V}, 0)$

在输出特性曲线上用直线连接点 $(12\text{V}, 0)$ 和点 $(0, 4\text{mA})$，即直流负载线，如图 3.54 所示。考虑到静态工作点应在放大区的中心位置，故 Q 点为直流负载线与 $i_B = 40\mu\text{A}$ 这条输出特性

学习记录

曲线的交点。读取 Q 点的值如下：

$$I_{BQ}=40\mu A;\ I_{CQ}=2mA;\ V_{CEQ}=6V$$

② 画交流负载线，确定输出电压的动态范围：

斜率：$-\dfrac{1}{R_L'}=-\dfrac{1}{R_c//R_L}=-\dfrac{1}{3//6}=-\dfrac{1}{2}$

按该斜率画出过 Q 点的直线，即交流负载线，如图 3.55 所示。在横坐标上测出动态范围，取小值：

$$V_{cem}=4\ V$$

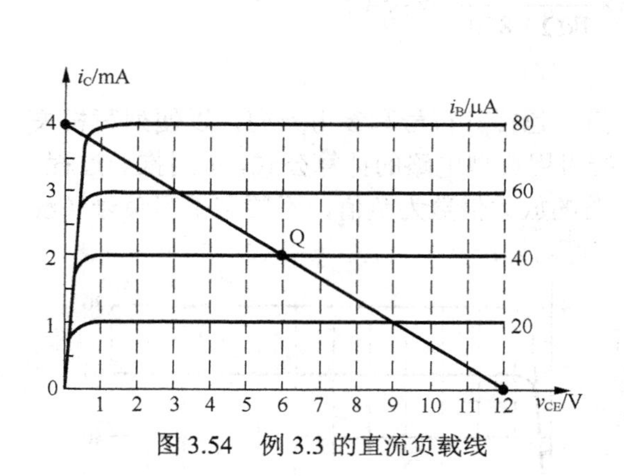

图 3.54　例 3.3 的直流负载线

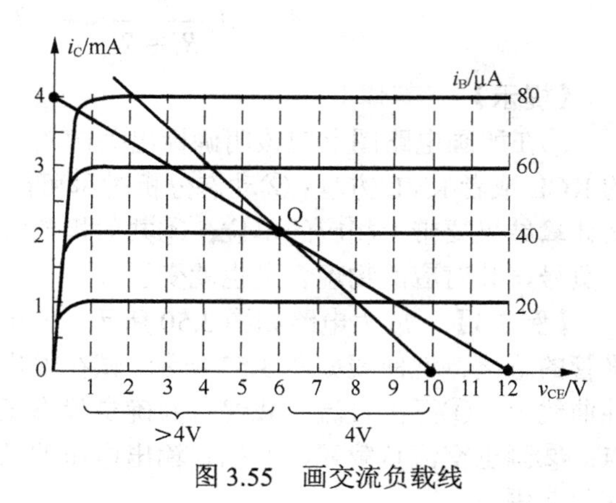

图 3.55　画交流负载线

3.4　静态工作点的稳定

基本共射极放大电路的结构虽然简单，但容易受温度影响：温度升高时，三极管的相关参数 β、I_{CBO}、I_{CEO} 等会增大，同时输出特性曲线也会向上偏移，导致放大电路的静态工作点向上发生偏移，如图 3.56 所示（温度上升时工作点会从 Q 点上移到 Q'点），进而影响到放大电路的动态性能——易造成输出信号发生饱和失真。因此设计放大电路时需要考虑稳定静态工作点的措施。

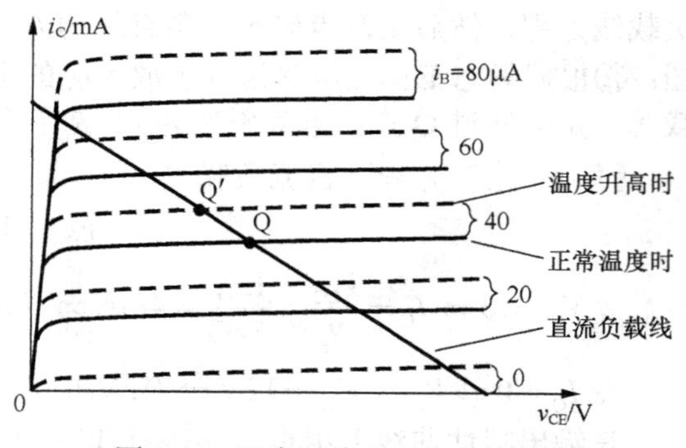

图 3.56　温度对静态工作点的影响

3.4.1　稳定静态工作点的方法

稳定静态工作点的基本思路是改进放大电路的偏置电路，以便在温度上升时，能通过偏置电路自动补偿集电极电流的变化，从而使之趋于稳定，实现稳定静态工作点的目的。稳定静态工作点的常用方法有如下几种。

（1）直流负反馈法[1]

对于共射极放大电路来说，射极电阻能够将集电极电流的变化转变为电压的变化，从而通过改变基射电压来补偿集电极电流的变化。故为了稳定静态工作点，可以采用含射极电阻的射极偏置电路——例如，基极分压式射极偏置电路、双电源射极偏置电路。

（2）温度补偿法

利用对温度敏感的元件，在温度变化时直接影响放大电路的输入量，以实现对集电极电流的补偿。

（3）恒流源法[2]

利用恒流源直接提供偏流，从而使集电极电流非常稳定。这种方法在集成电路中应用广泛。

3.4.2　基极分压式射极偏置电路

基极分压式射极偏置电路在分立元件电路中最为常见，其典型电路如图 3.57（a）所示，与基本共射极放大电路相比，主要多了一个基极电阻 R_{b2} 和一个射极电阻 R_e 。考虑到稳定静态工作点属于静态分析范畴，所以画出其直流通路进行分析，如图 3.57（b）所示。

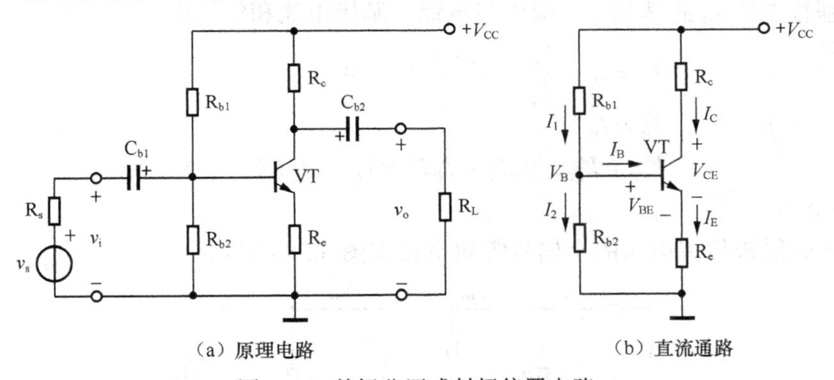

图 3.57　基极分压式射极偏置电路

[1] 关于负反馈的相关内容将在后续章节专门介绍。
[2] 关于恒流源的相关内容将在后续章节专门介绍。

学习记录

1. R_{b2}的作用

与基极相关的 3 个电流I_1、I_2和I_B的关系为$I_1 = I_2 + I_B$。通常情况下基极电流I_B较小（微安数量级），如果适当选取R_{b1}和R_{b2}的阻值，能够满足$I_2 >> I_B$，所以有$I_1 \approx I_2$，即基极电阻R_{b1}和R_{b2}可以近似看成是串联关系，所以基极直流电位V_B的表达式可写为

$$V_B = \frac{R_{b2}}{R_{b1} + R_{b2}} V_{CC} \tag{3.30}$$

显然V_B可以认为是一个固定值，与温度无关。

【小结】

R_{b2}与R_{b1}组成了基极串联分压电路，为三极管提供稳定的基极直流电位V_B。

2. R_e的作用

射极电阻R_e能够实时监控集电极电流的变化，并将该电流的变化转换为电压的变化，从而影响三极管的基射电压以实现对集电极电流的补偿，具体过程如下：

温度↑ $\rightarrow \beta\uparrow \rightarrow I_C\uparrow \rightarrow I_E\uparrow \rightarrow V_E(=I_E R_e)\uparrow \rightarrow V_{BE}(=V_B - V_E)\downarrow \rightarrow I_B\downarrow \rightarrow I_C\downarrow$

如果温度下降，上述过程将反向变化。显然，这是一个动态的自动调整过程，在不断地变化过程中使静态工作点的位置趋于稳定。

3. R_b与R_e的取值关系

为达到较好的静态工作点稳定效果，工程上一般要求满足：

$$(1+\beta)R_e \approx 10R_b \quad (R_b = R_{b1} // R_{b2}) \tag{3.31}$$

4. 工作点的估算

在算出基极电位V_B的基础上，集电极电流、基极电流和集射电压分别为

$$\begin{aligned} I_C &\approx I_E = \frac{V_E}{R_e} = \frac{V_B - V_{BE}}{R_e} \approx \frac{V_B}{R_e} \\ I_B &= I_C / \beta \\ V_{CE} &= V_{CC} - I_C R_c - I_E R_e \approx V_{CC} - I_C(R_c + R_e) \end{aligned} \tag{3.32}$$

5. 动态分析

基极分压式射极偏置电路的小信号等效电路如图 3.58 所示。

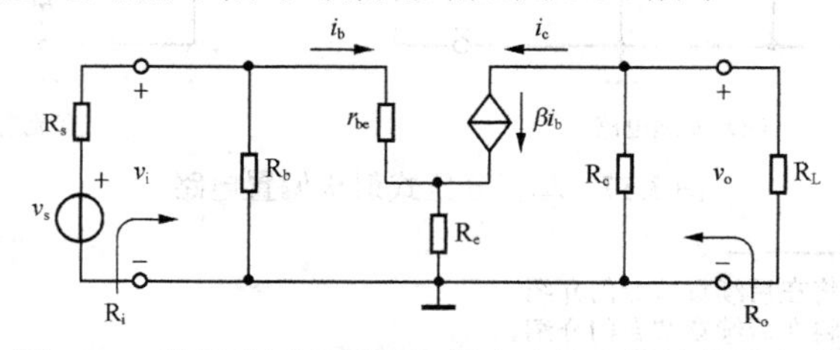

图 3.58 基极分压式射极偏置电路的小信号等效电路

✍ 学习记录

其电压增益、输入电阻和输出电阻分别为

$$A_v = \frac{v_o}{v_i} = \frac{-\beta i_b (R_L // R_c)}{i_b r_{be} + (1+\beta) i_b R_e} = -\frac{\beta R'_L}{r_{be} + (1+\beta) R_e}$$

$$R_i = R_b // [r_{be} + (1+\beta) R_e] = (R_{b1} // R_{b2}) // [r_{be} + (1+\beta) R_e] \quad (3.33)$$

$$R_o \approx R_c$$

6. **电路改进**

很显然，引入射极电阻R_e的好处是稳定了电路的静态工作点，并提高了输入电阻（增加了电路的抗干扰能力），但坏处是降低了电路的电压放大能力（R_e上存在交流损耗），而且好处和坏处之间是一对矛盾关系。下面将有针对性地对电路进行改进。

（1）提升电压增益

为了提升电路的电压放大能力，且同时兼顾静态工作点的稳定，可以在射极电阻R_e两边并联一只大电容C_e，如图 3.59 所示。该电容的作用是：①静态时，电容断开，不影响静态工作点的稳定；②动态时，电容将电阻R_e短接，故射极仍然为交流地，R_e上不存在交流损耗，电压增益恢复正常。通常将C_e称为射极旁路电容，容量为几十微法。

（2）提升输入电阻

旁路电容C_e的引入虽然提升了电压增益，但同时也降低了电路的输入电阻，为了兼顾这两者，电路可以作如图 3.60 所示的改进。静态时，R_{e1}和R_{e2}共同作用稳定工作点；动态时，R_{e2}被电容C_e短接，仅有R_{e1}作用电路。通常R_{e1}的阻值为几百欧，而R_{e2}的阻值为几千欧。注意，引入R_{e1}的实质就是通过牺牲增益来换取电路抗干扰能力的提升，但R_{e1}的值不能太大，否则将使增益下降过多。

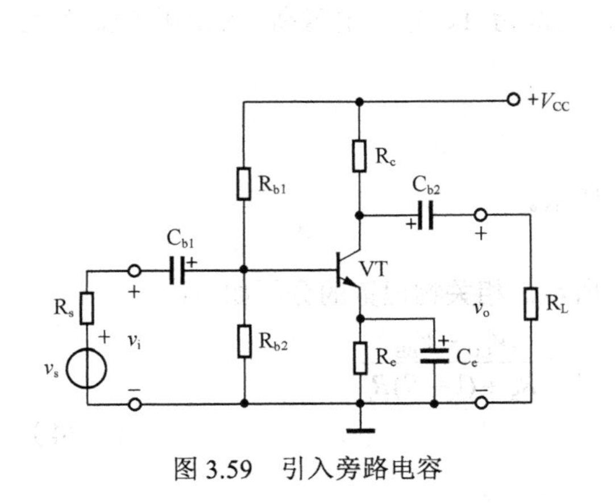

图 3.59　引入旁路电容

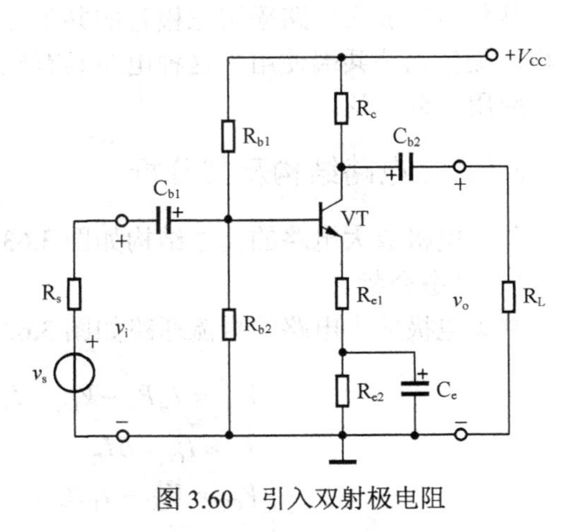

图 3.60　引入双射极电阻

学习记录

3.4.3 其他射极偏置电路

1. 双电源射极偏置电路

双电源射极偏置电路如图 3.61 所示，分析方法略。

2. 电流源射极偏置电路

电流源射极偏置电路如图 3.62 所示，分析方法略。

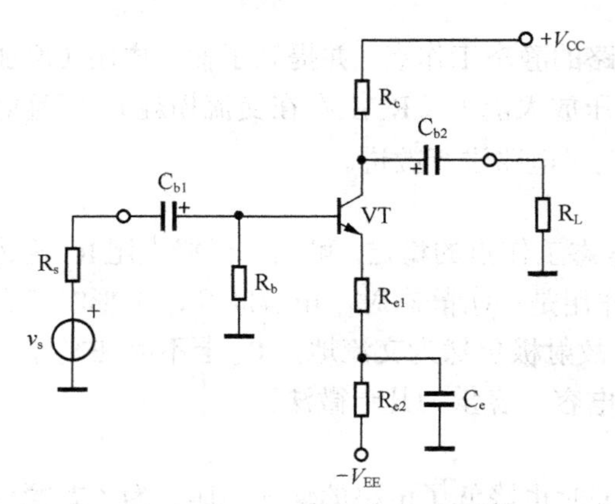

图 3.61 双电源射极偏置电路

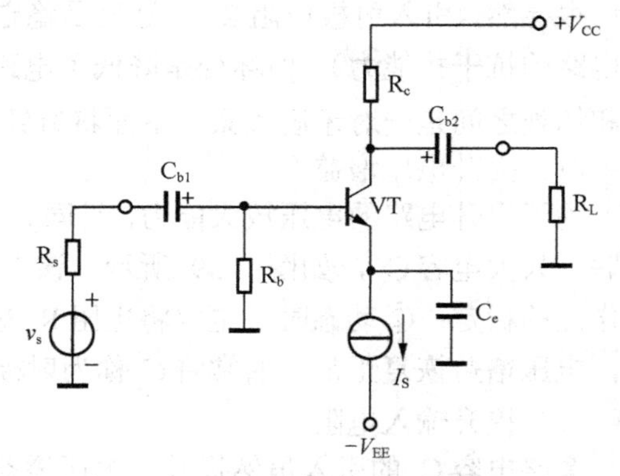

图 3.62 电流源射极偏置电路

3.5 共集电极放大电路

共集电极放大电路采用三极管的共集连接方式——信号从基极引入，从发射极取出，而将集电极作为公共端使用。这种电路具有电压增益近似为 1、输入电阻高、输出电阻低的特点，应用十分广泛。

3.5.1 电路结构及其分析

共集电极放大电路的典型结构如图 3.63（a）所示。

1. 静态分析

共集电极放大电路的直流通路如图 3.63（b）所示，相关物理量的分析如下：

$$
\begin{aligned}
&V_{CC} = I_B R_b + V_{BE} + I_E R_e \Rightarrow I_B = \frac{V_{CC} - V_{BE}}{R_b + (1+\beta) R_e} \\
&I_E \approx I_C = \beta I_B \\
&V_{CE} = V_{CC} - I_E R_e
\end{aligned}
\qquad (3.34)
$$

✍ 学习记录

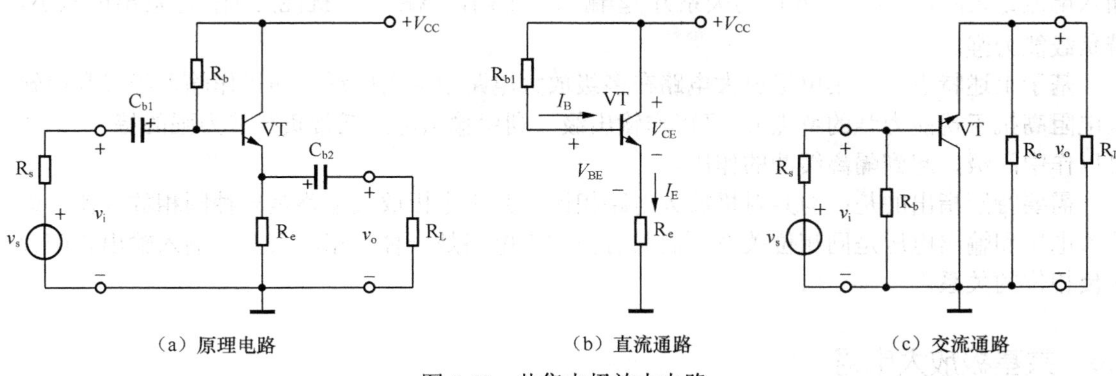

（a）原理电路　　（b）直流通路　　（c）交流通路

图 3.63　共集电极放大电路

2. 动态分析

共集电极放大电路的小信号等效电路如图 3.64 所示，相关物理量的分析如下：

$$
\begin{aligned}
A_v &= \frac{v_o}{v_i} = \frac{i_e(R_L // R_e)}{i_b r_{be} + i_e(R_L // R_e)} = \frac{(1+\beta)R_L'}{r_{be}+(1+\beta)R_L'} \approx 1 \\
R_i &= R_b // [r_{be} + (1+\beta)R_L'] \\
R_o &\approx \frac{R_s // R_b + r_{be}}{1+\beta} = \frac{R_s' + r_{be}}{1+\beta}
\end{aligned}
\qquad (3.35)
$$

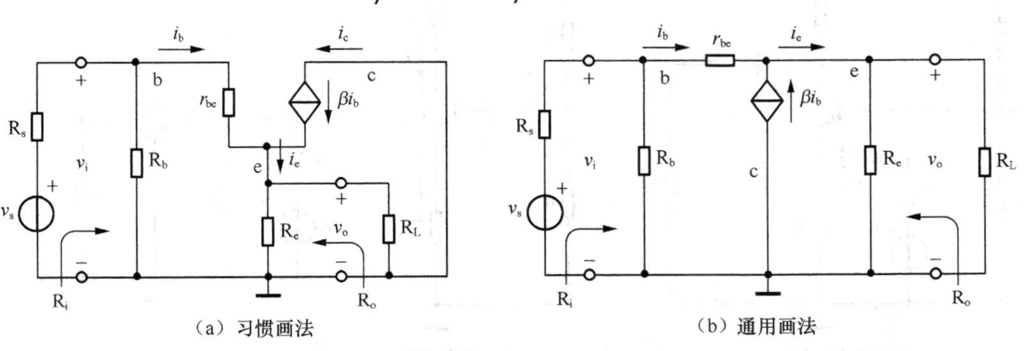

（a）习惯画法　　（b）通用画法

图 3.64　共集电极放大电路的小信号等效电路

3.5.2　电路特点及应用

共集电极放大电路的典型特点是：①电压增益近似为 1，但略小于 1——输出电压跟随输入电压变（实际上输出电压与输入电压之间仅相差一个发射结的正向电压），因此电路又称为电压跟随器，显然这种放大电路没有电压放大能力（但具有电流放大能力，其输出电流 i_e 与

学习记录

输入电流 i_b 之间仍存在 $1+\beta$ 倍的关系）；②输入电阻高，电路抗干扰能力强；③输出电阻小，带负载能力强。

基于上述特点，共集电极放大电路在多级放大电路中应用广泛：即可作输入级（利用输入电阻高抗干扰能力强的特点）；又可作输出级（利用输出电阻低带负载能力强的特点）；还可以作中间级，起到隔离缓冲的作用。

需要特别指出的是：与共射极放大电路相比，共集电极放大电路是一种同相放大器，即输入电压和输出电压是同相位关系；而共射极放大电路是一种反相放大器，输入输出之间存在反相位的关系。

3.6 共基极放大电路

共基极放大电路采用三极管的共基连接方式——信号从发射极引入，从集电极取出，而将基极作为公共端使用。这种电路的高频特性[1]较好，适合用作高频放大电路或宽频带电路。

3.6.1 电路结构及其分析

共基极放大电路的典型结构如图 3.65（a）所示。

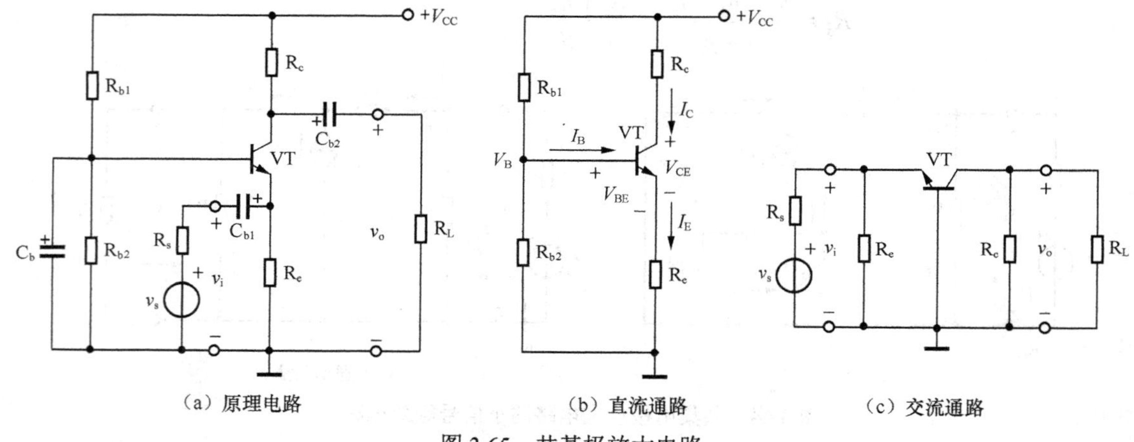

（a）原理电路　　（b）直流通路　　（c）交流通路

图 3.65　共基极放大电路

1. 静态分析

共基极放大电路的直流通路如图 3.65（b）所示，相关物理量的分析如式（3.32）。

[1] 关于放大电路的频率特性将在后续章节中介绍。

学习记录

2. 动态分析

共基极放大电路的小信号等效电路如图3.66所示，相关物理量的分析如下：

$$A_v=\frac{v_o}{v_i}=\frac{-i_c(R_L//R_c)}{-i_b r_{be}}=\frac{\beta R_L'}{r_{be}}$$

$$R_i=R_e//\frac{r_{be}}{1+\beta}\approx\frac{r_{be}}{1+\beta} \qquad (3.36)$$

$$R_o\approx R_c$$

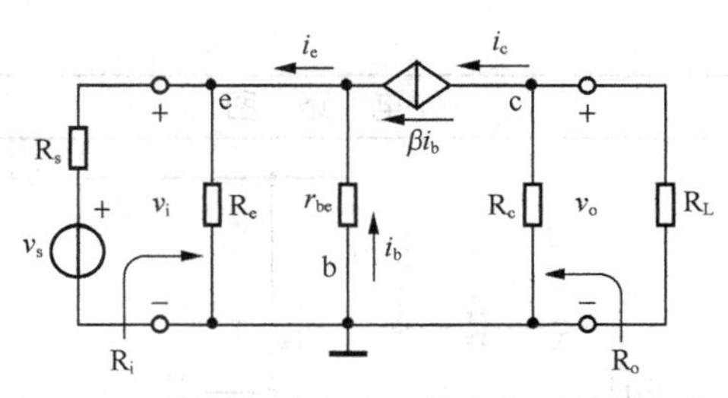

图3.66 共基极放大电路的小信号等效电路

3.6.2 放大电路性能比较

1. 确定组态

3种放大电路的组态由三极管的连接方式决定：①共射放大电路，信号从基极进，集电极出，发射极为公共端；②共集放大电路，信号从基极进，发射极出，集电极为公共端；③共基放大电路，信号从发射极进，集电极出，基极为公共端。

【推导】

在实际分析放大电路的组态时，要注意确定输入输出关系，基本推导原则是：①如果从基极引入信号，则电路可能是共射或共集组态；②如果从集电极取出信号，则电路可能是共射或共基组态；③如果从发射极引入信号，则电路为共基组态。

2. 特点及用途

3种组态放大电路的特点及用途见表3.2。

表3.2 **放大电路的特点及用途**

电路图	动态参数计算	特点及用途
	$A_v=\frac{v_o}{v_i}=-\frac{\beta R_L'}{r_{be}}$ $A_i\approx\frac{i_c}{i_b}=\beta$ $R_i=R_b//r_{be}$ $R_o\approx R_c$ $(R_b=R_{b1}//R_{b2}\ \ R_L'=R_L//R_c)$	①有电压和电流放大能力；②属于反相电压放大器；③适合作多级放大电路的中间级（电压放大）

学习记录

续表

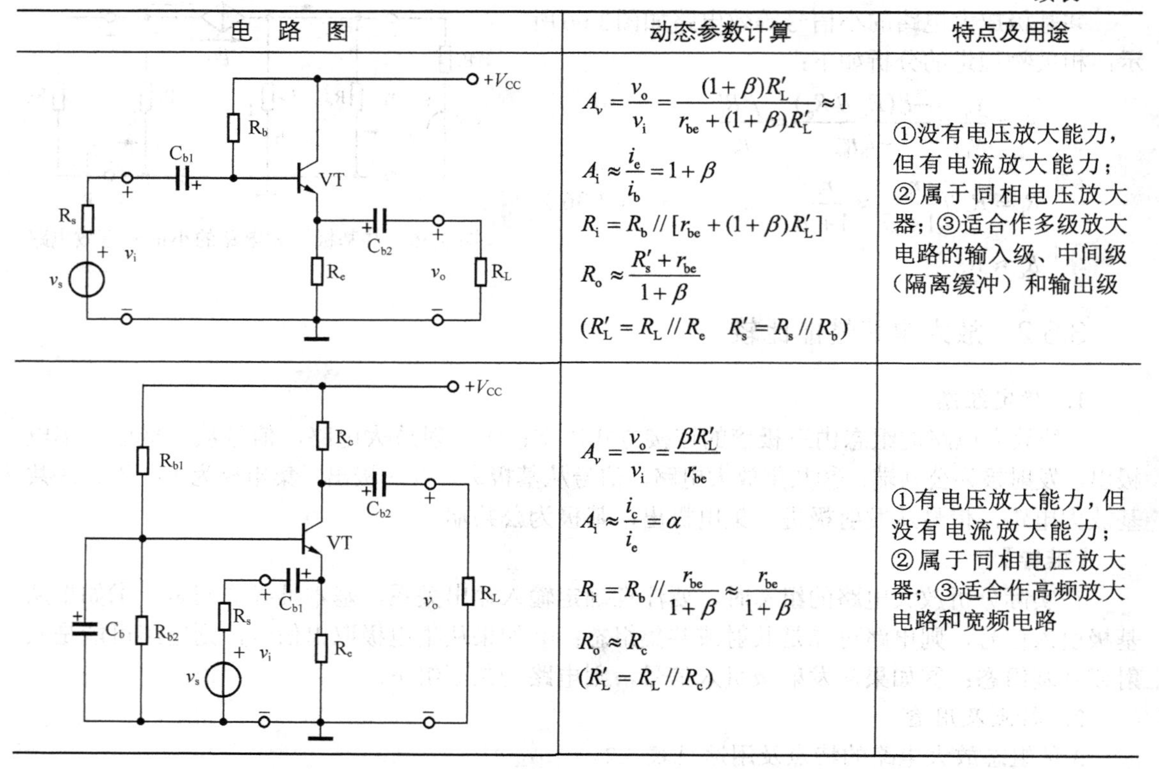

电 路 图	动态参数计算	特点及用途
	$A_v=\frac{v_o}{v_i}=\frac{(1+\beta)R'_L}{r_{be}+(1+\beta)R'_L}\approx 1$ $A_i\approx\frac{i_e}{i_b}=1+\beta$ $R_i=R_b//[r_{be}+(1+\beta)R'_L]$ $R_o\approx\frac{R'_s+r_{be}}{1+\beta}$ $(R'_L=R_L//R_e\quad R'_s=R_s//R_b)$	①没有电压放大能力，但有电流放大能力；②属于同相电压放大器；③适合作多级放大电路的输入级、中间级（隔离缓冲）和输出级
	$A_v=\frac{v_o}{v_i}=\frac{\beta R'_L}{r_{be}}$ $A_i\approx\frac{i_c}{i_e}=\alpha$ $R_i=R_b//\frac{r_{be}}{1+\beta}\approx\frac{r_{be}}{1+\beta}$ $R_o\approx R_c$ $(R'_L=R_L//R_c)$	①有电压放大能力，但没有电流放大能力；②属于同相电压放大器；③适合作高频放大电路和宽频电路

3.7 多级放大电路

单管放大电路虽然结构简单，但其功能往往不能满足实际需求，所以很多情况下都需要将两个或更多放大电路组合在一起，构成所谓的多级放大电路使用，以便发挥各种组态电路的优点，从而获得更高的增益、更大的输入电阻、更小的输出电阻。在多级放大电路中，前级电路的输出将作为后级电路的输入信号，电路的分析方法与单级放大电路类似。

3.7.1 耦合方式

多级放大电路常见的耦合方式（前级电路与后级电路的连接方式）有直接耦合、阻容耦合、变压器耦合和光电耦合，前 3 种方式如图 3.67 所示，光电耦合如图 3.68 所示。

学习记录

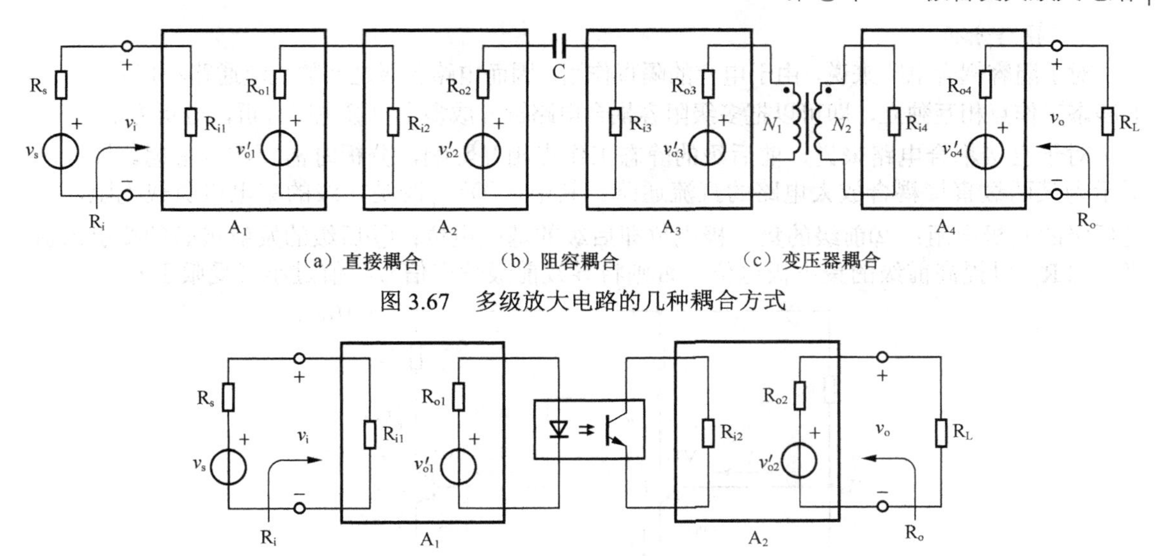

（a）直接耦合　（b）阻容耦合　（c）变压器耦合

图 3.67　多级放大电路的几种耦合方式

图 3.68　光电耦合方式

① 直接耦合。将前一级的输出端直接连接到后一级的输入端，这种耦合方式既可放大直流信号也可以放大交流信号。这种耦合方式的优点是：具有良好的频率特性，没有大电容，易于集成；缺点是：工作点相互影响，分析、设计和调试困难。

② 阻容耦合。将放大电路的前级输出端通过电容接到后级输入端，该电容与后级电路的输入电阻构成 RC 阻容耦合电路。这种耦合方式仅能放大交流信号。其优点是：前后级电路相互独立，分析、设计和调试相对容易；缺点是：由于集成电路工艺很难制造大容量的电容，因此在集成放大电路中无法采用。

③ 变压器耦合。将放大电路前级的输出端通过变压器接到后级的输入端（或负载电阻上），也仅能放大交流信号。这种耦合方式的优点是：可以实现阻抗变换，因而在分立元件功率放大电路中得到广泛应用；缺点是：它的低频特性差，不能放大变化缓慢的信号，且非常笨重，不能集成化。

④ 光电耦合。光电耦合器是实现光电耦合的基本器件，它将发光元件（发光二极管）与光敏元件（光电三极管）相互绝缘地组合在一起。其工作原理是：发光元件为输入回路，它将电能转换成光能；光敏元件为输出回路，它将光能再转换成电能，实现了两部分电路的电气隔离，从而可有效地抑制电干扰。

3.7.2　分析方法

下面主要讨论一下直接耦合与阻容耦合电路的分析方法。

✍ 学习记录

1. 静态分析

对于阻容耦合电路来说，由于电容的隔直作用，因而电路各级之间的直流通路不相通，各级的静态工作点相互独立，即可以把多级阻容耦合电路拆分成多个单级电路分析，分析方法同前。

对于直接耦合电路来说，前后级的静态工作点相互影响，分析时需要综合考虑。图3.69所示为某两级直接耦合放大电路的直流通路，其中：①R_{c1}既是前级的集电极负载电阻，又是后级的基极电阻；②前级的集电极电位即后级的基极电位；③后级的发射极必须要引入射极电阻R_{e2}以提高前级的集电极电位，否则将导致前级输出信号幅值过小（受限于V_{BE2}）。

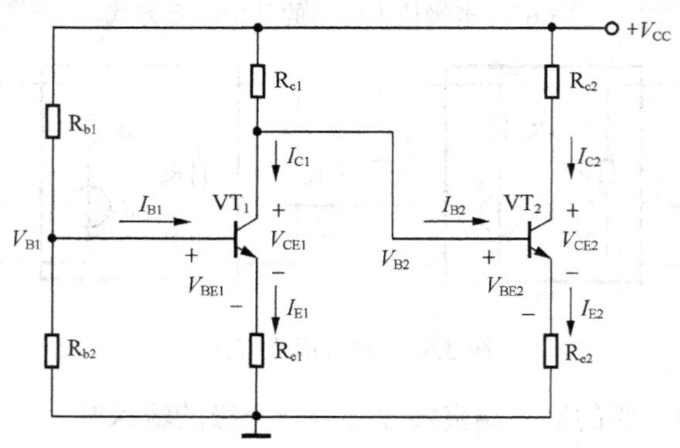

图3.69　某两级放大电路的直流通路

【例3.4】　试分析如图3.69所示电路，求两级电路的静态工作点。

【解】　本题需要分析的物理量是（I_{B1}，I_{C1}，V_{CE1}）和（I_{B2}，I_{C2}，V_{CE2}）。

$$V_{B1}=\frac{R_{b2}}{R_{b1}+R_{b2}}V_{CC}\Rightarrow I_{C1}\approx I_{E1}=\frac{V_{B1}-V_{BE1}}{R_{e1}}\Rightarrow I_{B1}=\frac{I_{C1}}{\beta_1}$$

$$V_{CC}=(I_{C1}+I_{B2})R_{c1}+V_{BE2}+I_{E2}R_{e2}\Rightarrow I_{B2}=\frac{V_{CC}-I_{C1}R_{C1}-V_{BE2}}{R_{C1}+(1+\beta_2)R_{e2}} \tag{3.37}$$

$$\Rightarrow\begin{cases}I_{C2}=\beta_2 I_{B2}\Rightarrow V_{CE2}\approx V_{CC}-I_{C2}(R_{c2}+R_{e2})\\ V_{CE1}=V_{CC}-(I_{C1}+I_{B2})R_{c1}-I_{E1}R_{e1}\end{cases}$$

2. 动态分析

多级放大电路的动态分析类似于单管放大电路，首先应该画出各级放大电路的小信号等效电路，然后进行分析。相关参数的计算方法如下（其中的表达式都是以图3.67为例所写）。

① 电压增益：等于各级放大电路增益相乘。

$$A_v=A_{v1}\cdot A_{v2}\cdot A_{v3}\cdot A_{v4} \tag{3.38}$$

【提示】

在求增益时，要注意后级电路的输入电阻即前级电路的负载。

学习记录

【例 3.5】　电路如图 3.70 所示，试求前级放大电路的电压增益。

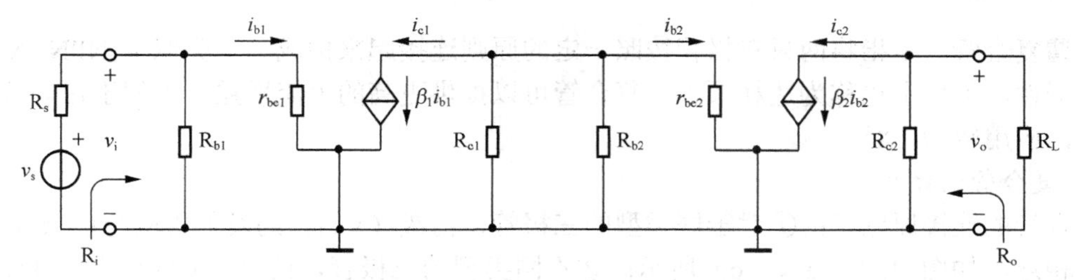

图 3.70　某两级放大电路的小信号等效电路

【解】　首先求第 2 级电路的输入电阻，然后求前级电路的增益。

$$R_{i2} = R_{b2} // r_{be2}$$

$$A_{v1} = -\frac{\beta_1 R'_{L1}}{r_{be1}} = -\frac{\beta_1 (R_{i2} // R_{c1})}{r_{be1}}$$

② 输入电阻：等于第 1 级放大电路的输入电阻。

$$R_i = R_{i1} \tag{3.39}$$

③ 输出电阻：等于末级放大电路的输出电阻。

$$R_o = R_{o2} \approx R_{C2} \tag{3.40}$$

3.7.3　组合电路

有时为了特定的需要把两种组态的放大电路组合在一起使用，构成所谓的组合电路。例如，为提高输入电阻可以组成共集-共射电路；为减小输出电阻可以组成共射-共集电路；为增加电压放大能力可以组成共射-共射电路；为增加电流放大能力可以组成共集-共集电路；另外常用的还有共集-共基电路、共射-共基电路等。上述电路结构如图 3.71 所示。

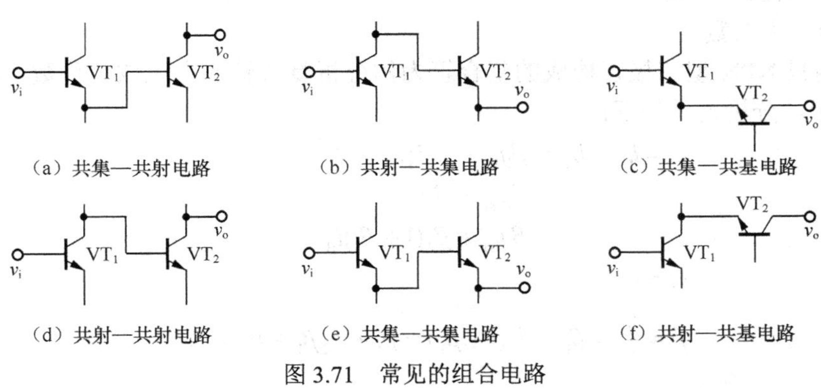

图 3.71　常见的组合电路

学习记录

3.7.4 复合管

所谓复合管，是指将两只三极管按照一定的原则连接起来构成一个类似于 NPN 或 PNP 的三端器件，习惯上也称为达林顿管。复合管可以提供更高的电流增益，也便于在功放电路中配对，应用较为广泛。

1. 复合管的结构

复合管的连接原则是：①对于同类型的三极管，前级（VT_1）的发射极应与后级（VT_2）的基极相连，如图 3.72（a）、（c）所示；②不同类型的三极管，前级（VT_1）的集电极应与后级（VT_2）的基极相连，如图 3.72（b）、（d）所示。注意：①工作时，必须确保构成复合管的两只三极管都工作在放大区；②复合管的等效类型和管脚分布由前管（VT_1）决定。

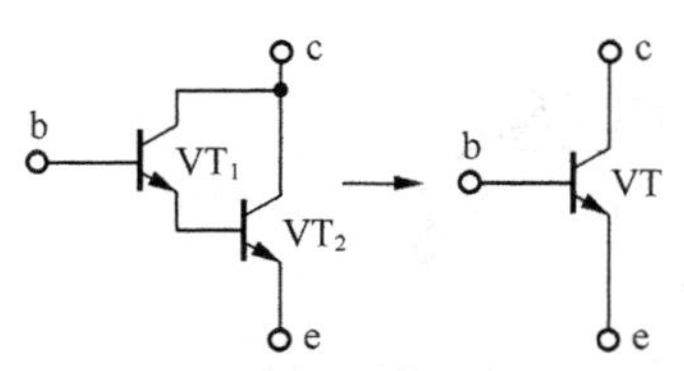

（a）同类型 NPN 管构成 NPN 型复合管

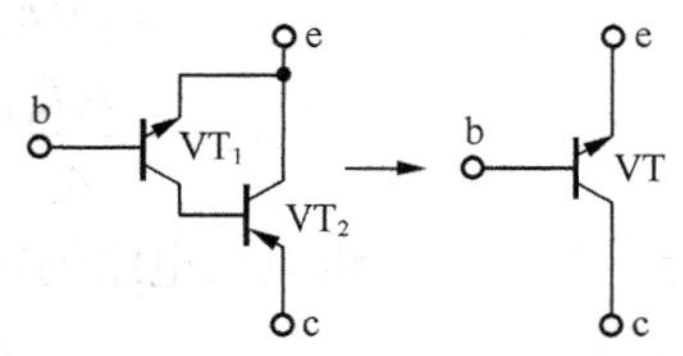

（b）不同类型三极管构成 NPN 型复合管

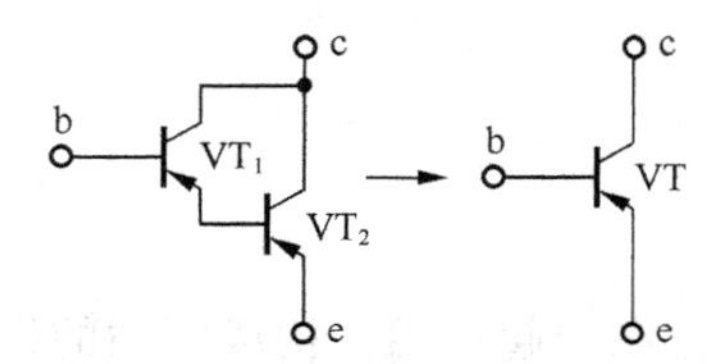

（c）同类型 PNP 管构成 PNP 型复合管

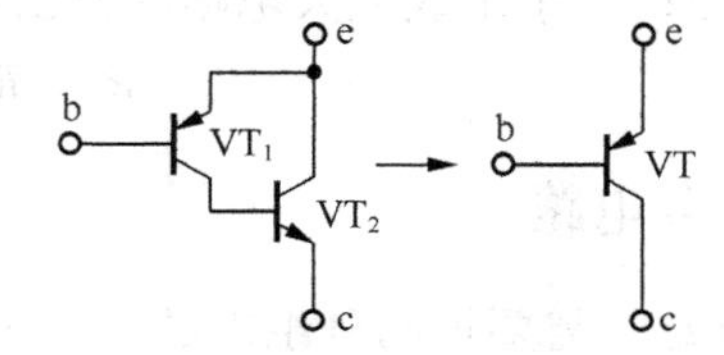

（d）不同类型三极管构成 PNP 型复合管

图 3.72 复合管

2. 复合管的主要参数

（1）电流放大系数

下面以两只 NPN 型三极管构成的复合管为例分析复合管的电流放大系数，其电流关系如图 3.73 所示，分析过程如下：

$$\begin{aligned} i_C = i_{C1} + i_{C2} &= \beta_1 i_{B1} + \beta_2 i_{B2} \\ &= \beta_1 i_{B1} + \beta_2 i_{E1} \\ &= \beta_1 i_{B1} + \beta_2 (1+\beta_1) i_{B1} \end{aligned} \tag{3.41}$$

$$i_B = i_{B1}$$

$$\beta = \frac{i_C}{i_B} = \beta_1 + \beta_2(1+\beta_1) = \beta_1 + \beta_2\beta_1 + \beta_2 \approx \beta_1\beta_2$$

✍ 学习记录

考虑到三极管的β值一般较大，能够满足$\beta_1 \gg 1$、$\beta_2 \gg 1$、$\beta_1\beta_2 \gg \beta_1+\beta_2$，所以通常直接以两管$\beta$的乘积作为复合管的电流放大系数。

（2）输入电阻

通过小信号等效电路可以分析复合管的输入电阻r_{be}，下面以如图3.72（a)、(b）所示复合管为例分别求同类型和不同类型三极管所构成复合管的输入电阻，相应的小信号等效电路如图3.74所示。

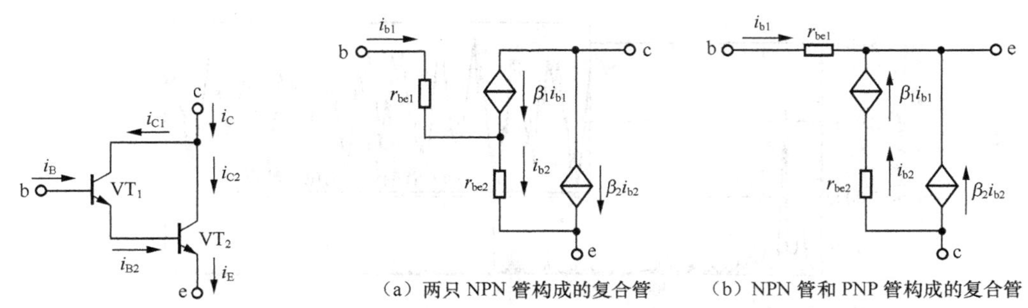

图3.73　复合管电流关系　　　　图3.74　复合管小信号等效电路

同类型三极管构成复合管的输入电阻为

$$r_{be}=\frac{v_{be}}{i_{b1}}=\frac{v_{be1}+v_{be2}}{i_{b1}}=\frac{i_{b1}r_{be1}+i_{b2}r_{be2}}{i_{b1}}=\frac{i_{b1}r_{be1}+(1+\beta_1)i_{b1}r_{be2}}{i_{b1}}=r_{be1}+(1+\beta_1)r_{be2} \tag{3.42a}$$

不同类型三极管构成复合管的输入电阻为

$$r_{be}=\frac{v_{be}}{i_{b1}}=\frac{v_{be1}}{i_{b1}}=r_{be1} \tag{3.42b}$$

综上所述，复合管具有很高的电流放大系数，使用同类型三极管组成的复合管，其输入电阻也会增加。因此，使用复合管能够有效提升放大电路的动态性能。例如，在共集电极电路中使用复合管，会使电路的电压跟随能力更好，输入电阻更大，输出电阻更小。另外，在功放电路中使用复合管有助于解决功放管的配对问题。当然复合管也存在工作速度低、温度稳定性差、穿透电流大等缺点。总之，在精度要求不是非常高的场合中，复合管可以用于直流放大、电位平移、大功率管极性更改等。

3.8　放大电路的频率特性

前面主要基于单一频率的正弦交流信号对放大电路的输入和输出关系进行了理论研究，知道了交流信号通过放大电路时其频率不会改变，而相位会随电路结构发生变化（共射电路

学习记录

输入输出反相位、共集和共基电路输入输出同相位）。考虑到实际信号往往包含了大量的频率成分（例如，音频信号的频率范围是 20Hz～20kHz，图 3.75 所示为一段音频信号的波形及其频谱，其谱线中的峰值体现了信号在具体频率点上的分布情况，而峰值的高低反映了相应频率点上信号的强弱），这就存在一个问题：不同频率信号作用时，放大电路是否能够表现出一样的放大能力，输出信号的相位关系是否是一样的？要回答这个问题，就需要去学习放大电路的频率特性。

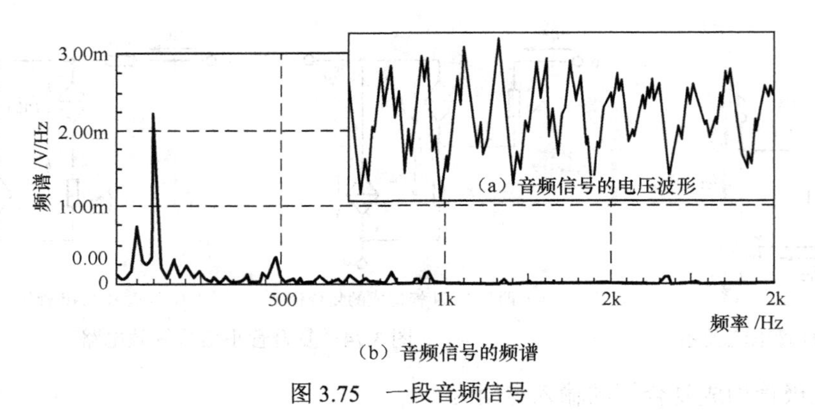

（b）音频信号的频谱

图 3.75　一段音频信号

放大电路的频率特性就是研究电路增益和信号相位（输出信号与输入信号之间的相位差）随频率的变化规律，分别称为幅频特性和相频特性，从分析方法上讲，属于频域分析[1]。研究放大电路频率特性的意义就在于能够有针对性地去设计放大电路，使之满足对某类频段范围的信号进行放大或处理。

3.8.1　三极管的高频小信号模型

三极管放大电路的输出之所以会随信号的频率而变，主要原因是电路中存在电容元件，其一是电路中的耦合电容、旁路电容等，其二是三极管的极间电容。电容对于不同频率的信号表现出来的容抗不一样，因而导致电路的参数随信号频率变化，电路的输出也就随之变化。要具体研究这种变化规律，首先应知道三极管的高频小信号模型，以便建立放大电路的等效电路，然后在此基础上进行理论分析。

三极管的高频等效电路如图 3.76（a）所示。

① $r_{bb'}$ 为基区的体电阻，其值为几十至几百欧；r_e' 为发射区的体电阻，由于发射区高浓

[1] 系统的频域分析方法属于《信号与系统》课程的知识体系，通常这门课会在《模电》之后开设，是信息专业同学的必修基础课程。

✍ 学习记录

度掺杂，该阻值很小，仅为几欧或更小；r_c' 为集电区的体电阻，其值约为几百欧。

② r_e 为发射结正偏电阻，常温下近似为 $26(\mathrm{mV})/I_{EQ}(\mathrm{mA})$；$r_c$ 为集电结反偏电阻，阻值很大。

③ $C_{b'e}$ 为发射结电容，容量为几十至几百皮法；$C_{b'c}$ 为集电结电容，容量约为几个皮法。

三极管的高频小信号模型如图 3.76（b）所示。

① $r_{b'e}$ 主要是 r_e 折算到基极回路的阻值，约为 $(1+\beta)r_e$；$r_{b'c}$ 主要是集电结反偏电阻，其值为 $100\,\mathrm{k\Omega}\sim10\,\mathrm{M\Omega}$。

② g_m 为受控电流源的互导，与频率无关，反映了电压 $v_{b'e}$ 对受控电流的控制能力[1]，其量纲为电导，单位是毫西（mS），常温下近似为 $I_{EQ}/26(\mathrm{mV})$。

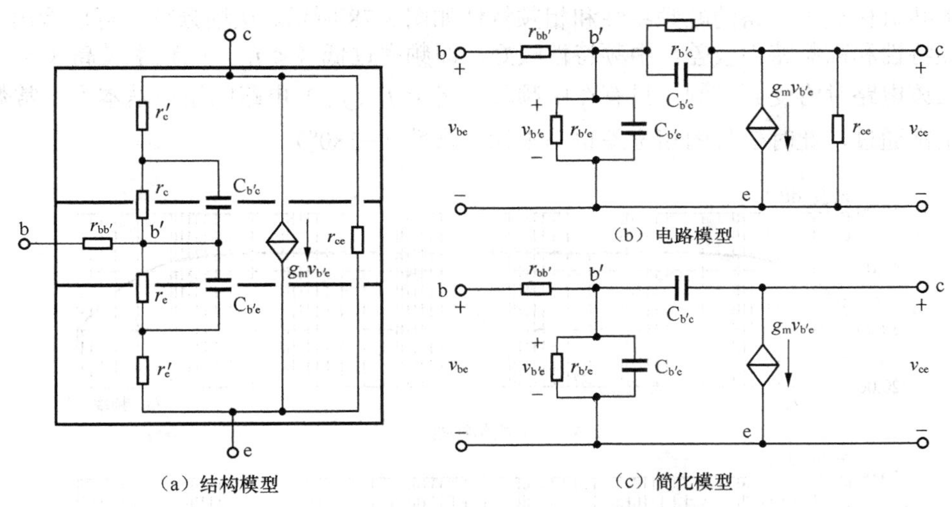

图 3.76　三极管的高频小信号模型

考虑到电阻 $r_{b'c}$ 和 r_{ce} 的值较大，故作近似计算时常将它们忽略，而得到如图 3.76（c）所示的简化模型。

3.8.2　共射极放大电路的频率特性

下面以如图 3.77 所示的基本共射极放大电路为例，分析其频率特性。

[1] 高频模型中没有使用流控型元件，是因为三极管的 β 参数会随频率变化。

学习记录

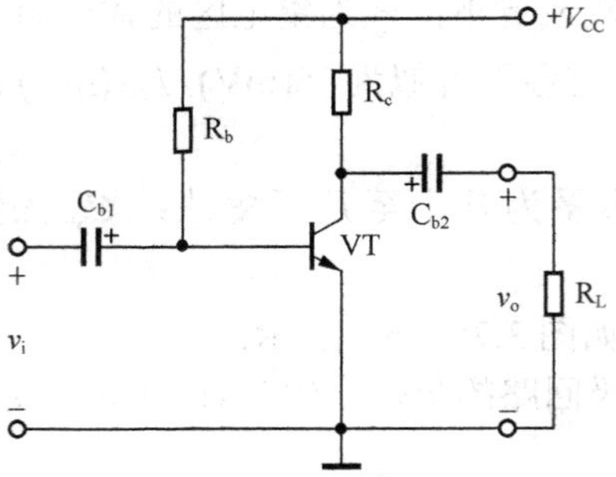

+V_{CC}
R_c
R_b
C_{b1}
C_{b2}
VT
v_i
v_o
R_L

图 3.77　基本共射极放大电路

1. 频率特性曲线

基本共射极放大电路的幅频特性和相频特性如图 3.78 所示。从幅频特性可以看出，该电路的低频特性和高频特性较差，中频特性较好，即频率过低（$< f_L$）或频率过高（$> f_H$）的信号进入该电路时将受到抑制，只有在中频段（$f_L < f < f_H$）电路的增益基本为一常数，信号能够正常通过，此时信号的相位差也基本为一常数（-180°）。

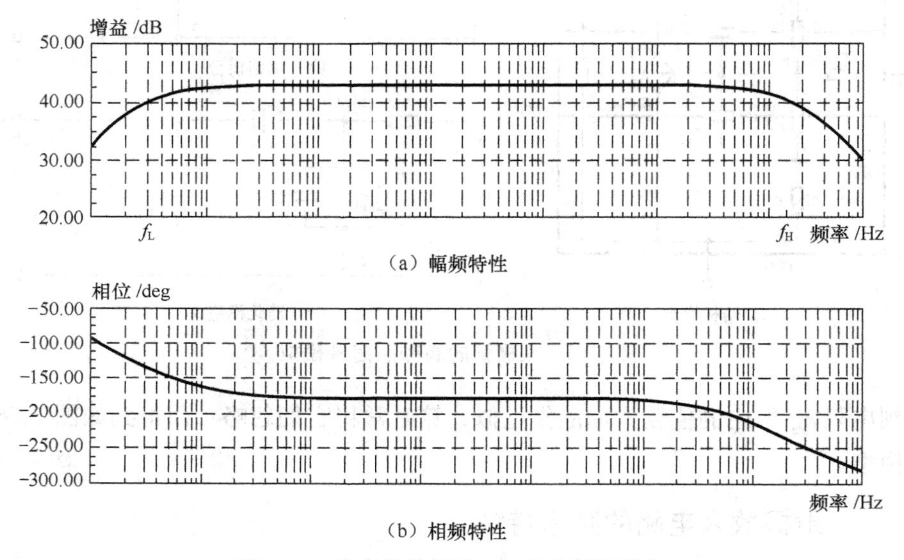

图 3.78　基本共射极放大电路的频率特性

与频率特性相关的几个重要概念。

① 截止频率。f_L 为低频截止频率，f_H 为高频截止频率，分别取增益下降到正常值的

✍ 学习记录

$1/\sqrt{2}=0.707$ 时所对应的频率值。如果增益采用对数 $20\lg|A|$，则 f_L 和 f_H 是正常增益下降 3dB（分贝）时所对应的频率值。

② 通频带宽度。f_H 与 f_L 的差值 $f_{BW}=f_H-f_L$ 称为放大电路的通频带宽度，简称带宽。

③ 波特图。在研究放大电路的频率特性时，由于信号的频率范围很宽（从几赫到几百兆赫以上），放大电路的增益也很大（可达百万倍），为压缩坐标，扩大视野，在画频率特性曲线时，频率坐标采用对数刻度，而幅值（以 dB 为单位）或相角采用线性刻度。在这种半对数坐标中画出的幅频特性和相频特性曲线称为对数频率特性或波特图。

④ 折线图。工程上经常把频率特性曲线折线化，即用三段直线来描述幅频特性和相频特性，如图 3.79 所示。虽然存在一定误差，但作为一种近似方法，在工程上是允许的。

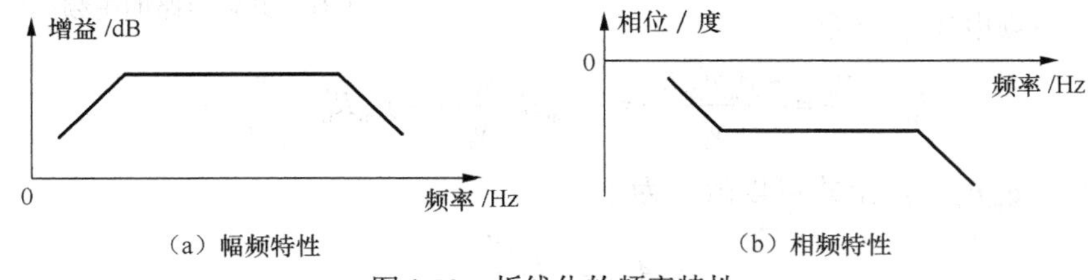

（a）幅频特性　　（b）相频特性

图 3.79 折线化的频率特性

⑤ 十倍频程线。将频率特性折线化处理后，可用 dB/十倍频程或 Deg/十倍频程（相应直线段的斜率）来描述截止区增益或相位的变化快慢。例如，对应幅频特性，+20dB/十倍频程表示每十倍频程增益上升了 20dB；如果增益为−20dB，则表示每十倍频程增益衰减了 20dB。

2. 低频特性

在低频段，电路的小信号等效电路如图 3.80 所示。三极管的极间电容 $C_{b'e}$ 和 $C_{b'c}$ 因容量较小容抗大而视为开路，但耦合电容 C_{b1} 和 C_{b2} 不能简单视为对交流信号短接，其容抗会随着信号频率的降低而增大，从而导致频率越低时其上的交流损耗就越大，相应的 $v_{b'e}$ 就越小，输出也就越小，故当输入信号的幅值不变而频率降低时，电路的增益随之降低。

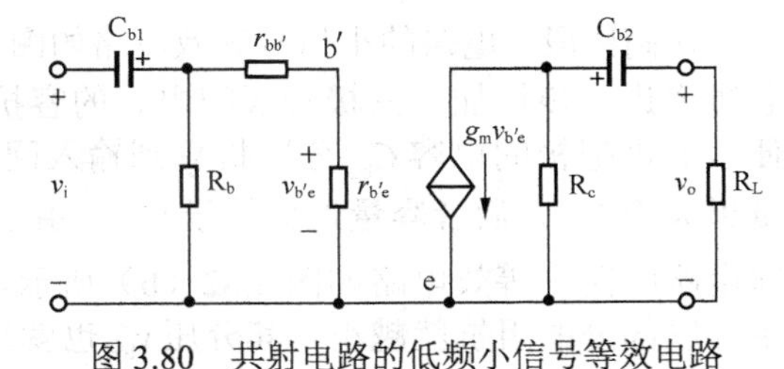

图 3.80 共射电路的低频小信号等效电路

该电路低频截止频率 f_L 的分析方法是：先分别对输入回路和输出回路利用式（3.43）和式（3.44）进行计算，然后由式（3.45）求总的 f_L。

$$f_{L1}=\frac{1}{2\pi(R_s+R_b//r_{be})C_{b1}}\approx\frac{1}{2\pi(R_s+r_{be})C_{b1}} \qquad (3.43)$$

学习记录

$$f_{L2} = \frac{1}{2\pi(R_c + R_L)C_{b2}} \tag{3.44}$$

$$f_L \approx 1.15\sqrt{f_{L1}^2 + f_{L2}^2} \tag{3.45}$$

式（3.43）中，R_s 为电路外加信号源的内阻，r_{be} 为 $r_{bb'}$ 与 $r_{b'e}$ 之和，且通常有 $R_b >> r_{be}$。

3. 中频特性

在中频段，电路的小信号等效电路如图 3.81 所示。三极管的极间电容仍然视为开路，但当信号频率达到一定值时，耦合电容的容抗就非常小了，可以视为短接。此时，电路的参数近似不随信号频率变化，故电路的增益和信号的相位差基本为一常数。

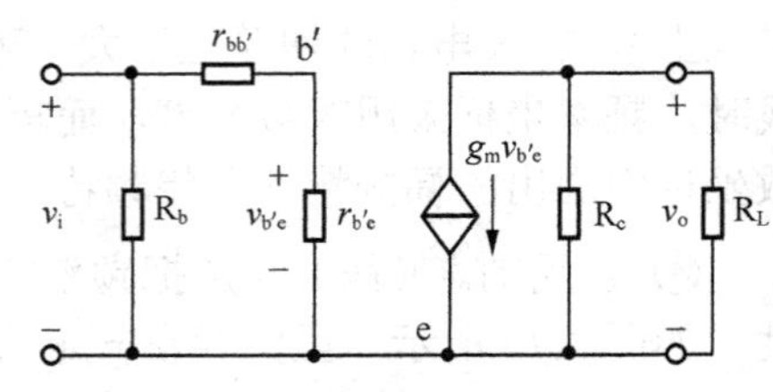

图 3.81 共射电路的中频小信号等效电路

该电路的中频电压增益为

$$A_{vm} = \frac{v_o}{v_i} = \frac{-g_m v_{b'e} R_L'}{v_i} = -g_m R_L' \frac{v_{b'e}}{v_i} = -g_m R_L' \frac{r_{b'e}}{r_{bb'} + r_{b'e}} \tag{3.46}$$

考虑到 $\beta_0 = g_m r_{b'e}$ [1]，上式可以改写为

$$A_{vm} = -\frac{\beta R_L'}{r_{be}}$$

与本教材 3.5 节的分析一致。如果求中频源电压增益，则表达式为（式中 R_s 为信号源的内阻）

$$A_{vsm} = \frac{v_o}{v_s} = \frac{v_o}{v_i}\frac{v_i}{v_s} = \frac{R_b // r_{be}}{R_s + R_b // r_{be}} A_{vm} \tag{3.47}$$

4. 高频特性

在高频段，电路的小信号等效电路如图 3.82（a）所示。此时，耦合电容视为短接，但随着频率进一步增加，三极管极间电容的容抗随之减小，不能再简单视为开路。为了计算方便，通常把极间电容 $C_{b'c}$ 分别折算到输入回路和输出回路中，用 C_{M1} [2]和 C_{M2} 表示，前者容量远大于 $C_{b'c}$，后者容量近似等于 $C_{b'c}$。由于 $C_{M2} << C = C_{b'e} + C_{M1}$，对电路的影响可以忽略，即电路的简化等效电路如图 3.82（b）所示。很明显，信号幅值不变频率越高时，输入回路中并联部分的阻抗就越小，其分压 $v_{b'e}$ 也就越小，相应的输出也就变小了，故增益随频率增加而下降。

[1] β_0 为三极管低频情况下的电流放大系数，通常器件手册中所给的 β 就是 β_0。

[2] C_{M1} 称为密勒电容，其值为 $(1+g_m R_L')C_{b'c}$

✍ 学习记录

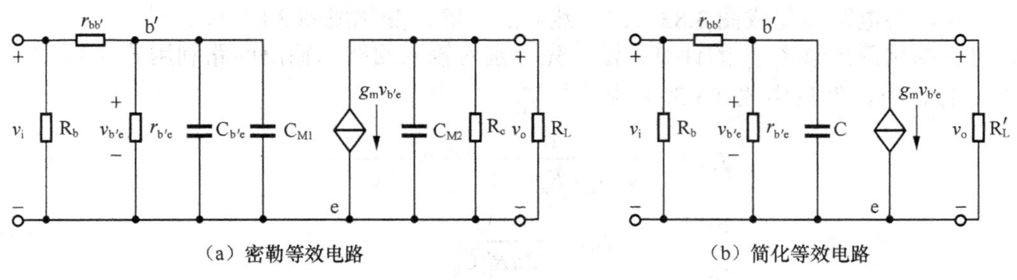

（a）密勒等效电路　　（b）简化等效电路

图 3.82　共射电路的高频小信号等效电路

该电路高频截止频率 f_H 的计算式如下：

$$f_H = \frac{1}{2\pi RC} = \frac{1}{2\pi[(R_s // R_b + r_{bb'}) // r_{b'e}](C_{b'e} + C_{M1})} \tag{3.48}$$

式（3.47）中，R_s 为电路外加信号源的内阻。

3.8.3　共基极放大电路的高频特性

下面以如图 3.83（a）所示的共基极放大电路为例，分析其高频特性。

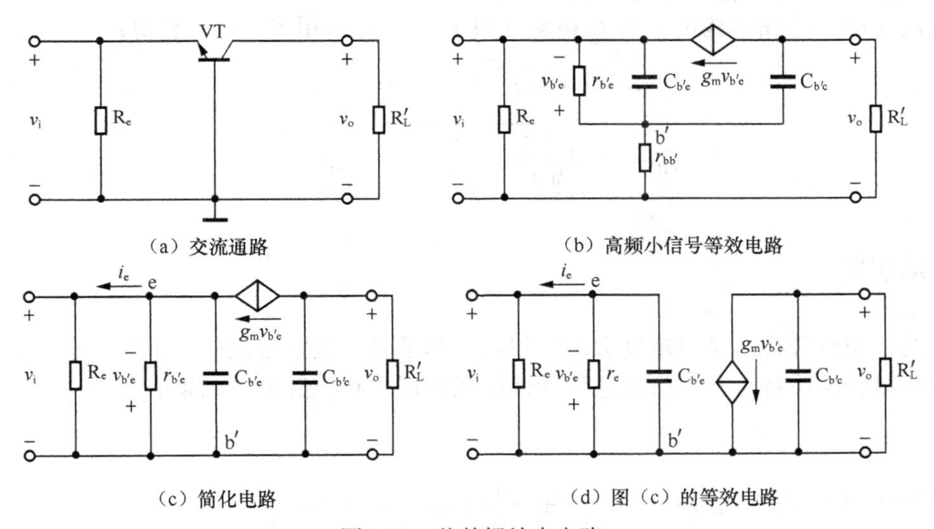

（a）交流通路　　（b）高频小信号等效电路

（c）简化电路　　（d）图（c）的等效电路

图 3.83　共基极放大电路

画出该电路的高频小信号等效电路如图 3.83（b）所示，考虑到电阻 $r_{bb'}$ 较小，忽略其对

学习记录

电路的影响，将电路简化成图 3.83（c），然后进行等效变化成图 3.83（d）[1]。

该电路高频截止频率 f_H 的计算方法：先分别对输入回路和输出回路利用式（3.49）和式（3.50）进行计算，然后由式（3.50）求总的 f_H。

$$f_{H1}=\frac{1}{2\pi(R_s // R_e // r_e)C_{b'e}}\approx\frac{1}{2\pi r_e C_{b'e}} \tag{3.49}$$

$$f_{H2}=\frac{1}{2\pi R'_L C_{b'c}} \tag{3.50}$$

$$f_H\approx\left(1.15\sqrt{\frac{1}{f_{H1}^2}+\frac{1}{f_{H2}^2}}\right)^{-1} \tag{3.51}$$

考虑到共基极放大电路中不存在密勒电容效应，且三极管的输入电阻 r_e 很小，所以 f_{H1} 很高；另外，$C_{b'c}$ 也非常小，因此 f_{H2} 也很高。故共基极放大电路的高频截止频率远高于共射极放大电路，即高频特性好，广泛应用于高频或宽频带电路中。

3.8.4 多级放大电路的频率特性

通常情况下增益越高，放大电路的通频带宽度就越窄。多极放大电路与单极放大电路相比，在增益提高的同时其带宽也会相应下降。

多极放大电路的低频截止频率 f_L 和高频截止频率 f_H 可用如下公式估算：

$$f_L\approx 1.15\sqrt{f_{L1}^2+f_{L2}^2+\cdots+f_{Ln}^2} \tag{3.52}$$

$$f_H\approx\left(1.15\sqrt{\frac{1}{f_{H1}^2}+\frac{1}{f_{H2}^2}+\cdots+\frac{1}{f_{Hn}^2}}\right)^{-1} \tag{3.53}$$

3.9 本章小结

本章的知识点较多，学习难度大，特别对于初学者来说较难把握。①学习三极管，重点要放在对三极管结构特点、工作原理和特性曲线的理解和把握上。如果概念没有建立起来，

---

[1] 射极电流：$\dot{I}_e=\dot{V}_{b'e}\left(\frac{1}{r_{b'e}}+g_m+j\omega C_{b'e}\right)=\dot{V}_{b'e}\left(\frac{1}{(1+\beta)r_e}+\frac{1}{r_e}+j\omega C_{b'e}\right)\approx\dot{V}_{b'e}\left(\frac{1}{r_e}+j\omega C_{b'e}\right)$

发射极看进去的输入导纳：$\frac{\dot{I}_e}{\dot{V}_{b'e}}=\frac{1}{r_e}+j\omega C_{b'e}$

故发射结可等效为电阻 r_e 与电容 $C_{b'e}$ 的并联形式。

学习记录

很容易造成后续学习的混乱，特别是切实把握三极管的特性曲线（其研究对象、基本形状、变化规律、工作特点）对理解三极管放大电路的工作原理来说非常重要。②学习放大电路，首先要明白建立静态工作环境的意义——为交流信号的动态变化提供所需必须的直流电压和直流电流，简单说就是只有让三极管工作在放大区，三极管才能够放大信号；然后在学完每种组态的放大电路后要总结其分析方法，记忆其工作特点和基本的输入输出关系，并与其他组态的放大电路进行对比。③学习多级放大电路的基础是掌握单级放大电路的分析方法和多级放大电路的耦合关系及其特点。④学习放大电路的频率特性，重点在于掌握其研究意义和分频段分析方法，以及与频率特性相关的基本概念。

本章的学习对于《模电》课程来说非常重要，如果本章内容基本掌握了，就为后续章节的学习打下了坚实的基础，无论是场管电路、运放电路，还是电流源电路、差放电路、功放电路、反馈电路、振荡电路、稳压电路都与三极管及其放大电路密切相关。

3.10 思考题

1. 三极管是通过什么方式来控制集电极电流的？
2. 能否用两只二极管相互反接来组成三极管？为什么？
3. 什么是三极管的穿透电流？ 它对放大器有什么影响？
4. 放大电路放大电信号与放大镜放大物体的意义相同吗？
5. 在三极管组成的放大器中，基本偏置条件是什么？
6. 三极管的输出特性曲线一般分为几个工作区域？
7. 三极管放大电路的基本组态有几种？它们分别是什么？
8. 在共发射极放大电路中，一般有哪几种偏置电路？
9. 静态工作点的确定对放大器有什么意义？
10. 放大器的静态工作点一般应该处于三极管输出特性曲线的什么区域？
11. 在绘制放大器的直流通路时，电源和电容器应该如何对待？
12. 放大器的图解法中的直流负载线和交流负载线各有什么意义？
13. 如何评价放大电路的性能？ 有哪些主要指标？
14. 为什么放大器的电压增益的单位常常使用分贝？它和倍数之间有什么关系？
15. 放大器的通频带是否越宽越好？为什么？
16. 放大器的输入输出电阻对放大器有什么影响？
17. 设计放大器时，对输入输出电阻来说，其取值原则是什么？
18. 放大器的失真一般分为几类？
19. 放大器的工作点过高会引起什么样的失真？工作点过低呢？

学习记录

20．放大器的非线性失真一般是哪些原因引起的？

21．小信号等效电路分析法与图解法在放大器的分析方面有什么区别？

22．用小信号等效电路分析法分析放大电路的一般步骤是什么？

23．小信号等效电路分析法的适用范围是什么？

24．影响放大器工作点稳定性的主要因素有哪些？

25．在共发射极放大电路中，一般采用什么方法稳定工作点？

26．单管放大电路为什么不能满足多方面性能的要求？

27．耦合电路的基本作用是什么？

28．多级放大电路的级间耦合一般有哪几种方式？

29．多级放大电路的总电压增益等于什么？

30．多级放大电路的输入和输出电阻等于什么？

31．试按照组态分类总结三极管放大电路的典型电路结构、工作特点和计算公式。

32．试针对三极管放大电路的直流通路进行总结：常见电路形式、偏置方式、分析计算等。

33．试针对三极管放大电路的小信号等效路进行总结：常见电路形式、画图方法、分析计算等。

✍ 学习记录

第4章 场效应管及其放大电路

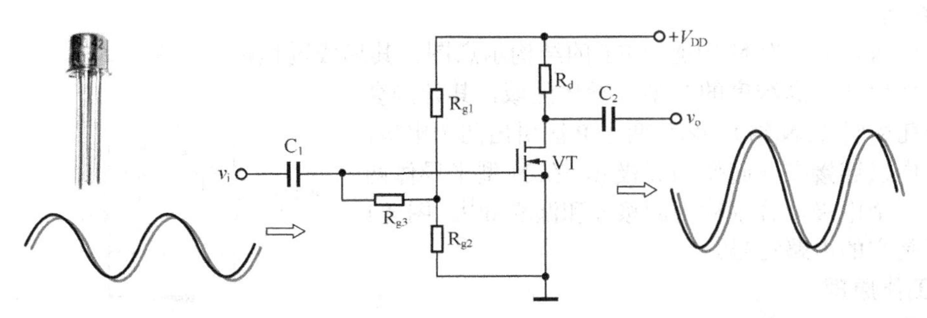

引言：场效应管（FET，Field Effect Transistor 的缩写）是一种利用电场效应来控制其电流大小的半导体三端器件，其很多特性和应用方向都与上一章介绍的三极管类似。这种器件不仅体积小、质量轻、耗电省、寿命长，而且还具有输入阻抗高、噪声低、热稳定性好、抗辐射能力强、制造工艺简单和便于集成等优点，应用广泛，特别是在大规模和超大规模集成电路中。场效应管从结构上可以分为结型（JFET，Junction FET）和金属氧化物半导体场效应管（MOSFET，Metal Oxide Semiconductor FET，习惯上也称为绝缘栅场效应管）两大类。

本章内容：

- 场效应管的相关知识（基础）
- 共源极放大电路及其分析方法（重点）
- 共漏电极放大电路及其分析方法（重点）
- 共栅极放大电路及其分析方法（了解）
- 3 种放大电路的特点和作用（重点）

建议：学习场效应管及其放大电路，首先要熟悉场效应管的分类、基本结构、工作原理、特性曲线和相关参数，特别是正确理解其特性曲线对于学习场效应管放大电路非常重要；然

✍ 学习记录

后要结合电路结构和特点掌握电路的分析方法；最后要熟练掌握共源、共漏和共栅放大电路的特点和用途。另外，如果能够时时做到场效应管与三极管的类比学习，势必会取得事半功倍的效果。

4.1 JFET

JFET 内部存在导电沟道，在外加电压的作用下沟道形状会发生相应的改变，从而形成对电流的控制作用。按照导电沟道的类型，JFET 可以分为 N 沟道和 P 沟道两种。下面主要以 N 沟道 JFET 为例来讲解结型场效应管的相关知识。

4.1.1 N 沟道 JFET

1. 结构

图 4.1（a）所示为 N 沟道 JFET 的结构示意图，其形成过程是：①在一块 N 型半导体材料两侧扩散出两个高浓度的 P 型半导体区域，其外围会形成两个耗尽层（PN 结）；②从两个 P 区引出两个电极，并将两个电极连接在一起作为栅极 g，在 N 型半导体两端各引出一个电极，分别称为源极 s 和漏极 d[1]。图 4.1（b）所示是它的电路符号。

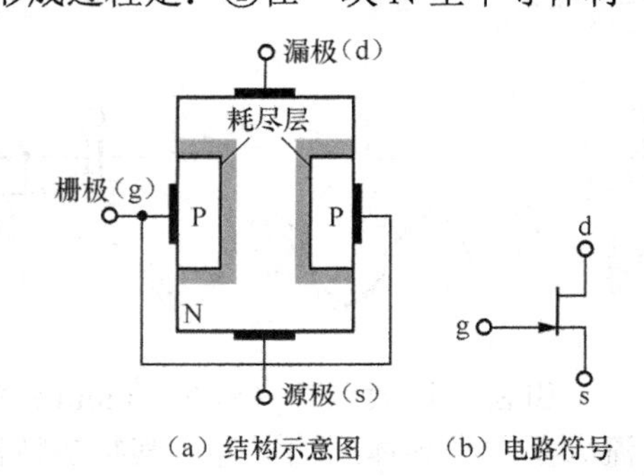

（a）结构示意图　（b）电路符号

图 4.1　N 型沟道 JFET

2. 工作原理

（1）漏极电流 i_D 的形成

如果在漏极和源极之间加上正电压 $v_{DS} > 0$，如图 4.2 所示，N 型半导体中的多数载流子（自由电子）在电场作用下，由源极向漏极运动，形成漏极电流 i_D。

（2）对漏极电流 i_D 的控制

电子从源极向漏极运动，必然会经过两个耗尽层中间的通道，这个通道称为导电沟道，简称为沟道。如果在栅极和源极之间加上反偏电压 $v_{GS} < 0$，如图 4.3 所示，使两个耗尽层变宽，从而导致沟道被压缩，沟道变窄使沟道电阻增大，相应的漏极电流 i_D 就会发生变化。这样，通过改变反偏电压 v_{GS} 的大小，就能够改变沟道的宽度，就能够实现对漏极电流的 i_D 控制。

综上所述，漏极电流 i_D 主要受电压 v_{GS} 和 v_{DS} 的影响，前者通过控制导电沟道来影响 i_D，

[1] 场效应管的栅极 g、源极 s 和漏极 d 分别与三极管的基极 b、射极 e 和集电极 c 相对应。

学习记录

后者直接作为驱动来影响 i_D。

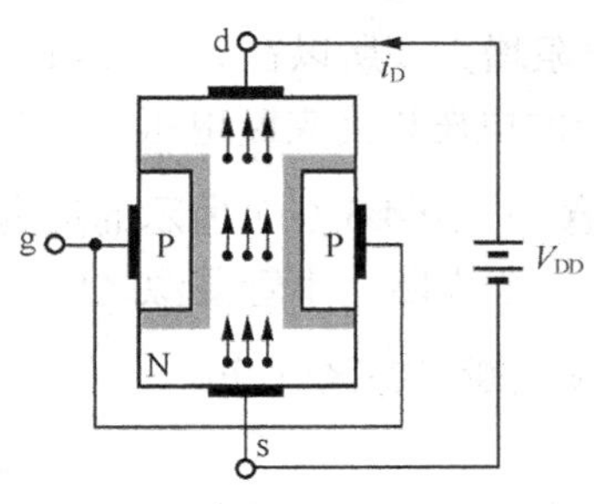

图 4.2 形成漏极电流

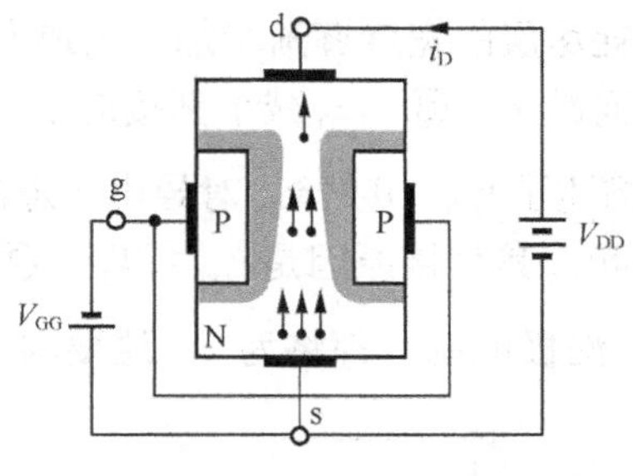

图 4.3 控制漏极电流

3. 特性曲线

场效应管的特性是用转移特性曲线和输出特性曲线来表示。图 4.4 所示为 JFET 特性曲线的测试电路，这是一个共源极电路，类似三极管的共射极电路。其中，栅极是输入端，漏极是输出端，源极是公共端，栅极与源极组成了输入回路，漏极和源极组成了输出回路。

（1）转移特性曲线

场效应管没有输入特性曲线，这一点与三极管不同。正常工作时栅源之间所加电压使耗尽层反偏，故 JFET 的栅极电流 i_G 非常小，近似为零，所以不研究 i_G 随 v_{GS} 的变化规律，即输入特性，转而研究输入端电压 v_{GS} 对输出端电流 i_D 的影响，称为转移特性，其数学定义式如下：

$$i_D = f(v_{GS})\big|_{v_{DS}=\text{常数}} \tag{4.1}$$

测试转移特性时，首先固定 V_{DD} 为某一电压值，即让 v_{DS} 一定；然后逐渐改变 V_{GG}，记下不同的 v_{GS} 及所对应的 i_D 值，就可以在 $i_D - v_{GS}$ 直角坐标系中绘出一条曲线，即转移特性曲线，如图 4.5 所示。如果改变 V_{DD}，就可得到一簇转移特性曲线。

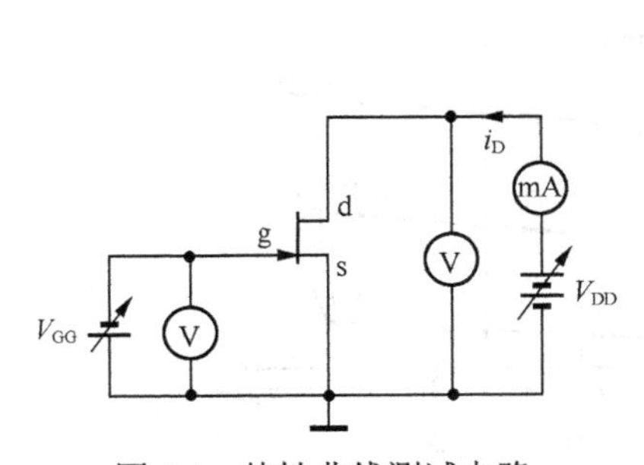

图 4.4 特性曲线测试电路

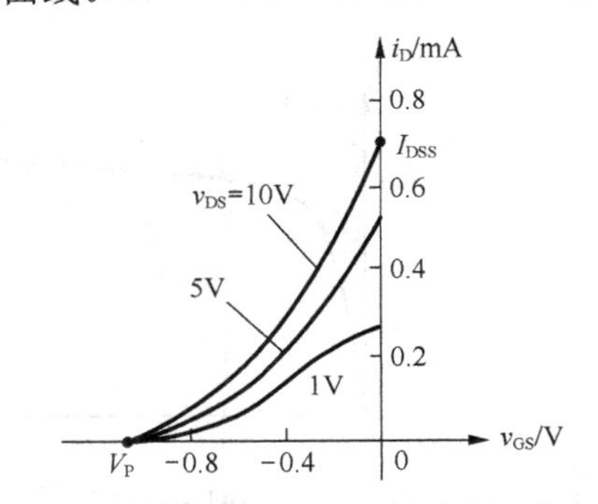

图 4.5 N 沟道 JFET 的转移特性曲线

学习记录

图中：①当 $v_{GS}=0$ 时的漏极电流称为沟道饱和电流，记为 I_{DSS}；②当栅源电压 v_{GS} 在负值上增加后，耗尽层的宽度逐渐增加，沟道变窄，沟道电阻增大，所以在 v_{DS} 一定时 i_D 会随 v_{GS} 的负值增大而减小；③当 i_D 减小到接近于零时，栅源间的电压称为夹断电压，用 V_P 表示。

图 4.6 描述了 $v_{DS}=0$ 时 v_{GS} 对导电沟道的影响。注意：①图 4.6（c）所示的沟道夹断状态属于完全夹断，其直接原因是 $v_{GS}\leqslant V_P$；②沟道一旦被完全夹断，不管漏源之间有没有加驱动电压 v_{DS}，漏极电流 i_D 都将为 0，这要与后续的沟道预夹断状态区分开。

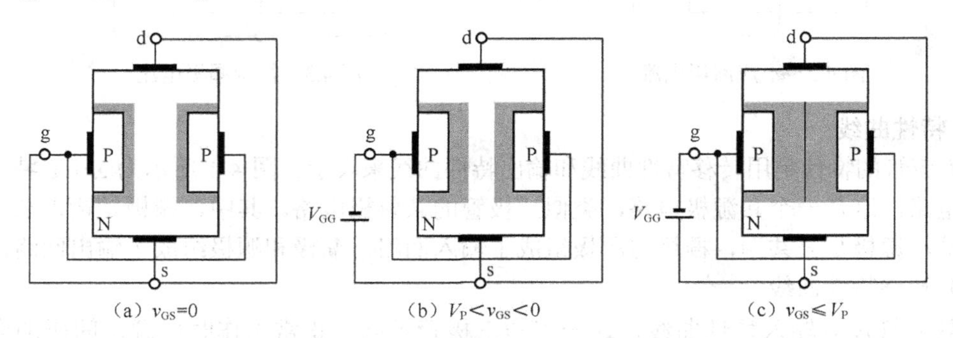

图 4.6 $v_{DS}=0$ 时 v_{GS} 对导电沟道的影响

（2）输出特性曲线

场效应管的输出特性曲线是指当栅源电压 v_{GS} 为定值时，漏极电流 i_D 与漏源电压 v_{DS} 间的关系曲线，其数学定义式如下：

$$i_D = f(v_{DS})\big|_{v_{GS}=\text{常数}} \tag{4.2}$$

测试输出特性时，先固定一个 v_{GS} 值，然后改变 v_{DS}，记下对应的 i_D 值，就可以在 i_D—v_{DS} 的直角坐标系中画出一条输出特性曲线。改变 v_{GS} 值，可以测得一簇输出特性曲线，如图 4.7 所示。

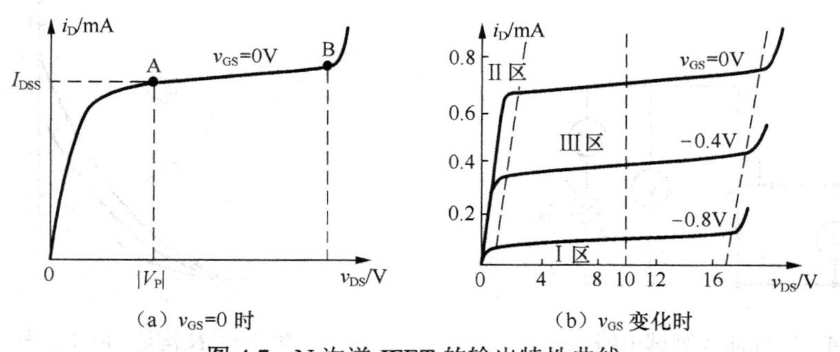

图 4.7 N 沟道 JFET 的输出特性曲线

学习记录

下面对如图 4.7（a）所示的输出特性曲线作简要分析。

① 对 $v_{GS}=0$ 的理解。v_{GS} 是控制沟道电阻的，v_{GS} 一定即可以简单认为沟道电阻一定[1]。如果沟道没有被夹断，则此时的电流 i_D 主要受驱动电压 v_{DS} 控制。先令 $v_{GS}=0$ 时的沟道电阻为 R_{J0} 。

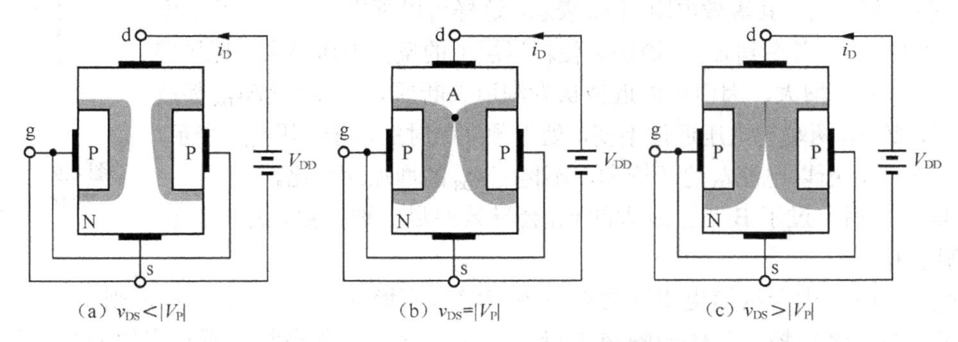

图 4.8　$v_{GS}=0$ 时 v_{DS} 对导电沟道的影响

② v_{DS} 对沟道形状的影响。$v_{DS}>0$ 的出现，导致靠近漏极处的耗尽层所加反相电压大，而靠近源极处的耗尽层所加反相电压小，即耗尽层上的反相电压分布不均匀，从漏极向源极逐渐减小，这样就使得靠近漏极的耗尽层会宽一些，靠近源极的耗尽层会窄一些，故沟道呈现上窄下宽的形状，具体如图 4.8（a）所示。

③ A 点之前的曲线变化规律。v_{DS} 的出现虽然使沟道发生变形，但只要满足式（4.3）的关系，沟道就不会出现夹断情况。这时沟道电阻是一定的，所以 v_{DS} 增加电流 i_D 随之增大，且变化迅速。

$$v_{GD}=v_{GS}+v_{SD}=0-v_{DS}=-v_{DS}>V_P\text{，即 } v_{DS}<-V_P=|V_P| \qquad (4.3)$$

式中：V_P 为夹断电压。

④ A 点。v_{DS} 继续增加，沟道头部（靠近漏极的区域）越窄，当 $v_{DS}=|V_P|$ 时，沟道头部相交，如图 4.8（b）所示，称沟道发生了预夹断，A 点即预夹断点，此时电流 i_D 将趋于饱和。

⑤ A 点到 B 点的曲线变化规律。v_{DS} 继续增加，沟道头部相交的部位越多，如图 4.8（c）所示，称沟道进入了夹断状态，此时电流 i_D 近似不再随 v_{DS} 的增加而变化，呈现出恒流的特性。

⑥ 理解夹断后电流 i_D 为何不消失。此时沟道的夹断状态与前面所述的沟道完全夹断不同，虽然沟道头部出现的耗尽层把沟道阻断，但从漏极向源极看，加在耗尽层上的电压是上正下负关系，且值已足够大，能够促使自由电子以漂移方式通过该区域而进入漏极，这类似

[1] 实际上沟道电阻还与沟道长度等其他因素相关，这里为了简单起见，忽略了其他因素。

学习记录

于 NPN 型三极管中反偏的集电结把到达其表面的自由电子拉入集电区形成集电极电流的方式，故夹断后漏极电流 i_D 仍然存在。

⑦ 理解电流 i_D 将趋于饱和。夹断后在漏源之间除了导电沟道外，还存在一个反偏的耗尽层，其等效电阻用 R_P 表示，这样可以画出一个简化等效电路，如图 4.9 所示。考虑到 v_{DS} 的增加会使耗尽层上的反偏电压增大，耗尽层等效电阻也就随之增大，因而可以近似认为沟道夹断后 v_{DS} 的增量 Δv_{DS} 都被 R_P 分担了，故 R_{J0} 两端的电压近似不变，处于预夹断时的水平，用 v_{DS0} 表示，又 R_{J0} 近似不变，所以电流 i_D 趋于饱和，不再随 v_{DS} 的增加而变化。

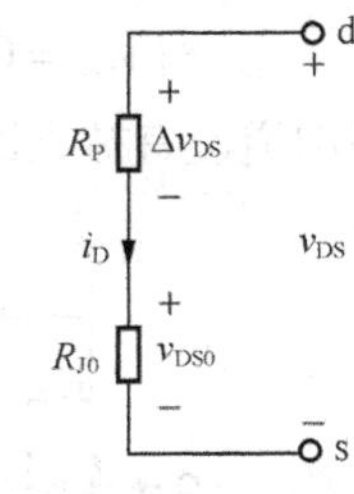

图 4.9 夹断后的简化等效电路

⑧ B 点之后。过了 B 点，过大的 v_{DS} 会导致耗尽层被击穿，这时漏极电流急剧上升。

当 $v_{GS} < 0$ 时，由于沟道电阻随之在反方向增大而增加，如果 v_{DS} 一定，则 i_D 减小，故曲线呈现向下的变化趋势，具体如图 4.7（b）所示。此时，预夹断点所对应的漏源电压 v_{DS} 可以通过下式计算：

$$v_{GD} = v_{GS} + v_{SD} = v_{GS} - v_{DS} = V_P \Rightarrow v_{DS} = v_{GS} - V_P \tag{4.4}$$

即 $v_{DS} < v_{GS} - V_P$ 时沟道未被夹断，而 $v_{DS} \geqslant v_{GS} - V_P$ 时沟道被夹断。

4．工作区

类似于三极管，JFET 的输出特性也分为 3 个区域，如图 4.7（b）所示。

① Ⅰ区，截止区。此时，$v_{GS} < V_P$，导电沟道完全夹断，$i_D = 0$。

② Ⅱ区，可变电阻区（又称为不饱和区）。此时，$V_P < v_{GS} \leqslant 0$，且 $v_{DS} < v_{GS} - V_P$。在该区内，JFET 的沟道还没有夹断，漏极电流 i_D 的计算式为

$$i_D = K_n[2(v_{GS} - V_P)v_{DS} - v_{DS}^2] \tag{4.5}$$

式中：K_n 是与场效应管结构相关的系数，其单位为 mA/V^2。

③ Ⅲ区，饱和区（又称为线性放大区）。此时，$V_P < v_{GS} \leqslant 0$，且 $v_{DS} \geqslant v_{GS} - V_P$。在该区内，漏极电流 i_D 随栅源电压 v_{GS} 而变化；当 v_{GS} 一定时，i_D 几乎不随漏源电压 v_{DS} 而变化，维持常数，i_D 呈现恒流特性，其计算式为

$$i_D = K_n(v_{GS} - V_P)^2 = K_n V_P^2\left(1 - \frac{v_{GS}}{V_P}\right)^2 = I_{DSS}\left(1 - \frac{v_{GS}}{V_P}\right)^2 \tag{4.6}$$

JFET 用作放大器件时就需要工作在饱和区。

4.1.2 P 沟道 JFET

P 沟道 JFET，其结构和电路符号如图 4.10 所示。与 N 沟道 JFET 相比较，其电路符号不同，

✍ 学习记录

工作电源的极性相反，但两者的工作原理相同，特性曲线也很相似，这里就不再重复介绍了。

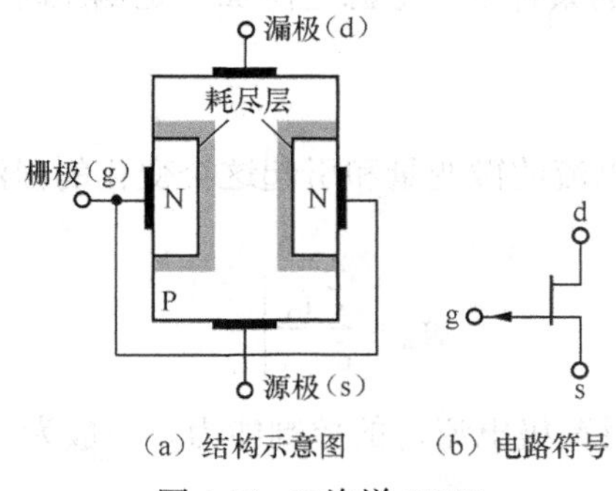

（a）结构示意图　　（b）电路符号

图 4.10　P 沟道 JFET

4.1.3　沟道长度调制效应

理想情况下，当 JFET 工作在饱和区时，漏极电流 i_D 与漏源电压 v_{DS} 无关。但实际上导电沟道的长度对 i_D 也存在一定的影响，表现为在饱和区的输出特性曲线将随 v_{DS} 增加而略有上升。这种影响常用沟道长度调制系数 λ 来修正，具体的表达式如下：

$$i_D = I_{DSS}\left(1-\frac{v_{GS}}{V_P}\right)^2(1+\lambda v_{DS}) \tag{4.7}$$

4.1.4　JFET 的主要参数

1．夹断电压 V_P

当 v_{DS} 为一固定值（如 10V），使 i_D 等于一个微小的电流（如 20μA）时，栅源之间所加的电压称为夹断电压。

2．饱和电流 I_{DSS}

在 $v_{GS}=0$ 的情况下，当 $|v_{DS}|>|V_P|$ 时的漏极电流称为饱和电流。通常令 $v_{GS}=0$、$v_{DS}=10V$ 时测出的 i_D 就是 I_{DSS}。在转移特性曲线上，就是 $v_{GS}=0$ 时的漏极电流（见图 4.5）。另外，对于 JFET 来说，I_{DSS} 也是管子所能输出的最大电流。

3．漏源击穿电压 $V_{(BR)DS}$

$V_{(BR)DS}$ 是指发生雪崩击穿，i_D 开始急剧上升时的 v_{DS} 值。

4．最大栅源电压 $V_{(BR)GS}$

$V_{(BR)GS}$ 是指栅源间反向电流开始急剧增加时的 v_{GS} 值。

学习记录

5. **直流输入电阻 R_{GS}**

R_{GS} 是指在漏源之间短接的条件下，栅源之间加一定电压时的栅源直流电阻，通常该值较大。

6. **低频跨导 g_m**

在 v_{DS} 等于常数时，漏极电流的微变量和引起这个变化的栅源电压的微变量之比称为跨导（也可以称为互导），即

$$g_m = \left.\frac{\partial i_D}{\partial v_{GS}}\right|_{v_{DS}} \tag{4.8}$$

跨导反映了栅源电压 v_{GS} 对漏极电流 i_D 的控制能力。一般为 1～5mS（毫西）。不同栅压下的跨导值有如下关系：

$$g_m = 2K_n(v_{GS} - V_P) = 2\frac{I_{DSS}}{V_P^2}(v_{GS} - V_P) = -2\frac{I_{DSS}}{V_P}\left(1 - \frac{v_{GS}}{V_P}\right) \tag{4.9}$$

式中：$K_n = I_{DSS}/V_P^2$。

7. **输出电阻 r_{ds}**

$$r_{ds} = \left.\frac{\partial v_{DS}}{\partial i_D}\right|_{v_{GS}} \tag{4.10}$$

r_{ds} 说明了漏源电压 v_{DS} 对漏极电流 i_D 的影响，是输出特性曲线上某点切线斜率的倒数。在饱和区，i_D 随 v_{DS} 改变很小，因此 r_{ds} 的数值通常很大，一般在几十千欧到几百千欧之间。

8. **最大耗散功率 P_{DM}**

JFET 的耗散功率等于 v_{DS} 和 i_D 的乘积，即 $P_{DM} = i_D v_{DS}$。这些耗散在管子中的功率将变为热能，使管子的温度升高。为了限制它的温度不要升得太高，就要限制它的耗散功率不能超过最大数值 P_{DM}。

JFET 除上述参数外，还有噪声系数、高频参数、极间电容等其他参数。

4.2 MOSFET

MOSFET 比 JFET 拥有更高的输入电阻，应用更加广泛，特别是在中大规模集成电路中得到广泛的使用。MOSFET 与 JFET 结构完全不同，但它们的特性却很相似。与 JFET 一样，根据导电沟道的不同，MOSFET 也分为 N 沟道和 P 沟道两类，而且每一类又分为增强型和耗尽型两种。下面仍然以 N 沟道器件为例来介绍 MOSFET。

✍ 学习记录

4.2.1 N沟道增强型MOSFET

1．结构

图4.11（a）所示为N沟道增强型MOSFET的结构示意图。它以低掺杂的P型硅材料作衬底，在它上面制造两个高掺杂的N型区，分别引出两个电极，作为源极s和漏极d，在P型衬底的表面覆盖一层很薄的氧化膜（二氧化硅）绝缘层，并引出电极作为栅极g。图4.11（b）是它的电路符号。这种场效应管的栅极g与P型半导体衬底、漏极d及源极s之间都是绝缘的，所以也称为绝缘栅场效应管。

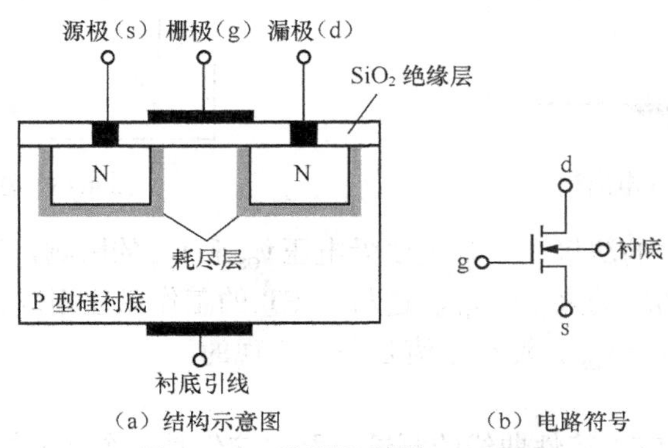

（a）结构示意图　　（b）电路符号

图4.11　N沟道增强型MOSFET

2．工作原理

MOSFET的基本工作原理仍然是利用栅源电压v_{GS}去控制漏极电流i_D。但与JFET不同的是，MOSFET的漏极和源极之间不存在原始导电沟道，工作时需要先建立。

（1）建立导电沟道

如图4.12所示，当外加正向的栅源电压$v_{GS}>0$时，在栅极下方的氧化层上出现上正下负的电场，该电场将吸引P区中的自由电子，使其在氧化层下方聚集，同时会排斥P区中的空穴，使之离开该区域。v_{GS}越大电场强度越大，这种效果越明显。当v_{GS}达到V_T时，该区域聚集的自由电子浓度足够大，而形成一个新的N型区域，像一座桥梁把漏极和源极连接起来。该区域就称为N型导电沟道，简称N沟道，而V_T称为开启电压，$v_{GS}\geqslant V_T$是建立该导电沟道的必备条件。

（2）建立漏极电流

当沟道建立之后，如果漏源之间存在一定的驱动电压v_{DS}，就能形成如图4.13所示的漏极电流i_D。注意，当漏源电压v_{DS}出现后，漏极电位高于源极，故$v_{GS}>v_{GD}$，造成氧化层上的

学习记录

电场分布不均匀，靠近源极强度大，靠近漏极强度弱，相应的导电沟道也随之变化，即靠近源极处宽，靠近漏极处窄。

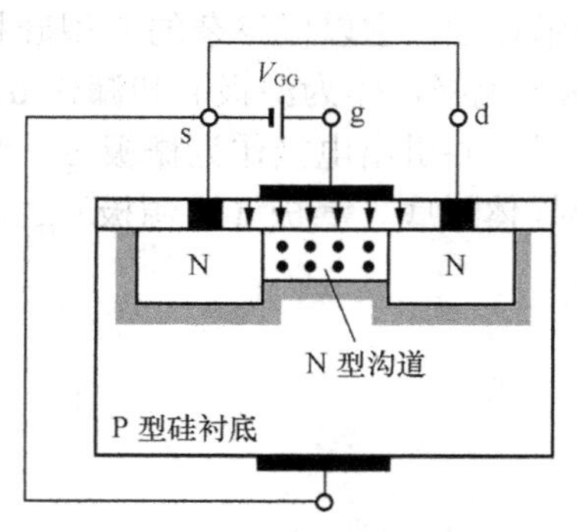

图 4.12　建立导电沟道

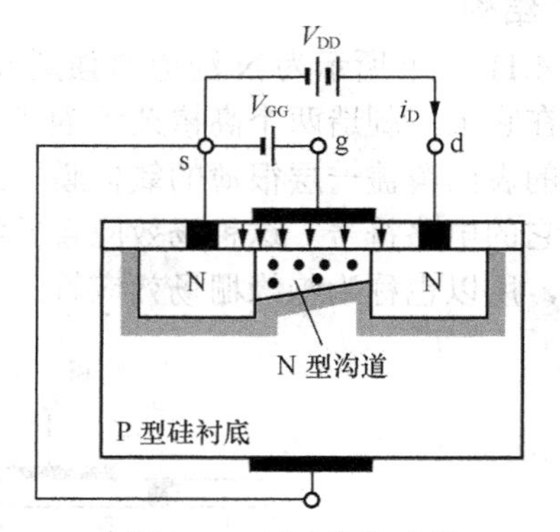

图 4.13　建立漏极电流

综上所述，MOSFET 的漏极电流 i_D 主要受电压 v_{GS} 和 v_{DS} 的影响，前者通过控制导电沟道来影响 i_D，后者直接作为驱动来影响 i_D，这与 JFET 的工作原理相似。但需要强调的是，如果导电沟道没有建立，只有 v_{DS}，漏极电流是不会出现的。

3．特性曲线

图 4.14 所示为 MOSFET 特性曲线的测试电路，这仍是一个共源极电路。

（1）转移特性曲线

N 沟道增强型 MOSFET 的转移特性曲线如图 4.15 所示。① $v_{GS} < V_T$ 时，导电沟道还未建立，没有漏极电流。② $v_{GS} \geqslant V_T$ 时，导电沟道得以建立，且 v_{GS} 越大，N 沟道中自由电子浓度越大，导电能力越强，即沟道电阻随 v_{GS} 增大而减小，相应形成的电流 i_D 就越大。这也是增强型得名的原因，在 v_{DS} 一定时，i_D 随 v_{GS} 增大而增强。③如果改变 v_{DS}，将得到一族转移特性曲线，且 v_{DS} 越大，曲线越靠近纵轴。

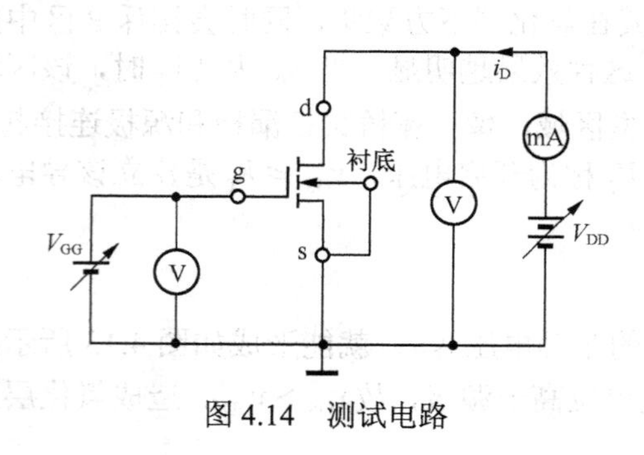

图 4.14　测试电路

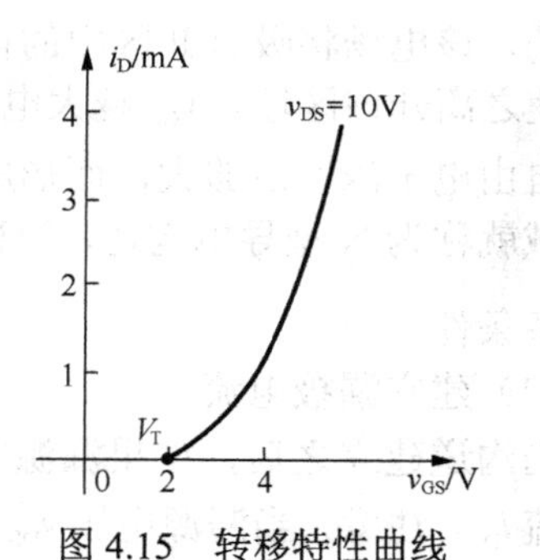

图 4.15　转移特性曲线

✍ 学习记录

（2）输出特性曲线

N 沟道增强型 MOSFET 的输出特性曲线如图 4.16 所示，下面以图 4.16（a）为例讲解其变化规律。

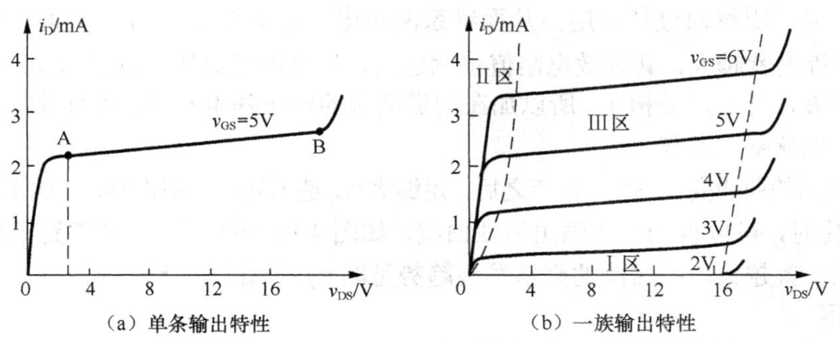

图 4.16　N 沟道 MOSFET 的输出特性曲线

① 理解 v_{GS} 为一定值。首先必须满足 $v_{GS} > V_T$，以确保导电沟道已经建立；v_{GS} 是控制沟道的电压，该值一定，可以简单认为沟道电阻也就是一个定值。

② 理解 v_{DS} 对导电沟道的影响。如前所述，v_{DS} 的出现会使靠近漏极的沟道变窄，且 v_{DS} 越大这种效果越明显。当 v_{DS} 达到一定值时，靠近漏极的沟道会出现夹断现象，如图 4.17 所示。产生夹断的条件推导如下：

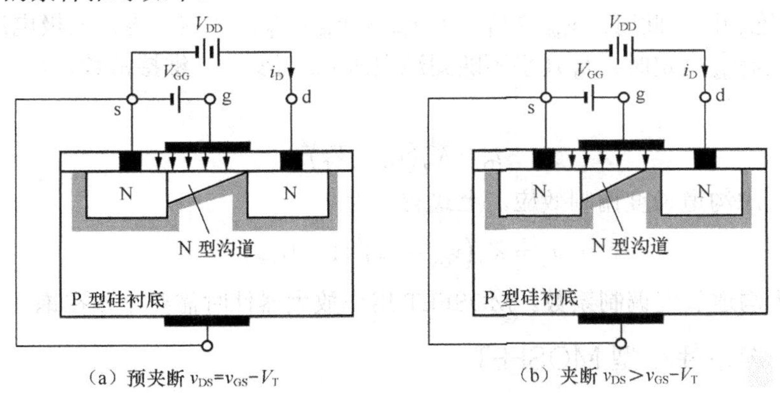

图 4.17　沟道的夹断状态

$$v_{GD} = v_{GS} + v_{SD} = v_{GS} - v_{DS} = V_T \Rightarrow v_{DS} = v_{GS} - V_T \tag{4.11}$$

即 $v_{DS} < v_{GS} - V_T$ 时，沟道没有夹断；$v_{DS} = v_{GS} - V_T$ 时，沟道处于预夹断状态，如图 4.17（a）所示；而 $v_{DS} > v_{GS} - V_T$ 时，沟道被夹断。

③ A 点之前的曲线变化规律。A 点为预夹断点，在 A 点之前沟道没有夹断，虽然沟道

✍ 学习记录

存在形变，但其电阻受 v_{GS} 控制基本为一定值，所以 i_D 随 v_{DS} 增大，且变化迅速。

④ A 点到 B 点的曲线变化规律。v_{DS} 继续增加，沟道进入了夹断状态，靠近漏极处会出现一小段反偏的耗尽层。一方面，该耗尽层两端的电压关系为左负右正，且电压值足够大，能够驱使自由电子漂移通过耗尽层，从而维系漏极电流 i_D 的存在。另一方面，v_{DS} 越大，该耗尽层的反偏程度就越大，其等效电阻值也就越大，故可以近似认为过了 A 点后，漏源电压的增量 Δv_{DS} 都被该耗尽层分担了，所以加在沟道两端的电压基本不变，而沟道电阻是一定的，其上的电流 i_D 也就基本不变。

⑤ B 点之后的曲线变化规律。B 点之后，足够大 v_{DS} 造成耗尽层被击穿，电流随之急剧增加。

当 v_{GS} 变化时，可以得到一族输出特性曲线，如图 4.16（b）所示。考虑到栅源电压 v_{GS} 越大，漏极电流 i_D 就越大，故曲线的整体发展趋势是随 v_{GS} 的增加向上延伸。

4．工作区

MOSFET 的输出特性也分为 3 个区域，如图 4.16（b）所示。

① Ⅰ区，截止区。此时，$v_{GS} < V_T$，导电沟道没有建立，$i_D = 0$。

② Ⅱ区，可变电阻区。此时，$v_{GS} \geqslant V_T$，且 $v_{DS} < v_{GS} - V_T$。在该区内，MOSFET 的沟道还没有夹断，漏极电流 i_D 的计算式为

$$i_D = K_n[2(v_{GS} - V_T)v_{DS} - v_{DS}^2] \tag{4.12}$$

式中：K_n 是与场效应管结构相关的系数，其单位为 mA/V^2。

③ Ⅲ区，饱和区。此时，$v_{GS} \geqslant V_T$，且 $v_{DS} \geqslant v_{GS} - V_T$。在该区内，漏极电流 i_D 随栅源电压 v_{GS} 而变化；当 v_{GS} 一定时，i_D 几乎不随漏源电压 v_{DS} 而变化，维持常数，i_D 呈现恒流特性，其计算式为

$$i_D = K_n\left(v_{GS} - V_T\right)^2 \tag{4.13}$$

如果需要考虑沟道长度调制效应，上式应变为

$$i_D = K_n\left(v_{GS} - V_T\right)^2\left(1 + \lambda v_{DS}\right) \tag{4.14}$$

式中：λ 为沟道长度调制系数。MOSFET 用作放大器件时需要工作在饱和区。

4.2.2 N 沟道耗尽型 MOSFET

图 4.18 所示为 N 沟道耗尽型 MOSFET 的结构和电路符号。与增强型相比，其氧化层中掺入了大量的正离子，在正离子的作用下使 N 型导电沟道事先得以建立。故 $v_{GS} = 0$ 时，在漏源电压 v_{DS} 的驱动下就能够直接形成漏极电流 i_D。

当 $v_{GS} > 0$ 正向增大时，沟道的导电能力增强，漏极电流 i_D 随之增大。而当 $v_{GS} < 0$ 时，v_{GS} 的存在会削弱沟道的导电能力，即 v_{GS} 在负方向上增强时，漏极电流 i_D 随之减小。如果 v_{GS} 在

✍ 学习记录

负方向上继续增加而达到夹断电压 V_P 时，沟道消失（或称为沟道被完全夹断），也就不会再有漏极电流，$i_D = 0$。

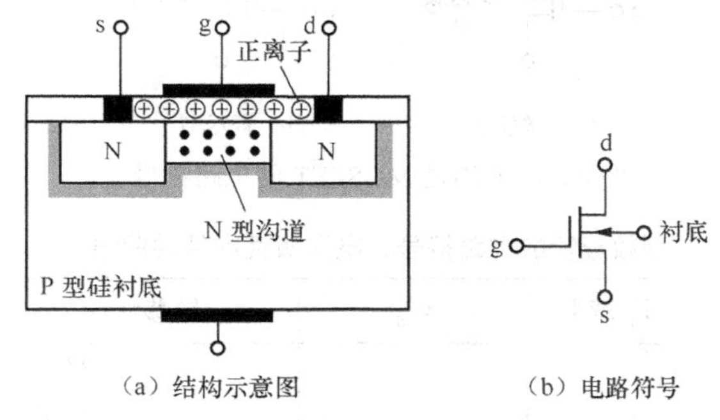

（a）结构示意图　　（b）电路符号

图 4.18　N 沟道耗尽型 MOSFET

N 沟道耗尽型 MOSFET 的特性曲线如图 4.19 所示。

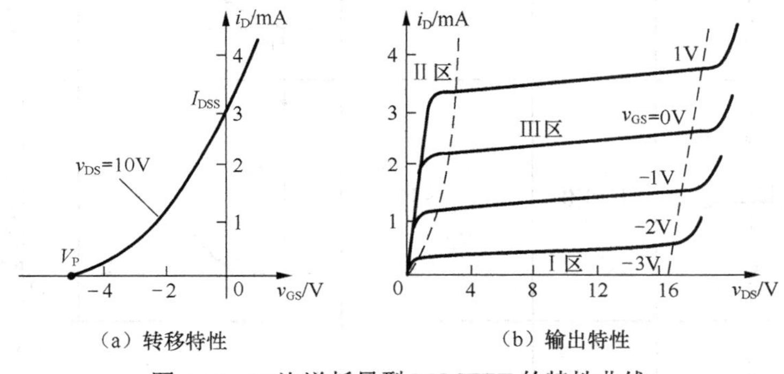

（a）转移特性　　（b）输出特性

图 4.19　N 沟道耗尽型 MOSFET 的特性曲线

【小结】

① 耗尽型 MOSFET 与增强型相比，其栅源电压 v_{GS} 的变化范围更宽，即可以为正值，也可以为负值，应用更加灵活。

② 耗尽型 MOSFET 与 JFET 相比，从 v_{GS} 变化使沟道导电能力下降的角度说，两者的工作方式具有相似性，所以 JFET 也可以看作是一种耗尽型的场效应管。

4.2.3　P 沟道 MOSFET

P 沟道 MOSFET 与 N 沟道相比较，其电路符号不同，工作电源的极性相反，相应的工作电流也相反，但两者的工作原理相同，特性曲线也很相似，这里就不再详细介绍了。图 4.20 所示为 P 沟道 MOSFET 的电路符号。

学习记录

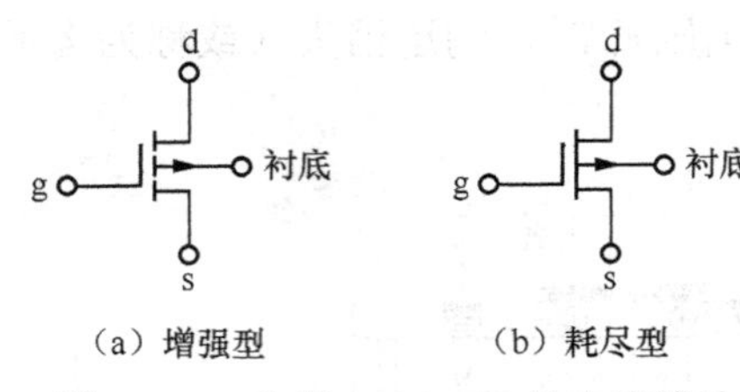

（a）增强型　　（b）耗尽型

图 4.20　P 沟道 MOSFET 的电路符号

表 4.1　　场效应管的电路符号、电压极性和特性曲线

种类			符号	V_P 或 V_T	v_{GS}	转移特性	输出特性
绝缘栅	N 沟道	耗尽型	d, g, 衬, s	$V_P<0$	$v_{GS}>V_P$	i_D, v_{GS}, V_P, O	i_D, 0.2, v_{GS}=0V, −0.2, −0.4, O, v_{DS}
		增强型	d, g, 衬, s	$V_T>0$	$v_{GS}>V_T$	i_D, O, V_T, v_{GS}	i_D, 6, v_{GS}=5V, 4, 3, O, v_{DS}
	P 沟道	耗尽型	d, g, 衬, s	$V_P>0$	$v_{GS}<V_P$	$-i_D$, v_{GS}, O, V_P	$-i_D$, −1, v_{GS}=0V, +1, +2, O, $-v_{DS}$
		增强型	d, g, 衬, s	$V_T<0$	$v_{GS}<V_T$	$-i_D$, v_{GS}, V_T, O	$-i_D$, −6, v_{GS}=−5V, −4, −3, O, $-v_{DS}$

✍ 学习记录

续表

种类			符号	V_P 或 V_T	v_{GS}	转移特性	输出特性
结型	N沟道	耗尽型	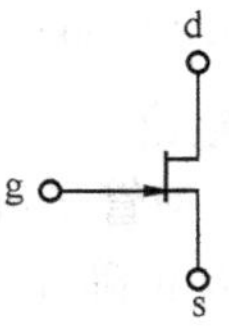	$V_P < 0$	$V_P < v_{GS} < 0$	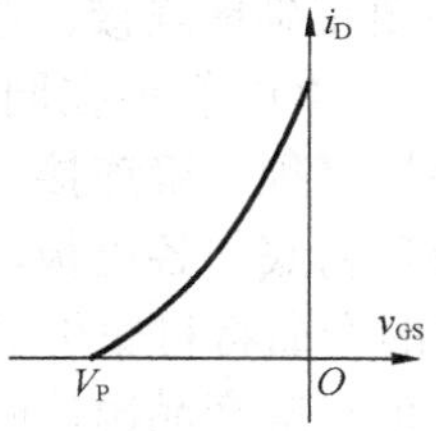	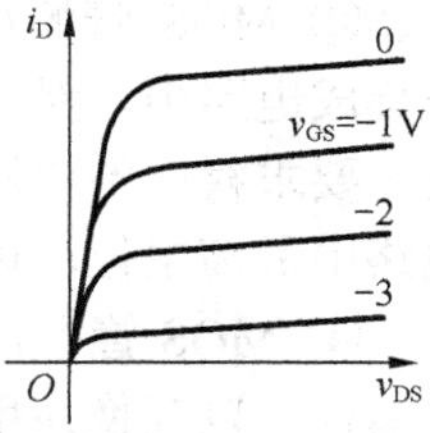
	P沟道	耗尽型	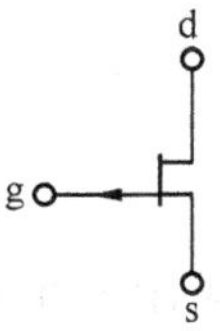	$V_P > 0$	$0 < v_{GS} < V_P$	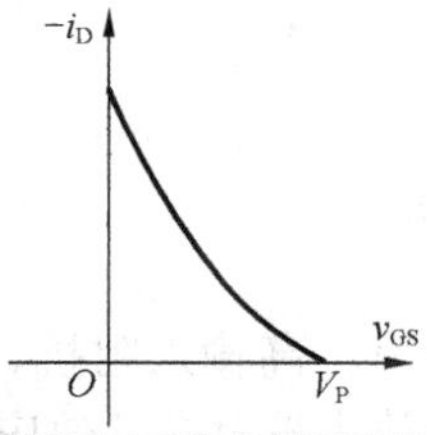	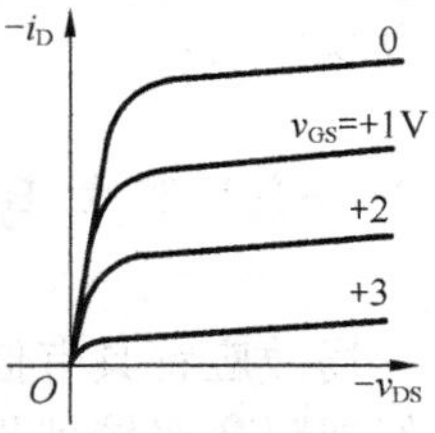

4.2.4 MOSFET 的主要参数

MOSFET 的参数与 JFET 的参数基本相同。需要注意的是，在增强型管子中不用夹断电压 V_P，而用开启电压 V_T 表征管子的特性。

4.2.5 FET 的特性

为方便大家的学习，现将各种场效应管的电路符号、电压极性和特性曲线列于表 4.1 中。

4.2.6 FET 的使用注意事项

在使用场效应管时应注意如下几点。

① JFET 的栅源电压不能接反，否则会因 PN 结处于正偏压而烧坏管子。结型场效应管不是利用感应电荷的原理工作，不至于形成感应击穿现象，可以在开路状态下保存，其漏极与源极可互换使用。

② 对于 MOSFET，因为栅极处于绝缘状态，其上的感应电荷很难放掉，当积累到一定程度时可产生很高的电压，容易将管子内部的 SiO_2 膜击穿，所以在使用这种类型的场效应管时应注意如下几点。

- 运输和储藏中必须将引脚短接或采用金属屏蔽包装，以防外来感应电势将栅极击穿。
- 要求测试仪器、工作台有良好的接地。

✍ 学习记录

- 焊接用的电烙铁外壳要接地，或者利用烙铁断电后的余热焊接。焊接 MOSFET 的顺序是：先焊源极、栅极，后焊漏极。

③ MOS 管的衬底要正确地连接。单独使用 MOS 管时，一般把衬底和源极连在一起。在集成电路中，因为许多 MOS 管做在同一衬底上，因而不能使每个管子的衬底与源极相连，这时要求衬底的电压极性必须正确连接。NMOS 管衬底接电路中最低电位；PMOS 管衬底接电路中最高电位，以保证衬底与各电极、沟道之间有反向 PN 结隔离，使管子独立地工作。

④ MOS 管中，有的产品将衬底引出（4 脚），用户可根据电路需要正确连接，此时源极和漏极可以互换使用，但有些产品出厂时，已将衬底与源极连在一起，此时源极和漏极不可以互换使用。

4.3 FET 放大电路

场效应管具有低噪声、高输入阻抗、输入与输出之间基本上互相不影响等优点，是作输入级或隔离级较理想的放大器件。场效应管可以组成 3 种组态的放大电路：即共源放大电路、共漏放大电路和共栅放大电路。本节着重分析共源和共漏放大电路。

4.3.1 共源极放大电路

图 4.21（a）所示是一个由 N 沟道增强型 MOSFET 构成的共源极放大电路。其中：R_{g1} 和 R_{g2} 构成分压式的偏置电路，提供建立静态工作点所需的栅源电压 V_{GS}；R_d 为漏极电阻，R_L 为负载。

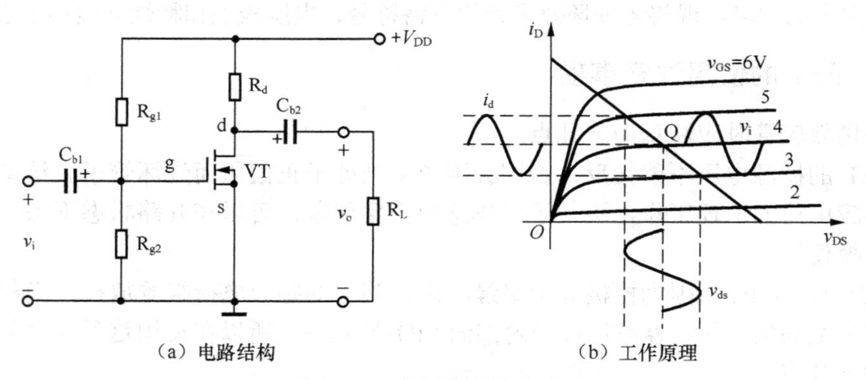

（a）电路结构　　（b）工作原理

图 4.21　共源极放大电路

当外加的 v_i 变化时，栅源电压 $v_{GS} = v_i + V_{GS}$ 也随之变化，漏极电流 i_D 因受 v_{GS} 的控制也相

✍ 学习记录

应发生变化。i_D 在 R_d 上产生一个变化的电压，在正常放大情况下，这个变化的电压可以比 v_i 大很多倍。这样就得到一个放大信号，通过隔直电容 C_{b2} 的耦合作用，在 R_L 负载上输出一个交流信号，放大过程如图 4.21（b）所示。图中，Q 点是静态工作点，它是负载线与 $v_{GS}=4V$ 的输出曲线的交点。

场效应管的共源极放大电路与三极管的共射极放大电路相似，都是反相电压放大器，但从工作原理上讲，前者是通过输入电压控制输出电流，而后者是输入电流控制输出电流。另外，共源极放大电路没有输入电流，而共射极放大电路有输入电流。

4.3.2 共漏极放大电路

图 4.22 所示是一个由 N 沟道 JFET 构成的共漏极放大电路。其中：源极电阻 R 构成自偏置电路[1]，提供建立静态工作点所需的栅源电压 V_{GS}；栅极电阻 R_g 通常较大，以增加电路的输入电阻值，R_L 为负载。

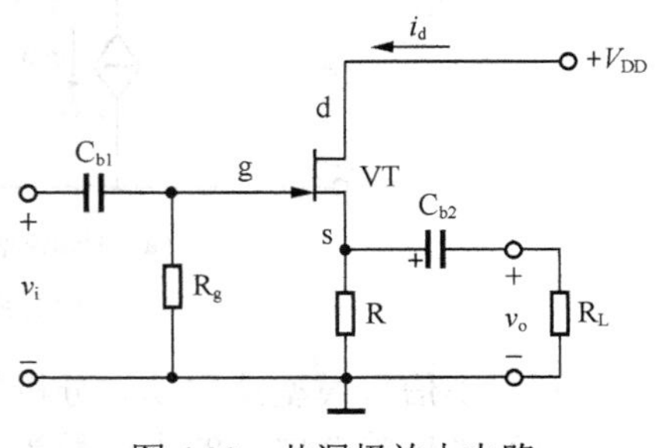

图 4.22 共漏极放大电路

该电路输入和输出电压的基本关系如下：

$$v_i = v_{gs} + v_o \Rightarrow v_o = v_i - v_{gs} \approx v_i \tag{4.15}$$

通常共漏电路中的 v_{gs} 较小，可以忽略，即近似有输出电压 v_o 等于输入电压 v_i 的关系。所有共漏极放大电路与三极管共集电极放大电路相似，属于电压跟随器。共漏极放大电路也可以称为源极输出器。

4.3.3 FET 放大电路分析

场效应管放大电路的分析方法与三极管放大电路类似，分为静态分析和动态分析，静态分析的目的就是看电路是否已经建立了合适的工作点，而动态分析的目的就是计算电路的动态指标——电压增益、输入电阻和输出电阻。

1. 静态分析

场效应管放大电路的静态分析步骤如下。

① 画放大电路的直流通路，并在图中标识出关键物理量，如 V_{GS}、I_D 等。

② 根据电路结构列写 KCL 方程和 KVL 方程。

③ 假设电路处于饱和状态（即线性放大状态），根据 FET 的基本电压电流关系，补出所

[1] 静态时，源极电阻上的电压充当了栅源电压，即 $V_{GS}=-I_D R<0$。这种电路不仅可以省掉一个偏置电源 V_{GG}，而且因为反馈还有稳定静态工作点的作用。

学习记录

需表达式。

④ 联立上述方程求静态值V_{GS}、I_D和V_{DS}。

⑤ 根据进入饱和区的条件进行验证，满足条件则表明上述计算过程是正确的；如果不满足条件，就需要在第③步中改用可变电阻区的关系式进行计算。

2．动态分析

场效应管放大电路的动态分析仍可采用小信号模型法。图 4.23（a）所示为 FET 的低频小信号模型。考虑到动态电阻r_{ds}通常较大，故可以将其忽略而得到其简化模型，如图 4.23（b）所示。

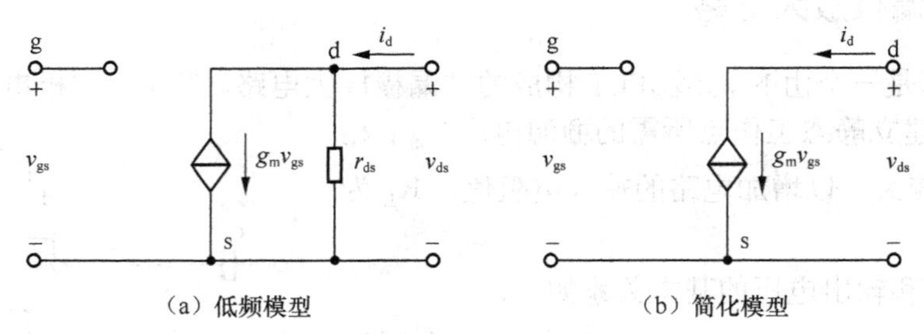

图 4.23　FET 的小信号模型

利用小信号模型法作动态分析的步骤如下。

（1）画出整个电路的小信号等效电路

① 根据电路组态确定输入端、输出端和公共端的位置，并相应画出 FET 的小信号模型（通常将输入端画在左边，输出端画在右边，公共端画在下方）。

② 从公共端出发直至画出地点。

③ 延长输入端、输出端和地线，以明确输入端口和输出端口。

④ 分别在输入端口和输出端口补出其他元件。

⑤ 画图时直流电源作交流地处理，耦合电容和旁路电容则视为短接。

（2）根据小信号等效电路分析动态参数A_v、R_i、R_o和A_{vs}

3．分析举例

【例 4.1】　电路如图 4.24（a）所示，场效应管的$V_P = -1\,V, I_{DSS} = 0.5mA$。①试确定 Q 点；②画小信号等效电路；③求$A_v$、$R_i$和$R_o$。

【解】　①画出直流通路，如图 4.24（b）所示，进行静态分析。

根据电路结构有

$$V_{GSQ} = V_G - V_S = \frac{R_{g2}}{R_{g1} + R_{g2}} V_{DD} - I_D R = \frac{47 \times 18}{2k + 47} - 2I_D$$

✍ 学习记录

$$V_{\mathrm{DSQ}} = V_{\mathrm{DD}} - I_{\mathrm{D}}(R_{\mathrm{d}} + R)$$

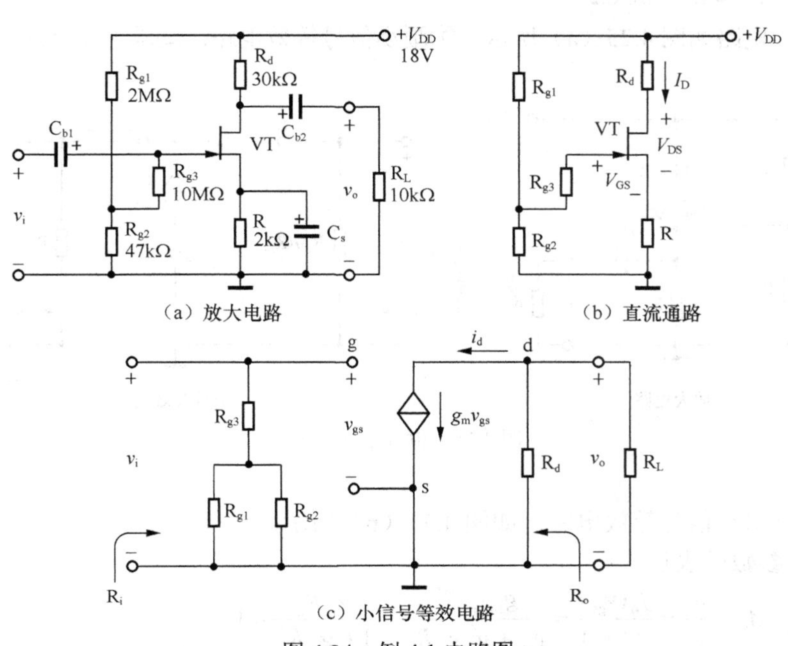

（a）放大电路　（b）直流通路

（c）小信号等效电路

图 4.24　例 4.1 电路图

假设电路工作在饱和区，根据式（4.6）有

$$I_{\mathrm{DQ}} = I_{\mathrm{DSS}}\left(1 - \frac{v_{\mathrm{GS}}}{V_{\mathrm{P}}}\right)^2 = 0.5 \times \left(1 + \frac{v_{\mathrm{GS}}}{1}\right)^2$$

联立求解得：$V_{\mathrm{GSQ}} = -0.22\mathrm{V}$；$I_{\mathrm{DQ}} = 0.31\mathrm{mA}$；$V_{\mathrm{DSQ}} = 8.1\mathrm{V}$

验证结果：$V_{\mathrm{DSQ}} = 8.1\mathrm{V} > V_{\mathrm{GSQ}} - V_{\mathrm{P}} = 0.78\mathrm{V}$，表明 JFET 的确工作在饱和区，与假设一致，上述分析正确。

② 画出小信号等效电路，如图 4.24（c）所示。

③ 动态分析，先由式（4.9）估算 g_{m}：

$$g_{\mathrm{m}} = -2\frac{I_{\mathrm{DSS}}}{V_{\mathrm{P}}}\left(1 - \frac{V_{\mathrm{GSQ}}}{V_{\mathrm{P}}}\right) = -2 \times \frac{0.5}{-1} \times \left(1 - \frac{-0.22}{-1}\right) = 0.78(\mathrm{mS})$$

电压增益：$A_v = \dfrac{v_{\mathrm{o}}}{v_{\mathrm{i}}} = \dfrac{f_{\mathrm{o}}(v_{\mathrm{gs}})}{f_{\mathrm{i}}(v_{\mathrm{gs}})} = \dfrac{-g_{\mathrm{m}} v_{\mathrm{gs}} R_{\mathrm{L}}'}{v_{\mathrm{gs}}} = -g_{\mathrm{m}} R_{\mathrm{L}}' = -0.78 \times \dfrac{30 \times 10}{30 + 10} = -5.85$

学习记录

输入电阻：$R_i = R_{g3} + R_{g1} // R_{g2} \approx R_{g3} = 10\text{M}\Omega$

输出电阻：$R_o \approx R_d = 30\text{k}\Omega$

【例 4.2】 电路如图 4.25（a）所示：①画小信号等效电路；②求 A_v、R_i 和 R_o 的表达式。

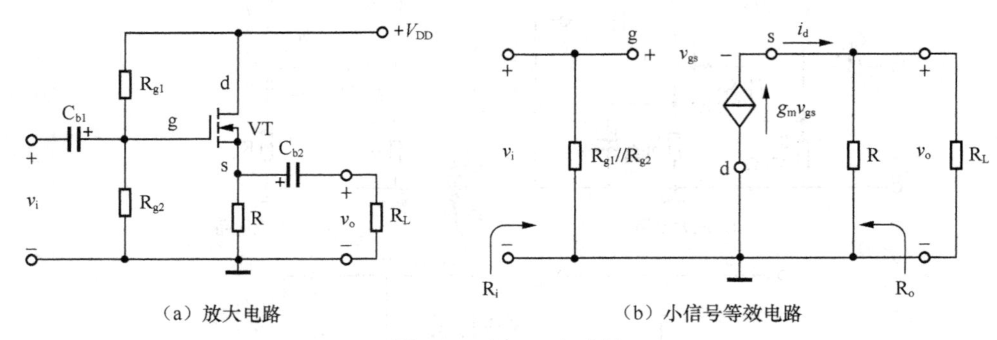

图 4.25　例 4.2 电路图

【解】 ①画出小信号等效电路，如图 4.25（b）所示。

② 求动态参数的表达式：

电压增益：$A_v = \dfrac{v_o}{v_i} = \dfrac{f_o(v_{gs})}{f_i(v_{gs})} = \dfrac{g_m v_{gs} R_L'}{v_{gs} + g_m v_{gs} R_L'} = \dfrac{g_m R_L'}{1 + g_m R_L'} \approx 1$

输入电阻：$R_i = R_{g1} // R_{g2}$

输出电阻：$R_o \approx \dfrac{1}{g_m} // R$ [1]

【说明】

共漏极放大电路与三极管共集电极放大电路一样，具有电压增益近似为 1，但比 1 略小的跟随性，同时电路的输入电阻大、输出电阻小，适合用作多级电路的输入级、输出级或者中间级。

4.3.4 FET 放大电路性能比较

为方便大家的学习，现将 3 种场效应管基本放大电路的性能列于表 4.2 中。

[1] 共漏极放大电路的输出电阻需要使用外加电源法进行分析，具体求解过程略。

学习记录

表 4.2　场效应管 3 种基本放大电路的性能比较

类型	共源极放大电路	共漏极放大电路	共栅极放大电路
电路图	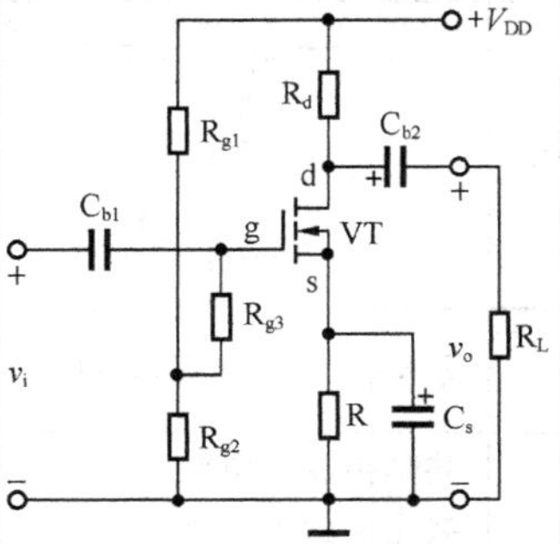	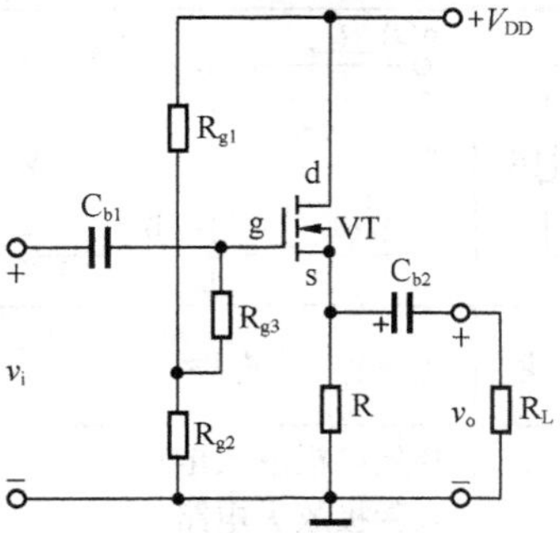	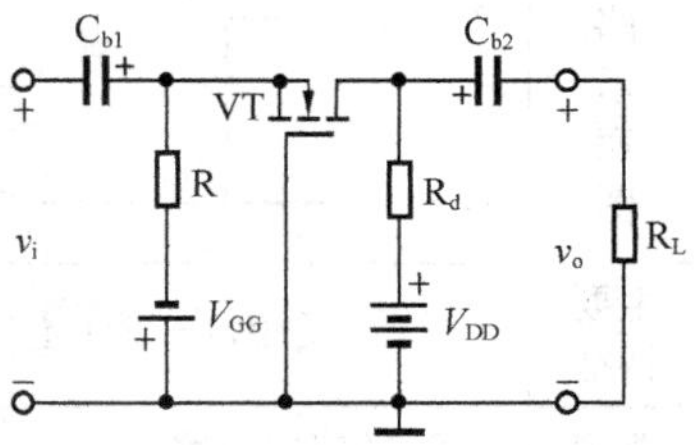
增益	$A_v=\dfrac{v_o}{v_i}=-g_m R_L'$	$A_v=\dfrac{v_o}{v_i}=\dfrac{g_m R_L'}{1+g_m R_L'}\approx 1$	$A_v=\dfrac{v_o}{v_i}=g_m R_L'$
输入电阻	$R_i=R_{g3}+R_{g1}//R_{g2}$	$R_i=R_{g3}+R_{g1}//R_{g2}$	$R_i=\dfrac{1}{g_m}//R$
输出电阻	$R_o\approx R_d$	$R_o=\dfrac{1}{g_m}//R$	$R_o\approx R_d$
特点	① 电压增益大； ② 输入输出电压反相； ③ 输入电阻高； ④ 输出电阻由 R_d 决定	① 电压增益小于 1，但接近 1； ② 输入输出电压同相； ③ 输入电阻高； ④ 输出电阻小，可作阻抗变换	① 电压增益大； ② 输入输出电压同相； ③ 输入电阻小； ④ 输出电阻由 R_d 决定

4.3.5 各种放大电路性能比较

至此，已经学习了三极管共射（CE）[1]、共集（CC）和共基（CB）放大电路，和与之对应的场效应管共源极（CS）、共漏（CD）和共栅（CG）放大电路。根据电路的输入输出关系，可以将上述放大电路归纳为 3 种通用组态，即反相电压放大器（如 CE、CS）、电压跟随器（如 CC、CD）和电流跟随器（CB、CG）。下面将它们的一般电路示意图、主要特征和用途列于表 4.3 中。

[1] CE、CC 和 CB 中的符号 C 为 Common 的开头字母，E、C、B 分别表示发射极、集电极和基极，以下类推。

✍ 学习记录

表 4.3　　各类放大电路的性能比较

类型	反相电压放大器	电压跟随器	电流跟随器
电路示意图	b(g) i_i A i_o c(d) + v_i − e(s) + v_o − R_L	b(g) i_i A i_o e(s) + v_i − c(d) + v_o − R_L	e(s) i_i A i_o c(d) + v_i − b(g) + v_o − R_L
主要特征	v_o与v_i反相，一般$\|A_v\|>>1$	$v_o\approx v_i$，$\|A_v\|\approx 1$	$i_o\approx i_i$，一般$\|A_v\|>>1$
典型电路	共射极放大电路 共源极放大电路	共集电极放大电路 共漏极放大电路	共基极放大电路 共栅极放大电路
用途	电压增益高，输入电阻和输入电容均较大，适用于多级放大电路的中间级	输入电阻高，输出电阻低，可用作阻抗变换、输入级、输出级或缓冲级	输入电阻和输入电容均较小，适用于高频、宽带电路

对于放大电路的设计，一般步骤是：①先根据电路的技术要求选择电路类型；②然后根据技术参数确定具体电子器件；③最后画出电路的具体结构并测试。

4.4　本章小结

场效应管与晶体三极管都可用作放大器件，但晶体管是电流控制电流器件，而场效应管是电压控制电流器件。两者虽然工作原理不同，但所组成电路形式以及分析方法相似，静态分析用图解法和公式计算，动态分析用小信号模型分析法。

对场效应管工作原理的掌握应着重理解每种管子的输入输出关系，即转移特性和输出特性。转移特性强调栅源电压v_{GS}对漏极电流i_D的控制，输出特性强调漏源电压v_{DS}对漏极电流i_D的影响。在场效应管放大电路中，漏源电压v_{DS}的极性决定于沟道性质，N沟道为正，P沟道为负，同时不同类型JFET的偏置电压v_{GS}要求也不一样。

用场效应管可以构成反相电压放大器、电压跟随器和电流跟随器，其输入输出关系与相应的三极管放大电路相似。而且两种器件构成的放大电路各有优点，场效应管放大电路输入阻抗高、噪声低，三极管放大电路β高，放大能力强，实际应用中常常把两者结合起来使用。

MOS器件主要用于集成电路的制造，特别在大规模和超大规模数字集成电路中应用极为广泛，在集成运算放大器和其他模拟集成电路中的应用也发展迅速。

✍ 学习记录

4.5　思考题

1．试比较 JFET 和三极管的工作原理。

2．JFET 的栅极与沟道间的 PN 结在放大工作时，能否加正偏电压？为什么？

3．试比较 JFET 与三极管的输出特性。

4．试比较 MOSFET 和 JFET 的结构与工作原理，并说明 MOSFET 的输入电阻为什么比 JFET 的高？

5．试比较 MOSFET 和三极管的工作原理。

6．试分别画出各种场效应管的电路符号。

7．试总结判断各种场效应管类型及电压极性的规律。

8．试总结各种场效应管转移特性的特点。

9．试比较共源极放大电路和共射极放大电路在电路结构上的相似之处，并说明前者的输入电阻为什么较高？

10．试比较共漏极放大电路和共集电极放大电路在电路结构上的相似之处。

11．为什么增强型 MOSFET 放大电路无法采用自偏压工作模式？

12．电压放大器、电压跟随器和电流跟随器各有什么特点和用途？

✍ 学习记录

第5章 集成运算放大器

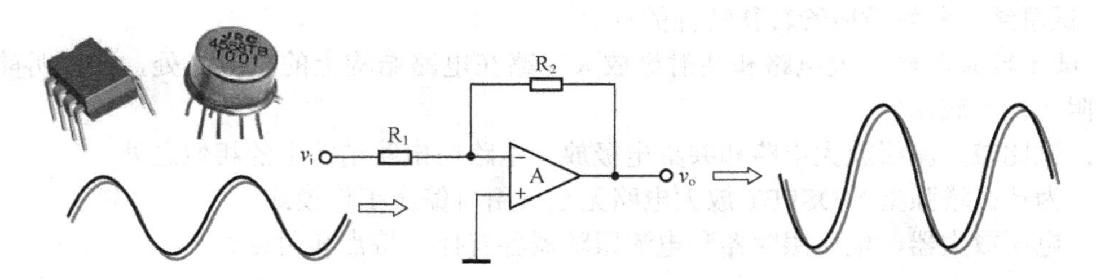

引言：集成运算放大器（op-amp，简称运放）是具有高输入阻抗、低输出阻抗的高增益直流放大器，其主要应用包括信号的放大电路、运算电路（比例、加、减、微分、积分、指数、对数等）、产生电路（振荡器）、处理电路（有源滤波器）等。运放属于模拟集成电路，其内部是一个多级电路，主要包括差分放大器、电压放大器、功率放大器、电流源等典型电路结构。

本章内容：

- 集成电路的相关知识（基础）
- 电流源电路（重点）
- 差分放大电路（重点）
- 集成运放的组成及其内部电路（了解）
- 集成运放的主要参数（了解）
- 集成运放的性能（了解）

建议：学习运放，首先要掌握电流源电路和差分电路，这两种电路是运放的基本组成。电流源给运放提供直流偏置，并充当有源负载；而差分电路用于解决运放的零漂问题。对电流源电路的学习重点应放在把握电路结构和理解工作原理上；而对于差分电路，学习重点应

✍ 学习记录

该放在掌握电路基本结构、工作原理和分析计算上。接下来学习运放的组成结构，由于运放内部电路对初学者来说已经比较复杂了，所以学习中应该逐步培养自己的电路识图能力。最后对于运放的主要参数、性能、实际使用等问题要形成一个基本概念。

5.1 集成电路概述

集成电路是一种微型电子器件或部件，采用一定的工艺，把一个电路中所需的晶体管、二极管、电阻等元件及布线互连一起，制作在一块硅基片上，然后封装在一个管壳内，构成具有特定功能的电子电路。集成电路内部的所有元件在结构上已组成一个整体，从而使电子元件向着微小型化、低功耗和高可靠性方面迈进了一大步。它在电路中用字母IC（integrated circuit的缩写）表示。

集成电路具有体积小、质量轻、引出线和焊接点少、寿命长、可靠性高、性能好等优点，同时成本低，便于大规模生产。它不仅在工、民用电子设备（如收录机、电视机、计算机等）方面得到广泛的应用，同时在军事、通信、遥控等方面也得到了广泛的应用。用集成电路来装配电子设备，其装配密度比晶体管提高几十倍至几千倍，设备的稳定工作时间也可大大提高。

5.1.1 集成电路的分类

1. 按功能结构分类

集成电路按其功能、结构的不同，可以分为模拟集成电路、数字集成电路和数/模混合集成电路3大类。模拟集成电路又称线性电路，用来产生、放大和处理各种模拟信号（指幅度随时间连续变化的信号，例如，半导体收音机的音频信号、录放机的磁带信号等），其输入信号和输出信号成比例关系。而数字集成电路用来产生、放大和处理各种数字信号（指在时间上和幅度上离散取值的信号，例如，3G手机、数码相机、计算机CPU、数字电视中的音频信号和视频信号）。

2. 按集成度高低分类

集成电路按集成度高低的不同可分为以下几种。

① 小规模集成电路（Small Scale Integrated circuits，SSI）；

② 中规模集成电路（Medium Scale Integrated circuits，MSI）。

③ 大规模集成电路（Large Scale Integrated circuits，LSI）。

④ 超大规模集成电路（Very Large Scale Integrated circuits，VLSI）。

⑤ 特大规模集成电路（Ultra Large Scale Integrated circuits，ULSI）。

⑥ 巨大规模集成电路，也被称作极大规模集成电路或超特大规模集成电路（Giga Scale Integration，GSI）。

✍ 学习记录

3. 按导电类型不同分类

集成电路按导电类型可分为双极型集成电路和单极型集成电路，它们都是数字集成电路。双极型集成电路的制作工艺复杂，功耗较大，代表集成电路有 TTL、ECL、HTL、LST-TL、STTL 等类型。单极型集成电路的制作工艺简单，功耗也较低，易于制成大规模集成电路，代表集成电路有 CMOS、NMOS、PMOS 等类型。

4. 按用途分类

集成电路按用途可分为电视机用集成电路、音响用集成电路、影碟机用集成电路、录像机用集成电路、计算机（微机）用集成电路、电子琴用集成电路、通信用集成电路、照相机用集成电路、遥控集成电路、语言集成电路、报警器用集成电路及各种专用集成电路。

5. 按应用领域分

集成电路按应用领域可分为标准通用集成电路和专用集成电路。

6. 按外形分

集成电路按外形可分为圆形（金属外壳晶体管封装型，一般适合用于大功率）、扁平形（稳定性好，体积小）、单列直插型和双列直插型。

5.1.2 模拟集成电路的特点

模拟集成电路的种类繁多，如运算放大器、模拟乘法器、锁相环、电源管理芯片等。模拟集成电路的主要构成电路有放大器、滤波器、反馈电路、基准源电路、开关电容电路等。

在电路构成方面，模拟集成电路具有以下特点。

（1）电路结构与元件参数具有对称性

集成电路工艺制作的元器件的参数精度不高，相同元器件的制作工艺相同，当它们的结构相同且几何尺寸相同时，它们的特性和参数就比较一致。因此，在模拟集成电路中往往采用结构对称或元件参数彼此匹配的电路形式，利用参数补偿的原理来提高电路的性能。

（2）用有源器件代替无源器件

由于集成化的晶体管占用的芯片面积小，参数也易于匹配，因此在模拟集成电路中常常用双极型晶体管或场效应管等有源器件来代替电阻、电容等无源元件。

（3）采用复合结构的电路

由于复合结构电路的性能较佳而制作又不增加多少困难，因而在模拟集成电路中多采用诸如复合晶体管、共射-共基组合及共集-共基组合等复合结构电路。

（4）级间均采用直接耦合

集成电路通常为多级电路，受硅基片上不便制作大电容的限制，所以集成电路级与级之间采用直接耦合的连接方式。

✍ 学习记录

（5）用三极管充当二极管

考虑到集成电路的工艺特点，制作一个三极管比二极管更容易[1]，所以除了对 PN 结有特殊要求的二极管外，一般的二极管都由三极管充当。例如，把三极管的集电极与基极短接，如图 5.1 所示，即把发射结作二极管用。这样接成的二极管与同类三极管的发射结具有相同特性，故能较好地补偿三极管发射结的温度特性，保持集成电路的工作稳定。

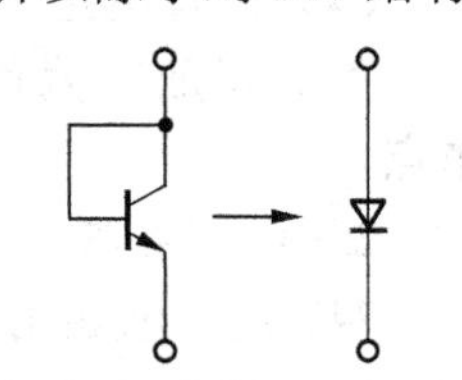

图 5.1　发射结作二极管

（6）外接少量分立元件

由于目前集成电路工艺还不宜制作电感，大容量的电容，以及阻值较小和阻值较大的电阻也难以集成，因此，模拟集成电路在应用时还需外接部分电感、电阻和电容等元件。另外，某些模拟集成电路中往往需要在不同的应用条件下调整偏置，因此也需要外接部分分立元件。

5.1.3　集成运算放大器简介

1．组成结构

集成运放是一个多级电路，分为输入级、中间级和输出级，其组成框图如图 5.2 所示。

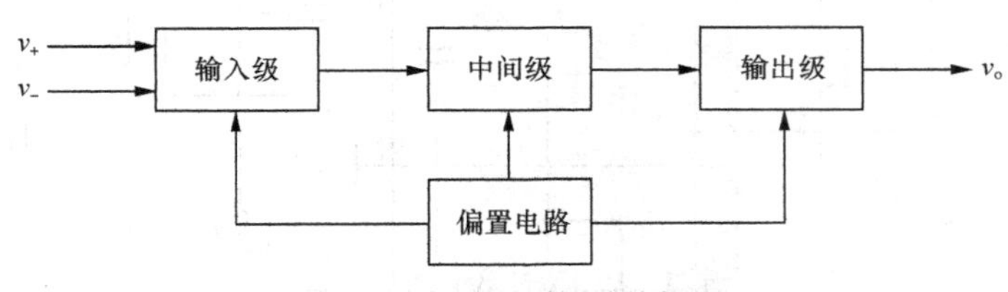

图 5.2　集成运放的结构框图

（1）输入级

集成运放的输入级是一个双输入的高性能差分放大电路，具有输入电阻高，差模放大倍数大，抑制共模信号能力强的特点。

（2）中间级

集成运放的中间级是一个电压放大器（共射或共源电路）。为了获得更高的电压增益，中间级经常采用复合管作为放大器，用恒流源作集电极负载。其电压增益可达数千倍以上。

（3）输出级

集成运放的输出级是一个功放电路，具有输出电压线性范围宽、输出电阻小（即带负载

[1] 对于硅衬底工艺，一般外延都是 N 型的，发射区（E）也是 N 型的，所以一般做 E 的时候都是先做一个基区（B），然后在 B 中再做 E。如果单独制作二极管会增加新的工序。

学习记录

能力强）、非线性失真小等特点。

（4）偏置电路

集成运放的偏置电路是由电流源电路充当的，主要为各级放大电路提供稳定的静态工作点。

2. 内部电路

741 是一款通用型集成运放，其内部原理电路如图 5.3 所示。图中：① VT_1 和 VT_3、VT_2 和 VT_4 是共集-共基复合结构，组成差分电路充当集成运放的输入级；② VT_{16} 和 VT_{17} 构成共集-共射组合电路，充当集成运放的中间级；③ VT_{14} 和 VT_{20} 构成功放电路，充当集成运放的输出级；④ VT_8 ～ VT_{13} 等构成电流源电路，充当集成运放的偏置电路。

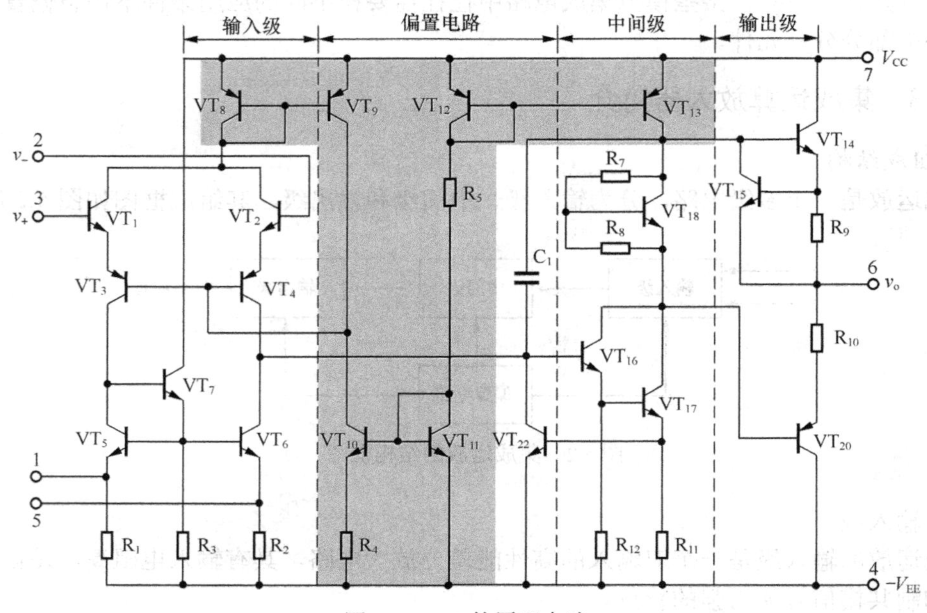

图 5.3　741 的原理电路

3. 电路符号

集成运放的电路符号及其管脚图如图 5.4 所示。图 5.4（a）所示为国家标准规定的符号，图 5.4（b）所示为国内外常用的符号[1]。图中，符号 ▷ 强调信号的流向——从输入端向输出端传输，字母 A 为集成运放在电路图中的标识符号。

集成运放有两个输入端，分别称为同相输入端（简称同相端，即图 5.3 中的第 3 端）和

[1] 如果没有作特别说明，在电路图中本书默认使用如图 5.4（b）所示的电路符号。

✍ 学习记录

反相输入端（简称反相端，即图 5.3 中的第 2 端），分别用符号 v_+ 和 v_- [1]表示。同相端强调输入输出信号同相位，而反相端强调输入输出信号反相位。

集成运放有两个直流电源输入端（即图 5.3 中的第 7 端和第 4 端，7 端接正电源，4 端接负电源），分别用 $+V_{CC}$ 和 $-V_{EE}$ 表示。通常集成运放以如图 5.5 所示的两种方式连接电源——正负双电源供电方式和单电源供电方式[2]。注意，集成运放输出电压的范围由供电方式决定。

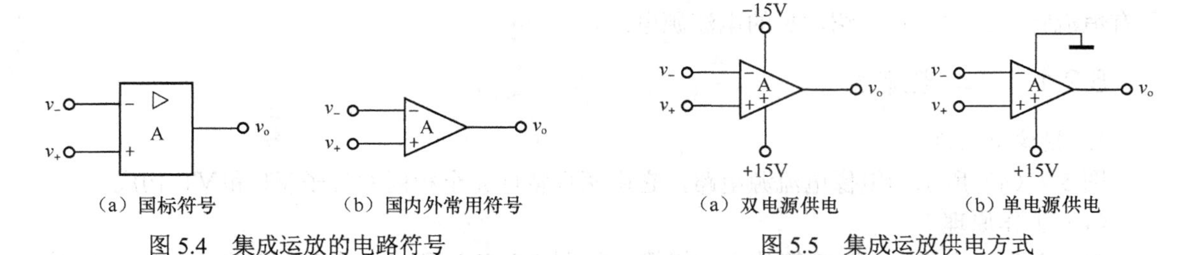

（a）国标符号　（b）国内外常用符号

图 5.4　集成运放的电路符号

（a）双电源供电　（b）单电源供电

图 5.5　集成运放供电方式

4. 外观形状

集成运放常用的外观形状有圆形（金属外壳晶体管封装型）和双列直插式（DIP 封装），具体如图 5.6 所示。

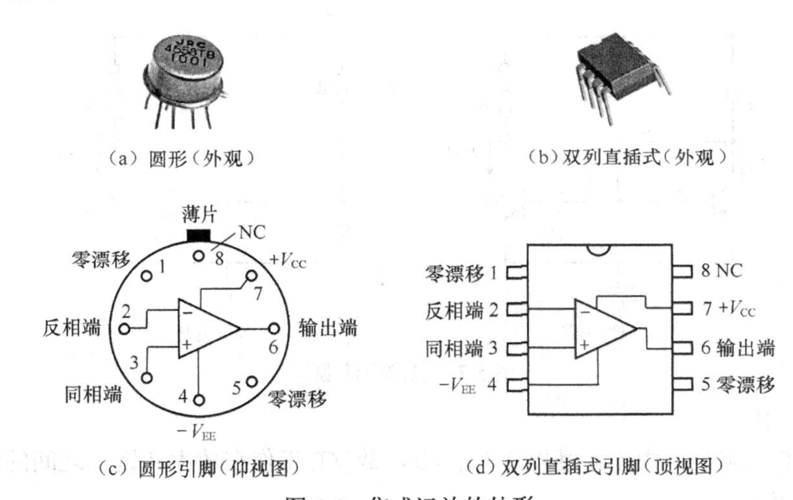

（a）圆形（外观）　（b）双列直插式（外观）

（c）圆形引脚（仰视图）　（d）双列直插式引脚（顶视图）

图 5.6　集成运放的外形

[1] 有些教材使用 v_P 和 v_N 来表示同相端和反相端。

[2] 一般作理论分析时，默认集成运放采用正负双电源供电方式，如图 5.5（a）所示，所以画电路图时常将电源端省略。如果采用单电源供电方式供电，如图 5.5（b）所示，画电路图时应该明确画出电源端的连接关系。

学习记录

5.2 电流源电路

在集成电路中电流源不仅可以充当偏置电路为放大器提供稳定的静态电流，还可以充当有源负载（大电阻）以使放大器获得更高的增益。三极管（或者场效应管）是构成电流源电路的核心器件，因为当其工作在放大区（或者饱和区）时，其集电极电流（或者漏极电流）具有恒流特性。本节将介绍常见的电流源电路。

5.2.1 基本电流源

1. 镜像电流源

图 5.7（a）所示为镜像电流源电路，它由两只特性完全相同的管子 VT_1 和 VT_2 构成。

（1）工作原理

对于 VT_2 管来说，VT_1 管等效成二极管，如图 5.7（b）所示，为 VT_2 管提供稳定的基射电压 V_{BE2}，V_{BE2} 稳定则 I_{B2} 稳定、I_{C2} 稳定，而 I_{C2} 就是电路的输出电流 I_o。注意，本电路中 VT_2 管应工作在放大状态。

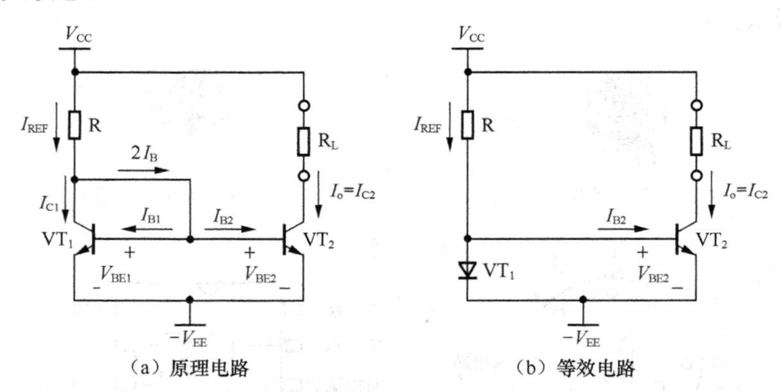

图 5.7 镜像电流源

（2）参数计算

① 对于 VT_1 管来说，由于集基电压 $V_{CB}=0$，故 VT_1 工作在放大和饱和之间的临界状态[1]，故有 I_{C1} 略小于 $\beta_1 I_{B1}$。

② 由于两管特性相同，则有 $\beta=\beta_1=\beta_2$，而发射结电压相同，则有 $I_B=I_{B1}=I_{B2}$；

[1] 三极管的基极电位接近集电极电位时，电路开始趋于饱和；基极电位等于集电极电位时，电路饱和；基极电位高于集电极电位时，电路处于深度饱和状态。

学习记录

③ 根据如图 5.7（a）所示电流关系得（通常$\beta \gg 2$）：

$$I_{REF} = I_{C1} + 2I_B \leqslant \beta I_B + 2I_B = (\beta+2)I_B = (\beta+2)\frac{I_{C2}}{\beta} \approx I_{C2} = I_o$$

④ 根据图 5.7（a）所示，求基准电流I_{REF}得（通常V_{BE}可以忽略）：

$$I_o \approx I_{REF} = \frac{V_{CC}+V_{EE}-V_{BE}}{R} \approx \frac{V_{CC}+V_{EE}}{R} \tag{5.1}$$

由式（5.1）可以看出，当R确定后，I_{REF}就确定了，I_o也就随之确定。常将I_o看成是I_{REF}的镜像，所以如图 5.7（a）所示电路称为镜像电流源。

（3）电路特点

① 镜像电流源结构简单，但输出电流的稳定性依赖于电阻 R 和直流电源，对它们的要求较高。

② 镜像电流源适用于较大工作电流（毫安数量级）的场合。但在电源电压一定时，输出I_o大，则I_{REF}势必大，R 的功耗也就大，这是集成电路中应当避免的。另外，如果要求输出I_o小，则 R 的数值就必须大，这在集成电路中也很难做到。

③ 镜像电流源具有一定的温度补偿作用，其原理如下：

$$温度\uparrow \rightarrow \begin{cases} I_{C1}\uparrow \rightarrow I_{REF}\uparrow \rightarrow V_R\uparrow \rightarrow V_B\downarrow \rightarrow I_B\downarrow \\ I_{C2}\uparrow \rightarrow I_o\uparrow \qquad I_o\downarrow \leftarrow \end{cases}$$

2. 比例电流源

比例电流源如图 5.8 所示。电流在一定范围内变化时，两个射极电阻上的电压近似相等，故有

$$I_{E1}R_{e1} \approx I_{E2}R_{e2} \Rightarrow I_{C1}R_{e1} \approx I_{C2}R_{e2} \Rightarrow I_{REF}R_{e1} \approx I_oR_{e2} \Rightarrow I_o \approx \frac{R_{e1}}{R_{e2}}I_{REF} \tag{5.2}$$

式中：基准电流I_{REF}为

$$I_{REF} = \frac{V_{CC}+V_{EE}-V_{BE}}{R+R_{e1}} \tag{5.3}$$

比例电流源改变了镜像电流源中$I_o \approx I_{REF}$的关系，使输出I_o可以大于或者小于基准电流I_{REF}，调整也非常方便，只需要改变两个射极电阻的比值。

3. 微电流源

微电流源如图 5.9 所示。当β足够大时有

$$I_o \approx I_{E2} = \frac{V_{BE1}-V_{BE2}}{R_e} \tag{5.4}$$

考虑到两管发射结电压相差非常小（约几十毫伏），故只需要使用几千欧的R_e，就可以

学习记录

得到几十微安的输出电流。

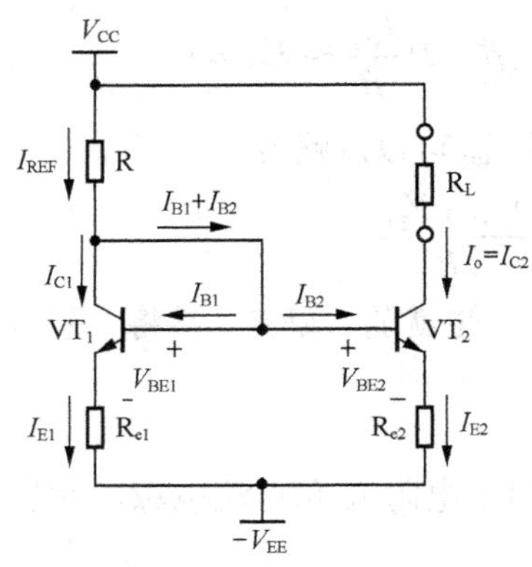

图 5.8 比例电流源

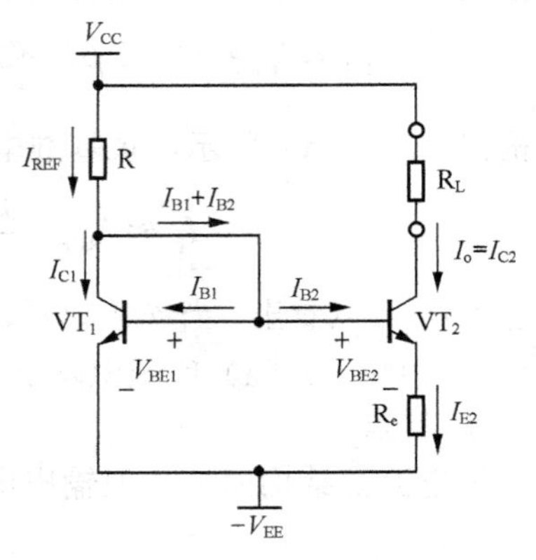

图 5.9 微电流源

5.2.2 改进型电流源

基本电流源中对三极管的 β 值往往要求较高，以便忽略基极电流对输出电流的影响。改进型电流源通过增加三极管的数量可以有效降低电路对 β 值的要求。

1. 加射极输出器的电流源

在镜像电流源 VT_1 管的集电极与基极之间加一只从射极输出的 VT_3 管[1]，如图 5.10 所示。利用 VT_3 管的电流放大作用，可以有效减小 I_{B1} 和 I_{B2} 对基准电流 I_{REF} 的分流作用。

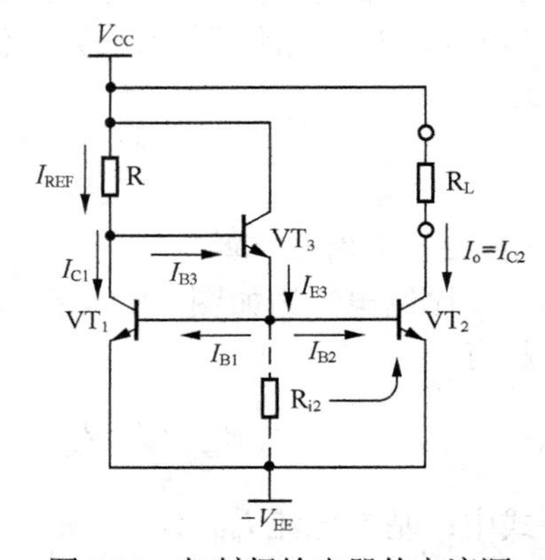

图 5.10 加射极输出器的电流源

输出电流的分析过程如下。

① 假设 3 只三极管特性完全相同，故有 $\beta=\beta_1=\beta_2=\beta_3$，$I_B=I_{B1}=I_{B2}$。

② 根据如图 5.10 所示的电流关系得

$$I_{REF}=I_{C1}+I_{B3}=I_{C1}+\frac{I_{E3}}{1+\beta}=\beta I_B+\frac{2I_B}{1+\beta}=\left(\beta+\frac{2}{1+\beta}\right)\frac{I_{C2}}{\beta}=\left(1+\frac{2}{\beta+\beta^2}\right)I_o$$

③ 故使用 β 值不大的三极管就能满足 $I_o\approx I_{REF}$。例如，$\beta=10\Rightarrow I_o\approx 0.982I_{REF}$。

2. 威尔逊电流源

威尔逊电流源如图 5.11 所示。VT_2 管的集射电阻充当了 VT_3 管的射极电阻，由于该电阻

[1] VT_3 管的射极电阻是由 VT_2 管的输入电阻 R_{i2} 充当的，因为在集成电路中制作一只精密电阻比三极管难度大。

学习记录

非常大，其引入的负反馈使 VT_3 管的集电极电流（即输出电流）高度稳定。

输出电流的分析过程如下。

① 假设 3 只三极管特性完全相同，故有 $\beta=\beta_1=\beta_2=\beta_3$，$I_B=I_{B1}=I_{B2}$，$I_C=I_{C1}=I_{C2}$。

② VT_3 管的射极电流为

$$I_{E3}=I_C+2I_B=I_C+\frac{2I_C}{\beta}=I_C\left(\frac{\beta+2}{\beta}\right)$$

③ 由上式得

$$I_C=\left(\frac{\beta}{\beta+2}\right)I_{E3}=\left(\frac{\beta}{\beta+2}\right)\left(\frac{\beta+1}{\beta}\right)I_{C3}=\left(\frac{\beta+1}{\beta+2}\right)I_o$$

④ 根据如图 5.11 所示电流关系得

$$I_{REF}=I_C+I_{B3}=\left(\frac{\beta+1}{\beta+2}\right)I_o+\frac{I_o}{\beta}=\left(\frac{\beta^2+2\beta+2}{\beta^2+2\beta}\right)I_o=\left(1+\frac{2}{\beta^2+2\beta}\right)I_o$$

⑤ 故使用 β 值不大的三极管就能满足 $I_o\approx I_{REF}$。例如，$\beta=10\Rightarrow I_o\approx 0.984I_{REF}$。

3. 多路输出电流源

在图 5.8 所示的比例电流源的基础上进行扩展，就能够得到如图 5.12 所示的多路输出电流源。

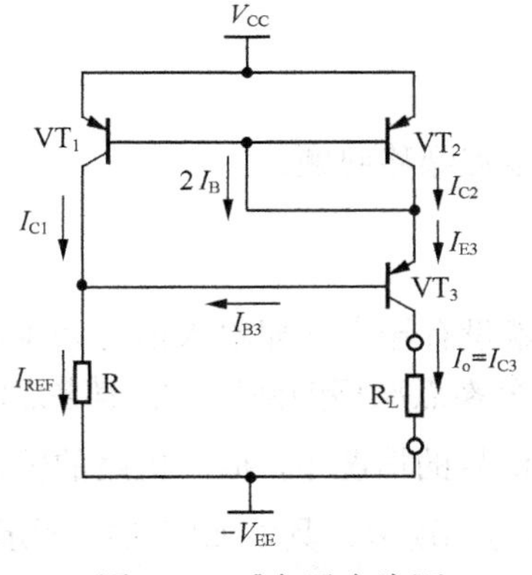

图 5.11 威尔逊电流源

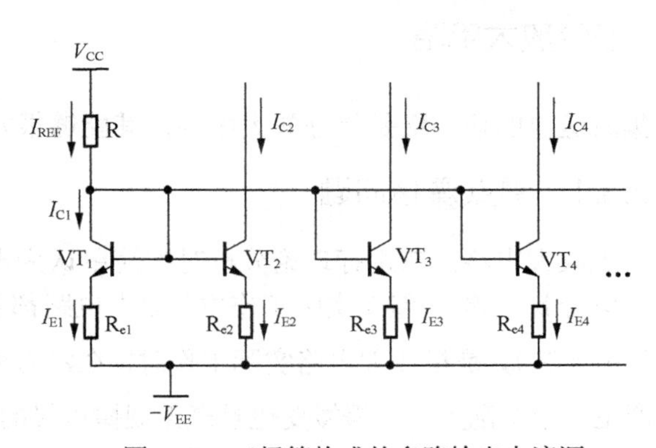

图 5.12 三极管构成的多路输出电流源

考虑到各管特性相同，其基射电压相差很小，故有

$$I_{E1}R_{e1}\approx I_{E2}R_{e2}\approx I_{E3}R_{e3}\approx I_{E4}R_{e4}\approx\cdots \tag{5.5}$$

只要 I_{E1} 确定后，各级选择合适的电阻就能够得到所需的输出电流。

4. 场效应管电流源

当场效应管工作在饱和区时，与三极管一样具有恒流特性，所以场效应管同样可以组成

学习记录

镜像电流源、比例电流源等。图 5.13 所示为场效应管组成的多路输出电流源。

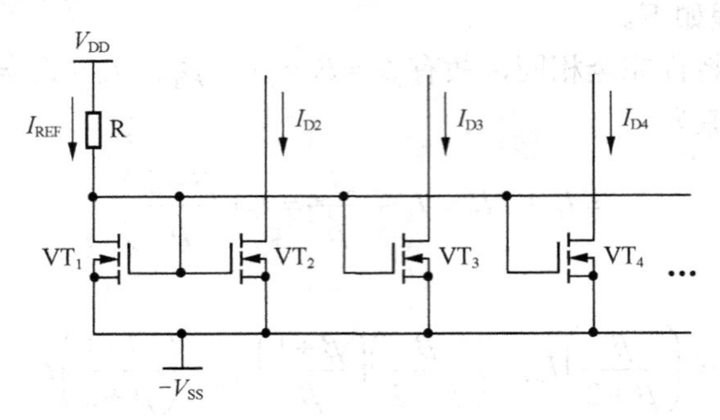

图 5.13　场效应管构成的多路输出电流源

当场效应管的特性相同时，如果其栅源电压相同，则漏极电流正比于沟道的宽长比。设宽长比为 $S=W/L$，且图中各管的宽长比分别为 S_1、S_2、S_3 和 S_4，则有

$$\frac{I_{D2}}{I_{D1}}=\frac{S_2}{S_1},\ \frac{I_{D3}}{I_{D1}}=\frac{S_3}{S_1},\ \frac{I_{D4}}{I_{D1}}=\frac{S_4}{S_1} \tag{5.6}$$

即通过改变场效应管的几何尺寸就可以获得所需数值的输出电流。

5.3　差分放大电路

集成运放的输入级是差分放大电路，其能够很好地解决零点漂移问题。

5.3.1　零点漂移问题

对于放大电路，在进行理论分析时都简单认为没有输入就没有输出（即输入信号为零，则输出信号就为零）。但在实际工作中，放大电路都会存在一个零点漂移的问题。所谓零点漂移（简称零漂），是指放大电路实际工作时，在没有外加输入信号的情况下，放大电路的输出端会产生一个杂乱无章、缓慢变化且毫无规律可寻的随机假信号的现象，具体如图 5.14 所示。

虽然由零漂引起的假信号数值较小，对单级放大电路的工作影响不大，但是对于多级放大电路，特别是直接耦合的多级放大电路来说，第一级产生的零漂会被后续电路逐级放大，到输出端时其值很可能严重影响到电路的正常输出信号，因此对于多级放大电路解决零漂问题就显得非常重要。

产生零漂的原因很多，其中最主要的是温度原因。当温度升高后，放大电路中相关元件，特别是半导体器件的参数多会随温度变化，例如，三极管的 I_{CBO}、I_{CEO} 和 β，从而在放大电路内部随机引发一些缓慢变化的微弱信号，导致零漂产生。正因为温度是引起零漂的主要原

✍ 学习记录

因，通常也把零漂称作温漂。

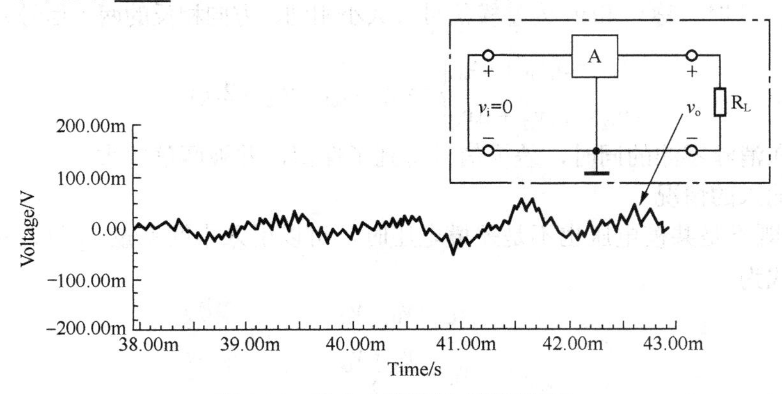

图 5.14　放大电路的零点漂移现象

目前解决零漂问题的最好方法是使用差分电路。

5.3.2　差分电路的工作原理

假设有两个完全相同的放大器 A_1 和 A_2，现在将它们放在一起（强调距离非常接近）同时工作，有理由认为这两个电路产生的零漂 Δv_{o1} 和 Δv_{o2} 应该是近似相等的（实际情况也是这样的），故用求差的方式就能使两个电路产生的零漂相互抵消，具体如图 5.15 所示。图中，$v_o = \Delta v_{o1} - \Delta v_{o2} \approx 0$，即零漂被消除了。

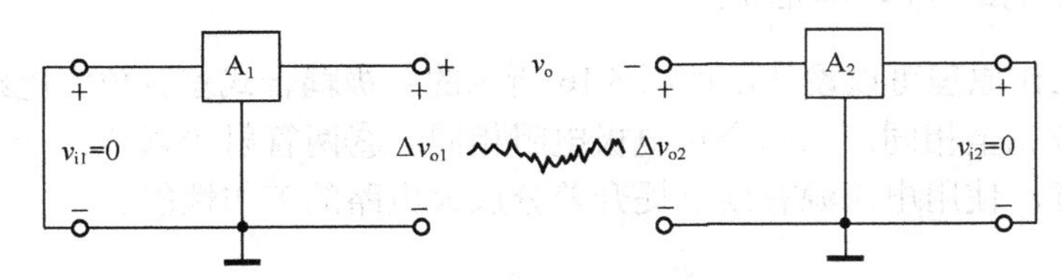

图 5.15　消除零漂的原理电路

接下来，在电路有外加输入信号的情况下，分 3 种情况讨论，看不同输入对应的输出 v_o。假设两个放大电路的电压增益都为 A_v，零漂都为 Δv_o。

（1）共模输入情况

当 $v_{i1} = v_{i2} \neq 0$ 时，称 v_{i1} 和 v_{i2} 为共模信号（大小和方向都相同的两个信号），此时输出为

$$\left.\begin{array}{l} v_{o1} = A_v v_{i1} + \Delta v_o \\ v_{o2} = A_v v_{i2} + \Delta v_o \end{array}\right\} \Rightarrow v_o = v_{o1} - v_{o2} = 0$$

显然电路在消除零漂的同时，共模信号也被消除了，电路没有输出。

学习记录

（2）差模输入情况

当$v_{i1}=-v_{i2}\neq 0$时，称v_{i1}和v_{i2}为差模信号（大小相同、方向相反的两个信号），此时输出为

$$\left.\begin{aligned} v_{o1}=A_v v_{i1}+\Delta v_o \\ v_{o2}=A_v v_{i2}+\Delta v_o \end{aligned}\right\}\Rightarrow v_o=v_{o1}-v_{o2}=2A_v v_{i1}$$

显然电路在消除零漂的同时，差模信号得到了保留，并被两倍放大。

（3）任意输入的情况

当v_{i1}和v_{i2}既不是共模电压也不是差模电压时，可以引入中间变量v_{id}和v_{ic}来重写输入表达式，其定义式为

$$v_{id}=v_{i1}-v_{i2} \tag{5.7}$$

$$v_{ic}=\frac{v_{i1}+v_{i2}}{2} \tag{5.8}$$

v_{id}称为差模电压，v_{ic}称为共模电压。这样两个输入电压可以重写为

$$v_{i1}=\frac{v_{id}}{2}+v_{ic} \tag{5.9}$$

$$v_{i2}=-\frac{v_{id}}{2}+v_{ic} \tag{5.10}$$

虽然，输入信号就可以看成是共模信号与差模信号的叠加，其中共模部分v_{ic}不能被电路放大，而差模部分v_{id}则可以。此时的输出$v_o=2A_v\left(\dfrac{v_{id}}{2}\right)=A_v v_{id}$。

5.3.3 差分电路的基本形式

根据上述的工作原理可以设计出如图5.16所示的射极耦合式差分放大电路。图中，①两只三极管的特性应完全相同；②两个集电极电阻相同；③两管射极耦合在一起，下端连接一个电阻或者电流源，使用电流源有助于提升差分放大电路的工作性能。

1. 工作模式

差分电路的工作模式如下。

（1）输入模式

① 双端输入：信号从两个输入端送入。

② 单端输入：信号从一个输入端送入，另一个输入端接地。

（2）输出模式

① 双端输出：输出信号取至$v_o=v_{o1}-v_{o2}$。

② 单端输出：输出信号取至v_{o1}或者v_{o2}。注意，v_{o1}和v_{o2}是单管放大电路的输出，强调的是对地电压，在概念上不要与双端输出电压v_o混淆。

✍ 学习记录

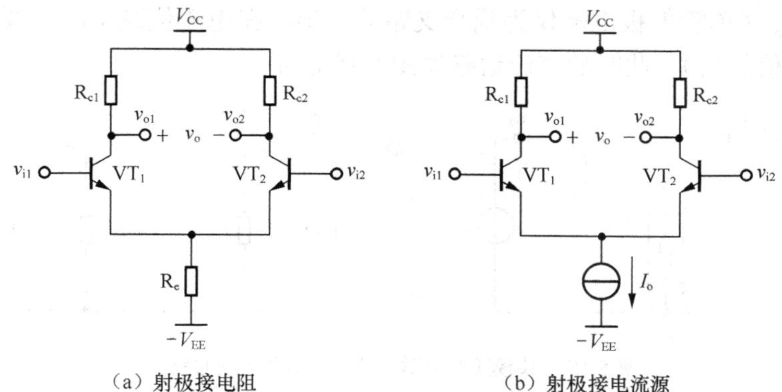

（a）射极接电阻　　（b）射极接电流源

图 5.16　射极耦合式差分放大电路

综上所述，差分放大电路可能的工作模式有双入双出、双入单出、单入双出和单入单出。

2. 工作状态

差分电路的基本工作状态可以分为差模和共模两种。在不同的工作状态，差分电路的交流通路也具有不同的结构特点。

（1）差模工作状态

在差模工作状态下，两个输入电压 v_{i1} 和 v_{i2} 的大小相同、相位相反，由于电路的对称性，v_{i1} 和 v_{i2} 驱动形成的电流 i_{e1} 和 i_{e2} 同样具有大小相等、相位相反的特点，故射极耦合支路上的实际动态电流为零，即三极管的发射极为交流地点，动态分析时不需考虑耦合支路，此时的交流通路如图 5.17 所示。

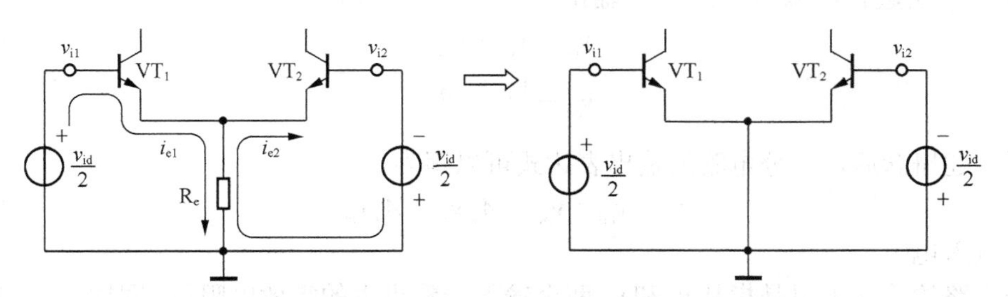

图 5.17　差模工作状态下发射极的交流通路

（2）共模工作状态

在共模工作状态下，两个输入电压 v_{i1} 和 v_{i2} 的大小相同、相位相同，由于电路的对称性，v_{i1} 和 v_{i2} 驱动形成的电流 i_{e1} 和 i_{e2} 同样具有大小相等、相位相同的特点，故射极耦合支路上的动态电流不为零，即动态分析时需要考虑耦合支路。为了方便计算，动态分析时需要将射极耦合支路上的电阻值 R_e 或 r_o（电流源的动态内阻）折算到两个三极管的发射极上，其折算电

学习记录

阻值为 2 R_e 或 $2r_o$（单管射极电流仅为耦合支路的一半，在电流值减半时，要确保射极电位不变，应将电阻值加倍）。此时的交流通路如图 5.18 所示。

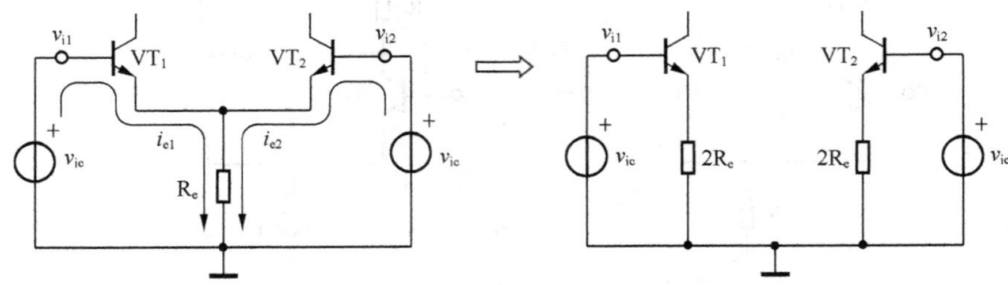

图 5.18　共模工作状态下发射极的交流通路

3. 动态参数

（1）电压增益

考虑到有差模和共模两种基本工作状态，差分电路的电压增益分为差模电压增益 A_{vd} 和共模电压增益 A_{vc}，分别定义为

$$A_{vd} = \frac{v_{od}}{v_{id}} \tag{5.11}$$

$$A_{vc} = \frac{v_{oc}}{v_{ic}} \tag{5.12}$$

式中：v_{od} 为差模输出电压（由差模输入电压 v_{id} 引起的输出）；v_{oc} 为共模输出电压（由共模输入电压 v_{ic} 引起输出）。v_{od}、v_{oc} 与输出 v_{o1} 和 v_{o2} 的关系如下：

$$v_{od} = v_{o1} - v_{o2} \tag{5.13}$$

$$v_{oc} = \frac{v_{o1} + v_{o2}}{2} \tag{5.14}$$

有了上述概念后，差分电路的输出表达式可以写为

$$v_o = v_{od} + v_{oc} = A_{vd}v_{id} + A_{vc}v_{ic} \tag{5.15}$$

（2）输入电阻

差分电路的输入电阻是指从 v_{i1} 和 v_{i2} 两个输入端看进去的等效电阻值，同样分为差模输入电阻 R_{id} 和共模输入电阻 R_{ic}。当 $v_{i1} = -v_{i2}$ 时，为差模输入电阻 R_{id}；而当 $v_{i1} = v_{i2}$ 时，为共模输入电阻 R_{ic}。对输入电阻的理解，可以参看图 5.19。

（3）输出电阻

差分电路的输出电阻分为双端输出电阻 R_o 和单端输出电阻 R_{o1}、R_{o2}。双端输出电阻 R_o 强调从 v_{o1} 和 v_{o2} 两个输出端看进去的等效电阻值；而单端输出电阻 R_{o1}、R_{o2} 分别就是两个单管

✍ 学习记录

放大电路的输出电阻。对输出电阻的理解，可以参看图 5.19。

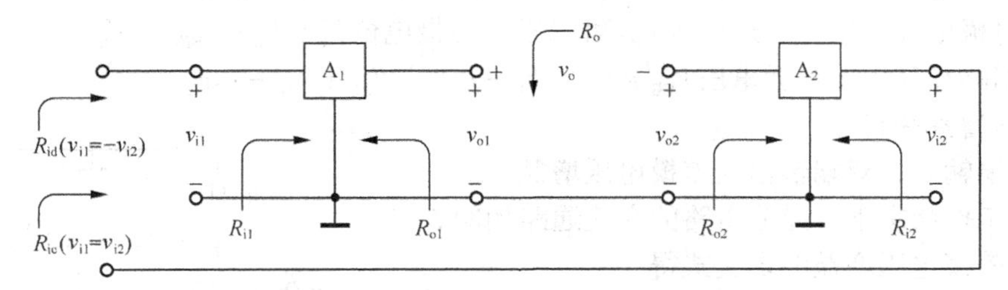

图 5.19　输入电阻和输出电阻的示意图

5.3.4　差分电路的分析

1. 静态分析

差分电路的静态分析类似于单管放大电路。考虑到电路的对称性，三极管的基射电压 V_{BE}、基极电流 I_B、集电极电流 I_C、射极电流 I_E 和集射电压 V_{CE} 都相同，故分析单边电路便可。

差分电路静态分析的一般步骤如下。

① 画出单边电路的直流通路，如图 5.20 所示，注意输入端要接地处理（表示输入信号为零）。

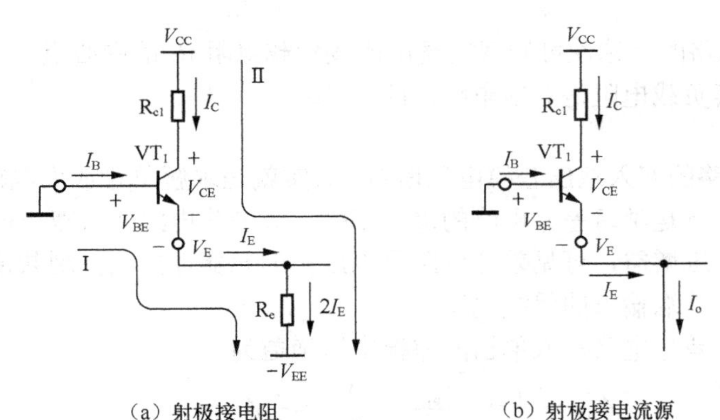

（a）射极接电阻　　（b）射极接电流源

图 5.20　射极耦合差分式放大电路的直流通路

② 求射极电流。

- 如果射极接电阻，如图 5.20（a）所示，根据路径 I 有

$$V_{EE}=V_{BE}+2I_ER_e \Rightarrow I_E=\frac{V_{EE}-V_{BE}}{2R_e}$$

- 如果射极接电流源，如图 5.20（b）所示，则 $I_E=I_o/2$。

学习记录

③ 由射极电流可以推出集电极电流 $I_C \approx I_E$ 和基极电流 $I_B = I_C/\beta$。

④ 求射极电位。根据基射电压 V_{BE} 可以求得射极电位 $V_E = V_B - V_{BE} = -V_{BE}$。

⑤ 根据路径 II 求得集射电压 $V_{CE} = V_{CC} - V_E - I_C R_c = V_{CC} + V_{BE} - I_C R_c$。

2. *差模增益分析*

（1）双端输入、双端输出的差模电压增益

在差模工作状态下，差分电路的交流通路如图 5.21 所示。根据差模电压增益的定义式得

$$A_{vd} = \frac{v_{od}}{v_{id}} = \frac{v_{o1} - v_{o2}}{v_{i1} - v_{i2}} = \frac{2v_{o1}}{2v_{i1}} = A_{v1} \quad (5.16)$$

注意，在差模情况下有 $v_{i1} = -v_{i2}$ 和 $v_{o1} = -v_{o2}$。

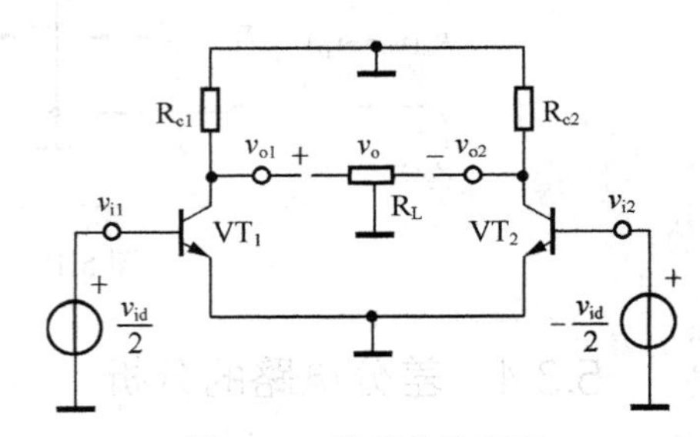

图 5.21　差模交流通路

如果输出端不接负载电阻 R_L，则有

$$A_{vd} = A_{v1} = -\beta \frac{R_c}{r_{be}}$$

如果输出端接负载电阻 R_L，则有

$$A'_{vd} = A'_{v1} = -\beta \frac{R'_L}{r_{be}} = -\beta \frac{R_c /\!/ \frac{1}{2} R_L}{r_{be}}$$

注意：①根据电路的对称性可知双端输出所接负载电阻 R_L 的中心点即交流地点；②就单管放大电路来说，其负载电阻是对地电阻，即 $R_L/2$。

【小结】

① 分析差分电路的双入双出差模电压增益，其实就是求解单管放大电路的电压增益，所以单管放大电路的分析是学习差分电路的重要基础；②差分电路双入双出的差模电压增益等于单管放大电路的电压增益，可见差分电路是以成倍的元器件换取抑制共模信号的能力。

（2）双端输入、单端输出的差模电压增益

根据定义式可得差分电路双入单出的差模电压增益为

$$A_{vd1} = \frac{v_{o1}}{v_{id}} = \frac{v_{o1}}{v_{i1} - v_{i2}} = \frac{v_{o1}}{2v_{i1}} = \frac{1}{2}A_{v1} = \frac{1}{2}A_{vd} \quad (5.17)$$

$$A_{vd2} = \frac{v_{o2}}{v_{id}} = \frac{-v_{o1}}{v_{i1} - v_{i2}} = \frac{-v_{o1}}{2v_{i1}} = -\frac{1}{2}A_{v1} = -\frac{1}{2}A_{vd} \quad (5.18)$$

【小结】

分析双入单出差模电压增益的关键就是先求解差分电路的双入双出差模电压增益。

（3）单端输入的差模电压增益

当单端输入时，差分电路的交流通路如图 5.22（a）所示。射极电流的关系为 $i_{e1} = i_e + i_{e2}$，

✍ 学习记录

如满足关系 $R_e >> r_{be2}$，则有 $i_{e1} \approx i_{e2}$，电路可以近似为图 5.22（b）。根据电路的对称性可知两个三极管的发射结电压近似相等（R_e 越大，两个电压越相近），大小为 $v_{id}/2$，电路可以进一步等效为图 5.22（c）。显然，只要满足关系 $R_e >> r_{be2}$，就可以将单端输入的情况近似转换为双端输入的差模情况来考虑。

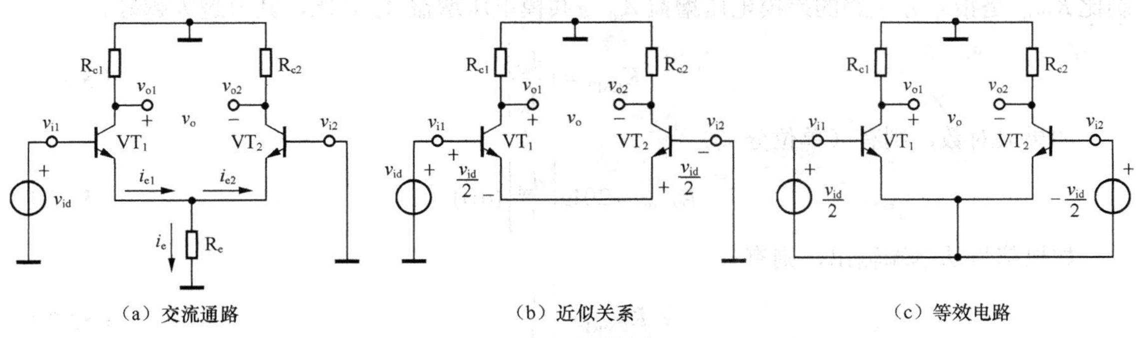

图 5.22　单端输入

差分电路的射极耦合支路使用电流源能够很好地满足关系 $R_e >> r_{be2}$，因为电流源的动态内阻 r_o 非常大，通常能够达到几十千欧到几百千欧。

3．*共模增益分析*

（1）双端输出的共模电压增益

在共模工作状态下，差分电路的交流通路如图 5.23 所示。根据共模电压增益的定义式得

$$A_{vc} = \frac{v_{oc}}{v_{ic}} = \frac{v_{o1} - v_{o2}}{v_{ic}} = 0 \tag{5.19}$$

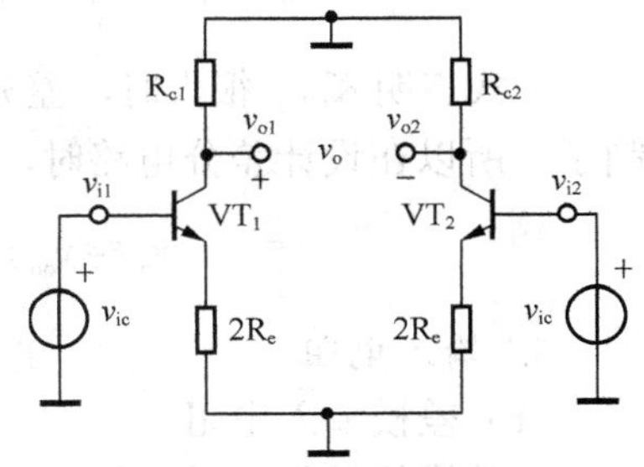

图 5.23　共模交流通路

注意：①在共模情况下有 $v_{i1} = v_{i2}$ 和 $v_{o1} = v_{o2}$；② A_{vc} 为零这是一个理论值，实际上电路完全对称是不可能的；③差分电路的对称性越好，电路抑制共模信号的能力就越强，电路的性能也就越好。

（2）单端输出的共模电压增益

根据定义式得

$$A_{vc2} = A_{vc1} = \frac{v_{o1}}{v_{ic}} = \frac{v_{o2}}{(v_{i1} + v_{i2})/2} = \frac{v_{o1}}{v_{i1}} = A_{v1} \tag{5.20}$$

不接负载时，根据单管共射极放大电路的分析可得

$$A_{vc2} = A_{vc1} = A_{v1} = -\frac{\beta R_c}{r_{be} + (1+\beta)2R_e} \approx -\frac{R_c}{2R_e}$$

上式中，由于 β 较大，满足 $(1+\beta)2R_e \gg r_{be}$。显然，射极耦合电阻 R_e 越大，A_{vc1}、A_{vc2} 越

学习记录

小，电路对共模信号的抑制能力就越强，所以在射极耦合支路上使用电流源能够有效提高差分电路的性能。

4. 共模抑制比

为了表征差分电路对共模信号的抑制能力，需要引入共模抑制比这个概念。所谓**共模抑制比** K_{CMR} 是指差分电路的差模电压增益 A_{vd} 与共模电压增益 A_{vc} 之比，其值越大越好。

$$K_{CMR}=\left|\frac{A_{vd}}{A_{vc}}\right| \tag{5.21}$$

如果取对数，则有（单位分贝）

$$K_{CMR}=20\lg\left|\frac{A_{vd}}{A_{vc}}\right|(\mathrm{dB}) \tag{5.22}$$

如果信号从单端输出，则有

$$K_{CMR1}=\left|\frac{A_{vd1}}{A_{vc1}}\right| \tag{5.23}$$

由式（5.15）和式（5.21）可以推出如下关系：

$$v_o=v_{od}+v_{oc}=v_{od}\left(1+\frac{v_{oc}}{v_{od}}\right)=v_{od}\left(1+\frac{A_{vc}v_{ic}}{A_{vd}v_{id}}\right)=v_{od}\left(1+\frac{1}{K_{CMR}}\frac{v_{ic}}{v_{id}}\right) \tag{5.24}$$

上式表明 K_{CMR} 很大时，差分电路的输出电压主要由差模信号决定，而共模信号被大大抑制了。所以在设计差分电路时，应尽量满足 K_{CMR} 大于共模信号与差模信号之比，因为

$$v_o\approx v_{od}\Rightarrow\frac{1}{K_{CMR}}\frac{v_{ic}}{v_{id}}=\frac{v_{ic}/v_{id}}{K_{CMR}}\approx 0\Rightarrow K_{CMR}>>\frac{v_{ic}}{v_{id}}$$

5. 输入电阻

（1）差模输入电阻

当差模信号作用时，差分电路的输入端可以等效画成如图 5.24 所示的形式。

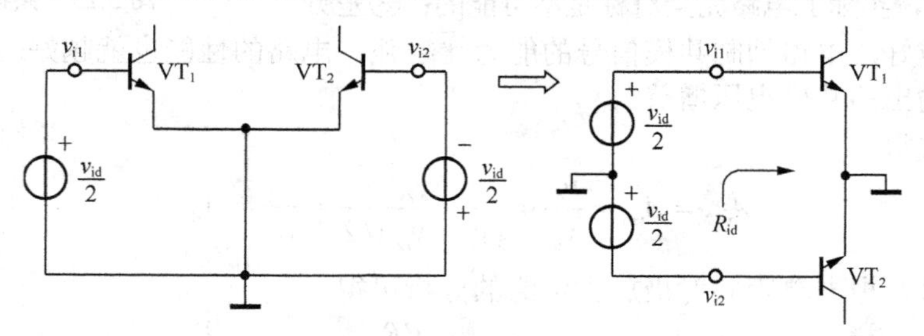

图 5.24 差模信号作用时输入端的等效电路

即两个单管电路的输入端可以看成是串联关系，故差模输入电阻 R_{id} 为

学习记录

$$R_{id} = 2r_{be} \tag{5.25}$$

（2）共模输入电阻

当共模信号作用时，差分电路的输入端可以等效画成如图 5.25 所示的形式。

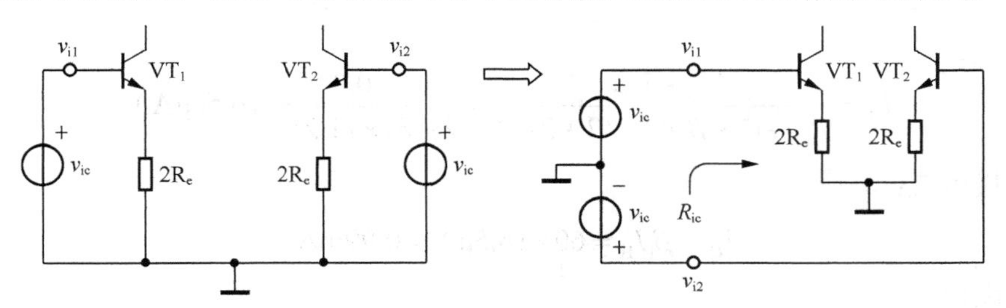

图 5.25 共模信号作用时输入端的等效电路

即两个单管电路的输入端可以看成是并联关系，故共模输入电阻 R_{ic} 为

$$R_{ic} = \frac{1}{2}[r_{be} + (1+\beta)2R_e] \tag{5.26}$$

如果差分电路的射极接的是电流源，上式中的 R_e 用电流源的内阻 r_o 替换便可。

6. 输出电阻

单端输出电阻由单管放大电路的输出电阻决定，双端输出电阻值等于两倍单端输出电阻值，即

$$R_o = 2R_{o1} = 2R_{o2} \tag{5.27}$$

因为双端输出时两个单管电路的输出端可以看成是串联关系，具体参看图 5.19。

【例 5.1】 差分电路如图 5.26（a）所示。设 $\beta_1 = \beta_2 = 60$，$V_{BE1} = V_{BE2} = 0.7V$，$r_{be1} = r_{be2} = 1k\Omega$，$R_w = 2k\Omega$，其滑动头调在中间，$R_{c1} = R_{c2} = 10k\Omega$，$R_e = 5.1k\Omega$，$R_{b1} = R_{b2} = 2k\Omega$，$V_{CC} = V_{EE} = 12V$。试求：①电路的静态工作点；② A_{vd}、R_{id} 和 R_o。

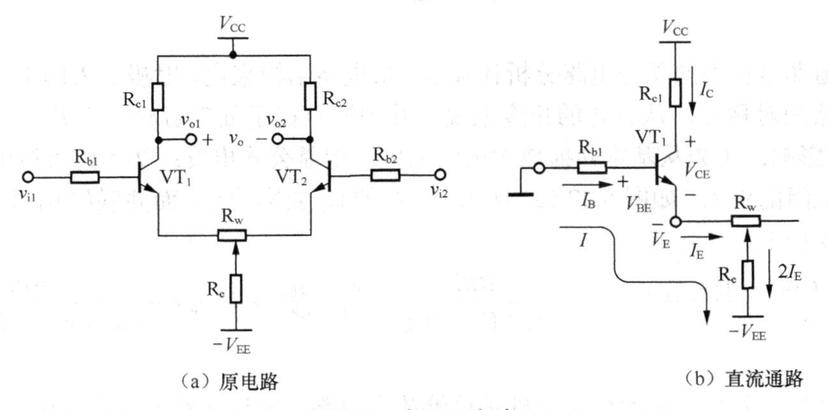

（a）原电路　（b）直流通路

图 5.26 例 5.1 电路

【解】 ①画出单边直流通路，如图 5.26（b）所示。

根据路径 I 列 KVL 方程得

$$V_{EE}=I_B R_{b1}+V_{BE}+I_E R_w/2+2I_E R_e$$

整理得

$$I_B=\frac{V_{EE}-V_{BE1}}{R_{b1}+(1+\beta_1)(R_w/2+2R_e)}=\frac{12-0.7}{2+61\times11.2}\approx16.5(\mu A)$$

求集电极电流：

$$I_C=\beta_1 I_B=60\times16.5\mu A=0.99mA$$

求射极电位：

$$V_E=-V_{BE}-I_B R_{b1}=-0.7V-16.5\mu A\times2k\Omega=-0.73V$$

求集射电压：

$$V_{CE}=(V_{CC}-V_E)-I_C R_{c1}=12.73V-0.99mA\times10k\Omega=2.83V$$

② 根据 VT_1 构成的单管共射极放大电路进行动态分析。

求差模电压增益：

$$A_{vd}=A_{v1}=-\frac{\beta_1 R_{c1}}{(R_{b1}+r_{be1})+(1+\beta_1)R_w/2}\approx-\frac{R_{c1}}{R_w/2}=-10$$

求差模输入电阻：

$$R_{id}=2\left[(R_{b1}+r_{be})+(1+\beta)R_w/2\right]=2\times(3+61)=128(k\Omega)$$

求双端输出电阻：

$$R_o=2R_{c1}=20k\Omega$$

【小结】

这是一道非常典型的差分电路分析计算题。从电路结构来说，射极引入的滑动变阻器 R_w 能够调节电路的对称性。从解题的角度来说，其关键点在于处理射极电阻 $R_w/2$ 和基极电阻 R_{b1} 对电路的影响：①先从基本共射放大电路的电压增益公式出发；②考虑射极电阻的引入；③考虑基极电阻的引入，如图 5.27（a）所示（串联的 R_b 要影响 v_i，而并联的 R_b 不会影响 v_i）。具体的计算式如下：

$$①\ A_v=-\frac{\beta R_L'}{r_{be}}\xrightarrow{\text{引入}R_e}②\ A_v=-\frac{\beta R_L'}{r_{be}+(1+\beta)R_e}\xrightarrow[\text{基极电阻}R_b]{\text{引入串联的}}③\ A_v=-\frac{\beta R_L'}{(R_b+r_{be})+(1+\beta)R_e}$$

【建议】

前面已经指出差分电路的分析基础是单管放大电路，建议在对差放电路作动态分析时，

✍ 学习记录

直接从相应单管电路的分析结果出发考虑，能不画小信号等效电路就尽量不要画，但需要注意电路结构的细节变化，以对计算式作出相应调整。这方面的能力需要逐步培养，且在学习单管放大电路时要做好相关内容的总结工作。

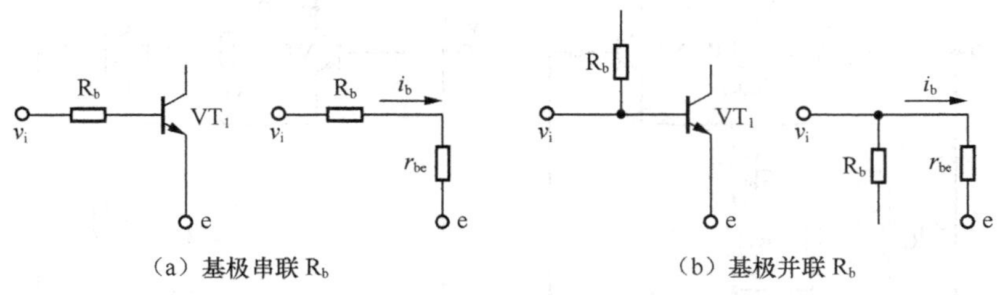

（a）基极串联 R_b　　（b）基极并联 R_b

图 5.27　基极电阻在小信号等效电路中的联接关系

【例 5.2】　差分电路如图 5.28 所示。已知 $\beta_1=\beta_2=75$，$r_{be1}=r_{be2}=1k\Omega$，$R_{c1}=R_{c2}=47k\Omega$，$R_e=43k\Omega$，$v_{i1}=2mV$，$V_{CC}=V_{EE}=9V$。试求输出电压 v_o。

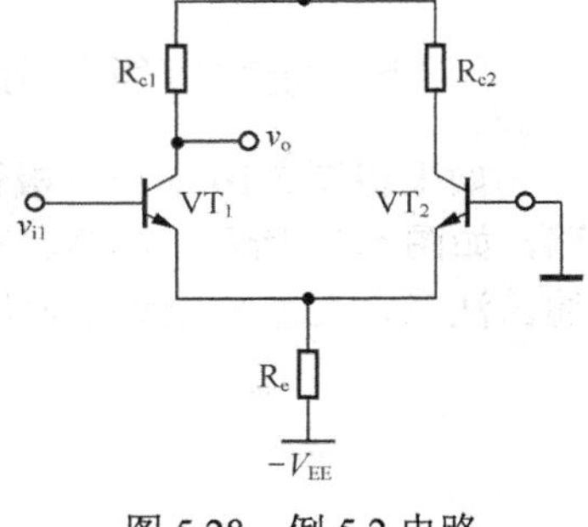

图 5.28　例 5.2 电路

【分析】

这是一个单端输入的问题，考虑到耦合电阻 R_e 远大于 r_{be}，故电路可以近似看成是双端输入的差模问题。

【解】　① 根据 VT₁ 管求电路增益：

$$A_v=A_{vd1}=\frac{1}{2}A_{vd}=\frac{1}{2}A_{v1}=\frac{1}{2}\left(-\frac{\beta_1 R_{c1}}{r_{be1}}\right)=-47$$

② 求交流输出电压 v_o：

$$v_o=A_v v_{i1}=-94mV$$

【例 5.3】　差分电路如图 5.29 所示。已知 $\beta_1=\beta_2=\beta_3=75$，$r_{be1}=r_{be2}=1k\Omega$，$R_{c1}=R_{c2}=10k\Omega$，$R_L=10k\Omega$，VT₃、R₁、R₂和 R₃组成一个电流源电路，其动态内阻 $r_o=100k\Omega$。试求共模电压增益 A_{vc1}。

【分析】

①结构特点：VT₃ 管工作在放大区，充当电流源，为差分电路提供稳定的静态偏流，同时其动态内阻很大，有助于提高电路的共模抑制能力；②负载 R_L 接在单口上，计算时不用折半；③电流源的内阻 r_o 在计算共模增益时需要折算到两个单管的发射极。

【解】　根据 VT₁ 管求电路共模增益：

$$A_{vc1}=A_{v1}=-\frac{\beta_1(R_c//R_L)}{r_{be1}+(1+\beta_1)2r_o}=-\frac{75\times5}{1+76\times2\times100}\approx-24.7\times10^{-3}$$

学习记录

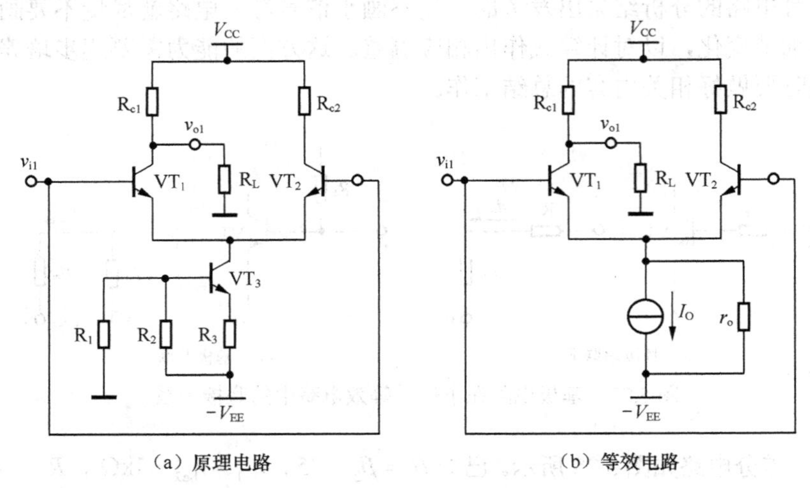

（a）原理电路　　（b）等效电路

图 5.29　例 5.3 电路

5.3.5　场效应管差分电路

如果将图 5.16 中的三极管用合适的 JFET 或者 MOSFET 替换就可以构成源极耦合差分电路，如图 5.30 所示，同样具有三极管差分电路的特点，分析方法也是类似的，这里就不再赘述。注意，在差分电路中使用场效应管可以有效提高电路的输入阻抗。

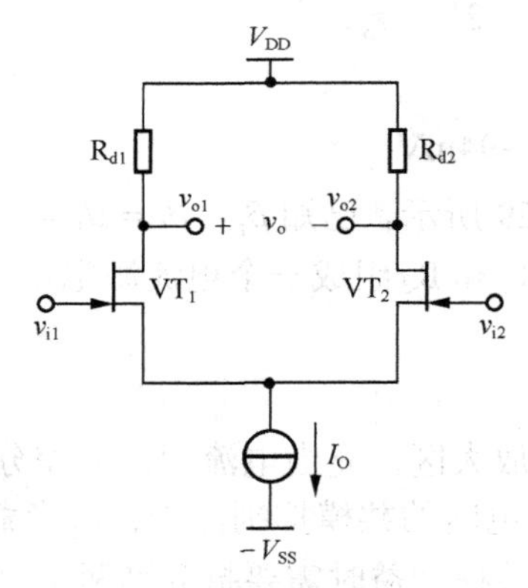

图 5.30　源极耦合差分电路

5.3.6　差分电路的传输特性

传输特性用来描述电路输出信号随输入信号的变化规律。差分电路的电压传输特性如

✍ 学习记录

图 5.31 所示，由图可知：

① 当 $v_{id}=v_{i1}-v_{i2}=0$ 时，电路处于静态工作点 Q；

② 当 $-V_T \leqslant v_{id} \leqslant +V_T$ [1]时，电路处于线性放大区；

③ 当 $-4V_T \leqslant v_{id} < -V_T$ 或 $V_T < v_{id} \leqslant +4V_T$ 时，电路处于非线性区；

④ 当 $v_{id} < -4V_T$ 或 $v_{id} > +4V_T$ 时，电路处于饱和区。

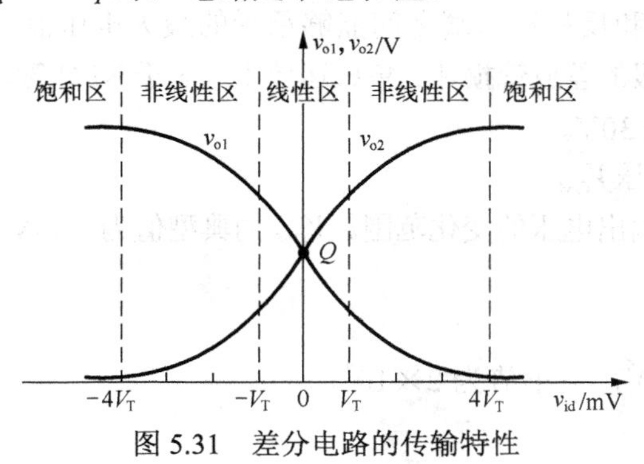

图 5.31 差分电路的传输特性

5.4 集成运放的应用

5.4.1 集成运放的特性参数

集成运放的特性参数很多，下面对一些主要参数作简单介绍。

（1）输入失调电压 V_{IO}

V_{IO} 是指使输出为零时在输入端所加的补偿电压。V_{IO} 的典型值为 1mV，最大可以达到 6mV。注意，典型值是使用集成运放时通常期望获得的值，而在考虑最差情况时，应该采用最大值进行分析。

（2）输入失调电流 I_{IO}

I_{IO} 用于反映输入级差放管输入电流的不对称性。I_{IO} 的典型值为 20nA，最大值为 200nA。

（3）输入偏置电流 I_{IB}

I_{IB} 是输入级差放管的基极（或栅极）偏置电流的平均值。I_{IB} 的典型值为 80nA，最大值可达 500nA。

[1] V_T 为温度电压当量，常温时 V_T＝26mV。

✍ 学习记录

（4）最大共模输入电压V_{ICM}

V_{ICM}是输入级能够正常放大差模信号情况下允许输入的最大共模信号。如果实际共模输入电压高于此值，则集成运放不能对差模信号进行放大。V_{ICM}的典型值为±13V（供电电压为±15V时）。

（5）最大差模输入电压V_{IDM}

V_{IDM}是集成运放同相和反相输入端之间能够承受的最大电压值。如果实际差模输入电压超过此值，容易导致输入级的差放管损坏。集成运放中，对于NPN管，V_{IDM}的典型值为±50V；而对于横向PNP管可达±30V。

（6）最大输出峰值电压V_{OM}

V_{OM}给出了集成运放输出电压的变化范围。V_{OM}的典型值为±14V（供电电压为±15V时），最低不要低于±12V。

（7）开环电压增益A_{vd}

A_{vd}的典型值为2×10^5，最小值为2×10^4。

（8）差模输入电阻r_{id}

r_{id}的典型值为2MΩ，最小为300kΩ。

（9）输出电阻r_o

r_o的典型值为75Ω，通常小于200Ω。

（10）共模抑制比K_{CMR}

K_{CMR}反映差分电路抑制共模信号的能力。K_{CMR}的典型值为90dB，最小可以低至70dB。

（11）转换速率S_R

S_R是指放大电路在闭环状态下，输入大信号时，放大电路输出电压对时间的最大变化率。S_R的典型值为0.5V/μs。

（12）全功率带宽BW_P

BW_P是指运放输出最大峰值电压时允许的最高频率。

（13）总功耗P_D

P_D的典型值为50mW，最高可达85mW。

5.4.2 集成运放的种类

（1）按结构特点分类

可以分成双极型（主要由三极管构成）、CMOS型（由相反极性的MOSFET构成）和BiMOS型（三极管与MOS管构成）。双极型运放种类多、功能强，但功耗较大；CMOS型运放输出阻抗高、功耗小；BiMOS型运放则兼有双极型运放和CMOS型运放的优点。

学习记录

（2）按供电方式分类

可以分为单电源供电和双电源供电，在双电源供电中又分为正、负电源对称型和不对称型。

（3）按集成度分类

可以分为单运放、双运放和四运放。

（4）按工作原理分类

① 电压放大型，用于电压放大，其输出回路等效为由输入电压控制的电压源，例如，F007、F324 等产品。

② 电流放大型，用于电流放大，其输出回路等效成由输入电流控制的电流源，例如，LM3900、F1900 等产品。

③ 跨导型，用于将电压转换成电流，输出回路等效成由输入电压控制的电流源，例如，LM3080、F3080 等产品。

④ 互阻型，用于将电流转换成电压，输出回路等效成由输入电流控制的电压源，例如，AD8009、AD8011 等产品。

注意，输出等效成电压源的运放，输出电阻很小，通常为几十欧；输出等效成电流源的运放，输出电阻较大，通常为几千欧以上。

（5）按性能指标分类

可以分为通用型和特殊型。通用型运放用于无特殊要求的电路，而特殊型运放为了适应特殊要求，其某一方面性能特别突出，如高阻型、高速型、高精度型、低功耗型等。

5.4.3 集成运放的选用策略

集成运算放大器是模拟集成电路中应用最广泛的一种器件。在由运算放大器组成的各种系统中，由于应用要求不一样，对运算放大器的性能要求也不一样。

在没有特殊要求的场合，尽量选用通用型集成运放，这样即可降低成本，又容易保证货源。当一个系统中使用多个运放时，尽可能选用多运放集成电路，如 LM324、LF347 等都是将 4 个运放封装在一起的集成电路。

对于放大音频、视频等交流信号的电路，选 S_R（转换速率）大的运放比较合适；对于处理微弱直流信号的电路，选用精度比较高（既失调电流、失调电压及温漂均比较小）的运放比较合适。

下面就集成运放的选用给出一个基本策略。

（1）设计目标的综合考虑

设计者必须综合考虑设计目标的信号电平，闭环增益，要求精度，所需带宽，电路阻抗，环境条件及其他因素，并把设计要求的性能转换成运放的参数，建立各个参数的取值以及它们随温度、时间、电流、电压等变化的范围。

✍ 学习记录

（2）深刻理解电路手册中特性指标的意义

不同的制造商可能给出不同的特性指标，这些指标可能是通过不同的测量技术获得的，这就给集成运放的选择带来了困难。为避免这些困难，设计者必须深刻理解电路手册中特性指标的意义，同时必须了解这些参数是如何测得的，然后把这些特性指标转换成对设计要求有意义的参数。

（3）选择具有最优性能价格比的集成运放

设计者必须把设计目标的性能、所选择器件的性能指标与价格联系起来，以最低的价格获得符合设计目标提出的物理、电气和环境要求。

5.4.4 集成运放的使用要点

1. 电源供电方式

集成运放有两个电源接线端$+V_{CC}$和$-V_{EE}$，可以采用不同的电源供电方式。供电方式不同，集成运放对输入信号的要求也是不同的。

（1）对称双电源供电方式

集成运放多采用这种方式供电。相对于公共端（地）的正电源与负电源分别接于运放的$+V_{CC}$和$-V_{EE}$管脚上。在这种方式下，可以把信号源直接接到运放的输入脚上，而输出电压的幅值可以接近正负对称电源的电压值。

（2）单电源供电方式

单电源供电是将集成运放的$-V_{EE}$管脚接地。此时为了保证运放内部单元电路具有合适的静态工作点，在运放的输入端一定要附加一直流电位，如图 5.32 所示。此时运放的输出是在某一直流电位基础上随输入信号变化。

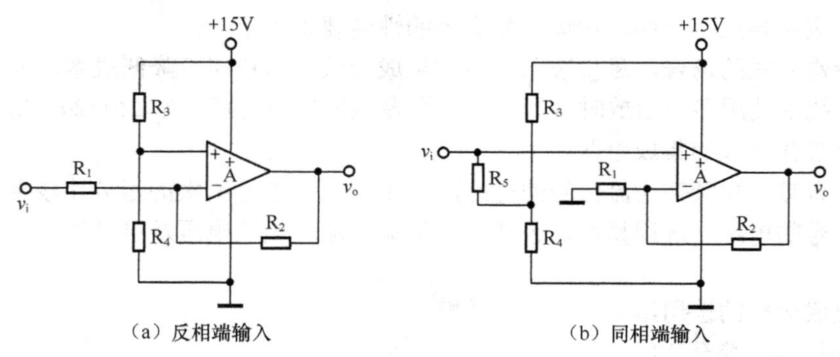

图 5.32 集成运放单电源供电电路

2. 集成运放的调零问题

由于集成运放的输入失调电压和输入失调电流的影响，当运放组成的线性电路输入信号

✍ 学习记录

为零时，输出往往不等于零。为了提高电路的运算精度，要求对失调电压和失调电流造成的误差进行补偿，这就是运放的调零。常用的调零方法有内部调零和外部调零，对于没有内部调零端子的集成运放，要采用外部调零方法。下面以 741 为例，图 5.33 所示给出了常用调零电路。

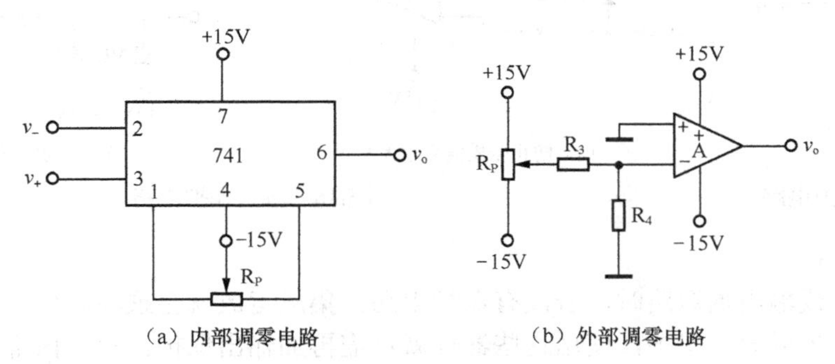

图 5.33　集成运放的调零电路

3. 集成运放的自激振荡问题

集成运放是一个高放大倍数的多级放大器，在接成深度负反馈的情况下，很容易产生自激振荡。为了使放大器能够稳定的工作，就需要外加一定的频率补偿网络，以消除自激振荡。图 5.34 所示是进行相位补偿所使用的电路。

另外，防止通过电源内阻造成低频振荡或高频振荡的措施是在集成运放的正、负电源输入端对地分别加入一电解电容（10μF）和一高频滤波电容（0.01～0.1μF），如图 5.34 所示。

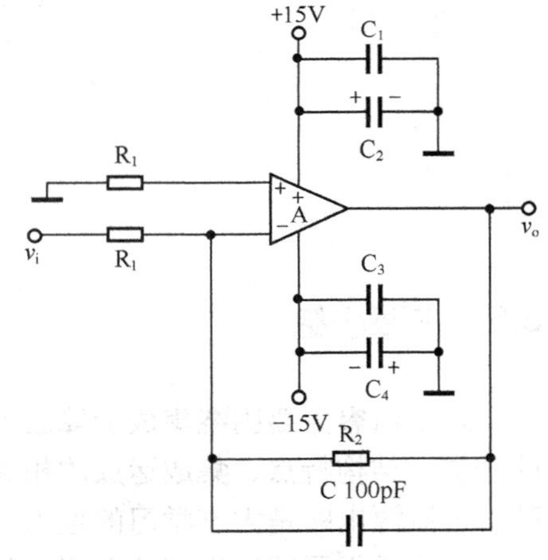

图 5.34　运放电路消除自激

4. 集成运放的保护问题

集成运放的安全保护有 3 个方面：电源保护、输入保护和输出保护。

（1）电源保护

电源的常见故障是电源极性接反和电压跳变。典型的电源保护电路如图 5.35 所示，是利用二极管的单向导电性实现保护。

（2）输入保护

集成运放的差模或者共模输入电压过高（超出该集成运放的极限参数范围），容易造成集成运放工作不稳定甚至损坏。图 5.36 所示为典型的输入保护电路。

学习记录

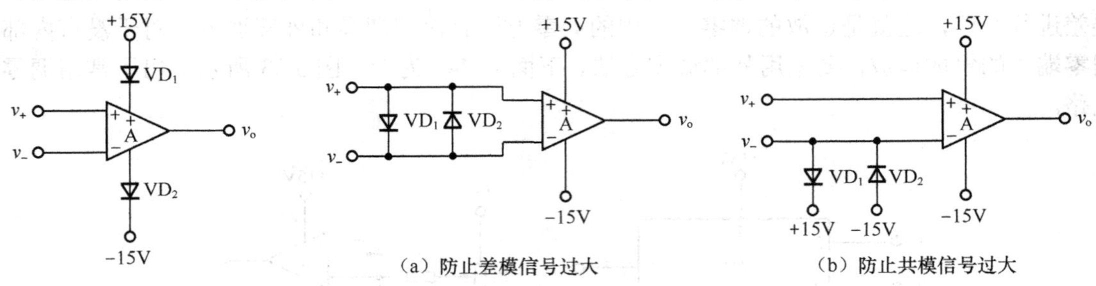

(a) 防止差模信号过大　(b) 防止共模信号过大

图 5.35　电源保护电路　　图 5.36　输入保护电路

(3) 输出保护

当出现超载或输出端短路时，若没有保护电路，集成运放就会损坏。但有些集成运放内部设置了限流保护或短路保护，使用这些器件就不需再加输出保护。对于内部没有限流或短路保护的集成运放，可以采用如图 5.37 所示的输出保护电路。

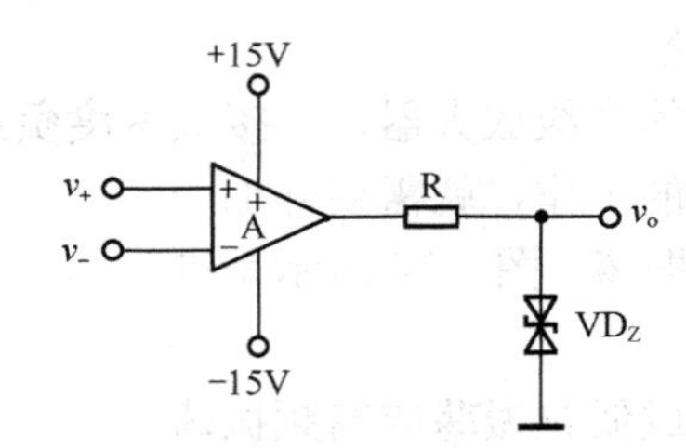

图 5.37　输出保护电路

5.5 本章小结

本章内容主要围绕集成运算放大器展开，首先对集成电路作了简介，其中模拟集成电路的分类、结构特点、集成运放的相关知识应重点把握；其次对电流源电路进行介绍，其中的基本电流源电路是大家学习的重点，在此基础上可以进一步了解改进型电流源电路；再次对差分电路进行了较为详细的介绍，其中差分电路的引入原因、工作原理、工作方式、分析方法是大家学习的重点；最后对集成运放的应用作了简单介绍，其中集成运放的特性参数、种类、选用和使用都应该予以相应了解。

差分电路是本章的重点和难点。差分电路涉及的基本概念较多，如零漂、温漂、差模信号、共模信号、差模增益、共模增益、双入双出、双入单出、单入问题等，初学时容易混乱，一定要先把握住。在概念建立起来后，可以结合单管放大电路的分析方法、分析结论去学习

✍ 学习记录

差分电路的分析，但又要注意差分电路的独自特点，特别需要注意的细节是射极耦合电阻的处理，差模情况不考虑、共模情况下要折算到单管电路的发射极上进行考虑，且阻值要翻倍。另外，基极串联电阻 R_b 的处理，以及双出连接负载电阻 R_L 的处理方法也需要自己去总结。

5.6 思考题

1．试简述模拟集成电路的结构特点？
2．为什么在模拟集成电路中通常不使用大电容或电感？
3．如何理解在集成电路中生成一只三极管比生产一只二极管更容易？
4．为什么放大电路以三级为最常见？
5．什么是零点漂移？引起它的原因有哪些？其中最主要的是什么？
6．试简述集成运放的组成结构，并指出每部分所使用的电路类型。
7．试简述电流源电路在集成电路中的作用。
8．试简述 BJT 镜像电流源中两只三极管的作用，并指出它们的工作状态。
9．试简述差分电路抑制零漂的原理。
10．单端输出的差分电路是否具有抑制零漂的作用？如果有，应该如何理解？
11．当差分电路的输入既不是差模信号也不是共模信号时应如何分析？
12．试简述差分电路分析与单管电路分析的联系与区别。
13．试总结射极耦合差分电路的分析方法。
14．通用性集成运放 741 有几只引脚？它们的功能分别是什么？使用时应如何连接？
15．使用集成运放时需要注意哪些问题？
16．试总结二极管在电路中的常见用途。

学习记录

第6章 信号运算和处理电路

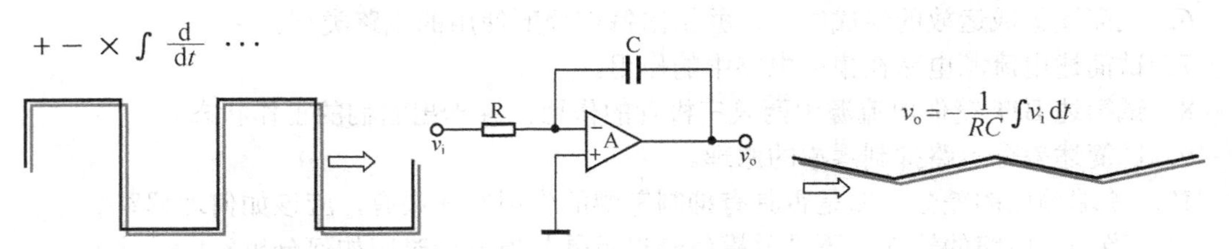

引言：信号的基本运算包括比例、加法、减法、乘法、积分和微分等，信号的常见处理包括滤波、整形变换等。构成信号运算和处理电路的核心器件是集成运算放大器（集成运算放大器得名的原因也在于其出现初期主要被应用于信号运算）。

本章内容：

- 理想集成运放的特性（重点）
- 各种基本信号运算电路（重点）
- 集成运放电路的分析方法（重点）
- 有源滤波器（了解）
- 电压比较器（重点）
- 集成电路比较器（了解）

建议：本章的基本学习思路是从理想运放的特性（开环增益无穷、输入电阻无穷、输出电阻为零）出发去理解虚短和虚断的概念，从而推出同相和反相比例运算电路的输入输出关系，在熟练掌握两种比例电路的基础上结合各种线性电路分析方法（特别是叠加原理）去学习其他信号运算和处理电路。本章的学习技巧是首先记住基础电路（比例电路、典型求差电路、积分微分电路）的典型结构、工作原理和输入输出关系，然后在分析含有这些结构的复杂电路时直接引用相关结论，将起到事半功倍的效果。

✍ 学习记录

6.1 理想集成运放的特性

如前所述，集成运放是一个多级电路，其内部结构较为复杂。但在分析含集成运放的电路时，通常只需要掌握集成运放的相关特性便可，而无需考虑其具体的内部电路。下面通过集成运放的等效电路模型来介绍其相关特性。

1. 集成运放的电路模型

集成运放的实际电路模型如图 6.1（a）所示，输入端口等效为一个电阻 R_i（即输入电阻），接收外加差模电压 $v_{id}=v_+-v_-$（运放的输入级为差分电路）；输出端口等效为一个受控电压源串联电阻 R_o（即输出电阻）的形式，受控电压源受输入差模电压 v_{id} 的控制，开环电压增益 A_{vo}，输出电压 $v_o=A_{vo}v_{id}$。

考虑到集成运放的输入电阻 R_i（约 $10^6\Omega$或更高）和开环电压增益 A_{vo}（10^5～10^7）都很大，而输出电阻 R_o（约 100 Ω或更小）很小，所以在进行理论分析时，往往近似认为 $R_i=\infty$、$A_{vo}=\infty$、$R_o=0$，进而得到集成运放的理想模型，如图 6.1（b）所示。

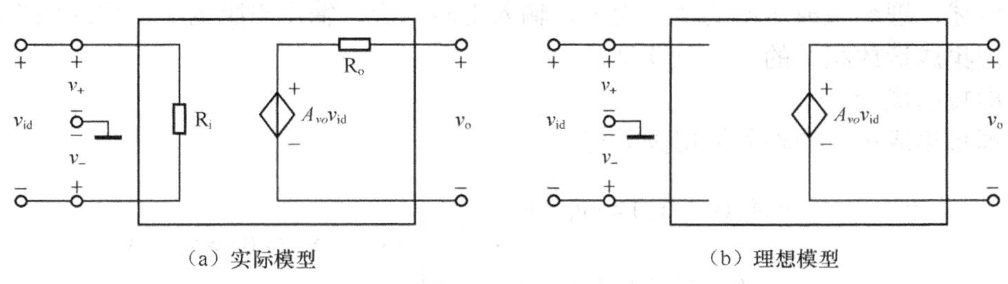

（a）实际模型　　（b）理想模型

图 6.1　集成运放的电路模型

注意，本教材后续内容中都默认使用集成运放的理想模型来进行相关电路分析。

2. 集成运放的电压传输特性

根据电路模型，很容易得到集成运放的电压传输特性，具体如图 6.2 所示。集成运放输出的正向饱和电压 V_{OH} 和负向饱和电压 V_{OL} 受电源电压限制，比电源电压略低。

注意，由于集成运放的电压增益非常高，很小的输入信号都有可能导致输出达到饱和，实际考虑问题时必须注意这一点，即不能简单使用关系式 $v_o=A_{vo}v_{id}$ 来求输出电压值。

【例 6.1】 已知某集成运放的电压增益 $A_{vo}=2\times10^5$，正向饱和电压 $V_{OH}=+12V$，负向饱和电压 $V_{OL}=-12V$，试在如下两种情况下求输出电压值：① $v_{id1}=50\mu V$；② $v_{id2}=5mV$。

【解】 ①先用公式计算输出电压值，然后与饱和电压值比较，以决定最终的输出值：

$$v_{o1}=A_{vo}v_{id1}=2\times10^5\times50\times10^{-6}V=10V<V_{OH}=+12V\Rightarrow v_{o1}=10V$$

学习记录

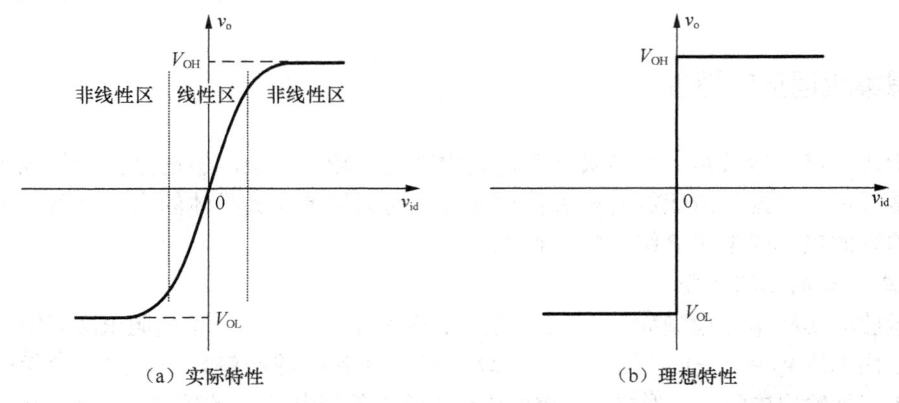

图 6.2　集成运放的电压传输特性

② 同理计算得

$$v_{o2} = A_{vo} v_{id2} = 2 \times 10^5 \times 5 \times 10^{-3} \text{V} = 1000\text{V} > V_{OH} = +12\text{V} \Rightarrow v_{o2} = 12\text{V}$$

3. 理想集成运放的重要结论

如前所述，理想集成运放的增益无穷、输入电阻无穷、输出电阻为零，由这些特点可以导出与理想集成运放相关的两个重要结论。

（1）虚短的概念

根据理想集成运放的输入输出关系得

$$\left.\begin{array}{r} v_o = A_{vo} v_{id} = A_{vo}(v_+ - v_-) \Rightarrow v_+ - v_- = \dfrac{v_o}{A_{vo}} \\ V_{OL} \leqslant v_o \leqslant V_{OH}, \ A_{vo} \to \infty \end{array}\right\} \Rightarrow v_+ - v_- \approx 0 \Rightarrow v_+ \approx v_- \qquad (6.1)$$

上式表明理想集成运放正常工作时，其同相端的电位 v_+ 与反相端的电位 v_- 近似相等。由于同相端和反相端实际没有短接关系，所以将这种关系称为虚短。虚短的实际含意是强调在线性工作区，集成运放两个输入端的电位非常接近，其差值 $v_{id} = v_+ - v_-$ 趋近为零。

根据虚短的概念可以引出虚地的概念，具体看图 6.3。图中集成运放的同相端接地，从而导致反相端具有地电位，但反相端实际没有接地，这就是所谓的虚地。

（2）虚断的概念

根据输入电阻无穷可以推出理想集成运放的输入电流近似为零，即集成运放正常工作时两个输入端上都没有电流，这就是虚断的概念——实际上集成运放的两个输入端之间是存在连接关系的，并没有真正断开。根据虚断的概念，如图 6.4 所示电路中的电流关系为 $i_1 = i_i + i_2 \Rightarrow i_1 \approx i_2$ $(i_i \approx 0)$。

✍ 学习记录

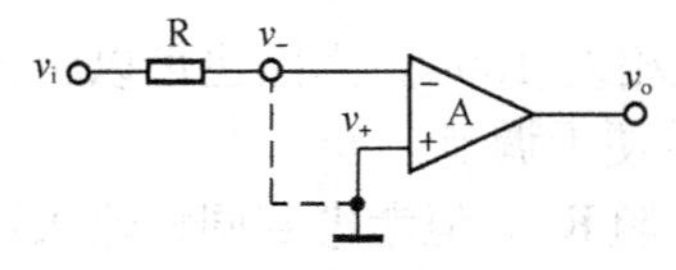

图 6.3 虚地的概念

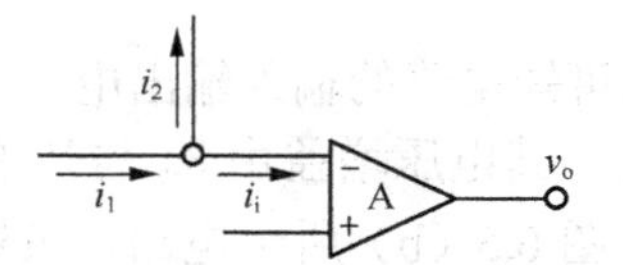

图 6.4 虚断的概念

6.2 运算电路

6.2.1 比例运算

集成运放可以构成反相比例和同相比例运算电路，这两种比例电路都是学习后续运算电路的基础。

1. 反相比例

反相比例运算电路如图 6.5 所示，该电路的结构特点是：①信号从反相端输入，输出电压 v_o 与输入电压 v_i 之间存在反相位的关系；② R_2 为反馈电阻，其作用是引入深度负反馈来稳定电路的工作[1]；③ R_3 是平衡电阻，其作用是维持集成运放输入级差分电路的对称性，其值为 $R_3 = R_1 /\!/ R_2$。

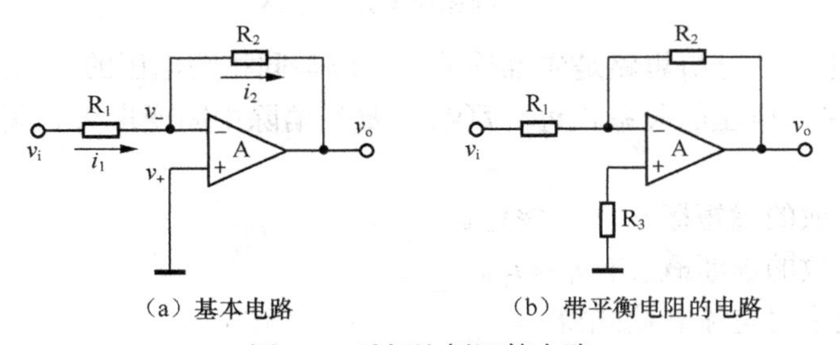

图 6.5 反相比例运算电路

下面以图 6.5（a）为例来推导反相比例运算电路的输入输出关系，过程如下。

① 根据集成运放的虚短概念有 $v_- \approx v_+ = 0$。

② 根据集成运放的虚断概念有 $i_1 \approx i_2$。

③ 根据电位关系写电流表达式得

$$\left(i_1 = \frac{v_i - v_-}{R_1} = \frac{v_i}{R_1},\ i_2 = \frac{v_- - v_o}{R_2} = -\frac{v_o}{R_2} \right) \Rightarrow \frac{v_i}{R_1} = -\frac{v_o}{R_2} \Rightarrow v_o = -\frac{R_2}{R_1} v_i \tag{6.2}$$

[1] 关于反馈的概念，本教材将在第 7 章中详细介绍。

✍ 学习记录

由上式可知电路的输入输出电压大小成比例、相位相差 180°。当然也可以将该电路用作反相放大器，其电压增益由R_2与R_1的比值决定，非常便于调节。

对于如图 6.5（b）所示电路，虽然多了一个平衡电阻R_3，但考虑到同相输入端上没有电流，R_3也就没有压降，故v_+仍然为零，即R_3的存在并不会影响电路的基本关系。

2. 同相比例

同相比例运算电路如图 6.6 所示，该电路的结构特点是：①信号从同相端输入，输出电压v_o与输入电压v_i之间是同相位的关系；②输入信号可以直接加到同相端，如图 6.6（a）所示，也可以通过一个分压电路加到同相端，如图 6.6（b）所示。注意，图中R_3和R_4因同相端上没有电流，而看成是串联关系。

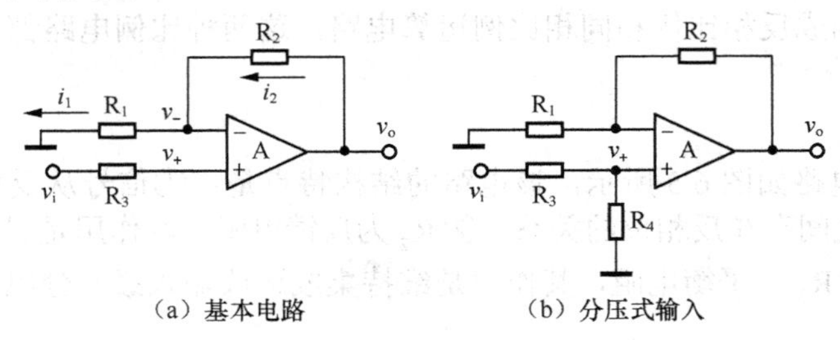

图 6.6　同相比例运算电路

同相比例运算电路的分析思路是先推导输出电压与同相端电压的关系式$v_o = f(v_+)$，然后找到同相端电压与输入电压的关系式$v_+ = f(v_i)$，最后消除中间变量v_+，得输入输出关系式。具体过程如下。

① 根据集成运放的虚短概念有$v_- \approx v_+$。

② 根据集成运放的虚断概念有$i_1 \approx i_2$。

③ 根据电位关系写电流表达式得

$$\left(i_1 = \frac{v_- - 0}{R_1} = \frac{v_+}{R_1},\ i_2 = \frac{v_o - v_-}{R_2} = \frac{v_o - v_+}{R_2}\right) \Rightarrow \frac{v_+}{R_1} = \frac{v_o - v_+}{R_2} \Rightarrow v_o = \left(1 + \frac{R_2}{R_1}\right)v_+ \tag{6.3}$$

④ 对于如图 6.6（a）所示电路，输出电压为

$$v_+ = v_i \Rightarrow v_o = \left(1 + \frac{R_2}{R_1}\right)v_i \tag{6.4}$$

⑤ 对于如图 6.6（b）所示电路，输出电压为

$$v_+ = \left(\frac{R_4}{R_3 + R_4}\right)v_i \Rightarrow v_o = \left(1 + \frac{R_2}{R_1}\right)\left(\frac{R_4}{R_3 + R_4}\right)v_i \tag{6.5}$$

由式（6.4）和式（6.5）可知，电路的输出电压与输入电压大小成比例、相位相差 0°。

学习记录

当然也可以将该电路用作同相放大器，其电压增益主要由 R_2 与 R_1 的比值决定，同样便于调节。

6.2.2　电压跟随器

电压跟随器如图 6.7 所示，该电路的结构特点是：①信号从同相端输入；②反相输入端与输出端用导线相连。

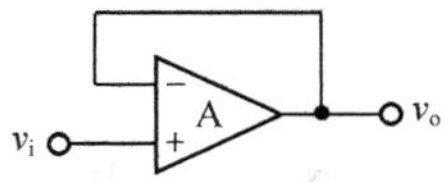

根据虚短概念可得该电路的输入输出关系：

$$v_o = v_- \approx v_+ = v_i \Rightarrow v_o = v_i \tag{6.6}$$

图 6.7　电压跟随器

集成运放构成的电压跟随器与三极管射极输出器、场效应管源极输出器的功能相似，只是其跟随性能更好（增益精确为 1）、隔离效果更好（输入电阻更大）、带负载能力更强（输出电阻更小）。由于其优异的性能，这种电路常被用作信号采集电路的输入级。

6.2.3　加法运算

1．反相求和

图 6.8（a）所示为集成运放构成的反相求和电路，其结构特点是：①求和信号由反相端输入，输出信号与输入信号之和存在反相位的关系；②如果仅考虑单个输入信号的作用，电路可以简化成典型的反相比例运算电路，如图 6.8（b）、（c）所示，故建议采用叠加原理进行分析。

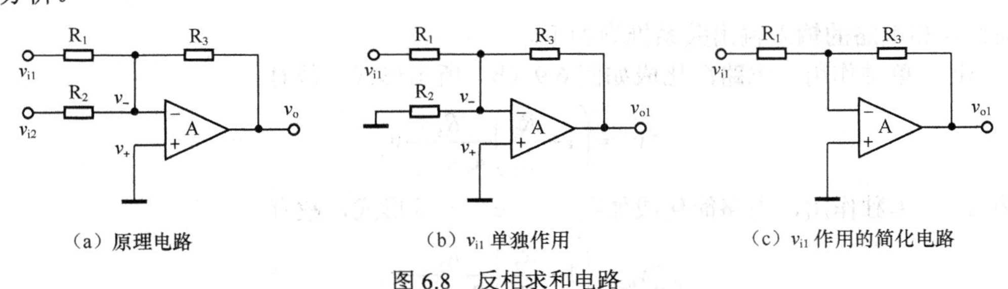

（a）原理电路　（b）v_{i1} 单独作用　（c）v_{i1} 作用的简化电路

图 6.8　反相求和电路

反相求和电路的输入输出关系推导如下。

① 让 v_{i1} 单独作用，电路简化成如图 6.8（c）所示形式，故有

$$v_{o1} = -\frac{R_3}{R_1}v_{i1}$$

② 让 v_{i2} 单独作用，同理可求得

$$v_{o2} = -\frac{R_3}{R_2}v_{i2}$$

学习记录

③ 根据叠加原理求和得

$$v_o = v_{o1} + v_{o2} = -\frac{R_3}{R_1}v_{i1} - \frac{R_3}{R_2}v_{i2} = -\left(\frac{R_3}{R_1}v_{i1} + \frac{R_3}{R_2}v_{i2}\right)$$

$$若\ R_1 = R_2 \Rightarrow v_o = -\frac{R_3}{R_1}(v_{i1} + v_{i2}) \tag{6.7}$$

$$若\ R_1 = R_2 = R_3 \Rightarrow v_o = -(v_{i1} + v_{i2})$$

2. 同相求和

同相求和电路如图 6.9 所示，其结构特点是：①求和信号从同相端输入，输出信号与输入信号之和是同相位关系；②如果仅考虑单个信号作用，电路可以简化成典型的同相比例运算电路，如图 6.9（b）和（c）所示，建议采用叠加原理进行分析。

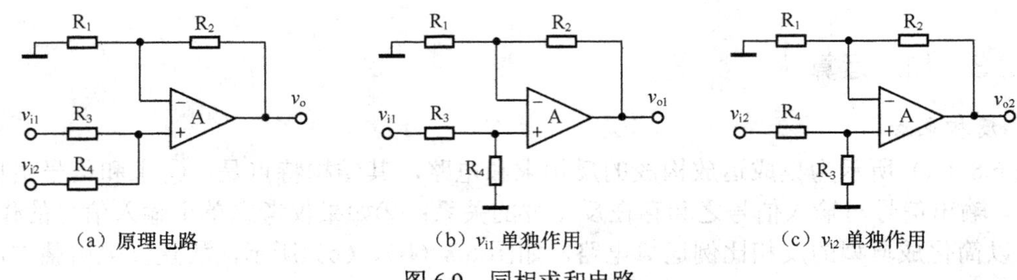

图 6.9　同相求和电路

同相求和电路的输入输出关系推导如下。

① 让 v_{i1} 单独作用，电路简化成如图 6.9（b）所示形式，故有

$$v_{o1} = \left(1 + \frac{R_2}{R_1}\right)\frac{R_4}{R_3 + R_4}v_{i1}$$

② 让 v_{i2} 单独作用，电路简化成如图 6.9（c）所示形式，故有

$$v_{o2} = \left(1 + \frac{R_2}{R_1}\right)\frac{R_3}{R_3 + R_4}v_{i2}$$

③ 根据叠加原理求和得

$$v_o = v_{o1} + v_{o2} = \left(1 + \frac{R_2}{R_1}\right)\frac{R_4 v_{i1} + R_3 v_{i2}}{R_3 + R_4}$$

$$若\ R_3 = R_4 \Rightarrow v_o = \left(1 + \frac{R_2}{R_1}\right)\frac{v_{i1} + v_{i2}}{2} \tag{6.8}$$

$$若\ R_1 = R_2、R_3 = R_4 \Rightarrow v_o = v_{i1} + v_{i2}$$

✍ 学习记录

此电路也可以用节点电压法进行分析[1]，具体过程如下。

① 令同相端和反相端的电位（v_+ 和 v_-）为未知的节点电压。

② 根据节点电压分析法分别对 v_+ 和 v_- 列写节点电压方程：

$$\left(\frac{1}{R_3}+\frac{1}{R_4}\right)v_+=\frac{v_{i1}}{R_3}+\frac{v_{i2}}{R_4}\Rightarrow v_+=\frac{R_4v_{i1}+R_3v_{i2}}{R_3+R_4}$$

$$\left(\frac{1}{R_1}+\frac{1}{R_2}\right)v_-=\frac{v_o}{R_2}\Rightarrow v_-=\frac{v_o}{1+R_2/R_1}$$

③ 根据虚短的概念可得

$$v_+=v_-\Rightarrow v_o=\left(1+\frac{R_2}{R_1}\right)\frac{R_4v_{i1}+R_3v_{i2}}{R_3+R_4}$$

6.2.4 减法运算

图 6.10（a）所示为减法运算电路，也称为求差电路，其结构特点是：①信号分别从反相端和同相端输入，输出信号与输入信号之差成比例关系；②如果考虑反相端信号单独作用电路，电路可以简化成反相比例运算电路，如图 6.10（b）所示；③如果考虑同相端信号单独作用电路，电路可以简化成同相比例运算电路，如图 6.10（c）所示。

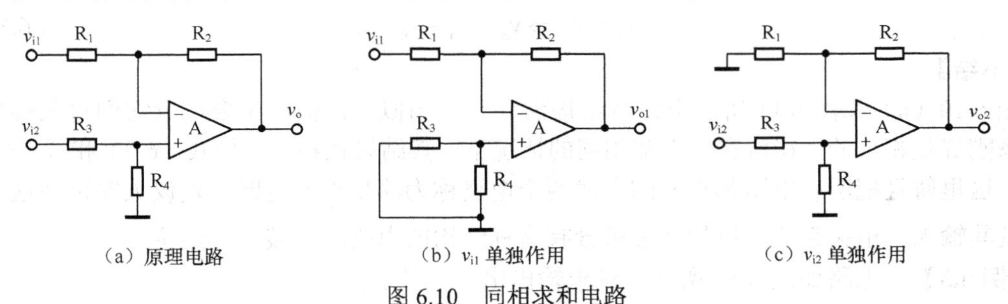

图 6.10 同相求和电路

减法运算电路的输入输出关系推导如下。

① 让 v_{i1} 单独作用，电路简化成如图 6.10（b）所示形式，故有

$$v_{o1}=-\frac{R_2}{R_1}v_{i1}$$

② 让 v_{i2} 单独作用，电路简化成如图 6.10（c）所示形式，故有

[1] 当集成运放电路中有多个输入信号作用时，推荐使用叠加原理或节点电压法进行分析。当然，输入信号相对较少时可以首先考虑使用叠加原理，如果输入信号相对较多时可以考虑使用节点电压法。

学习记录

$$v_{o2}=\left(1+\frac{R_2}{R_1}\right)\frac{R_4}{R_3+R_4}v_{i2}$$

③ 根据叠加原理求和得

$$v_o=v_{o1}+v_{o2}=-\frac{R_2}{R_1}v_{i1}+\left(1+\frac{R_2}{R_1}\right)\frac{R_4}{R_3+R_4}v_{i2}$$

$$\text{若}\frac{R_2}{R_1}=\frac{R_4}{R_3}\Rightarrow v_o=-\frac{R_2}{R_1}v_{i1}+\left(1+\frac{R_2}{R_1}\right)\frac{R_4/R_3}{1+R_4/R_3}v_{i2}=\frac{R_2}{R_1}(v_{i2}-v_{i1}) \tag{6.9}$$

$$\text{若}R_1=R_2=R_3=R_4\Rightarrow v_o=v_{i2}-v_{i1}$$

【例 6.2】 电路如图 6.11 所示，试求输出电压 v_o 的表达式。

【解】 本题用节点电压法分析。

① 对 v_+ 和 v_- 分别列写节点电压方程：

$$\left(\frac{1}{R}+\frac{1}{R}\right)v_+=\frac{v_{i2}}{R}+\frac{v_o}{R}\Rightarrow v_+=\frac{1}{2}(v_{i2}+v_o)$$

$$\left(\frac{1}{R}+\frac{1}{R}\right)v_-=\frac{v_{i1}}{R}\Rightarrow v_-=\frac{1}{2}v_{i1}$$

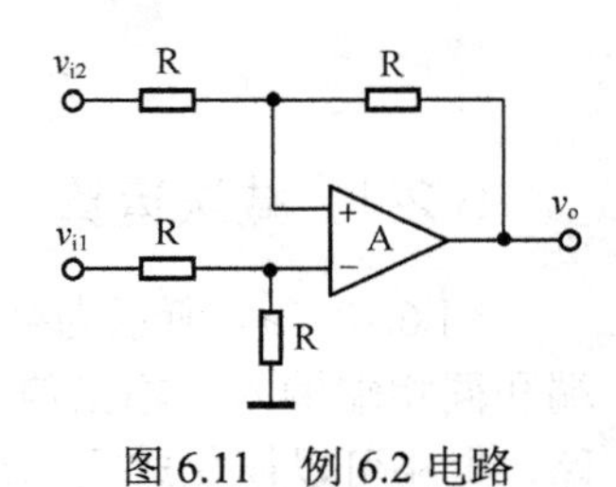

图 6.11 例 6.2 电路

② 根据虚短的概念可得

$$v_+=v_-\Rightarrow v_o=v_{i1}-v_{i2} \tag{6.10}$$

【小结】

图 6.10（a）和图 6.11 所示电路就结构而言具有相似性，但一定要注意它们输入端的连接关系刚好是相反的，在所有电阻都相同的情况下，其结果也相反，如式（6.9）和式（6.10）所示。这里暂且把所有电阻都相同的上述两个电路称为典型求差电路。建议大家记住这两个电路及其输入输出关系式，以便在分析含有这种结构的电路时直接引用结论。

【例 6.3】 电路如图 6.12 所示，试求输出电压 v_o 的表达式。

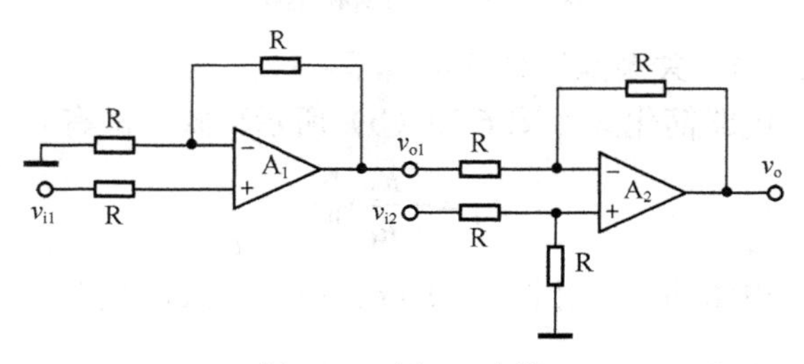

图 6.12 例 6.3 电路

【解】 这是一个两级运放电路，前级 A_1 是一个同相比例运算电路，其输出 v_{o1} 作为后级

学习记录

电路的输入；后级 A_2 是一个典型的求差电路。因此两级电路的分析都可以直接引用前面推导的结论式。

① 根据同相比例运算电路的结论求 v_{o1}：

$$v_{o1}=\left(1+\frac{R}{R}\right)v_{i1}=2v_{i1}$$

② 根据典型求差电路的结论求 v_o：

$$v_o=v_{i2}-v_{o1}=v_{i2}-2v_{i1}$$

【例 6.4】 电路如图 6.13（a）所示，试求输出电压 v_o 的表达式。

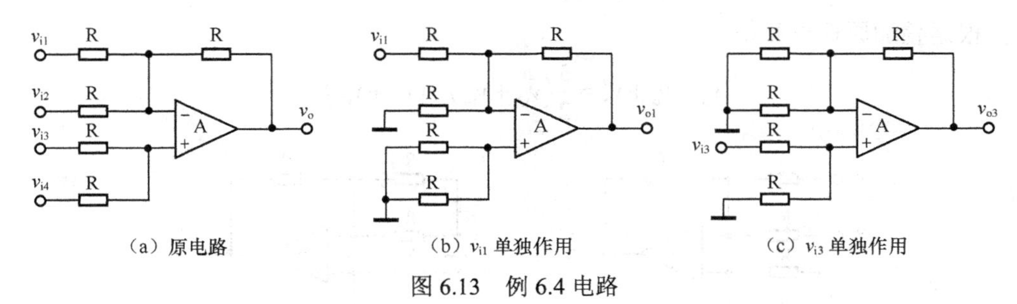

（a）原电路　（b）v_{i1} 单独作用　（c）v_{i3} 单独作用

图 6.13　例 6.4 电路

【解法 1】 利用叠加原理求解。

① 让 v_{i1} 单独作用，电路简化成如图 6.13（b）所示形式，是一个反相比例运算电路，故有

$$v_{o1}=-\frac{R}{R}v_{i1}=-v_{i1}$$

② 让 v_{i2} 单独作用，同理可得

$$v_{o2}=-\frac{R}{R}v_{i2}=-v_{i2}$$

③ 让 v_{i3} 单独作用，电路简化成如图 6.13（c）所示形式，是一个同相比例运算电路，故有

$$v_{o3}=\left(1+\frac{R}{R/2}\right)\frac{R}{R+R}v_{i3}=\frac{3}{2}v_{i3}$$

④ 让 v_{i4} 单独作用，同理可得

$$v_{o4}=\left(1+\frac{R}{R/2}\right)\frac{R}{R+R}v_{i4}=\frac{3}{2}v_{i4}$$

⑤ 根据叠加原理求和得

$$v_o=v_{o1}+v_{o2}+v_{o3}+v_{o4}=-v_{i1}-v_{i2}+\frac{3}{2}v_{i3}+\frac{3}{2}v_{i4}=\frac{3}{2}\left(v_{i3}+v_{i4}\right)-\left(v_{i1}+v_{i2}\right)$$

学习记录

【解法 2】 分别考虑反相输入求和、同相输入求和电路的输出，然后进行叠加。

① 让 v_{i1} 和 v_{i2} 同时作用，电路简化成如图 6.14（a）所示形式，是一个反相求和电路，由式（6.7）得

$$v_o' = -(v_{i1} + v_{i2})$$

② 让 v_{i3} 和 v_{i4} 同时作用，电路简化成如图 6.14（b）所示形式，是一个同相求和电路，由式（6.8）得

$$v_o'' = \left(1 + \frac{R}{R/2}\right)\frac{v_{i3} + v_{i4}}{2} = \frac{3}{2}(v_{i3} + v_{i4})$$

③ 根据叠加原理求和得

$$v_o = v_o' + v_o'' = \frac{3}{2}(v_{i3} + v_{i4}) - (v_{i1} + v_{i2})$$

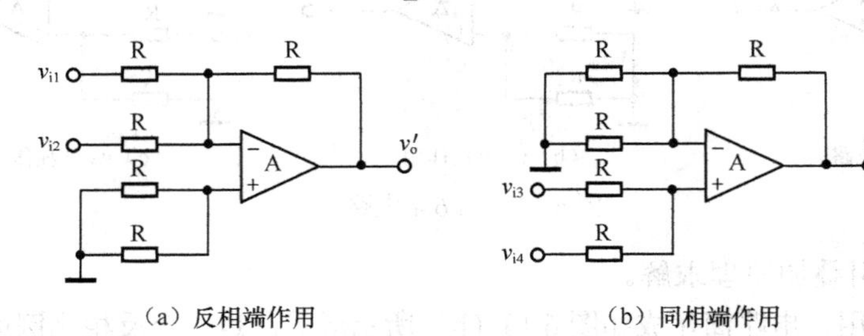

图 6.14 例 6.4 解法 2 电路

【解法 3】 利用节点电压法求解。

① 对 v_+ 和 v_- 分别列写节点电压方程：

$$\left(\frac{1}{R} + \frac{1}{R}\right)v_+ = \frac{v_{i3}}{R} + \frac{v_{i4}}{R} \Rightarrow v_+ = \frac{1}{2}(v_{i3} + v_{i4})$$

$$\left(\frac{1}{R} + \frac{1}{R} + \frac{1}{R}\right)v_- = \frac{v_{i1}}{R} + \frac{v_{i2}}{R} + \frac{v_o}{R} \Rightarrow v_- = \frac{1}{3}(v_{i1} + v_{i2} + v_o)$$

② 根据虚短的概念可得

$$v_+ = v_- \Rightarrow \frac{1}{2}(v_{i3} + v_{i4}) = \frac{1}{3}(v_{i1} + v_{i2} + v_o) \Rightarrow v_o = \frac{3}{2}(v_{i3} + v_{i4}) - (v_{i1} + v_{i2})$$

【例 6.5】 电路如图 6.15（a）所示，试求输出电压 v_o 的表达式。

【解】 这是一个三级运放电路，A_1 和 A_2 是输入级，A_3 构成典型的求差电路，v_{o1} 和 v_{o2} 作为其输入信号。故 v_o 与 v_{o1}、v_{o2} 的关系非常容易导出，本题求解的关键是找到 v_{i1}、v_{i2} 与 v_{o1}、v_{o2} 的关系式。

学习记录

① 将输入级中的部分电路等效绘制成如图 6.15（b）所示形式。根据运放的虚短和虚断关系，可知电路各点电位，且该电路为串联关系，故有

$$v_{i1}-v_{i2}=\frac{R}{R+R+R}\left(v_{o1}-v_{o2}\right)\Rightarrow v_{o1}-v_{o2}=3\left(v_{i1}-v_{i2}\right)$$

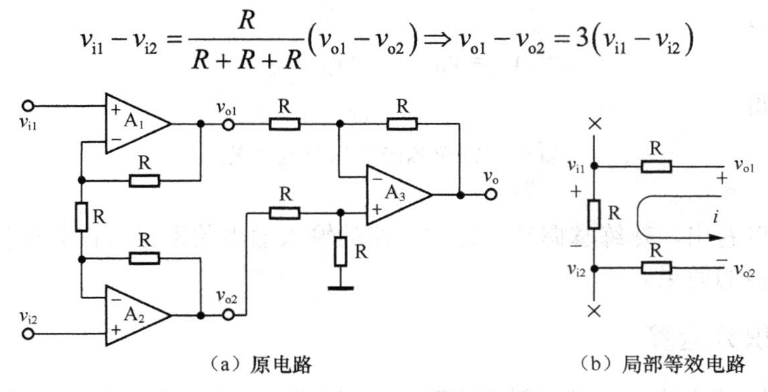

（a）原电路　　（b）局部等效电路

图 6.15　例 6.5 电路

② 根据 A_3 电路有

$$v_o=-\left(v_{o1}-v_{o2}\right)=-3\left(v_{i1}-v_{i2}\right)=3\left(v_{i2}-v_{i1}\right)$$

【小结】

这种结构的电路常用作仪用放大器，在测量系统中应用广泛。

【例 6.6】　电路如图 6.16（a）所示，试求输出电压 v_o 的表达式。

【解】　这是一个多级运放电路，A_1 和 A_2 是电压跟随器，作输入级；A_3 是一个求差电路，其结构如图 6.16（b）所示，v_{o4} 和 v_{o1}、v_{o2} 的关系与如图 6.11 所示电路中的 v_o 和 v_{i1}、v_{i2} 的关系相似[1]；A_4 是一个反相比例运算电路，v_o 是其输入信号，而 v_{o4} 是其输出信号。

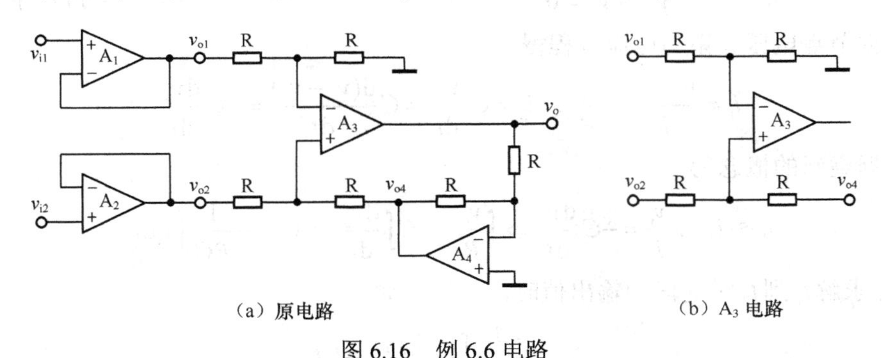

（a）原电路　　（b）A_3 电路

图 6.16　例 6.6 电路

[1] 虽然图 6.16（b）中 v_{o4} 没有与 A_3 的输出端相连接，而图 6.11 中 v_o 是连接在运放的输出端上，但电路的输入输出表达式是按电位关系推导出来的，与输出端的连接关系无关。

学习记录

① 由 A_1 和 A_2 可得

$$v_{o1} = v_{i1} \text{、} v_{o2} = v_{i2}$$

② 由 A_3 可得

$$v_{o4} = v_{o1} - v_{o2} = v_{i1} - v_{i2}$$

③ 由 A_4 可得

$$v_{o4} = -v_o \Rightarrow v_o = -v_{o4} = v_{i2} - v_{i1}$$

【小结】

通过此题可以看出，熟练掌握基本运放电路的输入输出关系式，在分析复杂运放电路时能够取得事半功倍的效果。

6.2.5 微积分运算

在控制系统中，常用积分电路和微分电路作为调节环节，如 PID 控制中，I 就是指积分控制、D 就是指微分控制。另外，微积分电路还广泛应用于波形的产生和变换，以及仪器仪表之中。

1．积分电路

积分电路如图 6.17 所示[1]，其结构特点是：①由集成运放和 RC 电路构成；②电容充当反馈元件（前面所述的运算电路主要以电阻作反馈）；③信号从反相端输入，输出信号与输入信号反相位，大小是积分关系。

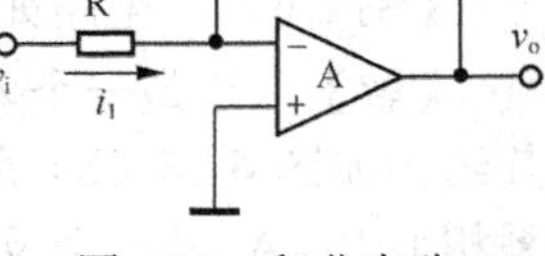

图 6.17 积分电路

（1）输入输出关系式

积分电路的输入输出关系推导如下。

① 根据虚短的概念有

$$v_- \approx v_+ = 0$$

② 根据节点电压关系写电流方程得

$$i_1 = \frac{v_i - v_-}{R} = \frac{v_i}{R} \text{、} i_2 = C\frac{\mathrm{d}v_c}{\mathrm{d}t} = C\frac{\mathrm{d}(v_- - v_o)}{\mathrm{d}t} = -C\frac{\mathrm{d}v_o}{\mathrm{d}t}$$

③ 根据虚断的概念得

$$i_1 \approx i_2 \Rightarrow \frac{v_i}{R} = -C\frac{\mathrm{d}v_o}{\mathrm{d}t} \Rightarrow \int\frac{v_i}{R} = -C\int\frac{\mathrm{d}v_o}{\mathrm{d}t} \Rightarrow v_o = -\frac{1}{RC}\int v_i \mathrm{d}t \tag{6.11}$$

在实际求解 t_1 到 t_2 时间段的输出值时，计算式如下：

$$v_o = -\frac{1}{RC}\int_{t_1}^{t_2} v_i \mathrm{d}t + v_o(t_1) \tag{6.12}$$

[1] 在实际应用积分电路时，为防止低频信号的增益过大，常在电容上并联一个电阻予以限制。

学习记录

式中：$v_o(t_1)$为积分初值，即t_1时刻的输出值。当v_i为常量时，上式可改写为

$$v_o = -\frac{1}{RC} v_i (t_2 - t_1) + v_o(t_1) \tag{6.13}$$

（2）输入输出波形

图 6.18 所示分别列出了输入为阶跃信号、方波和正弦波时输出波形。由图 6.18（a）可知，当电容初值为零时，输出是一个反相的斜升信号；由图 6.18（b）可知，积分电路可以实现方波到三角波的转换；由图 6.18（c）可知，积分电路可以实现正弦到余弦的移相功能。

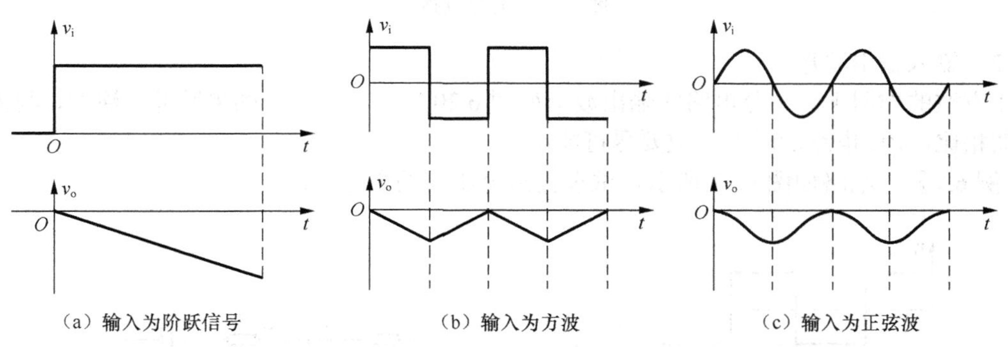

图 6.18 积分电路的常见输入输出波形

2. 微分电路

微分电路的原理电路如图 6.19（a）所示，其结构特点是：①由集成运放和 RC 电路构成；②电容接在输入端，电阻充当反馈元件；③信号从反相端输入，输出信号与输入信号反相位，大小是微分关系。

（1）输入输出关系式

微分电路的输入输出关系推导如下。

① 根据虚短的概念有

$$v_- \approx v_+ = 0$$

② 根据电位关系写电流方程得

$$i_1 = C\frac{\mathrm{d}v_c}{\mathrm{d}t} = C\frac{\mathrm{d}(v_i - v_-)}{\mathrm{d}t} = C\frac{\mathrm{d}v_i}{\mathrm{d}t} \text{、} i_2 = \frac{v_- - v_o}{R} = -\frac{v_o}{R}$$

③ 根据虚断的概念得

$$i_1 \approx i_2 \Rightarrow C\frac{\mathrm{d}v_i}{\mathrm{d}t} = -\frac{v_o}{R} \Rightarrow v_o = -RC\frac{\mathrm{d}v_i}{\mathrm{d}t} \tag{6.14}$$

在实际使用微分电路时，通常会在输入端串联一个小电阻R_1，以限制输入电流；同时在 R 上并联一个小电容C_1，起相位补偿作用，以增加电路的稳定性。具体电路如图 6.19（b）所示。

✍ 学习记录

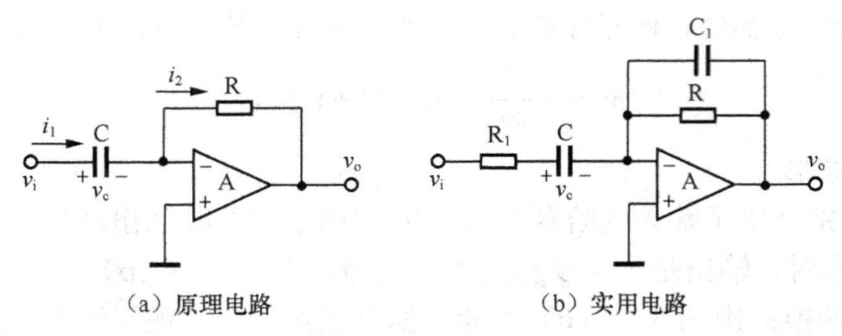

图 6.19 微分电路

（2）输入输出波形

在方波的作用下，微分电路的输出波形如图 6.20 所示，是典型的尖脉冲。注意，与方波的周期相比，RC 电路的时间常数要尽可能小。

【例 6.7】 电路如图 6.21 所示，试求输出电压 v_o 的表达式。

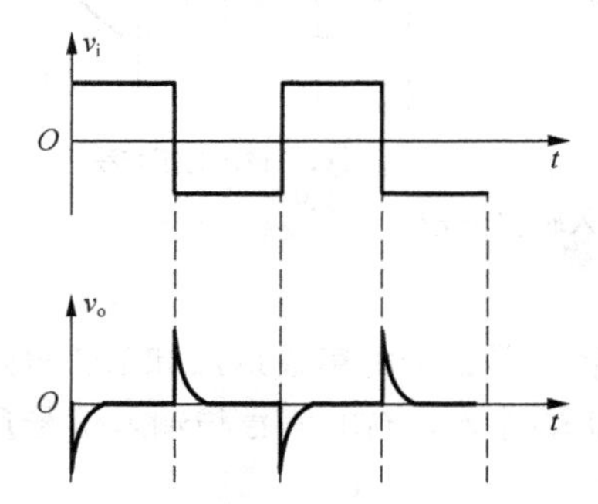

图 6.20 微分电路的输入输出波形

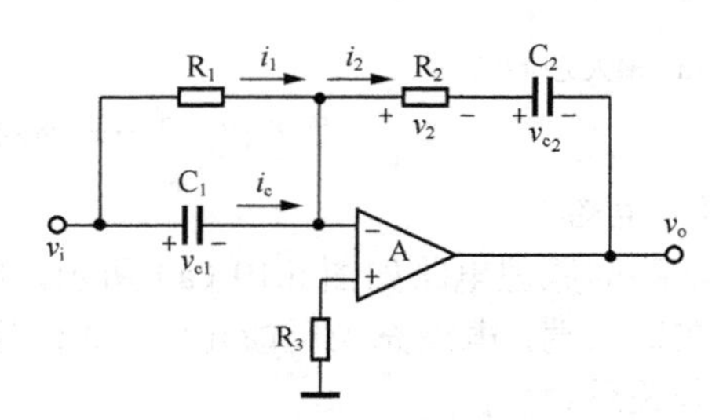

图 6.21 例 6.7 电路

【解】 该电路直接使用电流关系进行分析。

① 根据虚短的概念有

$$v_- \approx v_+ = 0$$

② 根据电位关系写输入端的电流方程得

$$i_1 = \frac{v_i - v_-}{R_1} = \frac{v_i}{R_1} \text{、} i_c = C_1\frac{dv_{c1}}{dt} = C_1\frac{d(v_i - v_-)}{dt} = C_1\frac{dv_i}{dt}$$

③ 根据虚断的概念得

$$i_2 \approx i_1 + i_c = \frac{v_i}{R_1} + C_1\frac{dv_i}{dt}$$

④ 根据反馈支路求输出电压：

✍ 学习记录

$$v_2 = i_2 R_2 = \frac{R_2}{R_1} v_i + R_2 C_1 \frac{dv_i}{dt}$$

$$i_2 = C_2 \frac{dv_{c_2}}{dt} \Rightarrow v_{c_2} = \frac{1}{C_2}\int i_2 dt = \frac{1}{C_2}\int\left(\frac{v_i}{R_1} + C_1\frac{dv_i}{dt}\right)dt = \frac{C_1}{C_2}v_i + \frac{1}{R_1 C_2}\int v_i dt$$

$$v_o = -\left(v_2 + v_{c_2}\right) = -\left(\frac{R_2}{R_1} + \frac{C_1}{C_2}\right)v_i - R_2 C_1 \frac{dv_i}{dt} - \frac{1}{R_1 C_2}\int v_i dt$$

6.3 有源滤波器

除了构成运算电路外，集成运放的另一个主要应用是与无源器件电阻和电容构成有源滤波器。有源滤波器在实现滤波功能的同时，还能提供信号放大、隔离或缓冲功能，应用十分广泛。

6.3.1 滤波器的基本概念

1．分析方法

实际的滤波电路，由于电容器件的存在，在时域中列写的输入输出关系式通常是一个微分方程，求解过程较为复杂，所以滤波电路的分析往往要借助拉普拉斯变换（简称拉氏变换）进行变域分析[1]。通过拉氏变换可以将时域中的微分方程转换为复频域中的代数方程，从而简化求解过程。

2．频率响应

在时域中，如果假设系统的输入为 $f(t)$[2]，输出为 $y(t)$，系统的冲激响应为 $h(t)$，三者的关系为

$$y(t) = f(t) * h(t) = \int_{-\infty}^{+\infty} f(\tau)\, h(t-\tau)\, d\tau \qquad (6.15)$$

这是一种积分关系，在信号与系统中将之称为卷积积分。如果使用拉氏变换将上述时域信号转换到复频域，则表示符号变为 $F(s)$、$Y(s)$ 和 $H(s)$，其关系式相应变为：

$$Y(s) = F(s) \cdot H(s) \qquad (6.16)$$

这是一种代数运算关系，其中的 s 变量为复数，对于实际频率 $s = j\omega$。由式（6.16）进一步可以定义出系统的频率响应 $H(j\omega)$：

$$H(s) = \frac{Y(s)}{F(s)} \Rightarrow H(j\omega) = \frac{Y(j\omega)}{F(j\omega)} = \frac{|Y(j\omega)|e^{j\varphi_y(\omega)}}{|F(j\omega)|e^{j\varphi_f(\omega)}} = |H(j\omega)|e^{j\varphi(\omega)} \qquad (6.17)$$

---

[1] 具体的变域分析方法需要在《信号与系统》这门课程中学习。

[2] 在《信号与系统》中常用符号 f 表示输入，y 表示输出。对应于模电，将符号 f 换成 v_i、y 换成 v_o 便可。

✍ 学习记录

其中，① $H(s)$ 称为系统函数或者传递函数；② $|H(\mathrm{j}\omega)|$ 称为幅频响应，描述输出信号与输入信号大小之比随频率 ω 的变换规律；③ $\varphi(\omega)$ 称为相频响应，描述输出信号与输入信号相位差随频率 ω 的变换规律。幅频响应和相频响应的表达式如下：

$$|H(\mathrm{j}\omega)|=\frac{|Y(\mathrm{j}\omega)|}{|F(\mathrm{j}\omega)|} \tag{6.18}$$

$$\varphi(\omega)=\varphi_y(\omega)-\varphi_f(\omega) \tag{6.19}$$

3. 常见类型

根据电路的幅频响应，可以将滤波器分成低通（LPF）、高通（HPF）、带通（BPF）、带阻（BEF）等类型[1]，具体如图 6.22 所示。图中：①粗实线为实际特性，细实线为理想特性；②能够通过的信号频率范围称为通带；③受阻或衰减的信号频率范围称为阻带；④通带和阻带的界限频率称为截止频率。

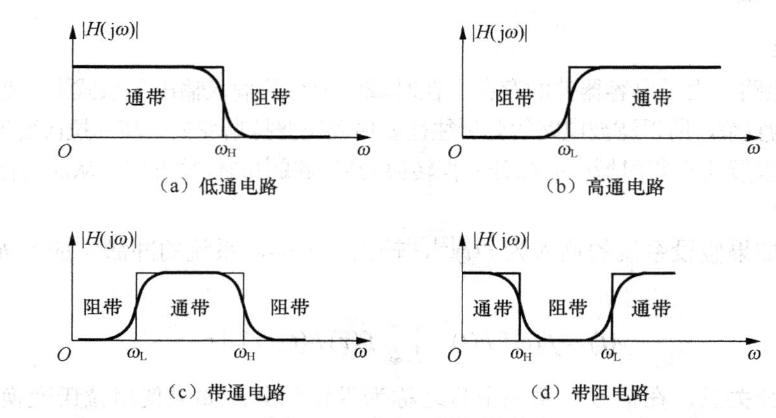

图 6.22 滤波器的幅频响应

注意，理想滤波器是不可能实现的，实际设计滤波器时只能力求向理想特性逼近。

6.3.2 低通有源滤波器

1. 一阶低通滤波器[2]

一阶有源低通滤波器如图 6.23（a）所示，由一级 RC 低通电路后接一级同相比例运算电路组成。该电路的通带电压增益为

[1] LPF、HPF、BPF 和 BEF 分别是 Low Pass Filter、High Pass Filter、Band Pass Filter 和 Band Elimination Filter 的缩写。
[2] 一阶强调的是电路的输入输出关系式为一阶微分方程，相应的如果是二阶微分方程则称为二阶电路。

学习记录

$$A_v = 1 + \frac{R_2}{R_1} \quad (6.20)$$

该电路的幅频响应如图 6.23（b）所示，其阻带具有−20dB/十倍频的斜率，其截止频率为

$$f_H = \frac{1}{2\pi RC} \quad (6.21)$$

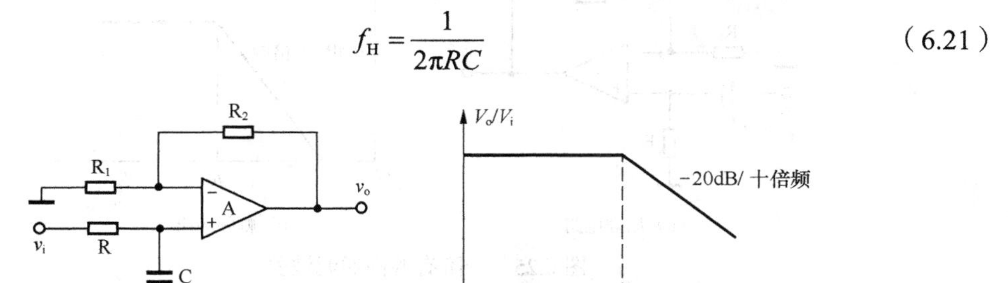

（a）原理电路　　（b）幅频响应

图 6.23　一阶有源低通滤波器

2. 二阶低通滤波器

由两级 RC 低通电路后接一级同相比例运算电路可以构成如图 6.24（a）所示的二阶有源低通滤波器。该电路的幅频响应如图 6.24（b）所示。

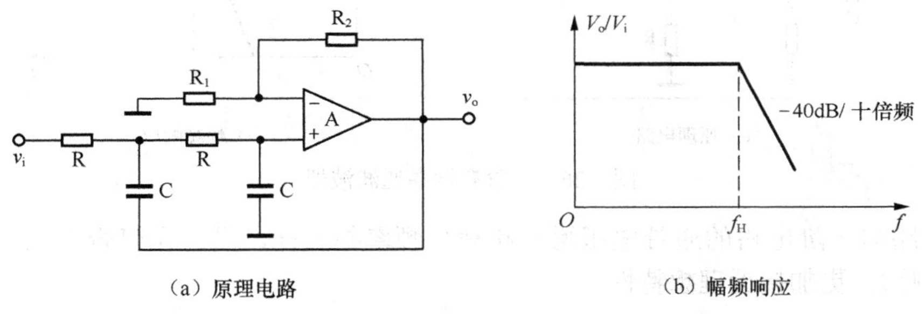

（a）原理电路　　（b）幅频响应

图 6.24　二阶有源低通滤波器

二阶电路与一阶电路的通带电压增益和截止频率都一样，只是在阻带的衰减速度更快（−40dB/十倍频），更加接近理想特性。

6.3.3　高通有源滤波器

1. 一阶高通滤波器

一阶有源高通滤波器如图 6.25（a）所示，由一级 RC 高通电路后接一级同相比例运算电路组成。该电路的幅频响应如图 6.25（b）所示，其阻带具有 20dB/十倍频的斜率，其截止频率为

学习记录

$$f_L = \frac{1}{2\pi RC} \tag{6.22}$$

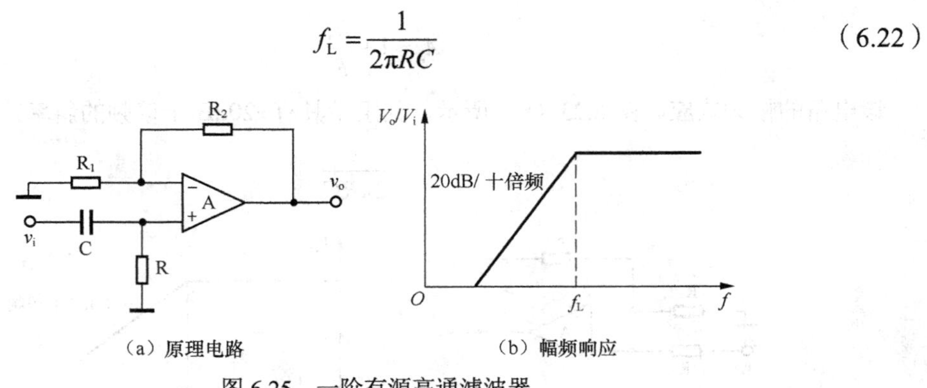

（a）原理电路　　　　（b）幅频响应

图 6.25　一阶有源高通滤波器

2. 二阶高通滤波器

由两级 RC 高通电路后接一级同相比例运算电路可以构成如图 6.26（a）所示的二阶有源高通滤波器。该电路的幅频响应如图 6.26（b）所示。

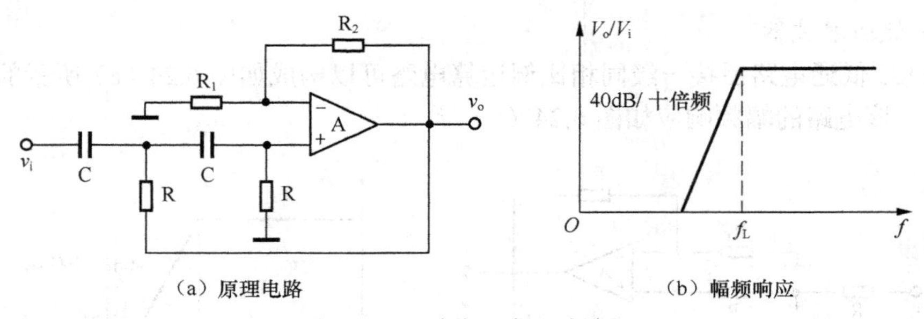

（a）原理电路　　　　（b）幅频响应

图 6.26　二阶有源高通滤波器

二阶电路与一阶电路的通带电压增益和截止频率都一样，只是在阻带的上升速度更快（40dB/十倍频），更加接近理想特性。

6.3.4　带通有源滤波器

图 6.27（a）所示为一种由两级滤波电路构成的带通滤波器，前级是一个高通滤波器，后级是一个低通滤波器。该电路的幅频响应如图 6.27（b）所示。电路的截止频率为

$$f_L = \frac{1}{2\pi R_1 C_1} \tag{6.23a}$$

$$f_H = \frac{1}{2\pi R_2 C_2} \tag{6.23b}$$

学习记录

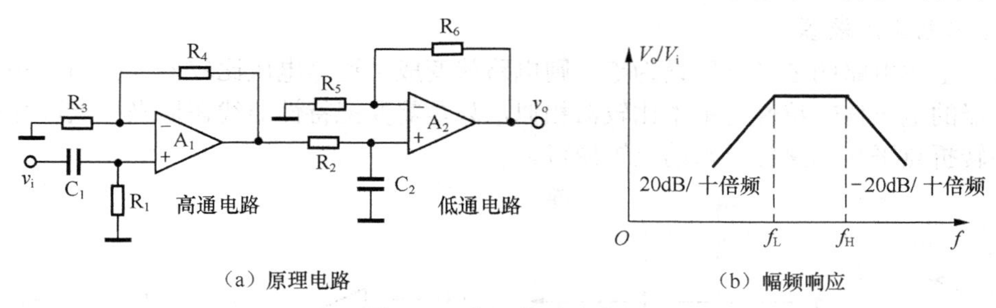

（a）原理电路　　（b）幅频响应

图 6.27　有源带通滤波器

注意，高通滤波器的截止频率 f_L 应低于低通滤波器的截止频率 f_H，这样才能确保频率 f 介于 f_L 和 f_H 之间的信号通过。

6.4　电压比较器

电压比较器能够比较输入信号 v_i 和参考电压 V_{REF} 的大小关系，其电路符号为 C。如果在数字电路中，利用电压比较器可以将线性变化的电压信号转换为数字形式的输出信号。

集成运放可以作比较器使用，也可以选择专门的集成电路比较器。但后者更为适合，因为它在以下方面更有优势：①在两个输出状态的转换更快；②具有内部噪声抑制功能，能够防止由参考信号输入产生的自激；③输出可以直接驱动各种负载。

考虑到大家对集成运放更为熟悉，本节首先基于集成运放来讲解电压比较器的相关电路，然后再对集成电路比较器作简单介绍。

6.4.1　集成运放作比较器的应用

1. 基本的电压比较器

图 6.28（a）所示为一个同相电压比较器，参考电压 V_{REF} 加在集成运放的反相端，外加信号 v_i 从同相端输入。如果在理想情况下，电路的电压传输特性如图 6.28（b）所示。显然，当输入信号 $v_i > V_{REF}$ 时电路输出正饱和电压 V_{OH}，而当 $v_i < V_{REF}$ 时电路输出负饱和电压 V_{OL}。

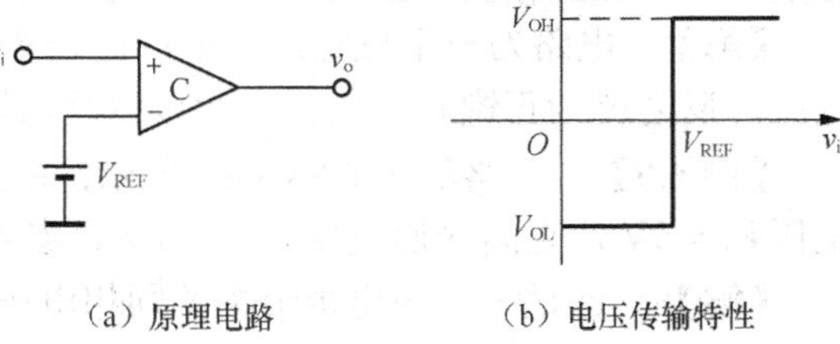

（a）原理电路　　（b）电压传输特性

图 6.28　同相电压比较器

如果将图 6.28（a）中的输入信号和参考电压的连接关系进行交换，如图 6.29（a）所示，则构成了反相电压比较器，其电压传输特性正好与同相比较器相反，如图 6.29（b）所示。

学习记录

2. 过零电压比较器

如果将上述电路的参考电压设为零，则电路就变成了过零电压比较器，如图 6.30 所示。过零比较器的电压传输特性与基本比较器相似，只是需要把特性曲线在横坐标上进行平移，即将中心转折点平移到坐标原点的位置便可。

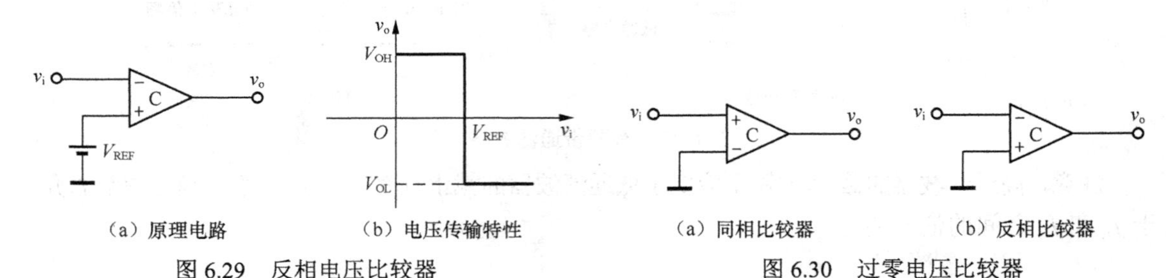

（a）原理电路 （b）电压传输特性

图 6.29 反相电压比较器

（a）同相比较器 （b）反相比较器

图 6.30 过零电压比较器

3. 带限幅的电压比较器

如果希望输出值不是集成运放的正负饱和电压，可以在电压比较器的输出端添加限幅电路，构成带输出限幅的电压比较器，如图 6.31（a）所示。图 6.31（b）所示为该比较器的电压传输特性，其中 $\pm V_Z$ 为双向稳压管的输出电压值。

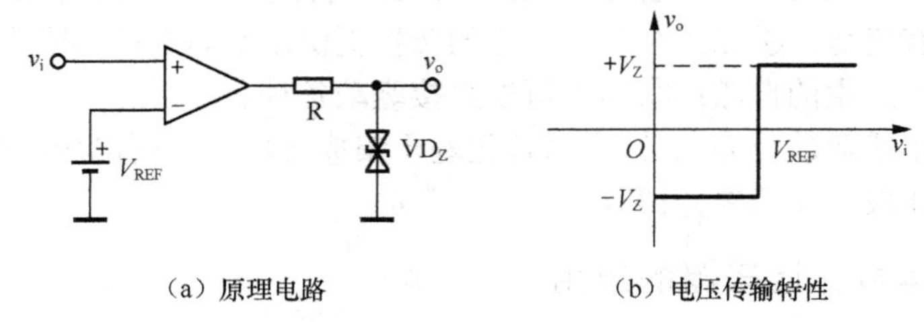

（a）原理电路 （b）电压传输特性

图 6.31 带限幅的电压比较器

【例 6.8】 电路如图 6.30（b）所示，图 6.32（a）、（b）所示为电路的输入电压波形，试分别画出对应的输出电压波形。假设电路的输出为 $\pm 12V$。

【解】 电路为一个反相过零电压比较器，故只要输入电压大于零，输出电压就为负饱和电压，反之就为正饱和电压。由此可以画出输出电压的波形，如图 6.32（c）、（d）所示。

【例 6.9】 电路如图 6.33（a）所示，试画出该电路的电压传输特性。假设稳压管的稳定电压 $V_Z = 6V$，正向导通电压 $V_D = 0.7V$，参考电压 $V_{REF} = -3V$。

【解】 这是一个输出带限幅的同相电压比较器，分析如下。

① 当 $v_i > V_{REF} = -3V$ 时，集成运放输出为正饱和电压，经稳压管稳压后，输出 $v_o = V_Z = +6V$。

② 当 $v_i < -3V$ 时，集成运放输出为负饱和电压，使稳压管稳正向导通，输出 $v_o = -V_D = -0.7V$。

学习记录

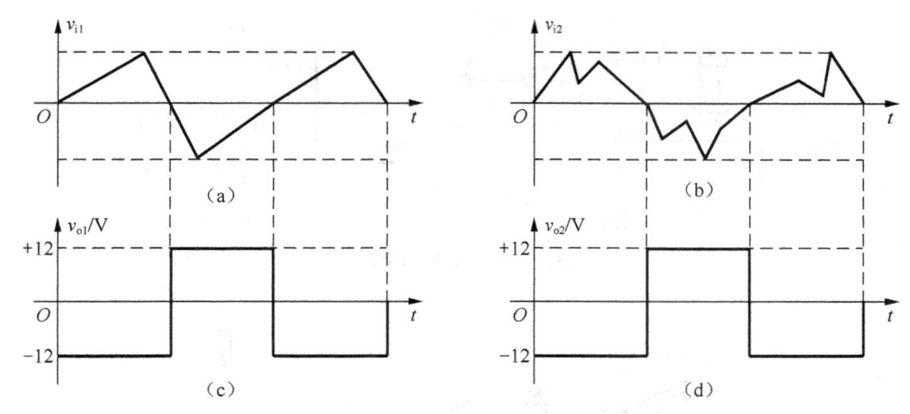

图 6.32　例 6.8 输入输出波形

③ 故画出的电压传输特性如图 6.33（b）所示。

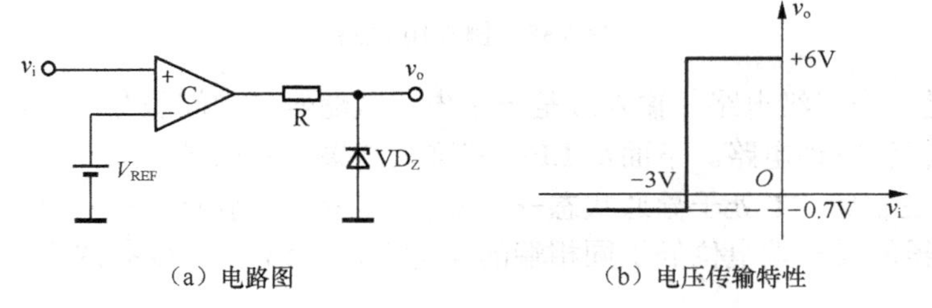

图 6.33　例 6.9 图

【例 6.10】　电路如图 6.34（a）所示，试画出该电路的电压传输特性。

【解】　这个电路的输入电压 v_i 和参考电压 V_{REF} 同时加到了集成运放的同相端，共同决定同相端电位 v_+ 的大小，从而与反相端电位 $v_-=0$ 进行比较，最终决定输出。

① 根据虚断的概念，同相端的两个电阻构成串联关系，如果选择图示路径可以写出 v_+ 的表达式：

$$v_+ = v_{R_2} + V_{REF} = \frac{R_2}{R_1+R_2}(v_i - V_{REF}) + V_{REF} = \frac{1}{R_1+R_2}(R_2 v_i + R_1 V_{REF})$$

② 求转折点电压，即满足下述条件输出为正饱和电压，否则输出为负饱和电压。

$$v_+ > v_- = 0 \Rightarrow \frac{1}{R_1+R_2}(R_2 v_i + R_1 V_{REF}) > 0 \Rightarrow v_i > -\frac{R_1}{R_2}V_{REF}$$

③ 根据上述分析画出电压传输特性，如图 6.34（b）所示。

【例 6.11】　电路如图 6.35 所示，试分析输入电压 v_i 满足什么条件时 LED 亮。

学习记录

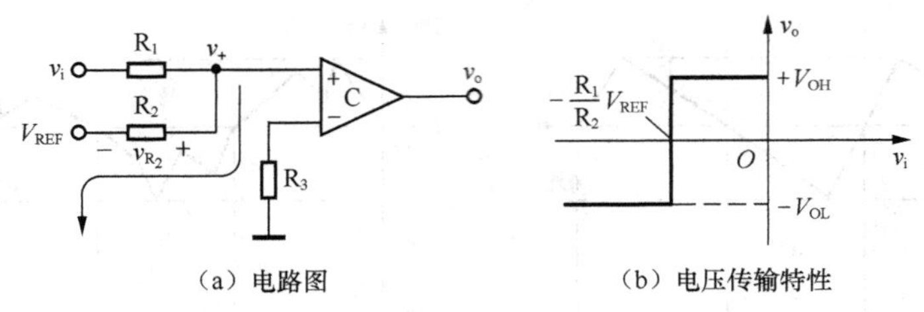

（a）电路图　　（b）电压传输特性

图 6.34　例 6.10 图

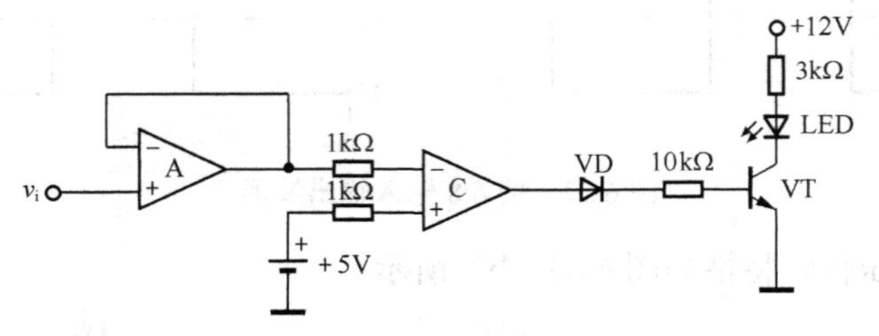

图 6.35　例 6.10 电路

【解】 这是一个三级电路，输入级是一个电压跟随器，中间级是一个反相电压比较器，输出级是一个三极管驱动电路。下面从 LED 亮这个结果开始推导。

LED 要亮→三极管 VT 处于导通状态→三极管的基极为高电位→电压比较器的输出为高电位→电压比较器的反相端电位低于同相端的参考电位＋5V→LED 亮的条件 $v_i < +5V$ 。

6.4.2　集成电路比较器

集成电路比较器的电路符号如图 6.36 所示。为了直接驱动负载，集成电路比较器的输出级接了一个三极管，在使用时其射极需要接地，而集电极需要外接电阻到正电源。图 6.37 所示为集成电路比较器构成的反相过零比较器。

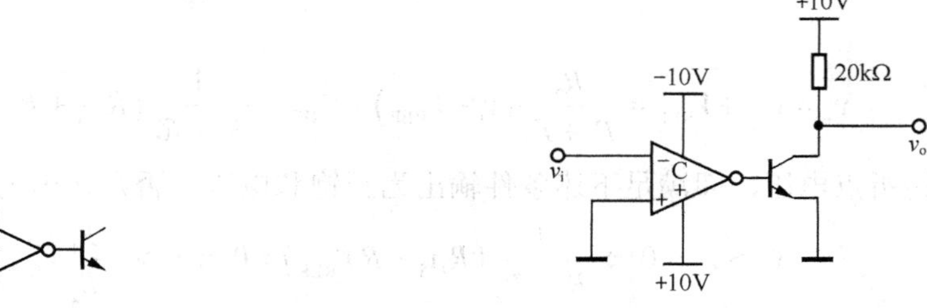

图 6.36　集成电路比较器的符号　　图 6.37　集成比较器构成的反相过零电压比较器

常用的集成电路比较器有 311、339 等。311 为单比较器，339 为 4 重比较器。

✍ 学习记录

6.5 本章小结

本章主要基于理想集成运放讲解了常见的信号运算电路和处理电路，学习的要点如下：①对于理想集成运放要重点理解其基本特性（开环电压增益无穷、输入电阻无穷和输出电阻为零），以及在电路中的虚短（同相端和反相端的电压近似相等）和虚断（两个输入端上的电流近似为零）概念；②对应运算电路，首先要重点掌握反相比例电路、同相比例电路的结构和输入输出关系，然后在此基础上进一步学习求和电路、求差电路、积分电路和微分电路，至于电路的分析方法可以使用叠加原理或节点电压法；③关于滤波器，主要在于学习其基本概念，如有源滤波器的优点、滤波器的频率响应和分类等，并了解简单的有源低通、高通、带通电路，至于滤波器的详细分析方法可以放在《信号与系统》这门课中去学习（主要是需要先掌握系统的变域分析方法和相关的数学变换知识）；④对于电压比较器，需要掌握基本比较电路的结构和工作原理，会画电压传输特性，会分析输入输出关系。

6.6 思考题

1．试简述理想集成运放的特点。
2．对于理想集成运放，因为其开环电压增益无穷大，是否能够产生无穷大的输出？
3．理想集成运放工作在线性区和饱和区时各有何特点？分析方法有何不同？
4．如何理解集成运放的虚短和虚断概念？这两个概念在分析集成运放电路时有何意义？
5．试比较反相比例运算电路和三极管共射极放大电路的性能。
6．试比较同相比例运算电路和三极管共基极放大电路的性能。
7．试比较集成运放构成的电压跟随器和三极管共集电极放大电路的性能。
8．试总结学习过的反相放大电路。
9．试总结学习过的同相放大电路。
10．试总结集成运放构成的电压跟随器的用途。
11．试总结含集成运放的电路的分析方法。
12．有源滤波器的基本组成是什么？其有何优点？
13．低通、高通、带通滤波器是根据什么来分类的？
14．滤波器的截止频率是如何定义的？
15．滤波器的通频带是如何定义的？是否通频带越宽越好？
16．一阶和二阶低通滤波器有何共同点？有何区别？

✍ 学习记录

17．如何使用一阶低通电路和一阶高通电路来构成带通滤波器？对它们的截止频率有何要求？

18．如何使用一阶低通电路和一阶高通电路来构成带阻滤波器？对它们的截止频率有何要求？

19．集成运放构成的比较器与集成电路比较器有何区别？

20．电压比较器的外加输入电压和参考电压是否必须各自占据比较器的一个输入端？

21．如何限制电压比较器的输出电压？

22．电压比较器有哪些主要应用？

23．如何将方波变换成三角波？如何将三角波变换成方波？

24．正弦波能否变换为方波？方波能否变换为正弦波？

学习记录

第7章 负反馈放大电路

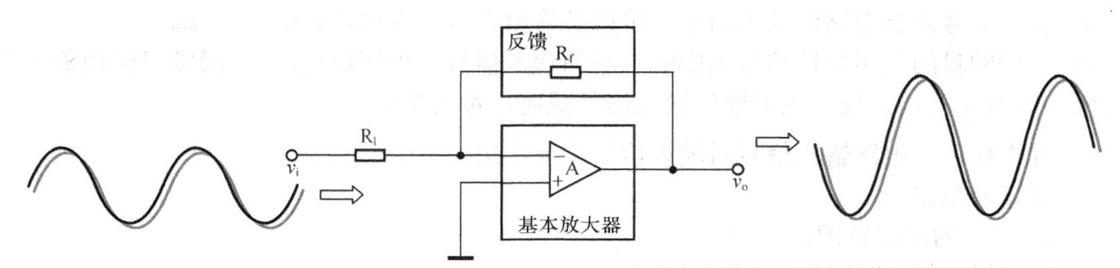

引言：在放大电路中通过引入反馈可以改善放大电路的工作性能。例如，本教材 3.4 节中介绍的基极分压式射极偏置电路就通过在三极管的发射极引入负反馈来稳定电路的静态工作点；又如，本教材 6.2 节中介绍的反相比例和同相比例运算电路就是通过在输出端和输入端之间引入反馈电阻来稳定电路的工作状态。反馈分为负反馈和正反馈，在电路中各有各的作用，本章主要介绍负反馈放大电路。

本章内容：

- 反馈的概念（基础）
- 反馈的类型（基础）
- 反馈类型的分析方法（重点）
- 负反馈对放大电路工作性能的影响（理解）
- 深度负反馈条件下的增益计算（了解）
- 负反馈放大电路的设计（了解）

建议：反馈的相关概念较多，而这些概念是理解反馈电路工作原理和分析方法的基础，所以本章学习的一个关键点就是要去理解和掌握反馈的基本概念、基本类型，然后在此基础上去学习反馈类型的分析方法和反馈电路的分析方法。当然，对于初学者来说反馈类型和反

学习记录

馈电路的分析有一定的难度，非常容易发生混乱，特别是在概念不清晰的情况下，所以在学习时要注意方式和方法——先概念后方法，对于难点问题要多进行总结、多练习。

7.1 反馈的概念和分类

7.1.1 反馈的基本概念

1. 反馈的概念

在放大电路中所谓反馈，就是指将电路输出电量（电压或电流）的一部分或者全部通过反馈网络馈送到电路的输入端的过程。理解该过程需要注意以下几点。

① 反馈是从电路输出端到输入端的过程。

② 反馈信号来自电路的输出信号，可以是输出电压，也可以是输出电流。

③ 反馈的目的是用反馈信号来影响电路的输入信号（电压或电流），反馈可能使输入信号增强，称为正反馈，反馈也可能使输入信号减弱，称为负反馈。

④ 反馈体现了电路输出信号对输入信号的反作用。

2. 反馈的框图

图 7.1 所示为反馈框图。

其中，各信号和运算符号的含义如下。

① x_i 表示外加的输入信号，符号 x 强调信号可以是电压，也可以是电流（下同）。

② x_o 表示基本放大器的输出信号，也是反馈网络的输入信号。

③ x_f 表示反馈信号，是反馈网络的输出信号。

④ x_{id} 表示基本放大器实际所获得的输入信号，由外加输入信号 x_i 和反馈信号 x_f 共同决定。

$$\text{负反馈：}\quad x_{id} = x_i - x_f \tag{7.1}$$

$$\text{正反馈：}\quad x_{id} = x_i + x_f \tag{7.2}$$

⑤ 符号 ⊕ 表示求和运算，表征 x_{id} 和 x_i 、 x_f 的关系。

3. 开环工作

如果放大电路中没有引入反馈网络，如图 7.2 所示，就称为开环工作。显然，开环工作时基本放大器实际获得的输入信号就等于外加输入信号，即 $x_{id} = x_i$ 。此时电路的增益称为开环增益，其实就是基本放大器的增益。

4. 闭环工作

如果放大电路中引入反馈网络后，就会形成一个反馈环路，如图 7.1 所示，故电路称为

✍ 学习记录

闭环工作。此时电路的增益称为闭环增益，该增益与基本放大器和反馈网络相关，具体的表达形式本章后续内容会专门进行介绍。

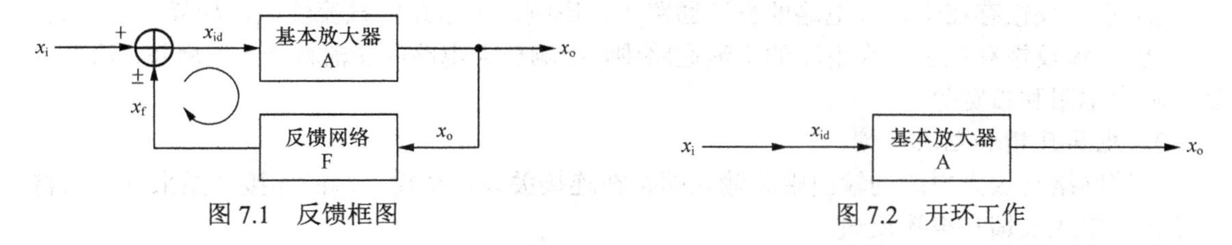

图 7.1 反馈框图

图 7.2 开环工作

7.1.2 反馈的基本类型

通常的反馈类型有正反馈和负反馈、交流和直流反馈、电压和电流反馈、串联和并联反馈、本级和级间反馈，下面逐一进行介绍。

1. 正反馈和负反馈

从反馈的效果来看可以将反馈分为正反馈和负反馈。正反馈使电路的实际输入信号增强；而负反馈正好相反，反馈使电路的实际输入信号减小。

2. 交流反馈和直流反馈

从反馈信号 x_f 的交直流特性可以将反馈分为交流反馈、直流反馈和交直流反馈。反馈网络通常是由电阻和电容元件构成，下面通过如图 7.3 所示的 3 个反馈电路来进行反馈类型说明。

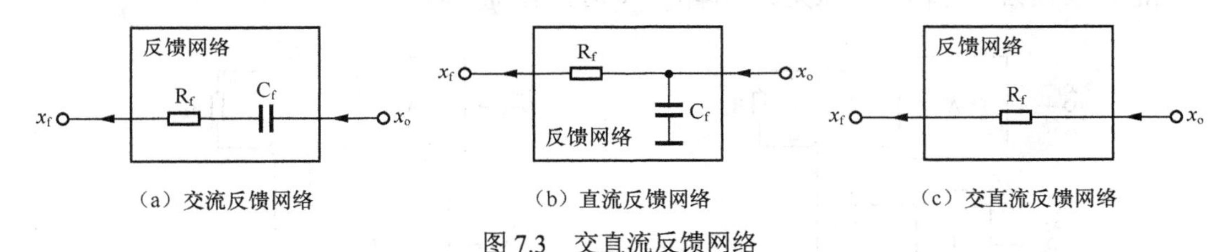

（a）交流反馈网络

（b）直流反馈网络

（c）交直流反馈网络

图 7.3 交直流反馈网络

（1）交流反馈

图 7.3（a）所示为交流反馈网络。很明显直流量不能通过电容 C_f，所以反馈网络的输出量 x_f 中只含有交流电量，故将反馈称为交流反馈。

（2）直流反馈

图 7.3（b）所示为直流反馈网络。很明显交流量会通过电容 C_f 到地，而不会出现在反馈网络的输出端，所以反馈量 x_f 中只含有直流电量，故将反馈称为直流反馈。

（3）交直流反馈

图 7.3（c）所示为交直流反馈网络。很明显交流量和直流量都能够通过反馈网络，所以

学习记录

反馈量 x_f 中既有交流量又有直流量，故将反馈称为交直流反馈。

交流反馈和直流反馈的特点如下。

① 直流反馈存在于放大电路的直流通路中，影响放大电路的直流性能，如静态工作点。

② 交流反馈存在于放大电路的交流通路中，影响放大电路的交流性能，如增益、输入电阻、输出电阻和带宽等。

3. 电压反馈和电流反馈

反馈网络与放大电路的输出端和输入端存在连接关系，从输出端的连接关系来看可以将反馈分为电压反馈和电流反馈。

（1）电压反馈

电压反馈的连接关系如图 7.4 所示，反馈网络并联在放大电路的输出端口上，将输出电压作为反馈网络的输入信号，这样必然有反馈信号取自输出电压的关系，即

$$x_f = f(v_o) \tag{7.3}$$

显然，当 $v_o = 0$（即将输出端口短接）时，必然有 $x_f = 0$。

（2）电流反馈

电流反馈的连接关系如图 7.5 所示，反馈网络串联在放大电路的输出端口上，将输出电流作为反馈网络的输入信号，这样必然有反馈信号取自输出电流的关系，即

$$x_f = f(i_o) \tag{7.4}$$

显然，反馈信号与输出电压无关，即 $v_o = 0$ 时，有 $x_f \neq 0$。

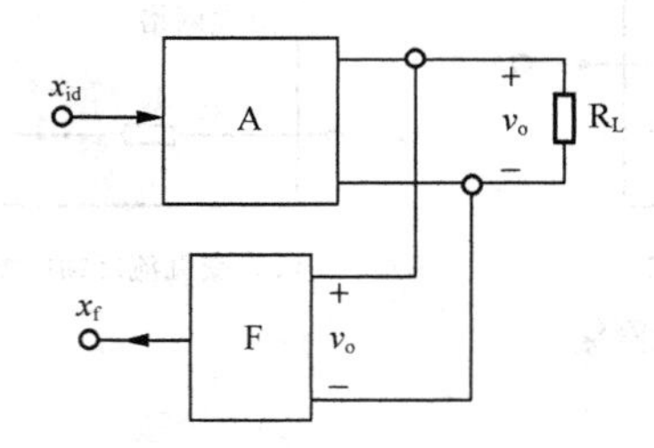

图 7.4 电压反馈的连接关系

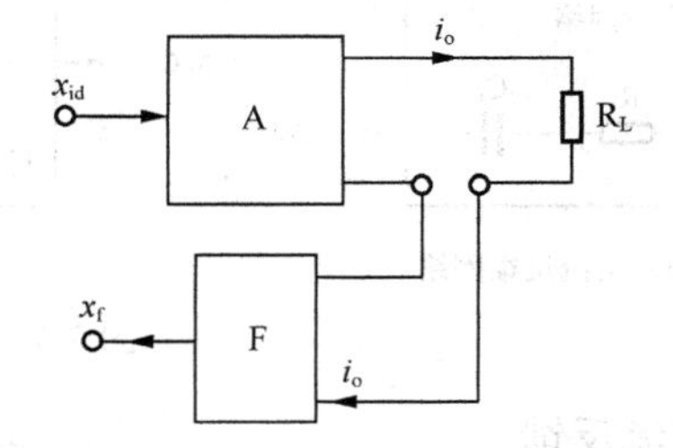

图 7.5 电流反馈的连接关系

4. 串联反馈和并联反馈

从反馈网络与放大电路输入端口的连接关系来看可以将反馈分为串联反馈和并联反馈。

（1）串联反馈

串联反馈的连接关系如图 7.6 所示。串联反馈的目的是要影响放大电路的输入电压，故反馈信号要以电压的形式出现，且需要串联在输入回路中。图 7.6 所示的输入端电压关系为 $v_{id} = v_i - v_f$，这是一个负反馈关系。

学习记录

（2）并联反馈

并联反馈的连接关系如图 7.7 所示。并联反馈的目的是要影响放大电路的输入电流，故反馈信号要以电流的形式出现，且需要并联在输入回路中。图 7.7 所示的输入端电流关系为 $i_{id} = i_i - i_f$，这是一个负反馈关系。

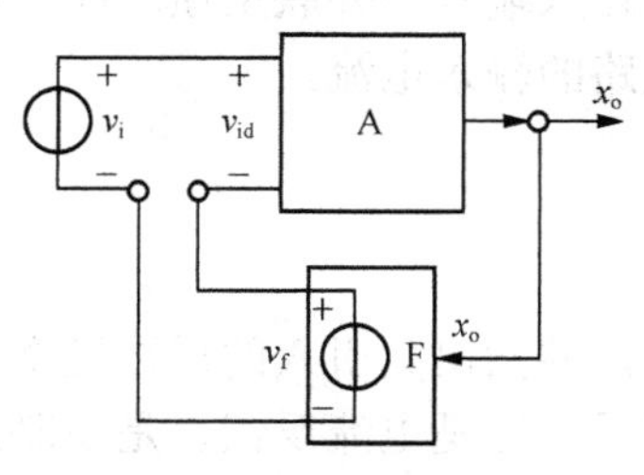

图 7.6 串联反馈的连接关系

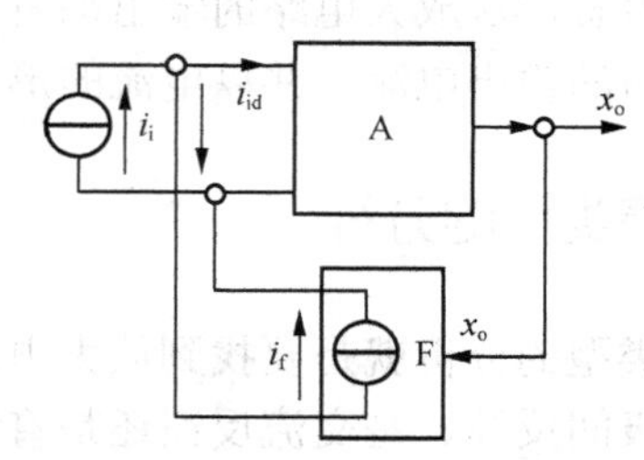

图 7.7 并联反馈的连接关系

5. 本级反馈和级间反馈

从反馈影响的范围可以将反馈分为本级反馈和级间反馈。本级反馈仅影响单级放大电路，而级间反馈将影响多级放大电路，具体请参看图 7.8。

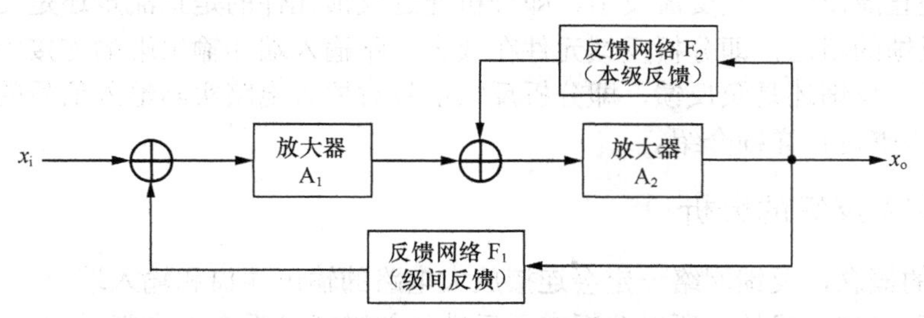

图 7.8 本级反馈和级间反馈的示意图

7.1.3 反馈的连接组态

如果将反馈网络与放大电路输入端和输出端的连接关系连起来看，就存在 4 种基本的连接组态，它们分别如下所述。

（1）电压串联

这种组态，从放大电路的输出端看是电压反馈，从输入端看是串联反馈。即反馈信号取自放大电路的输出电压，并以电压的形式去影响放大电路的输入电压。

（2）电压并联

这种组态，从放大电路的输出端看是电压反馈，从输入端看是并联反馈。即反馈信号取自放大电路的输出电压，经反馈网络转换为电流后去影响放大电路的输入电流。

学习记录

（3）电流串联

这种组态，从放大电路的输出端看是电流反馈，从输入端看是串联反馈。即反馈信号取自放大电路的输出电流，经反馈网络转换为电压后去影响放大电路的输入电压。

（4）电流并联

这种组态，从放大电路的输出端看是电流反馈，从输入端看是并联反馈。即反馈信号取自放大电路的输出电流，并以电流的形式去影响放大电路的输入电流。

7.2 反馈类型的分析

反馈类型的分析就是要找到放大电路中的反馈元件，并指出其引入的反馈类型：是本级反馈还是级间反馈、是交流反馈还是直流反馈、是电压反馈还是电流反馈、是串联反馈还是并联反馈、是正反馈还是负反馈。反馈类型的一般分析步骤如下。

① 判断有无反馈，即分析放大电路中是否存在反馈元件。

② 判断是本级反馈还是级间反馈，即分析反馈元件是连接在本级电路上还是多级电路之上。

③ 判断是直流反馈还是交流反馈，即分析通过反馈元件的是直流量还是交流量。

④ 判断反馈的组态，即分析反馈元件在放大电路输入端和输出端的连接关系。

⑤ 判断是正反馈还是负反馈，即分析反馈信号对放大电路实际输入信号的影响。

下面就各步骤进行详细介绍。

7.2.1 有无反馈的分析

根据反馈的概念，反馈网络一定会连接放大电路的输出端口和输入端口，而且反馈网络通常是由电阻和电容构成的，所以分析有无反馈的关键就是看有无电阻或电容元件连接在放大电路的输入端口和输出端口之间，有则存在反馈，否则无反馈。

这里，把连接在放大电路输入端口和输出端口之间的电阻、电容称为反馈元件，即分析有无反馈就是看有无反馈元件。

注意：反馈元件包含在反馈网络之中，即找到反馈元件并不意味着就找到了全部的反馈网络。通常分析反馈类型只需要找到反馈元件便可，而要分析反馈信号就必须找到反馈网络。看如图 7.9 所示的同相放大器，其中电阻 R_2 就是反馈元件（R_2 连接了集成运放的输出端和反相输入端），而反馈网络则是由电阻 R_1 和 R_2 共同构成的，R_1 上的电压 v_f 即反馈电压（v_f 取自于电路的输出电压 v_o）。

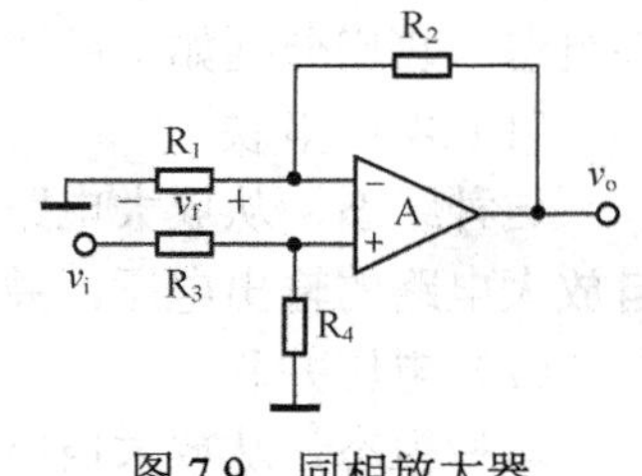

图 7.9 同相放大器

✍ 学习记录

7.2.2 本级和级间反馈的分析

本级和级间反馈的判断关键在于看反馈元件是连接的本级电路还是多级电路，连接本级属于本级反馈，连接多级则属于级间反馈。

7.2.3 直流和交流反馈的分析

直流和交流反馈的判断关键在于分析反馈元件的连接关系，特别要注意反馈电容的连接。如果有接地的反馈电容，则反馈多属于直流反馈；如果有串联的反馈电容，则反馈一定是交流反馈；如果反馈环路上没有电容，则反馈应属于交直流反馈。反馈元件的连接关系与对应的反馈类型可以参看图 7.3。

【例 7.1】 试找出如图 7.10 所示电路中的反馈元件，并指出其引入的是本级反馈还是级间反馈、是直流反馈还是交流反馈。

【解】 图 7.10 所示为三极管共射极放大电路，即基极是输入端，集电极是输出端，发射极是公共端，基射组成输入回路，集射组成输出回路。

① 显然，射极电阻 R_e 既处于输入回路中又处于输出回路中，是反馈元件。

② 因为电路是单级放大电路，故反馈属于本级反馈。

③ 图（a）中，R_e 两端没有并联电容，即直流信号和交流信号都可以通过，属于交直流反馈。

④ 图（b）中，R_e 两端并联了一个旁路电容 C_e，即交流信号将通过电容 C_e 到地，而不会流经 R_e，R_e 上只会有直流信号通过，故反馈是直流反馈。

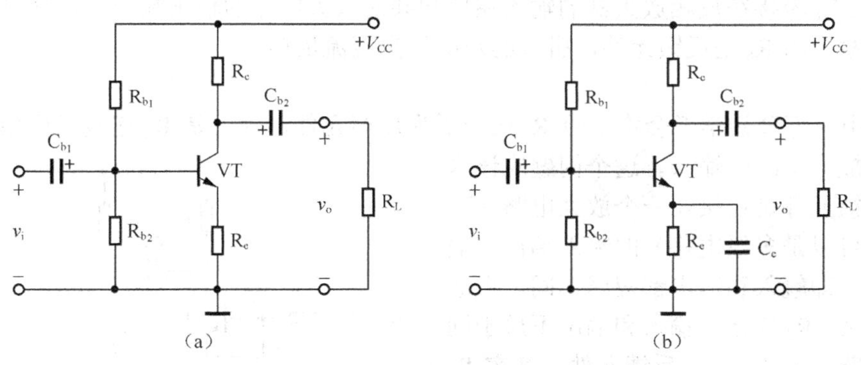

图 7.10 例 7.1 电路

【提示】

在本题中，部分初学者会将电阻 R_{b_2}、R_L 误分析为反馈元件。这个问题可以这样来看，

学习记录

如果画出放大电路的小信号等效电路（见图 3.58），就可以明显看出 R_{b_2} 是接在输入端口上的电阻，而 R_L 是接在输出端口上的电阻，都不满足反馈元件的定义。这里请记住一个基本结论，负载电阻 R_L 肯定是连接在放大电路的输出端口上，绝对不会是反馈元件。

【例 7.2】 试找出如图 7.11 所示电路中的反馈元件，并指出其引入的是本级反馈还是级间反馈、是直流反馈还是交流反馈。

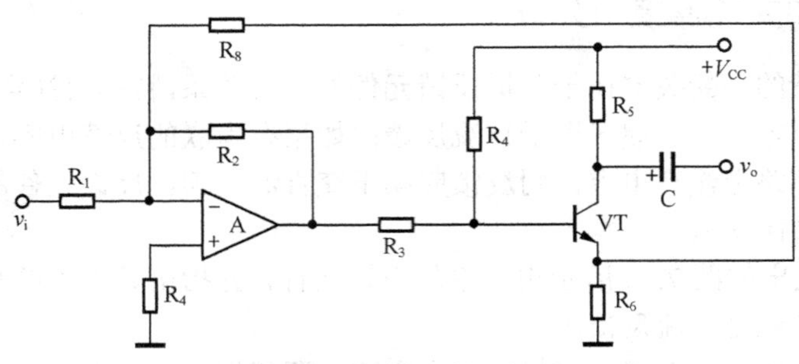

图 7.11 例 7.2 电路

【解】 这是一个两级放大电路，前级是集成运放构成的反相放大器，后级是三极管构成的共射极放大电路。

① 电阻 R_2 连接了反相放大器的输入和输出，交直流信号都可以通过，故电阻 R_2 是反馈元件，引入的是本级交直流反馈。

② 电阻 R_6 是共射极放大电路的射极电阻，两端没有并联电容，故电阻 R_6 是反馈元件，引入的是本级交直流反馈。

③ 电阻 R_8 跨接在反相放大器的输入端口和共射放大电路的输出端口上，交直流信号都可以通过，故电阻 R_8 是反馈元件，引入的是级间交直流反馈。

【提示】

在本题中，部分初学者会将电阻 R_3 误分析为反馈元件，理由是 R_3 连接了反相放大器的输出和共射放大电路的输入。这个问题应该这样来看，反馈元件是连接在一个放大电路（可以是单级也可以是多级电路）的输入端口和输出端口上的，即输入和输出都应属于同一个放大电路。显然，R_3 连接的输入和输出不属于同一个放大电路，故 R_3 不是反馈元件。其实 R_3 是前级电路和后级电路的连接电阻，负责把前级输出的信号向后级电路传送。

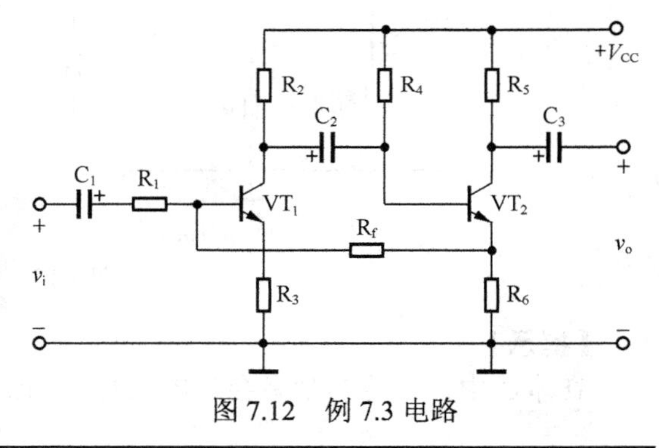

图 7.12 例 7.3 电路

【例 7.3】 试指出如图 7.12 所示电路中电

学习记录

阻 R_f 引入的是直流反馈还是交流反馈。

【解】 这是一个多级放大电路，R_f 作为级间反馈元件连接了前级 VT_1 的输入和后级 VT_2 的输出。注意，该电路中前后两级都是共射放大电路，且通过电容 C_2 耦合。

单看电阻 R_f，其上交直流信号都可以通过，但不能简单认为这是一个交直流反馈。因为对于直流信号来说，当 VT_2 的静态工作点改变，使 V_{E_2} 变换，并经 R_f 影响 I_{BI} 和 V_{BE_1} 时，由于 C_2 的隔直作用，使 V_{C_1} 的变化不能影响 VT_2 的静态工作点。因此，电阻 R_f 引入的反馈只能对交流信号起作用，属于交流反馈。

【提示】

这个电路说明，在判断交直流反馈时，不仅要看反馈元件的连接，还要注意反馈环的连接关系。

7.2.4 连接组态的分析

如前所述，有4种基本的连接组态，即电压串联反馈、电压并联反馈、电流串联反馈和电流并联反馈。在实际分析时可以基于反馈元件的连接关系进行判断。

1. 判断方法

可以把放大电路简化成如图7.13所示结构，x_i 标识输入端，x_o 标识输出端，接地（或通过电阻接地）的为公共端，输入回路由输入端和公共端构成，输出回路由输出端和公共端构成。

（1）输出端的反馈类型

从输出回路的连接关系来看，如果反馈元件接在输出端上，则反馈是电压反馈；如果接到公共端上，则反馈为电流反馈。

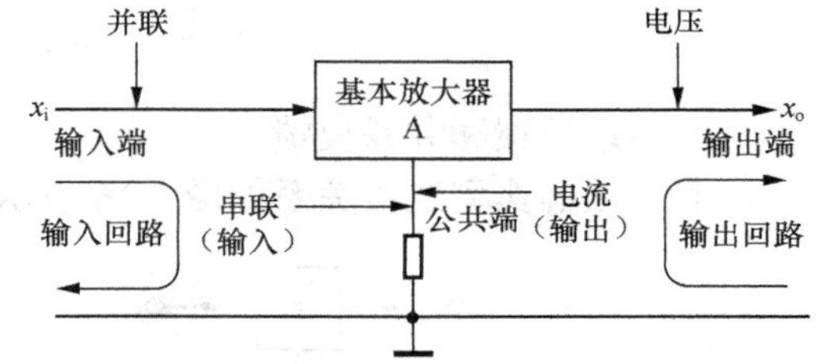

图7.13　反馈的连接组态分析图

（2）输入端的反馈类型

从输入回路的连接关系来看，如果反馈元件接在输入端上，则反馈是并联反馈；如果接到公共端上，则反馈为串联反馈。

2. 典型连接关系

在分析实际电路时，为了大家更好地判断反馈组态，下面给出相关反馈的典型连接关系。

（1）电压反馈

电压反馈的典型连接关系如图7.14所示。其中，图7.14（a）强调将全部的输出电压送入反馈网络；而图7.14（b）在输出端口并联了一个取样电路，强调把部分输出电压送入反馈网络。另外，图中a点为输入端、b点为输出端、c点为公共端，下同。

（2）电流反馈

电流反馈的典型连接关系如图7.15所示。其中，图7.15（a）强调将全部的输出电流送

✍ 学习记录

入反馈网络；而图 7.15（b）和图 7.15（c）则强调通过并联分流电路把部分输出电流送入反馈网络。另外，需要特别指出的是，不要把图 7.14（b）和图 7.15（b）的连接关系弄混淆了，两者存在明显的不同，具体看 R_L 的位置便知。

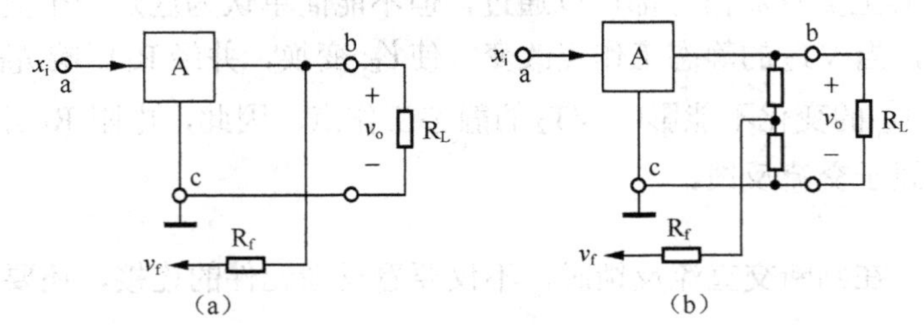

图 7.14　电压反馈的典型连接关系

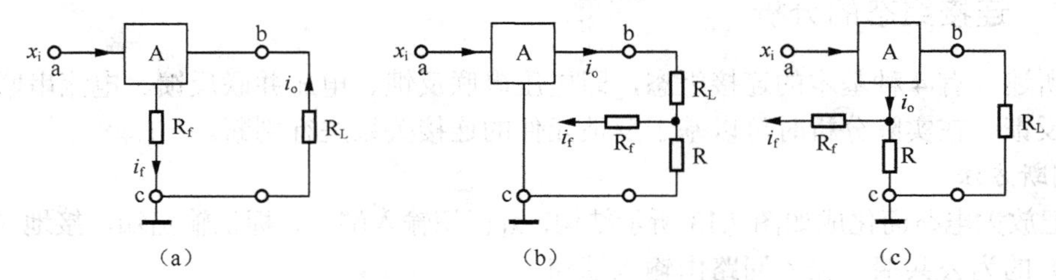

图 7.15　电流反馈的常见连接关系

（3）串联反馈和并联反馈

串联反馈的典型连接关系如图 7.16 所示；并联反馈的典型连接关系如图 7.17 所示。

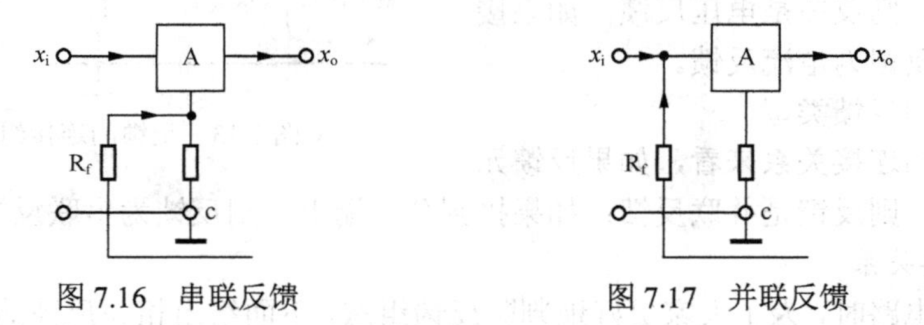

图 7.16　串联反馈　　　　图 7.17　并联反馈

【例 7.4】　试分析如图 7.9～图 7.12 所示电路中主要反馈元件引入反馈的组态。

【解】　本题可以直接根据如图 7.13 所示的连接关系进行分析。

① 图 7.9 中电阻 R_2 引入的是电压串联反馈。

② 图 7.10（a）中电阻 R_e 引入的是电流串联反馈。

③ 图 7.11 中电阻 R_2 引入的是电压并联反馈，电阻 R_8 引入的是电流并联反馈。

④ 图 7.12 中电阻 R_f 引入的是电流并联反馈。

✍ 学习记录

【例 7.5】 试分析如图 7.18 所示电路中电阻 R_2 引入反馈的连接组态。

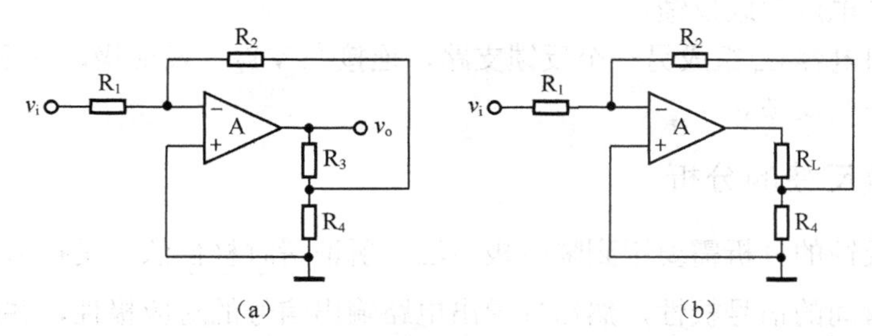

图 7.18 例 7.5 电路

【解】 这两个电路的连接关系非常相似，但必须注意到输出端的标识。

① 图（a）中电阻 R_3 和 R_4 构成取样电路并在输出端口上，故电阻 R_2 引入的是电压并联反馈。

② 图（b）中电阻 R_L 标识了输出端口，即 R_L 两端的电压就是输出电压，故电阻 R_2 引入的是电流并联反馈。这里，不要与图（a）混淆，具体可以参看图 7.15（b）的连接关系。

【例 7.6】 试分析如图 7.19 所示电路中电阻 R_2 引入反馈的连接组态。

【解】 这是一个求差电路，拥有两个输入信号，分析电阻 R_2 引入的反馈类型时，需要分别针对不同输入信号来考虑。

① 如果考虑输入信号 v_{i1} 单独作用，电路简化成一个反相放大器，故电阻 R_2 引入的是电压并联反馈。

② 如果考虑输入信号 v_{i2} 单独作用，电路简化成一个同相放大器，故电阻 R_2 引入的是电压串联反馈。

【例 7.7】 试找出如图 7.20 所示电路中的反馈元件，并分析相应的反馈类型。

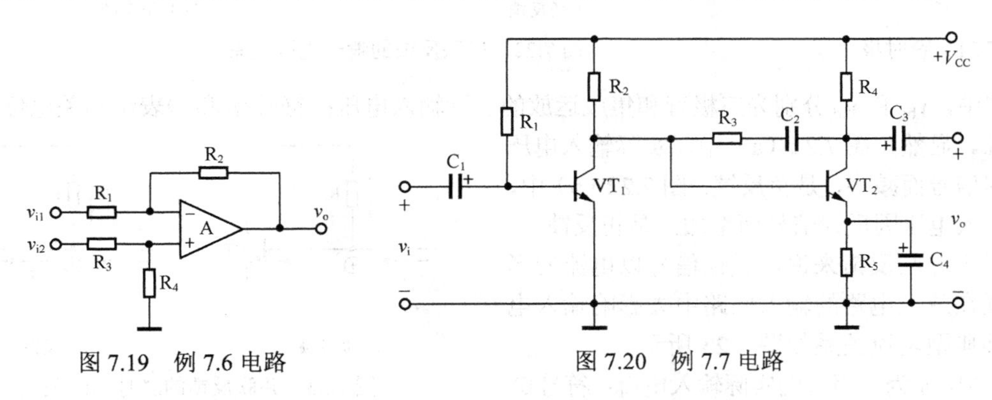

图 7.19 例 7.6 电路　　图 7.20 例 7.7 电路

【解】 这是一个两级放大电路，两级都为共射放大电路。

学习记录

① 电阻 R_3 和电容 C_2 组成一个反馈支路，连接了 VT_2 的输入和输出回路，属于本级交流反馈，连接组态是电压并联反馈。

② 电阻 R_5 和电容 C_4 组成另一个反馈支路，连接在 VT_2 的发射极，属于本级直流反馈，连接组态是电流串联反馈。

7.2.5 正负反馈的分析

正反馈和负反馈的分析需要用到瞬时极性法。所谓**瞬时极性法**，是指从放大电路的输入端开始假设某一瞬间的信号极性，然后推导出电路输出信号的对应极性，并据此确定反馈信号的极性，用以判断反馈信号对放大电路实际输入信号的影响，实际输入信号增强则为正反馈，反之为负反馈。

使用瞬时极性法，首先需要掌握的基础知识是三极管和集成运放的瞬时输入输出关系。对于三极管来说，具有基极和集电极反极性（可以结合三极管共射极放大电路的输入输出关系去理解）、基极和射极同极性（可以结合三极管共集电极放大电路的输入输出关系去理解）的瞬时极性关系；而对于集成运放来说，反相端和输出端反极性、同相端和输出端同极性。具体如图 7.21 所示。另外，请注意瞬时极性法是针对交流信号而言的，不考虑直流关系。

对于串联反馈来说，反馈信号以电压的形式串联在放大电路的输入回路中去影响输入电压，其典型电压关系如图 7.22 所示。

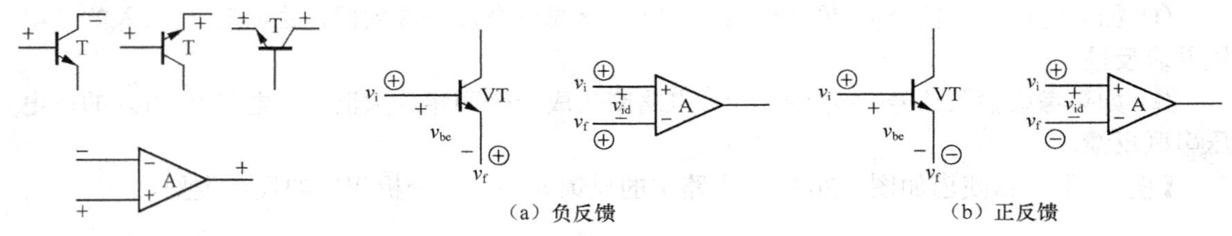

（a）负反馈　（b）正反馈

图 7.21 瞬时极性　　图 7.22 串联反馈的瞬时电压关系

图中，v_{be} 和 v_{id} 分别为三极管和集成运放的实际输入电压；符号 ⊕ 和 ⊖ 表示相关电位的瞬时极性。显然，图 7.22（a）中，实际输入电压因反馈信号而减小，是负反馈；图 7.22（b）中，实际输入电压因反馈信号而增加，是正反馈。

对于并联反馈来说，反馈信号以电流的形式并联在放大电路的输入回路中去影响输入电流，其典型电流关系如图 7.23 所示。

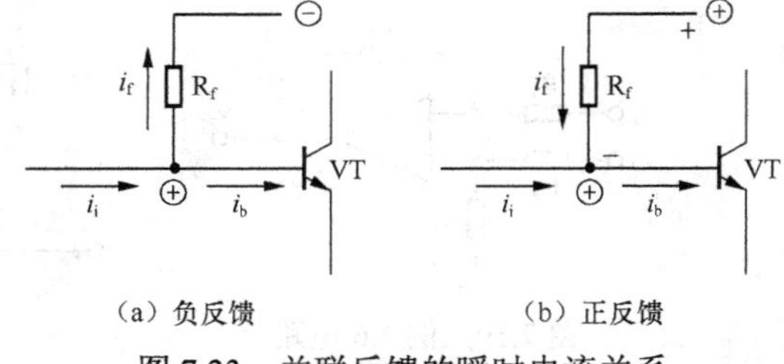

（a）负反馈　（b）正反馈

图 7.23 并联反馈的瞬时电流关系

图中，i_b 为三极管的实际输入电流；符号 ⊕

学习记录

和⊖表示相关电位的瞬时极性。显然，图 7.23（a）中，实际输入电流因反馈信号而减小，是负反馈；图 7.23（b）中，实际输入电流因反馈信号而增加，是正反馈。

【例 7.8】 试分析如图 7.9～图 7.12 所示电路中各主要反馈元件引入的是正反馈还是负反馈。

【解】 根据瞬时极性法进行分析，通常假设输入端为正，然后进行极性推导。

① 图 7.9 所示电路的瞬时极性如图 7.24（a）所示，故电阻 R_2 引入的是负反馈。

② 图 7.10（a）所示电路的瞬时极性如图 7.24（b）所示，故电阻 R_e 引入的是负反馈。

③ 图 7.11 所示电路的瞬时极性如图 7.24（c）所示，故电阻 R_2 和 R_8 引入的都是负反馈。

④ 图 7.12 所示电路的瞬时极性如图 7.24（d）所示，故电阻 R_f 引入的是负反馈。

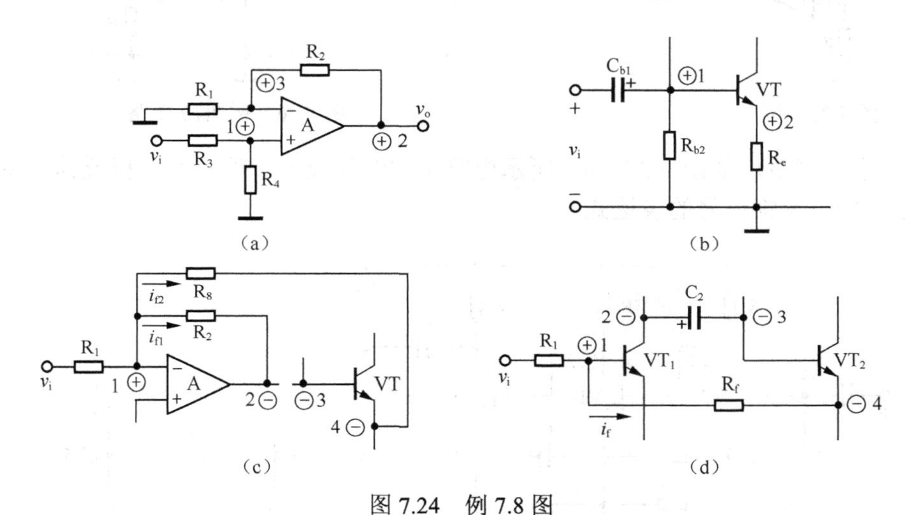

图 7.24 例 7.8 图

7.2.6 反馈类型分析的综合举例

【例 7.9】 试找出如图 7.25 所示电路中的反馈元件，并分析反馈类型。

【解】 这是一个反相放大器，其中电容 C_1 引入了交流电压并联负反馈；电阻 R_2、R_3 和电容 C_2 引入了直流负反馈。

【注意】

对于直流反馈不需要分析连接组态，因为那是对交流反馈而言的，但正负反馈仍然可以借用瞬时极性法分析。

【例 7.10】 试找出如图 7.26 所示电路中的级间反馈元件，并分析反馈类型。

【解】 这是一个两级放大电路，前后两级都是三极管共射电路。电阻 R_3 和电容 C_2 构成

学习记录

了级间反馈支路，引入的是交流电压并联正反馈。虽然电阻 R_3 两端电位都是正值，但考虑到共射电路对电压信号的放大作用，即 $v_o>v_i$，故反馈电流 i_f 流入 VT_1 的基极，使 VT_1 的基极电流增加，是正反馈。

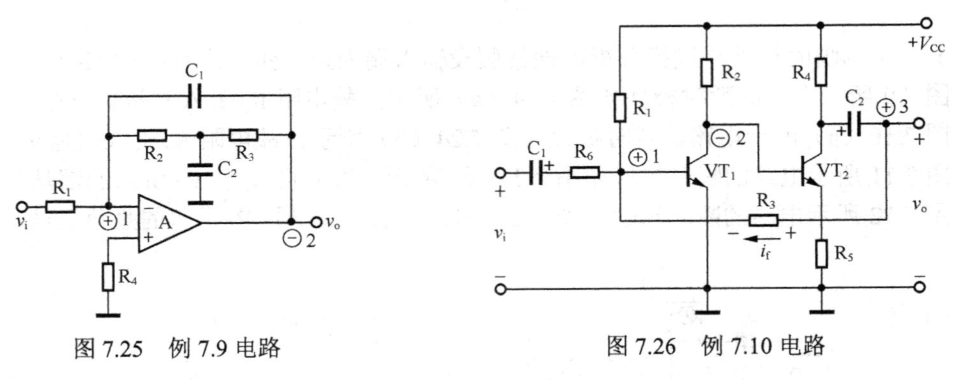

图 7.25　例 7.9 电路　　　　图 7.26　例 7.10 电路

【例 7.11】　试找出如图 7.27（a）所示电路中的级间反馈元件，并分析反馈类型，如果是交流反馈，则求反馈信号的表达式。

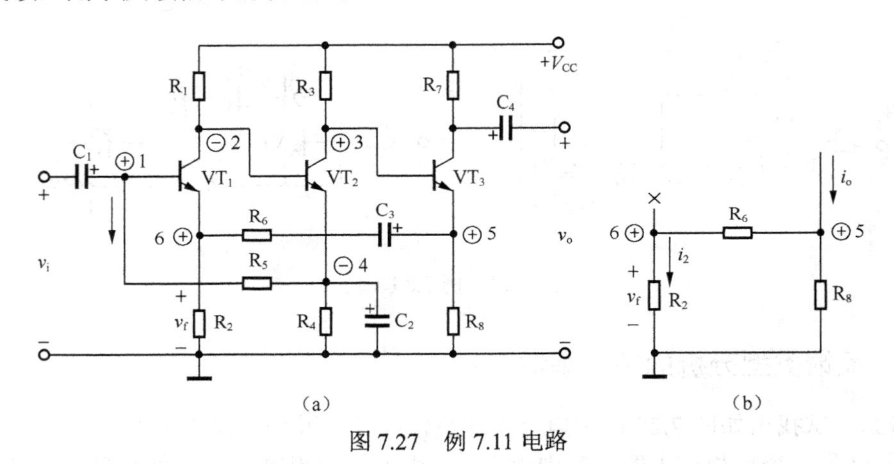

图 7.27　例 7.11 电路

【解】　这是一个三级放大电路，每级都是三极管共射电路。

① 电阻 R_5 是一个级间反馈元件，它与电阻 R_4 和电容 C_2 构成了反馈网络，引入的是直流负反馈，为 VT_1 管提供静态基极电流。

② 电阻 R_6 和电容 C_3 是级间反馈元件，与电阻 R_2、R_8 共同构成反馈网络，引入的是交流电流串联负反馈。因为是串联反馈，所以反馈信号是电压量，即电阻 R_2 上的电压为反馈电压 v_f；因为是电流反馈，所以反馈信号取自输出电流 i_o。在求反馈信号时，输入支路需要断

学习记录

开（因为反馈信号来自于输出信号，与输入信号无关），电容应看作导线，由此可以画出图7.27（b），用以求解反馈电压 v_f 的表达式。根据图 7.27（b）得

$$v_f = f(i_o) = i_2 R_2 = \frac{R_8}{(R_2 + R_6) + R_8} i_o R_2 = \frac{i_o R_2 R_8}{R_2 + R_6 + R_8}$$

【注意】

本题在分析 VT_1 射极的瞬时极性时不能由 VT_1 的基极为正直接推出 VT_1 的射极也为正，而要按照图示顺序去推导，因为反馈是从输出到输入的过程，必须先找到输出信号的瞬时极性，然后才能去确定反馈信号的瞬时极性。

【例 7.12】 试找出如图 7.28（a）所示电路中的级间反馈元件，并分析反馈类型，如果是交流反馈，则求反馈信号的表达式。

【解】 这是一个两级放大电路，两级都是三极管共射电路。

① 电阻 R_6 引入级间交直流电压串联负反馈。电压反馈，反馈量来自输出电压 v_o；串联反馈，反馈量是一个电压，即电阻 R_2 上的电压 v_f。画出如图 7.28（b）所示的反馈等效电路，可求得 v_f:

$$v_f = f(v_o) = \frac{R_2}{R_2 + R_6} v_o$$

② 电阻 R_7 引入级间交直流电流并联负反馈。电流反馈，反馈量来自输出电流 i_o；并联反馈，反馈量是一个电流，即电阻 R_7 上的电流 i_f。画出如图 7.28（c）所示的反馈等效电路（输入端短路处理、电容看作是导线），可求得 i_f:

$$i_f = f(i_o) = \frac{R_5}{R_5 + R_7} i_o$$

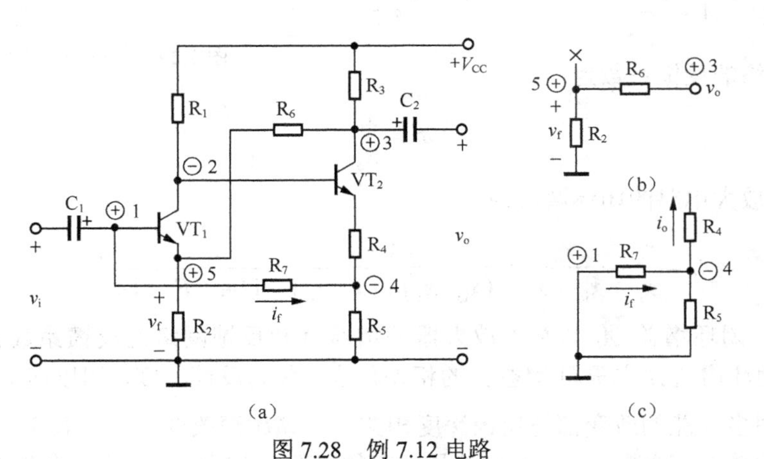

图 7.28 例 7.12 电路

学习记录

【提示】

综上对反馈量的分析可知：① 电压反馈，反馈量取自输出电压，但反馈量并不一定是电压量，也可能是电流量；② 电流反馈，反馈量取自输出电流，但反馈量并不一定是电流量，也可能是电压量。反馈量具体是电压还是电流，是由反馈网络的结构决定的。下面给出反馈量的几种基本表达式。

$$v_f = f(v_o) = \frac{R_1}{R_1 + R_2} v_o \qquad (7.5a)$$

$$v_f = f(i_o) = i_o R_1 \qquad (7.5b)$$

$$i_f = f(i_o) = \frac{R_1}{R_1 + R_2} i_o \qquad (7.6a)$$

$$i_f = f(v_o) = \frac{v_o}{R_1} \qquad (7.6b)$$

7.3 负反馈放大电路的增益计算

带负反馈的放大电路称为负反馈放大电路。引入负反馈后，放大电路的很多性能都将随之变化，当然电路的增益也不例外。本节主要介绍负反馈放大电路的增益计算问题。

7.3.1 闭环增益的一般表达式

负反馈放大电路的组成框图如图 7.29 所示，下面根据该框图推导其闭环增益。

① 基本放大器的实际输入信号：

$$x_{id} = x_i - x_f$$

② 基本放大器的增益（开环增益）为

$$A = \frac{x_o}{x_{id}} \qquad (7.7)$$

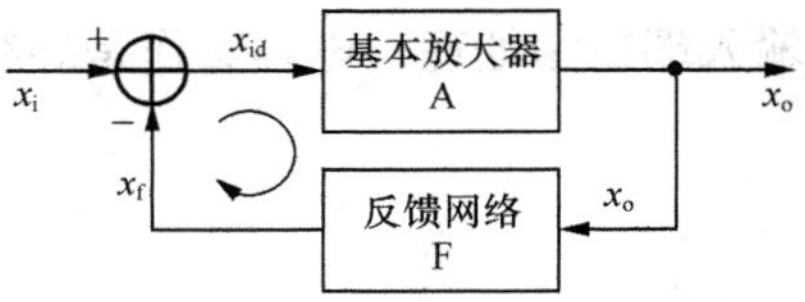

图 7.29 负反馈放大电路的组成框图

③ 反馈网络的反馈系数为

$$F = \frac{x_f}{x_o} \qquad (7.8)$$

④ 负反馈放大电路的闭环增益为

$$A_f = \frac{x_o}{x_i} = \frac{x_o}{x_{id} + x_f} = \frac{1}{(x_{id}/x_o) + (x_f/x_o)} = \frac{1}{1/A + F} = \frac{A}{1 + AF} \qquad (7.9)$$

上式表明，闭环增益 A_f 与基本放大器的增益 A 和反馈网络的反馈系数 F 相关。式中 $1+AF$ 反映了闭环增益 A_f 与开环增益 A 的相差程度，称为反馈深度，用以衡量反馈程度。负反馈放大电路很多性能的改变都与反馈深度相关，反馈越深改变越大。表 7.1 列出了反馈深度与反馈效果的关系（通常 A_f、A 和 F 都是频率的函数，其幅值和相位都会随频率发生变化，

✍ 学习记录

对应的表达式可改写为 $\dot{A}_f$、$\dot{A}$ 和 $\dot{F}$；$|\dot{A}_f|$、$|\dot{A}|$ 和 $|\dot{F}|$ 对应表示它们的幅值）。

表 7.1　反馈深度与反馈效果的关系

$\lvert 1+\dot{A}\dot{F}\rvert$	>1	$\gg 1$	$=1$	<1	$=0$
$\lvert\dot{A}_f\rvert$	$<\lvert\dot{A}\rvert$	$\approx\frac{1}{\lvert\dot{F}\rvert}$	$=\lvert\dot{A}\rvert$	$>\lvert\dot{A}\rvert$	$=\infty$
效果	负反馈	深度负反馈	无反馈	正反馈	自激振荡

7.3.2　不同组态的增益表达式

虽然闭环增益的定义是一样的，但如果反馈的连接组态不同，相应物理量的含义不同、相关表达式的形式不同、量纲也不相同。表 7.2 列出了各种组态所对应的信号含义及表达式。

表 7.2　各种组态的对应信号含义及表达式

信号、表达式 \ 连接组态		4 种连接组态			
		电压串联	电流并联	电压并联	电流串联
x_o		v_o	i_o	v_o	i_o
x_i、x_f、x_{id}		v_i、v_f、v_{id}	i_i、i_f、i_{id}	i_i、i_f、i_{id}	v_i、v_f、v_{id}
$A=\frac{x_o}{x_{id}}$	名称	开环电压增益	开环电流增益	开环互阻增益（欧）	开环互导增益（西）
	定义	$A_v=\frac{v_o}{v_{id}}$	$A_i=\frac{i_o}{i_{id}}$	$A_r=\frac{v_o}{i_{id}}$	$A_g=\frac{i_o}{v_{id}}$
$F=\frac{x_f}{x_o}$	名称	电压反馈系数	电流反馈系数	互导反馈系数（西）	互阻反馈系数（欧）
	定义	$F_v=\frac{v_f}{v_o}$	$F_i=\frac{i_f}{i_o}$	$F_g=\frac{i_f}{v_o}$	$F_r=\frac{v_f}{i_o}$
$A_f=\frac{x_o}{x_i}$	名称	闭环电压增益	闭环电流增益	闭环互阻增益（欧）	闭环互导增益（西）
	定义	$A_{vf}=\frac{v_o}{v_i}=\frac{A_v}{1+A_vF_v}$	$A_{if}=\frac{i_o}{i_i}=\frac{A_i}{1+A_iF_i}$	$A_{rf}=\frac{v_o}{i_i}=\frac{A_r}{1+A_rF_g}$	$A_{gf}=\frac{i_o}{v_i}=\frac{A_g}{1+A_gF_r}$

7.3.3　深度负反馈条件下的闭环增益计算

当满足条件 $1+AF\gg 1$ 时，有如下一些结论。

（1）闭环增益表达式

$$A_f=\frac{A}{1+AF}\approx\frac{1}{F} \tag{7.10}$$

学习记录

上式表明在深度负反馈条件下，闭环增益由反馈系数决定，与基本放大电器的开环增益无关。

（2）虚短和虚断

由式（7.10）可以推出

$$A_f \approx \frac{1}{F} \Rightarrow \frac{x_o}{x_i} \approx \frac{x_o}{x_f} \Rightarrow x_i \approx x_f \tag{7.11}$$

$$x_i \approx x_f \Rightarrow x_{id} = x_i - x_f \approx 0 \tag{7.12}$$

上式表明在深度负反馈条件下，反馈信号 x_f 与输入信号 x_i 非常接近，所以实际输入信号 x_{id} 非常小，近似为零。

对于串联反馈来说，放大电路输入端口的电压和电流关系如图 7.30（a）所示，在深度负反馈条件下有 $v_i \approx v_f$、$v_{id} \approx 0$，而 $v_{id} \approx 0$ 则有 $i_{id} \approx 0$，即输入端口有虚短（$v_i \approx v_f$）和虚断（$i_{id} \approx 0$）的关系。

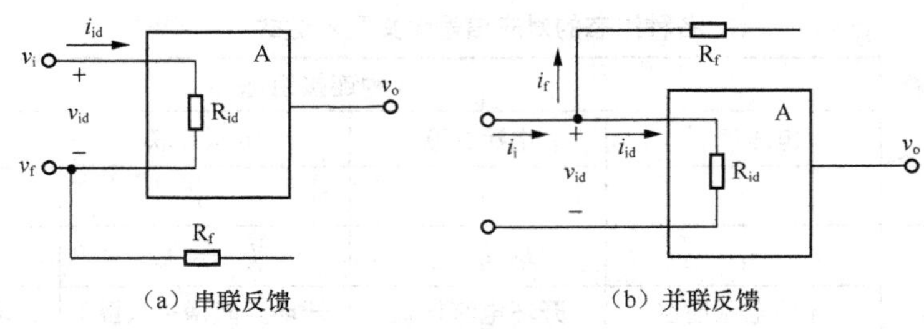

（a）串联反馈　　（b）并联反馈

图 7.30　输入端口的电压和电流关系

对于并联反馈来说，放大电路输入端口的电压和电流关系如图 7.30（b）所示，在深度负反馈条件下有 $i_i \approx i_f$、$i_{id} \approx 0$，而 $i_{id} \approx 0$ 则有 $v_{id} \approx 0$，即输入端口同样具有虚短和虚断的关系。

有了虚短和虚断的关系后，可以用分析集成运放的类似方法去分析满足深度负反馈条件的放大电路。另外，要满足深度负反馈的条件，通常加大基本放大器的开环增益便可，所以多级放大电路比较容易构成深度负反馈放大电路，当然集成运放构成的负反馈电路也不例外。

【例 7.13】 电路如图 7.31 所示，试求电压增益的表达式。

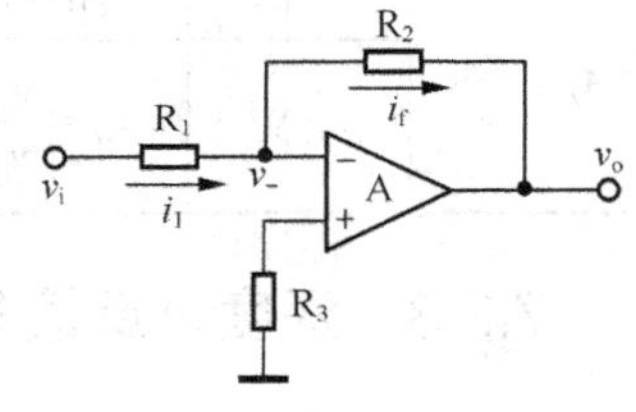

图 7.31　例 7.13 电路

【解】 这是一个由集成运放构成的反相放大器，电阻 R_2 引入的是电压并联负反馈，且满足深度负反馈条件，故本题可以使用关系 $A_f \approx 1/F$ 进行分析。

① 根据电压并联反馈可得

$$F_g = \frac{i_f}{v_o} \Rightarrow A_{rf} = \frac{1}{F_g} = \frac{v_o}{i_f} = \frac{v_o}{(v_- - v_o)/R_2} = -R_2$$

学习记录

② 根据闭环电压增益的定义得

$$(A_{vf}=\frac{v_o}{v_i},\ A_{rf}=\frac{v_o}{i_i})\Rightarrow A_{vf}=\frac{v_o}{f_i(i_i)}=\frac{v_o}{i_iR_1}\bigg|_{i_i=i_1}=\frac{1}{R_1}A_{rf}=-\frac{R_2}{R_1}$$

【提示】

上述推导过程中用到了虚短（$v_-\approx v_+=0$）和虚断（$i_1\approx i_f$）的概念。另外，初学者在求解此题时容易犯的错误是

$$A_f\approx\frac{1}{F}\Rightarrow A_{vf}=\frac{1}{F}=\frac{v_o}{i_f}=\frac{v_o}{(v_--v_o)/R_2}=-R_2$$

其错误的主要原因就是没有很好理解"对于不同反馈类型，A_f、F 的含义和形式都不一样……"。

【例 7.14】 电路如图 7.10（a）所示，试求电压增益的表达式。

【解】 电路是一个共射放大电路，电阻 R_e 引入的是电流串联负反馈。

（1）在深度负反馈条件下求解

① 根据电流串联反馈可得

$$F_r=\frac{v_f}{i_o}\Rightarrow A_{gf}=\frac{1}{F_r}=\frac{i_o}{v_f}=\frac{i_o}{i_oR_e}=\frac{1}{R_e}$$

② 根据闭环电压增益的定义得（深度负反馈条件下 $v_{be}\approx 0$）：

$$(A_{vf}=\frac{v_o}{v_i},\ A_{gf}=\frac{i_o}{v_i})\Rightarrow A_{vf}=\frac{f_o(i_o)}{v_i}=\frac{-i_oR_L'}{v_i}=-R_L'A_{gf}=-\frac{R_L'}{R_e}$$

（2）直接求解

① 直接求解电压增益可得

$$A_{vf}=-\frac{\beta R_L'}{r_{be}+(1+\beta)R_e}$$

② 如果假设三极管的 $\beta\gg 1$，且一般情况下 r_{be} 与 R_e 同量级，故有

$$A_{vf}=-\frac{\beta R_L'}{r_{be}+(1+\beta)R_e}\approx-\frac{\beta R_L'}{(1+\beta)R_e}\approx-\frac{R_L'}{R_e}$$

【提示】

由上述分析可知，三极管的 β 越大，其负反馈放大电路越容易满足深度负反馈条件。

【例 7.15】 电路如图 7.12 所示，试求电压增益的表达式。

【解】 电路是两级共射放大电路，电阻 R_f 引入的是电流并联负反馈，在深度负反馈条件下求解。

学习记录

① 根据如图 7.32 所示反馈等效电路求反馈量：

$$i_f = \frac{R_6}{R_1 + R_f + R_6} i_o$$

② 根据电流并联反馈可得

$$F_i = \frac{i_f}{i_o} \Rightarrow A_{if} = \frac{1}{F_i} = \frac{i_o}{i_f} = \frac{R_1 + R_f + R_6}{R_6}$$

③ 根据闭环电压增益的定义得

$$(A_{vf} = \frac{v_o}{v_i}，A_{if} = \frac{i_o}{i_i}) \Rightarrow A_{vf} = \frac{f_o(i_o)}{f_i(i_i)} = \frac{i_o R_5}{i_i R_1 + v_{be1} + (1+\beta_1) i_{b1} R_3}$$

④ 根据深度负反馈条件下的虚短（$v_{be1} \approx 0$）和虚断（$i_i \approx i_f$、$i_{b1} \approx 0$）关系得

$$A_{vf} = \frac{i_o R_5}{i_i R_1} = \frac{R_5}{R_1} A_{if} = \frac{R_5 (R_1 + R_f + R_6)}{R_1 R_6}$$

【例 7.16】 电路如图 7.27 所示，试求电压增益的表达式。

【解】 电路是一个三级共射放大电路，电阻 R_6 和电容 C_3 引入的是电流串联负反馈，电路满足深度负反馈条件。另外，反馈量 v_f 可以直接引用例 7.11 的结论。

① 根据电流串联反馈可得

$$F_r = \frac{v_f}{i_o} \Rightarrow A_{gf} = \frac{1}{F_r} = \frac{i_o}{v_f} = \frac{i_o}{i_o R_2 R_8 / (R_2 + R_6 + R_8)} = \frac{R_2 + R_6 + R_8}{R_2 R_8}$$

② 根据闭环电压增益的定义得

$$(A_{vf} = \frac{v_o}{v_i}，A_{gf} = \frac{i_o}{v_i}) \Rightarrow A_{vf} = \frac{f_o(i_o)}{v_i} = \frac{-i_o R_7}{v_i} = -R_7 A_{gf} = -\frac{R_7 (R_2 + R_6 + R_8)}{R_2 R_8}$$

【例 7.17】 电路如图 7.33 所示，试求电压增益的表达式。

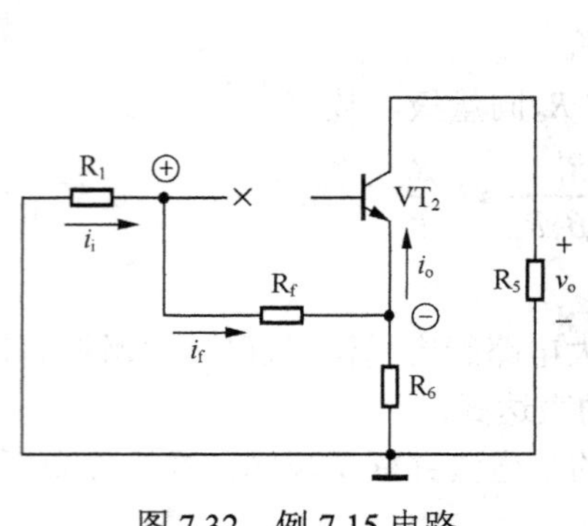

图 7.32　例 7.15 电路

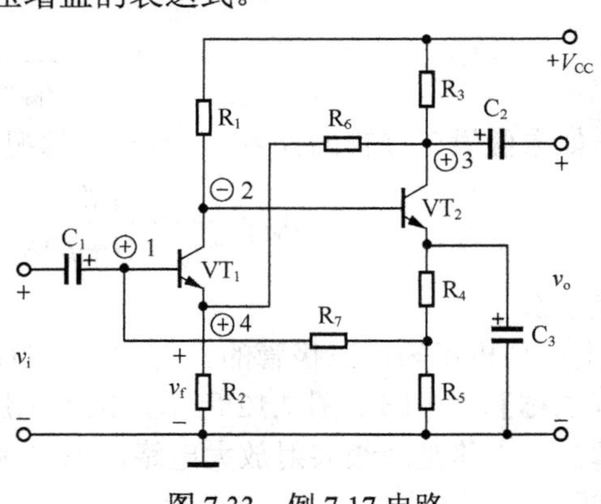

图 7.33　例 7.17 电路

学习记录

【解】 电路是两级共射放大电路，电阻 R_6 引入的是交直流电压串联负反馈，满足深度负反馈条件；电阻 R_7 引入的是直流反馈，不会影响电路的增益。另外，反馈量 v_f 可以直接引用例 7.12 的结论。

根据电压串联反馈可得：

$$F_v = \frac{v_f}{v_o} \Rightarrow A_{vf} = \frac{1}{F_v} = \frac{v_o}{v_f} = \frac{v_o}{v_o R_2/(R_2+R_6)}$$

$$\Rightarrow A_{vf} = \frac{R_2+R_6}{R_2}$$

7.4 负反馈对放大电路性能的影响

引入负反馈后，放大电路的增益、输入输出电阻、带宽、失真度、抗干扰能力等都会发生变化。本节对相关内容作简单介绍。

7.4.1 对增益的影响

（1）降低增益

如前所述，负反馈的引入会降低放大电路的增益，即

$$A_f = \frac{A}{1+AF} \quad (1+AF>1)$$

（2）提高增益的稳定性

将闭环增益 A_f 的表达式对 A 进行求导得

$$\frac{dA_f}{dA} = \frac{1}{(1+AF)^2} \tag{7.13}$$

上式作简单变换可得：

$$\frac{dA_f}{dA} = \frac{A}{1+AF}\frac{1}{1+AF}\frac{1}{A} = A_f\frac{1}{1+AF}\frac{1}{A} \Rightarrow \frac{dA_f}{A_f} = \frac{1}{1+AF}\frac{dA}{A} \tag{7.14}$$

式中：dA_f/A_f 和 dA/A 分别描述闭环增益和开环增益的相对变化率。闭环增益的相对变化比开环增益小 $1/(1+AF)$，表明闭环增益更加稳定。因此负反馈放大电路虽然牺牲了增益，但换来的是增益稳定性的提高。

7.4.2 对输出值的影响

（1）电压负反馈

电压负反馈能使输出电压趋于稳定。例如，图 7.34 所示电路都属于电压反馈。

学习记录

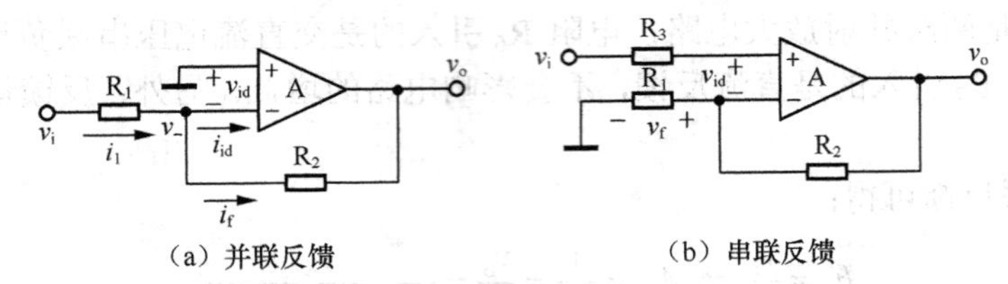

（a）并联反馈　　（b）串联反馈

图 7.34　电压反馈

对于（a）图有如下过程：

$$v_o\uparrow\rightarrow\downarrow i_f=\frac{v_- - v_o}{R_2}\rightarrow\uparrow i_{id}=i_1-i_f\rightarrow\downarrow v_{id}=-i_{id}R_{id}\rightarrow v_o\downarrow$$

对于（b）图有如下过程：

$$v_o\uparrow\rightarrow\uparrow v_f=\frac{R_1}{R_1+R_2}v_o\rightarrow\downarrow v_{id}=v_i-v_f\rightarrow v_o\downarrow$$

（2）电流负反馈

电流负反馈能使输出电流趋于稳定。例如，图 7.35 所示电路都属于电流反馈。

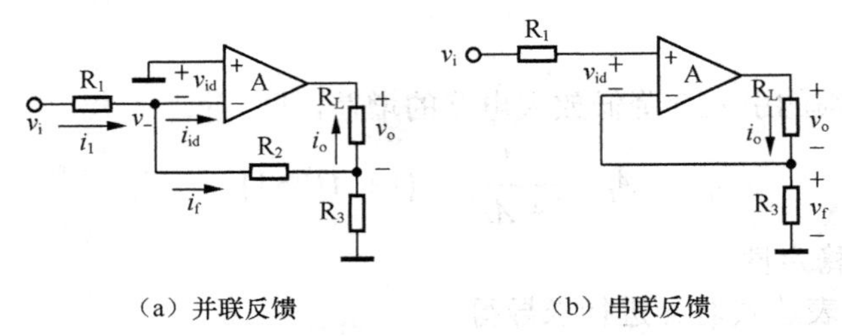

（a）并联反馈　　（b）串联反馈

图 7.35　电流反馈

对于（a）图有如下过程：

$$i_o\uparrow\rightarrow i_f\uparrow\rightarrow\downarrow i_{id}=i_1-i_f\rightarrow\uparrow v_{id}=-i_{id}R_{id}\rightarrow v_o\uparrow\rightarrow\downarrow i_o=-\frac{v_o}{R_L}$$

对于（b）图有如下过程：

$$i_o\uparrow\rightarrow\uparrow v_f=i_oR_3\rightarrow\downarrow v_{id}=v_i-v_f\rightarrow v_o\downarrow\rightarrow\downarrow i_o=\frac{v_o}{R_L}$$

7.4.3　对输入输出电阻的影响

负反馈对放大电路输入电阻和输出电阻的影响主要由反馈网络与输入端口和输出端口的连接关系决定。通常串联关系会使电阻增加，并联关系会使电阻减小。表 7.3 列出了负反馈对输入电阻和输出电阻的影响。

学习记录

表 7.3　负反馈对输入电阻和输出电阻的影响

类　型	串联负反馈	并联负反馈	电压负反馈	电流负反馈
影响	$R_{if}=(1+AF)R_i$	$R_{if}=\dfrac{R_i}{1+AF}$	$R_{of}=\dfrac{R_o}{1+A_oF}$	$R_{of}=(1+A_oF)R_o$
效果	提高输入电阻	减小输入电阻	减小输出电阻 使输出电压稳定	提高输出电阻 使输出电流稳定
注释			A_o为$R_L=\infty$时的开环增益	A_o为$R_L=0$时的开环增益

7.4.4　对其他性能的影响

① 负反馈可以扩展放大电路的通频带宽度。

② 负反馈可以减小放大电路的非线性失真。

③ 负反馈可以抑制产生于放大电路内部的干扰和噪声。如果干扰源处于反馈环之外，负反馈对其无抑制作用。

7.5　负反馈放大电路的设计

如前所述，引入负反馈能够有效改善放大电路的很多性能，而且反馈类型不同所产生的影响也不相同。本节将简单介绍负反馈电路设计的基本原则、连线方法及防自激振荡的方法。

7.5.1　引入负反馈的一般原则

设计负反馈放大电路时，应该根据需要和目的引入合适的反馈。下面列出引入负反馈应该遵循的基本原则。

（1）关于直流反馈和交流反馈的选择

为了稳定静态工作点，应该引入直流负反馈；为了改善放大电路的动态性能，应该引入交流负反馈；如果两方面都需要考虑，则可以使用交直流负反馈。

（2）关于串联反馈和并联反馈的选择

根据放大电路需要外接的信号源类型来决定串并联反馈。如果是电压源，应该引入串联负反馈，这样可以增加放大电路的输入电阻，以减小电压源内阻的分压作用；如果是电流源，应该引入并联负反馈，这样可以减小放大电路的输入电阻，以减小电流源内阻的分流作用。

学习记录

（3）关于电压反馈和电流反馈的选择

根据负载对放大电路输出量的要求来决定电压电流反馈。如果负载需要稳定的电压信号，应该引入电压负反馈；如果负载需要稳定的电流，应该引入电流反馈。但需要指出的是，电压或电流负反馈只能使输出电压或电流趋于不变，而非绝对不变。

（4）关于连接组态的选择

如果要进行电压放大（或者实现电压对电压的控制），应该引入电压串联负反馈；如果要进行电流放大（或者实现电流对电流的控制），应该引入电流并联负反馈；如果要将电压转换为电流（或者实现电压对电流的控制），应该引入电流串联负反馈；如果要将电流转换为电压（或者实现电流对电压的控制），应该引入电压并联负反馈。

7.5.2 负反馈的接线方法

在选定负反馈的类型后，接下来需要解决的是反馈网络与基本放大器的连线问题。下面配合图 7.36 来介绍两者的连接关系。

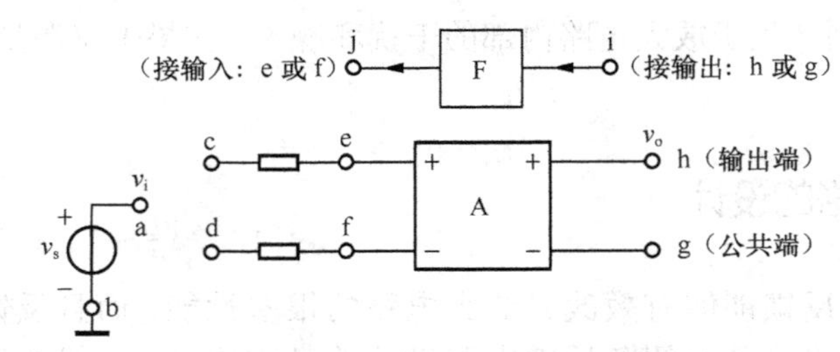

图 7.36　负反馈放大电路的连接关系图

（1）符号说明

① 符号 A 表示基本放大器，F 表示反馈网络。

② 放大器框图中的正负号描述了放大器的输入输出瞬时极性关系。

③ 符号 a、b 表示信号源的连接点，c、d、e、f、g、h 分别表示基本放大器输入回路和输出回路的连接点，i、j 分别表示反馈网络输入端和输出端的连接点。

（2）接线方法

① 负反馈网络连接的放大器输入输出一定是反相位关系。

② a 点接 c 表示 e 为放大器的输入端，f 为公共端；a 点接 d 表示 f 为输入端，e 为公共端。

③ 电压反馈 i 应接放大器的输出端 h，电流反馈 i 应接放大器的公共端 g。

④ 串联反馈 j 应接在公共端上；并联反馈 j 应接在输入端上。

（3）电压串联的连接关系（i→h、j→f、a→c、b→d）

① 电压反馈决定 i 接 h；② 因为 h 与 f 反相，所以 j 接 f；③ 因为是串联反馈，f 只能

学习记录

作放大器的公共端，故 a 接 c，b 接 d。

（4）电压并联的连接关系（i→h、j→f、a→d、b→c）

① 电压反馈决定 i 接 h；② 因为 h 与 f 反相，所以 j 接 f；③ 因为是并联反馈，f 应该作放大器的输入端，故 a 接 d，b 接 c。

（5）电流串联的连接关系（i→g、j→e、a→d、b→c）

① 电流反馈决定 i 接 g；② 因为 g 与 e 反相，所以 j 接 e；③ 因为是串联反馈，e 只能作放大器的公共端，故 a 接 d，b 接 c。

（6）电流并联的连接关系（i→g、j→e、a→c、b→d）

① 电流反馈决定 i 接 g；② 因为 g 与 e 反相，所以 j 接 e；③ 因为是并联反馈，e 应该作放大器的输入端，故 a 接 c，b 接 d。

7.5.3 防止负反馈放大电路的自激振荡

负反馈放大电路的性能改善与反馈深度有关，理论上讲，反馈越深，改善越明显。但是反馈过深时，有可能造成放大电路产生自激振荡，这是必须予以防范的。

1. 自激振荡产生的原因和条件

所谓自激振荡，是指放大电路在没有外加输入的情况下自发产生一定输出信号的现象。

（1）原因

产生自激振荡的原因主要是：① 放大电路中存在电抗性元件或电抗性参数，使放大电路在低频区或高频区产生附加相移，在一定条件下，附加相移会使负反馈转变成正反馈，从而促发自激振荡；② 反馈过深，导致反馈信号过大。

（2）条件

产生自激振荡的条件是

$$\dot{A}\dot{F} = -1 \tag{7.15}$$

或者写成

$$\begin{cases} |\dot{A}\dot{F}| = 1 & (7.16\text{a}) \\ \varphi_{\text{a}} + \varphi_{\text{f}} = \pm(2n+1)\pi & (7.16\text{b}) \end{cases}$$

式（7.16a）称为振幅平衡条件，式（7.16b）称为相位平衡条件。

（3）稳定性判别

根据产生自激振荡的条件，当放大电路的低频等效电路或高频等效电路中存在 3 个或 3 个以上的高通回路或低通回路，并且处于反馈环内，负反馈放大电路就有可能产生自激振荡。

✍ 学习记录

2. 消除自激振荡的方法

消除自激振荡的方法通常有滞后补偿法和超前补偿法，它们的原理电路如图 7.37 所示。

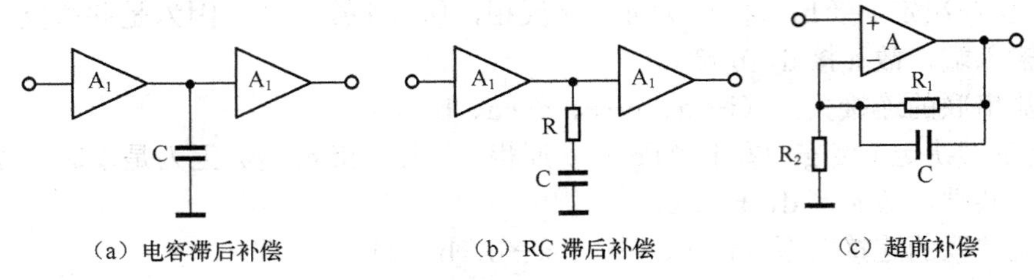

图 7.37 自激振荡的消除方法

7.6 本章小结

本章主要介绍反馈的相关概念、反馈的类型、反馈类型的分析方法、负反馈放大电路的增益计算、负反馈对放大电路性能的影响、负反馈放大电路的设计等内容。

① 关于反馈的概念，一定要理解反馈是输出到输入的过程，反馈量来自放大电路的输出电量，反馈量会使放大电路的输入电量增加或减小。

② 关于反馈的类型，首先要理解各种类型的含义，然后掌握其特点，例如，正负反馈强调对输入电量的影响；交直流反馈强调对电路性能的影响；电压电流反馈强调反馈量的来源；串联并联反馈强调以何种方式影响输入电量等。

③ 关于反馈类型的分析，需要按照一定的步骤去操作，每一步骤都有其相应的判断方法，特别是判断连接组态的方法和判断正负反馈的瞬时极性法要重点掌握。

④ 关于负反馈放大电路的增益计算，首先要掌握闭环增益的一般表达式，然后在此基础上去掌握各种反馈类型所对应的增益表达式，并理解其具体含义，最后要重点掌握深度负反馈条件下放大电路增益的近似计算方法。

⑤ 关于负反馈对放大电路性能的影响，重点是理解对增益的影响、对输出电量的影响、对输入输出电阻的影响等。

⑥ 关于负反馈放大电路的设计，重点是理解和掌握负反馈的引入原则和电路的接线方法。

7.7 思考题

1. 什么是反馈？什么是直流反馈和交流反馈？什么是正反馈和负反馈？

2. 为什么放大电路要引入反馈？

学习记录

3．交流反馈有哪 4 种连接组态？

4．试总结反馈的类型和特点。

5．已知反馈信号的表达式为 $x_f = v_o / R_f$ ，试确定反馈的连接组态。

6．已知反馈信号的表达式为 $x_f = v_o R/(R + R_f)$ ，试确定反馈的连接组态。

7．已知反馈信号的表达式为 $x_f = i_o R_f$ ，试确定反馈的连接组态。

8．已知反馈信号的表达式为 $x_f = i_o R/(R + R_f)$ ，试确定反馈的连接组态。

9．试总结根据反馈信号表达式判断反馈连接组态的方法。

10．试总结反馈类型的分析方法。

11．试总结电压反馈的常见连接关系。

12．试总结电流反馈的常见连接关系。

13．放大电路中引入电流串联负反馈后，将对性能产生什么样的影响？

14．放大电路中引入电压串联负反馈后，将对性能产生什么样的影响？

15．放大电路中引入电流并联负反馈后，将对性能产生什么样的影响？

16．放大电路中引入电压并联负反馈后，将对性能产生什么样的影响？

17．负反馈放大电路闭环增益的一般表达式是什么？

18．什么是反馈深度？有何含义？

19．什么是深度负反馈？在深度负反馈条件下，如何估算放大电路的增益？

20．为了提高电路的工作稳定性应该引入正反馈还是负反馈？

21．为了增加输入电阻，并稳定输出电压应该引入何种反馈？

22．为了减小输入电阻，并稳定输出电流应该引入何种反馈？

23．对于电压——电流转换电路应该引入何种反馈？

24．对于电流——电压转换电路应该引入何种反馈？

25．负反馈越深越好吗？

26．什么是自激振荡？什么样的反馈放大电路容易产生自激振荡？如何消除自激振荡？

27．放大电路中只能引入负反馈吗？

学习记录

第8章 功率放大电路

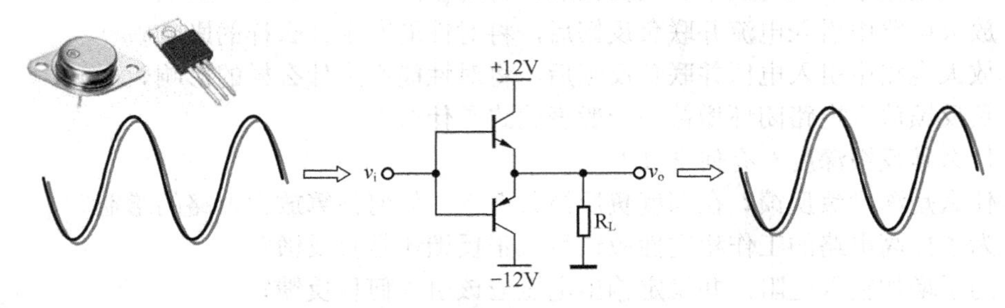

引言：功放电路通常作为多级放大电路的输出级去驱动负载工作，例如，使扬声器发声、使电动机旋转、使继电器动作、使仪表指针偏转等。驱动负载需要足够的功率，这就要求功放电路能够输出足够的电压和电流。由于功放电路之前的电压放大器能够将电压放大到需要值，所以对于功放电路只需要强调电流放大能力。本章主要介绍互补对称功率放大电路。

本章内容：

- 功放电路的特点（基础）
- 功放电路的分类（基础）
- 功放电路的基本结构（重点）
- 功放电路的分析方法（重点）
- 功率三极管的选择（了解）
- 集成功率放大器（了解）

建议：功放电路的学习相对简单，其基础仍然是单管放大电路。学习中，首先应该把握功放电路的组成原理和工作特点，记住典型的功放电路结构；然后重点掌握功放电路的

✍ 学习记录

分析方法，在记住相关计算公式后，还要能够根据电路的结构变化对计算式进行相应地调整；最后要对功率三极管的选择、功放的自举问题、功放的使用问题、集成功放等知识进行了解。

8.1 功放电路的特点及分类

8.1.1 功放电路的主要特点及技术要求

对于之前学习过的电压放大器，要求在不失真的情况下尽可能提高输出信号的电压幅值，但其输出功率并不一定大。对于功放电路，由于功能需要的不同，其工作特点和技术要求与电压放大器存在不同，具体如下。

（1）输出足够大的功率 P_o

由于 $P_o = V_o I_o$，所以功放电路应该有足够大的电压动态范围和电流动态范围，这就要求晶体管只能在安全区内接近极限状态下工作，即功放电路是工作在大信号状态下。

（2）有尽可能高的效率 η

所谓效率，就是功放电路的输出功率 P_o 与电源供给的直流功率 P_V 之比

$$\eta = \frac{P_o}{P_V} \times 100\% \tag{8.1}$$

显然，这个比值越大，效率就越高。考虑到功放电路的 P_o 较大，所以效率的提高就意味着直流能耗的降低。

（3）有尽可能小的非线性失真

由于晶体管工作在大信号状态下，必然出现信号进入非线性区而产生非线性失真的情况。通常输出功率越大，产生非线性失真的几率就越高，显然两者是功放电路的一对主要矛盾。

需要指出的是，不同场合对非线性失真的要求不同。例如，在工业控制系统中，往往以输出功率为主要目的，为了提高输出功率，允许在一定范围内存在较小的失真；而对于测量系统和电声设备，就需要尽可能避免非线性失真。

功放的额定功率是指在失真允许范围内电路输出的最大功率；而在不失真的情况下，功放的最大输出功率称为最大不失真功率。额定功率与最大不失真功率都是功放电路的质量指标。

（4）散热问题

功放电路中的功放管在工作时既要输出大的电压，又要输出大的电流，所以功放管消耗的功率非常大，使管子的结温迅速升高，这就要求很好地解决功放管的散热问题。

✍ 学习记录

8.1.2 放大电路的工作状态

放大电路有 3 种基本工作状态，如图 8.1 所示。在图 8.1（a）中，静态工作点 Q 大致在交流负载线的中心，这称为甲类工作状态。电压放大电路就是工作在这种状态。在甲类工作状态下，不论有无输入信号，电源始终不断地输出功率。对于三极管甲类放大电路，在无信号输入时，电源的输出功率全部消耗在三极管和电阻上，且以三极管集电极损耗为主；在有信号输入时，电源输出功率中的一部分转换为有用的输出功率，信号越大，输出功率也就越大。甲类放大电路在理想情况下的效率最高只能达到 50%（需使用变压器耦合方式连接负载）。

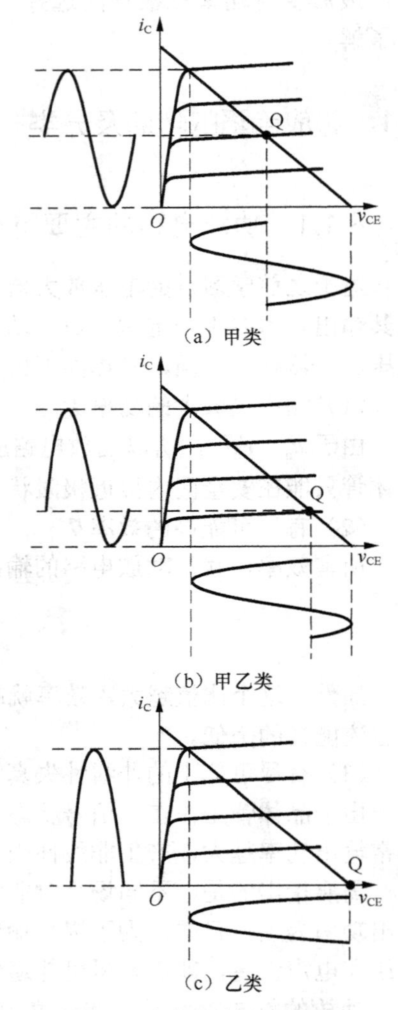

图 8.1　放大电路的工作状态

欲提高效率，需要从两方面着手：一是通过增加放大电路的动态工作范围来增加输出功率；一是尽可能减小电源供给的功率。从甲类放大电路来看，静态电流是造成管耗的主要因数。如果把静态工作点下移到 $i_C = 0$ 处，电源供给的功率则随信号的大小变化，信号增大时电源供给的功率随之增大；没有信号时，电源供给的功率近似为零。这种状态称为乙类工作状态，如图 8.1（c）所示，其效率最高能够达到 78.5%。如果静态工作点处在甲类和乙类之间的情况称为甲乙类工作状态，如图 8.1（b）所示，其效率在 50%～78.5%。为提高效率，功放主要采用甲乙类或乙类放大电路。

另外，需要指出的是甲乙类和乙类放大电路，虽然减小了静态功耗，提高了效率，但都出现了严重的波形失真。因此，既要保证静态管耗小，又要使失真不太严重，这就需要在电路结构上采取措施。

8.1.3 功放电路的分类

功放电路可以从不同角度进行分类，具体如下。

（1）按耦合方式分类

按照输出端的耦合方式（与负载的连接方式）不同，可以将功放分为直接耦合、变压器耦合和电容耦合 3 种类型，如图 8.2 所示。

学习记录

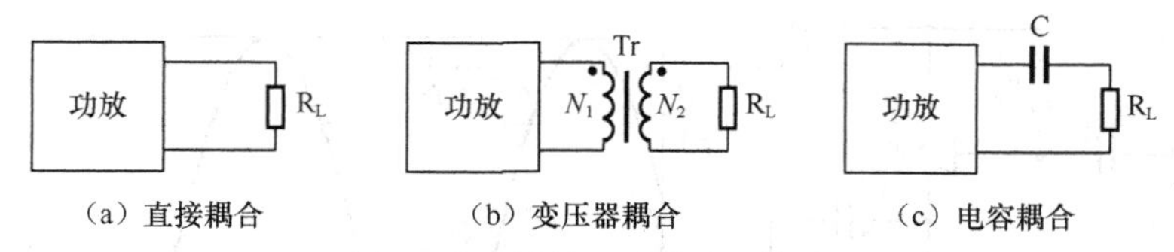

（a）直接耦合　（b）变压器耦合　（c）电容耦合

图 8.2　功放输出端的耦合方式

注意，变压器耦合功放因为使用变压器，其体积大、质量重、频带窄、效率低，并有漏磁易干扰附近电路，所以目前已使用得较少。

（2）按功放管类型分类

按照功放管的类型可以将功放分为电子管功放、晶体管功放、场效应管功放和集成功放。

（3）按照工作状态分类

在信号的一个周期中，功放管导通的时间所对应的电角度称为导通角或导电角，记作θ。按照θ的大小，功放电路分为甲类（θ=360°）、乙类（θ=180°）、甲乙类（180°＜θ＜360°）[1]。

（4）按电路形式分类

按照电路的形式可以将功放分为单管功放、推挽式（互补式）功放、桥式功放。

综上所述，本章主要介绍由两只不同类型三极管（NPN 型和 PNP 型）构成的乙类功放和甲乙类功放电路，它们都属于推挽式功放，输出端采用直接耦合或电容耦合方式。

8.2　互补对称功率放大电路

8.2.1　互补对称功放电路的基本形式

互补对称功放电路的工作方式有乙类和甲乙类之分，供电方式可以是双电源和单电源两种，输出方式配合供电方式分为直接耦合和电容耦合。

1. 乙类双电源互补对称功率放大电路

如前所述，功放电路不需要电压放大作用，而需要电流放大作用，所以功放的原型可以选用三极管共集电极放大电路（电压增益近似为 1，而电流增益为β）。如图 8.3（a）所示，这是一个甲类放大器，其输入输出波形近似重合。如图 8.3（b）所示，表明其跟随性非常好。

[1] 除了甲类、乙类、甲乙类外，功放还有丙类和丁类。丙类放大电路的导通角小于 180°，通常只用在调谐电路中，而不用于传递大功率信号。丁类放大电路是用来放大脉冲（数字）信号的，这种信号通常持续时间较短。丁类功放的实际效率较高，能达到 90%以上。

学习记录

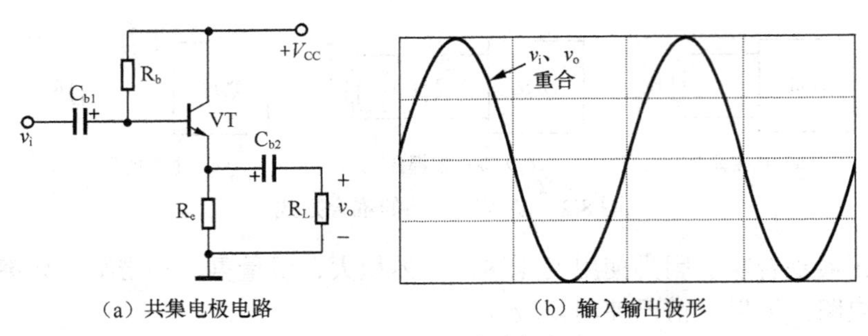

（a）共集电极电路　　（b）输入输出波形

图 8.3　功放原型电路

为了提高工作效率，可以将其中的电阻 R_b 去掉，以把静态工作点置于截止区；另外，射极电阻 R_e 也可以去掉，以减小损耗。这样就得到了如图 8.4（a）所示的形式，是一个乙类放大电路。显然，在提高效率的同时，输出波形产生了较严重的失真，如图 8.4（b）所示。

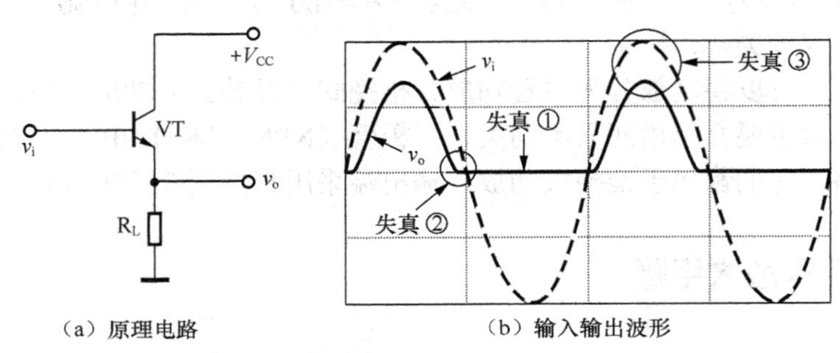

（a）原理电路　　（b）输入输出波形

图 8.4　NPN 管乙类放大电路

NPN 管乙类放大电路产生半波失真（失真①）的原因是 NPN 型三极管只能在输入的正半周期导通，负半周期因发射结反偏而截止。产生失真②的原因是在正半周期开始或结束阶段，正向电压较小，还不足以驱动发射结导通，三极管仍然处于截止状态，故没有输出。产生失真③的原因是正半周期的输入电压需要分出一小部分（如硅管 0.6～0.7V）去驱动三极管的发射结正向导通，故输出电压在跟随输入电压变化时存在一定的差异。

如果用 PNP 管来构成如图 8.5（a）所示的乙类放大电路，则能够输出信号的负半周期，正好与 NPN 管乙类放大电路相反，如图 8.5（b）所示。

如果将 NPN 管和 PNP 管乙类放大电路组合在一起，如图 8.6（a）所示，当输入信号为正半周期时，NPN 管（VT_1 管）导通输出信号的正半周期；而当输入信号为负半周期时，PNP 管（VT_2 管）导通输出信号的负半周期。这样通过 NPN 管和 PNP 管的交替导通，两管的输出相互补充，共同使输出信号成为一个完整的波形，如图 8.6（b）所示。

✍ 学习记录

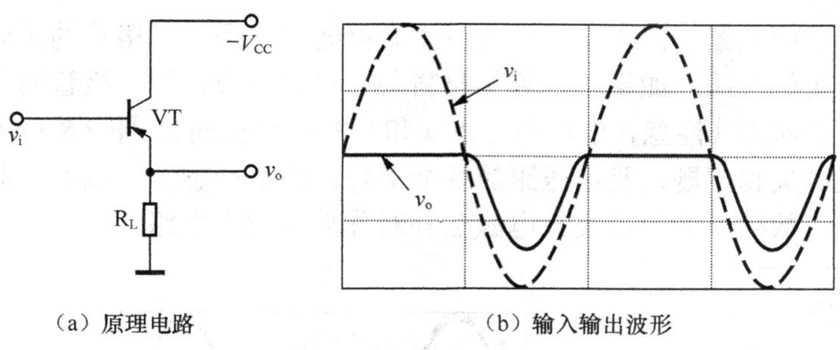

图 8.5　PNP 管乙类放大电路

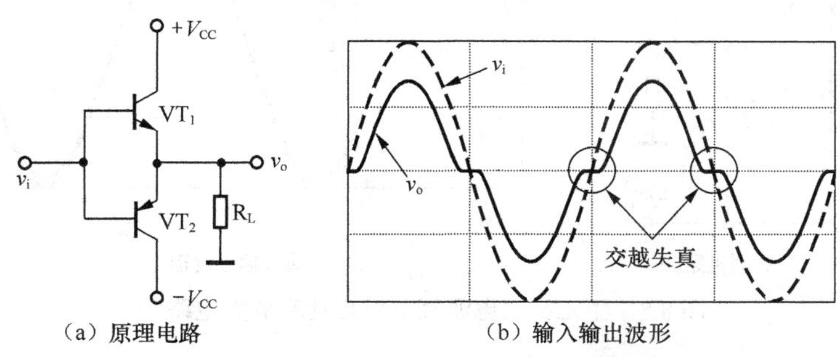

图 8.6　乙类双电源互补对称功率放大电路

显然，为了使输出信号的正负半周期对称，需要 NPN 管和 PNP 管的相关参数保持对称和一致。另外，电路采用了双电源供电，故被称为乙类双电源互补对称功率放大电路，也简称为 OCL 功放[1]。这种功放电路的结构虽然简单，但输出波形仍然存在交越失真（强调信号在正负半周期交替时出现的失真），输出电压也比输入电压略小。

2. 甲乙类双电源互补对称功率放大电路

对于乙类功放，在没有信号输入时三极管处于截止状态；当有信号输入时，首先需要一定的电压来驱使工作点脱离截止区而进入线性放大区，如果输入电压的大小不够，就会出现交越失真。为了解决这个问题，可以在没有信号输入时，事先让三极管进入微导通状态，即事先使三极管的工作点脱离截止区，但又不能完全进入放大区，应该是处于截止区到放大区的临界点上，如图 8.7 所示。这样既可以保证静态时三极管的损耗较小，又能保证有信号输入时，三极管能够立即进入线性放大区而产生相应的输出信号，以克服交越失真。

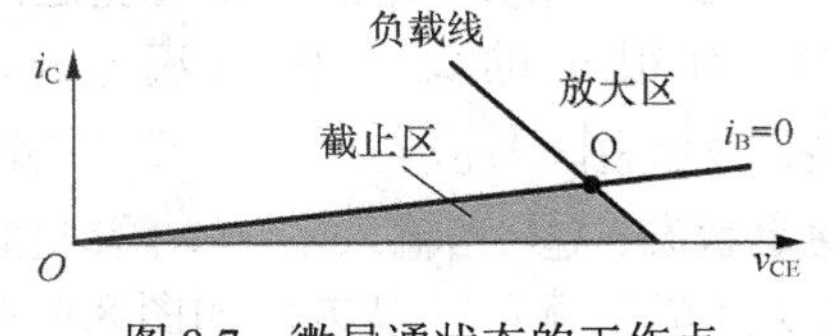

图 8.7　微导通状态的工作点

[1] OCL 为 Output Capacitorless（无输出电容器）的缩写。

✍ 学习记录

图 8.8（a）所示的电路是乙类功放的改进型。静态时，通过二极管的正向导通给三极管的发射结施加一个正偏电压，如果二极管的材料与三极管一致，则二极管的导通电压足以驱使三极管进入微导通状态（注意，电路中心点 a 和 b 的电位相同）。图 8.8（b）所示显示了输出波形不再存在交越失真问题，且电压跟随性能更好。由于静态工作点不在截止区，电路处于甲乙类工作状态，故被称为甲乙类双电源互补对称功率放大电路。

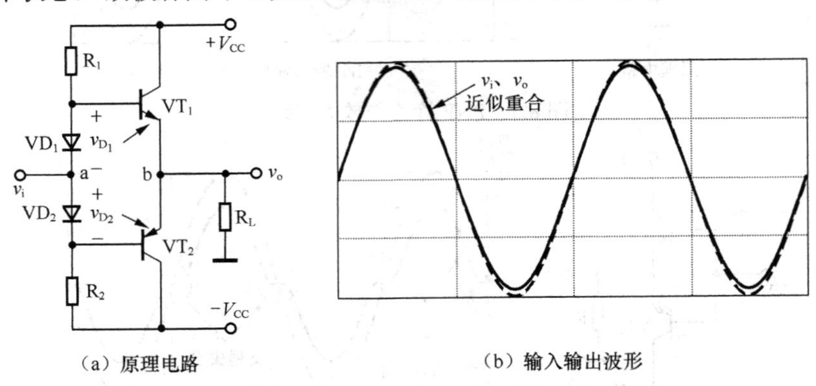

（a）原理电路　　　　（b）输入输出波形

图 8.8　甲乙类双电源互补对称功率放大电路

3. 单电源互补对称功率放大电路

上面所述的功放电路都采用的是双电源，为减少电源数目，可用一个电源取代双电源，如图 8.9 所示的甲乙类单电源互补对称功率放大电路。注意，采用单电源供电时，在电路的输出端需要增加一个大容量的耦合电容 C，其作用：一是隔断直流，以使 VT_2 管不会被负载小电阻短路；二是利用 C 充电储存的能量作为 VT_2 管的直流电源。当 VT_1 管导通时，i_{C1} 对电容 C 充电；VT_2 管导通时，电容 C 放电，形成 VT_2 管的集电极电流 i_{C2}，电容 C 放电损失的电荷在 VT_1 管导通时获得补充。为保证 VT_2 管有稳定的直流电源电压，电容 C 应选择得足够大（1000～2000 μF）。

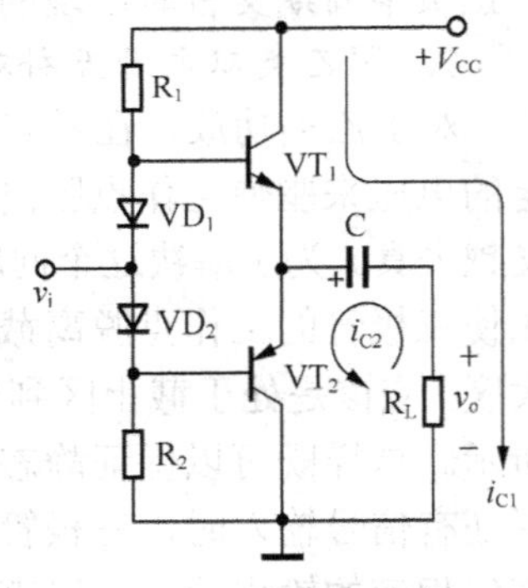

图 8.9　单电源功放

图 8.9 所示电路的工作情况是：① 在无信号输入时，VT_1、VT_2 有很小的集电极电流 $i_{C1}=i_{C2}$，集射电压分别等于 $|v_{CE1}|=|v_{CE2}|=V_{CC}/2$，电容 C 两端充电到 $V_{CC}/2$ 时，电路处于稳定状态；② 当输入信号 v_i 瞬时值为正时，VT_1 导通（VT_2 截止）形成电流 i_{C1}，其方向如图 8.9 所示，在 R_L 上得到由上到下的电流 $i_{C1}=\beta_1 i_{b1}$，这时 i_{C1} 同时对电容 C 进行充电；③ 当输入信号 v_i 瞬时值为负时，VT_2 导通（VT_1 截止），电容 C 放电形成电流 i_{C2}，其电流方向由电容 C 正端→VT_2→ R_L →电容 C 负端，具体如图 8.9 所示，在 R_L 上得到由下到上的电流 i_{C2}。显然

学习记录

在一个周期内 R_L 上得到了与输入信号相同的正弦信号。

输出端带电容的功放电路简称 OTL 功放[1]。

8.2.2 互补对称功放电路的分析计算

乙类和甲乙类互补对称功放电路的分析方法是类似的，使用的计算公式也是一致的。下面主要以乙类互补对称功放电路为例来介绍相关参数的计算方法。

1. 双电源功放的输出电压

功放电路相关参数的计算需要用到输出电压。下面首先以如图 8.4（a）所示电路为例来讨论双电源互补对称功放的输出电压。说明，图 8.4（a）所示电路可以看成是乙类双电源互补对称功放在输入信号为正半周期时的等效电路。

（1）约束方程

如果从输入端出发，经三极管的发射结、负载电阻到地，可以写出如下约束方程：

$$v_i = v_{be} + v_o \Rightarrow v_o = v_i - v_{be} \approx v_i \tag{8.2}$$

如果从电源正极出发，经三极管的集电极、发射极、负载电阻到地，可以写出如下约束方程：

$$V_{CC} = v_{ce} + v_o \Rightarrow v_o = V_{CC} - v_{ce} \tag{8.3}$$

式（8.2）表明功放的实际输出电压由输入电压决定；而式（8.3）表明功放输出电压的动态变换范围由电源电压和三极管集射电压决定。

（2）可能的最大输出电压 V_{om}

考虑到三极管饱和导通时，集射电压 V_{CES} 最小（约零点几伏），故此时的输出电压为电路可能的最大输出电压值。根据式（8.3）可得最大输出电压为

$$V_{om} = V_{CC} - V_{CES} \approx V_{CC} \tag{8.4}$$

上式表明功放电路可能的最大输出电压由电源电压决定。

（3）实际的最大输出电压 V'_{om}

功放的实际最大输出电压是由输入电压决定的：① 如果输入电压的幅值 V_{im} 低于功放可能的最大输出电压 V_{om}，则实际输出的最大电压 $V'_{om} \approx V_{im}$；② 如果输入电压的幅值 $V_{im} > V_{CC}$，则实际输出的最大电压 $V'_{om} \approx V_{om}$。提示，本教材后续章节所述功放的最大输出电压默认是 V_{om}。

2. 单电源功放的输出电压

由于仅采用一个电源 V_{CC} 供电，电路对称中心的电位为 $V_{CC}/2$，所以单电源功放每个单管

---

[1] OTL 是 Output Transformerless（无输出变压器）的缩写。

学习记录

所获得的实际直流电压为$V_{CC}/2$。因此，单电源功放的可能最大输出电压为$V_{CC}/2$。

3. 输出功率

功放电路的输出功率P_o定义为输出电压和输出电流有效值之积。如果使用输出电压的幅值V_{om}来表示输出功率P_o，可写成

$$P_o = V_o I_o = V_o \frac{V_o}{R_L} = \left(\frac{V_{om}}{\sqrt{2}}\right)^2 \Big/ R_L = \frac{1}{2}\frac{V_{om}^2}{R_L} \tag{8.5}$$

输出功率的最大值为

$$P_{om} = \frac{1}{2}\frac{V_{om}^2}{R_L} = \frac{1}{2}\frac{V_{CC}^2}{R_L} \quad（双电源） \tag{8.6a}$$

$$P_{om} = \frac{1}{2}\frac{V_{om}^2}{R_L} = \frac{1}{2}\frac{(V_{CC}/2)^2}{R_L} = \frac{1}{8}\frac{V_{CC}^2}{R_L} \quad（单电源） \tag{8.6b}$$

提示：对于互补对称功放电路，负载得到的信号功率是两管输出功率之和，由于两管组成的电路完全对称，所以两管输出的功率是相等的。

4. 管耗

互补对称功放电路两管的管耗是相同的，单管管耗表示为

$$P_{T_1} = P_{T_2} = \frac{1}{R_L}\left(\frac{V_{CC}V_{om}}{\pi} - \frac{V_{om}^2}{4}\right) \quad（双电源） \tag{8.7a}$$

$$P_{T_1} = P_{T_2} = \frac{1}{R_L}\left(\frac{V_{CC}V_{om}}{2\pi} - \frac{V_{om}^2}{4}\right) \quad（单电源） \tag{8.7b}$$

两管的总管耗为

$$P_T = P_{T_1} + P_{T_2} = 2P_{T_1} \tag{8.8}$$

5. 电源供给功率

直流电源供给的功率P_V包括负载得到的功率P_o和功率管的管耗P_T。当输入$v_i \neq 0$时，由式（8.5）、式（8.7）和式（8.8）得

$$P_V = P_o + P_T = \frac{2V_{CC}V_{om}}{\pi R_L} \quad（双电源） \tag{8.9a}$$

$$P_V = P_o + P_T = \frac{V_{CC}V_{om}}{\pi R_L} \quad（单电源） \tag{8.9b}$$

当输出电压达到最大值时，电源供给的功率最大，具体为

$$P_{Vm} = \frac{2}{\pi}\frac{V_{CC}^2}{R_L} \quad（双电源） \tag{8.10a}$$

学习记录

$$P_{Vm}=\frac{2(V_{CC}/2)^2}{\pi R_L}=\frac{1}{2\pi}\frac{V_{CC}^2}{R_L}\quad（单电源）\tag{8.10b}$$

6. 效率

互补对称功放电路的效率可以表示为

$$\eta=\frac{P_o}{P_V}=\frac{\pi}{4}\frac{V_{om}}{V_{CC}}\quad（双电源）\tag{8.11a}$$

$$\eta=\frac{P_o}{P_V}=\frac{\pi}{2}\frac{V_{om}}{V_{CC}}\quad（单电源）\tag{8.11b}$$

乙类互补对称功放电路的理想效率为

$$\eta=\frac{P_o}{P_V}=\frac{\pi}{4}=78.5\%\tag{8.12}$$

【例 8.1】 一功放电路如图 8.10 所示，已知 $+V_{CC}=+20V$、$-V_{CC}=-20V$、$R_L=8\Omega$。设三极管 VT_1 和 VT_2 的特性完全一致，忽略交越失真和饱和压降 V_{CES}。①求 $R=0$、$v_i=10\sqrt{2}\sin(\omega t)$ V 时的输出功率 P_o、管耗 P_T、电源功率 P_V 和效率 η；②求 $R=0$ 时电路的最大输出功率 P_{om}，以及此时的 P_T、P_V 和 η；③求

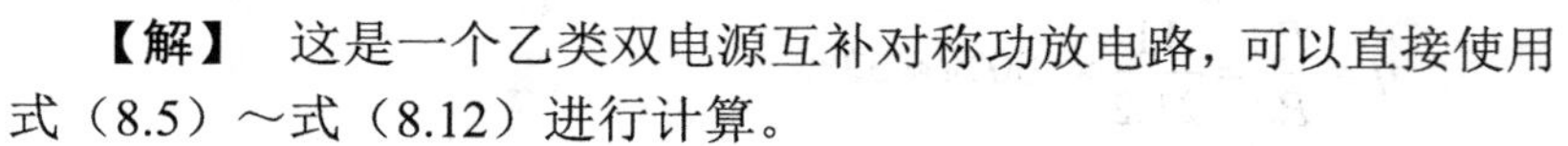

$R=0.5\Omega$、$v_i=10\sqrt{2}\sin(\omega t)$ V 时的输出功率 P_o、管耗 P_T、电源功率 P_V 和效率 η；(4) 求 $R=0.5\Omega$ 时电路的最大输出功率 P_{om}，以及此时的 P_T、P_V 和 η。

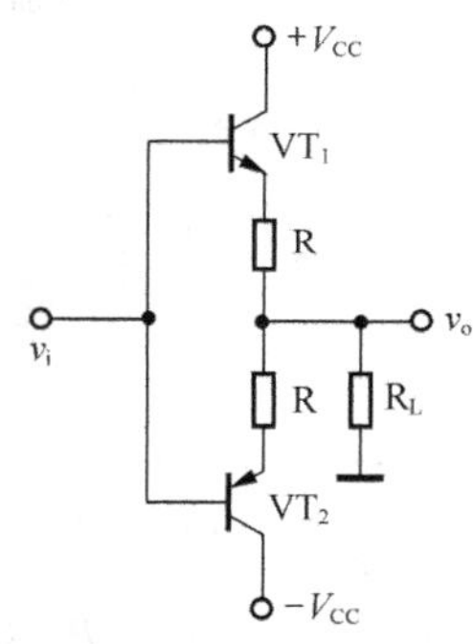

图 8.10　例 8.1 电路

【解】 这是一个乙类双电源互补对称功放电路，可以直接使用式（8.5）～式（8.12）进行计算。

① 由于输入信号的幅值 V_{im} 小于电源电压 V_{CC}，故电路的最大输出电压由输入信号决定，即 $V_{om}=V_{im}=10\sqrt{2}$ V。

$$P_o=\frac{1}{2}\frac{V_{om}^2}{R_L}=\frac{1}{2}\frac{(10\sqrt{2})^2}{8}=12.5(W)$$

$$P_V=\frac{2V_{CC}V_{om}}{\pi R_L}=\frac{2\times20\times10\sqrt{2}}{3.14\times8}\approx22.5(W)$$

$$\eta=\frac{P_o}{P_V}=\frac{12.5}{22.5}\times100\%\approx55.6\%$$

$$P_T=\frac{2}{R_L}\left(\frac{V_{CC}V_{om}}{\pi}-\frac{V_{om}^2}{4}\right)=\frac{2}{8}\left(\frac{20\times10\sqrt{2}}{3.14}-\frac{(10\sqrt{2})^2}{4}\right)\approx10(W)$$

或者

学习记录

$$P_T = P_V - P_o = 22.5 - 12.5 = 10(\mathrm{W})$$

② 电路的最大输出电压$V_{om} = V_{CC}$。

$$P_{om} = \frac{1}{2}\frac{V_{om}^2}{R_L} = \frac{1}{2}\frac{(20)^2}{8} = 25(\mathrm{W})$$

$$P_V = \frac{2V_{CC}V_{om}}{\pi R_L} = \frac{2V_{CC}^2}{\pi R_L} = \frac{2\times 20^2}{3.14\times 8} \approx 31.85(\mathrm{W})$$

$$\eta = \frac{P_{om}}{P_V} = \frac{25}{31.85}\times 100\% \approx 78.5\%$$

$$P_T = P_V - P_{om} = 31.85 - 25 = 6.85(\mathrm{W})$$

③ 电路的最大输出电压为$V'_{om} = V_{im}$，而负载上的电压由 R 和 R_L 分压获得。

$$V_{om} = V'_{om}\frac{R_L}{R+R_L} = V_{im}\frac{R_L}{R+R_L} = 10\sqrt{2}\times\frac{8}{0.5+8} \approx 9.4\sqrt{2}\ (\mathrm{V})$$

$$P_o = \frac{1}{2}\frac{V_{om}^2}{R_L} = \frac{1}{2}\frac{(9.4\sqrt{2})^2}{8} \approx 11(\mathrm{W})$$

$$P_V = \frac{2V_{CC}V'_{om}}{\pi(R+R_L)} = \frac{2\times 20\times 10\sqrt{2}}{3.14\times(0.5+8)} \approx 21.2(\mathrm{W})$$

$$\eta = \frac{P_o}{P_V} = \frac{11}{21.2}\times 100\% \approx 52\%$$

$$P_T = P_V - P'_o = P_V - \frac{(V'_{om})^2}{2(R+R_L)} = 21.2 - \frac{(10\sqrt{2})^2}{2(0.5+8)} = 21.2 - 11.76 \approx 9.4(\mathrm{W})$$

④ 电路的最大输出电压$V'_{om} = V_{CC}$，负载上的电压由 R 和 R_L 分压获得。

$$V_{om} = \frac{R_L}{R+R_L}V'_{om} = \frac{8}{0.5+8}\times 20 \approx 18.8(\mathrm{V})$$

$$P_{om} = \frac{1}{2}\frac{V_{om}^2}{R_L} = \frac{1}{2}\frac{(18.8)^2}{8} \approx 22.1(\mathrm{W})$$

$$P_V = \frac{2V_{CC}V'_{om}}{\pi(R+R_L)} = \frac{2V_{CC}^2}{\pi(R+R_L)} = \frac{2\times 20^2}{3.14\times(0.5+8)} \approx 29.97(\mathrm{W})$$

✍ 学习记录

$$\eta = \frac{P_{om}}{P_V} = \frac{22.1}{29.97} \times 100\% \approx 73.7\%$$

$$P_T = P_V - P'_{om} = P_V - \frac{(V'_{om})^2}{2(R+R_L)} = 29.97 - \frac{(20)^2}{2(0.5+8)} = 29.97 - 23.53 \approx 6.4(\mathrm{W})$$

8.2.3　功率三极管的选择

对于互补对称功放电路来说，功率三极管的选择需要从管耗、耐压和工作电流等几方面进行考虑，具体原则如下。

（1）关于管耗

单管的最大管耗与最大输出功率之间的关系为

$$P_{T_1m} = P_{T_2m} = 0.2P_{om} \tag{8.13}$$

即每只功率三极管的最大允许管耗 P_{CM} 必须大于 $0.2P_{om}$。例如，要实现 10W 的最大功率输出，那么每只功率三极管的管耗不应低于 2W。

（2）关于耐压

在互补电路中，两只三极管是交替工作的，即一只导通时，另一只是截止的。对于截止的三极管，其集射两端所加的是反向电压，如果此时另一只三极管处于饱和导通状态，那么集射反向电压最大。由图 8.6（a）所示电路不难得到双电源供电时，集射反向电压的最大值为 $2V_{CC}$（忽略三极管饱和导通时的集射电压 V_{CES}），故双电源功放中的三极管应满足 $|V_{(BR)CEO}| > 2V_{CC}$。如果是单电源功放，则应该满足 $|V_{(BR)CEO}| > V_{CC}$。

（3）关于工作电流

单管的集电极电流由功放的输出电流（即负载电流 V_{om}/R_L）决定，故功率三极管的最大集电极电流 I_{CM} 应不低于 V_{om}/R_L（双电源 V_{om} 取 V_{CC}，单电源 V_{om} 取 $V_{CC}/2$）。

8.3　功放电路的性能改进

1. 偏置电压可调的甲乙类功放

考虑到完全对称的两只功放管是不存在的，所以互补电路会存在不对称的问题，这就要求在克服交越失真时能够适当调整两只功放管的偏置电压。具体的改进电路如图 8.11 所示。

说明：① 图 8.11 中三极管 VT_3 是功放的前置电压放大器；② 图 8.11（a）中通过改变 R_2 的电阻值来调节两只功放管的基极偏压；③ 图 8.11（b）中通过改变 R_2 和 R_3 的比值来调节偏压，因为三极管 VT_4 的基极电流较小，可以近似认为 R_2 和 R_3 是串联关系，两端的总电压即功放管的基极偏压 V_{CE4}，而 R_3 两端的电压 V_{R_3} 就是 VT_4 的基射电压 V_{BE4}（可以认为是一个常数），故有

✍ 学习记录

$$V_{R_3}=V_{BE4}=\frac{R_3}{R_2+R_3}V_{CE4}\Rightarrow V_{CE4}=\left(1+\frac{R_2}{R_3}\right)V_{BE4} \quad (8.14)$$

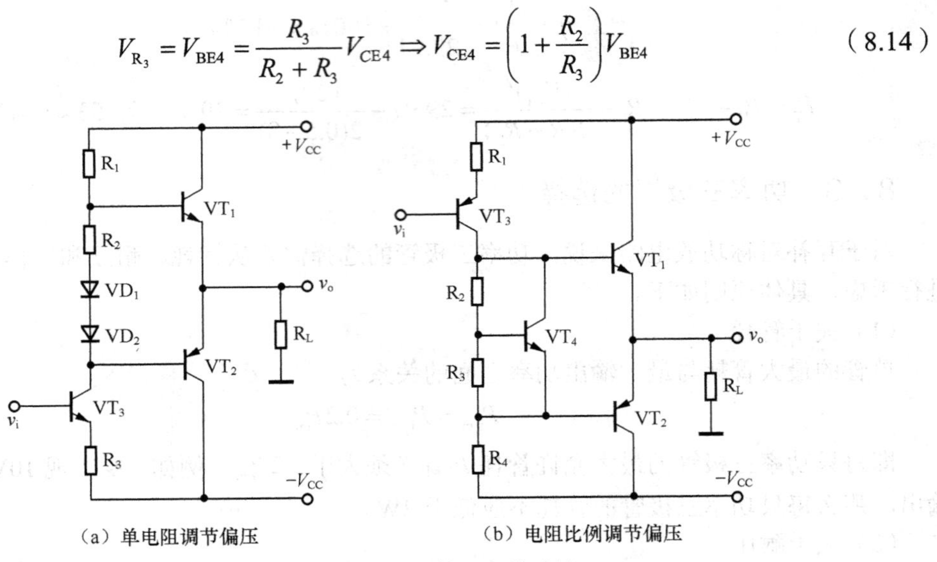

（a）单电阻调节偏压　　（b）电阻比例调节偏压

图 8.11　偏置电压可调的甲乙类功放

2. 采用复合管作功放管

互补对称功放电路中，大功率管的配对比较困难，而利用复合管易于得到特性相同的异型大功率管。图 8.12 所示电路为一复合管 OTL 功放电路。

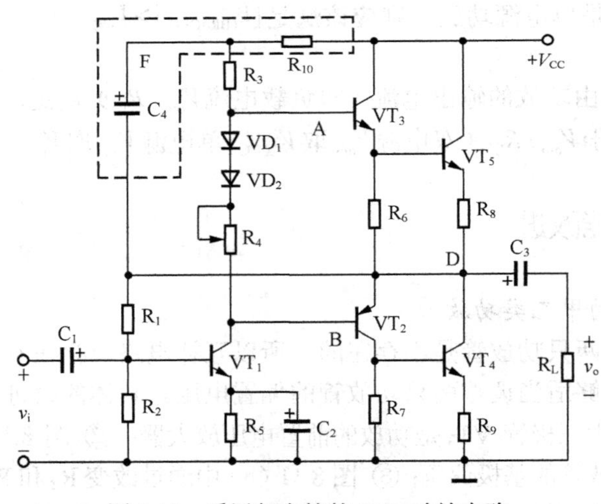

图 8.12　采用复合管的 OTL 功放电路

VT_1 组成前置电压放大器，R_1、R_2 和 R_5 组成 VT_1 的偏置电路，接在对地电压为 $V_{CC}/2$ 的

学习记录

D 点。R_3、R_{D_1}、R_{D_2}、R_4 组成 VT_1 的集电极电阻，R_3 同时又是 VT_3 的偏置电阻。VD_1、VD_2 和 R_4 上的压降使互补对称管 VT_2、VT_3 处于微导通状态，此时放大器工作在甲乙类状态，避免了交越失真。VD_1 和 VD_2 同时又对 VT_2、VT_3 的发射结有温度补偿作用。

VT_2、VT_4 和 VT_3、VT_5 分别组成复合管的互补对称输出电路。其中 R_6、R_7 的作用为：① 在互补管 VT_2、VT_3 截止时作为复合管穿透电流的泄放电阻；② 使输出管 VT_4、VT_5 的集电结能够承受较大的反向偏压（因为三极管基极开路时的击穿电压 $V_{(BR)CEO}$ 最低，如果不接入 R_6，当 VT_3 截止时，VT_5 管基极相当于开路）。

R_1 接于 D 点可以提高电路的工作稳定性。例如，温度上升使 I_{C1} 增加，其稳定过程如下：

$I_{C1}\uparrow \rightarrow V_{C1}$（$VT_2$ 基极电位 V_{B2}）$\downarrow \rightarrow I_{C2}\uparrow$（同时 $I_{C3}\downarrow$）、$I_{C4}\uparrow$（同时 $I_{C5}\downarrow$）

$I_{C1}\downarrow \longleftarrow I_{B1}\downarrow \leftarrow V_{B1}\downarrow \leftarrow$ D 点电位 $V_D\downarrow$

上述过程说明，由于直流负反馈的作用稳定了电路的静态工作点。

3. 加入自举电路提高正向输出幅度

在 OTL 功放电路中，当激励级（前置电压放大器）的输出电压足够大时，要提高输出功率必须要使功率管得到充分利用。就如图 8.12 所示电路，在理想情况下，当 VT_3 导通时，如果使 VT_5 导通到饱和状态，D 点对地电压将由 $V_{CC}/2$ 上升到 V_{CC}。当 VT_2 导通时，如果使 VT_4 导通到饱和状态，D 点对地电压将由 $V_{CC}/2$ 下降到 0，这时负载 R_L 两端电压是以 $V_{CC}/2$ 为中心在 0～V_{CC} 范围内变化，输出电压幅度为 $V_{CC}/2$。

而实际情况是，当 VT_3 导通并使 VT_5 管电流不断增大时，i_{b3} 也随之不断增大，R_3 上压降不断增加，A 点电位不断下降，同时 D 点电位不断提高，使 VT_5 管基极电流的增加受到限制，造成输出管 VT_5 不能达到饱和状态而无法充分利用，这就限制了正向输出电压的幅度。

解决上述问题的方法是提高 F 点电位，保证 A 点电位高于 V_{CC}，这样 D 点电位才能达到 V_{CC}。提高 F 点电位的措施是接入大电容 C_4 和隔直小电阻 R_{10} 所构成的自举电路，如图 8.12 虚线框部分所示。静态时，C_4 充有 $V_{CC}/2$ 的电压，由于 C_4 的容量很大，在输入信号作用下，C_4 上的电压基本保持不变。

当 v_i 为负时，VT_1 输出为正，VT_3、VT_5 导通，管压降逐渐减小，D 点电位升高，由于 F 点电位始终比 D 点电位高 $V_{CC}/2$（$v_F = v_D + v_{C4}$），F 点电位也自动升高。这样就能保证在输入信号加大时 VT_5 有足够大的基极电流，输出管 VT_5 可以完全达到饱和状态而得到充分利用，提高了正向输出电压幅度。

另外，电容 C_4 的引入有助于提高 VT_1 管的集电极负载电阻值，使激励级的电压放大倍数增加，为改善放大器的性能带来了好处。

4. 集成功率放大器

集成功率放大器具有体积小、工作稳定、易于安装和调试方便等优点，且了解其外特性

学习记录

和典型外线路的连接方法，就能组成实用电路。因此，集成功率放大器得到了广泛的应用。

LM386 是小功率音频集成功放，采用 8 脚双列直插式塑料封装，其管脚图如图 8.13 所示。

（1）管脚功能

4 脚为接地端；6 脚为电源端；2 脚为反相输入端；3 脚为同相输入端；5 脚为输出端；7 脚为去耦端；1、8 脚为增益调节端。

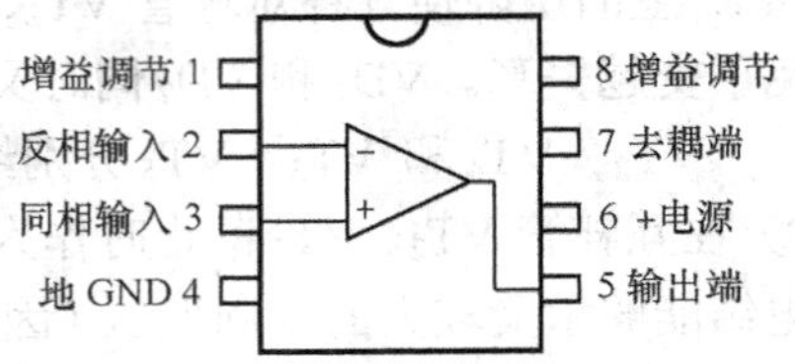

增益调节 1　　8 增益调节
反相输入 2　　7 去耦端
同相输入 3　　6 +电源
地 GND 4　　5 输出端

图 8.13　LM386 管脚图

（2）外特性

额定工作电压为 4～16V。当电源电压为 6V 时，静态工作电流为 4mA，适合用电池供电。频响范围可达数百千赫兹。最大允许功耗为 660mW（25℃），不需散热片。工作电压为 4V、负载电阻为 4Ω时，输出功率（失真为 10%）为 300mW；工作电压为 6V、负载电阻为 4Ω、8Ω、16Ω时，输出功率分别为 340mW、325mW、180mW。

（3）典型连接

图 8.14 所示为 LM386 构成的 OTL 功放电路。图 8.14（a）所示电路的增益为 20，外接元件最少；图 8.14（b）所示电路的增益为 200。

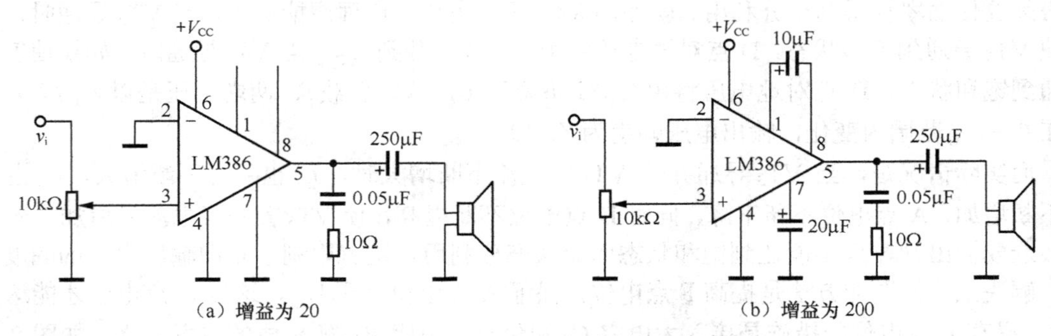

（a）增益为 20　　（b）增益为 200

图 8.14　LM386 的典型连接电路

8.4　本章小结

功率放大电路与电压放大电路作用不同，分析方法也有区别。电压放大电路工作在小信号下，一般用小信号等效电路分析，其要求是在不失真的情况下，尽可能提高输出电压的幅值；功率放大电路工作在大信号下，通常采用图解法进行分析，其研究重点是如何在允许条件下，尽可能提高输出的功率和效率。

功率放大电路工作在乙类或甲乙类（接近乙类）状态，通常采用互补对称的连接方式，同时要注意克服交越失真。对要求大功率输出的情况，功放管可用复合管代替。在具体使用

学习记录

功放电路时，还要注意器件的实际运行值不要超过器件的极限参数。

在计算方面，双电源和单电源互补对称功放电路的输出功率、效率、管耗和电源功率的计算式相似，但对于单电源电路应将计算式中的V_{CC}替换成$V_{CC}/2$。

8.5 思考题

1．什么是电压放大器？什么是功率放大电路？

2．一般说来功率放大器分为几类？

3．甲类、乙类和甲乙类功率放大器各有什么特点？

4．为什么乙类功率放大器会产生交越失真？如何克服？

5．为什么在设计功率放大器时必须考虑电源功耗、管耗和效率等问题？

6．对功率放大电路的主要技术性能有哪些要求？

7．用什么方法分析功率放大电路？

8．什么是 OCL 电路？OCL 电路有什么优缺点？

9．什么是 OTL 电路？OTL 电路有什么优缺点？

10．目前使用最广泛的功率放大电路是什么？

11．对于 OCL 功率放大电路，在已知电源电压和负载电阻的情况下，如何估算出电路的最大输出功率和电源提供的功率？

12．对于 OTL 功率放大电路，在已知电源电压和负载电阻的情况下，如何估算出电路的最大输出功率和电源提供的功率？

13．在选择功率放大电路中的晶体管时，应当特别注意的参数有哪些？

14．功率放大电路的最大不失真输出电压是多少？

15．什么是功率放大电路的最大输出功率？

16．什么是功率放大电路的效率？

17．什么时候晶体管耗散功率最大？

18．复合管在功率放大电路中有何应用？

19．什么是自举电路？为什么 OTL 功放电路中需要添加自举电路？

20．试总结功率放大电路的分析步骤。

学习记录

第 9 章 正弦波振荡电路

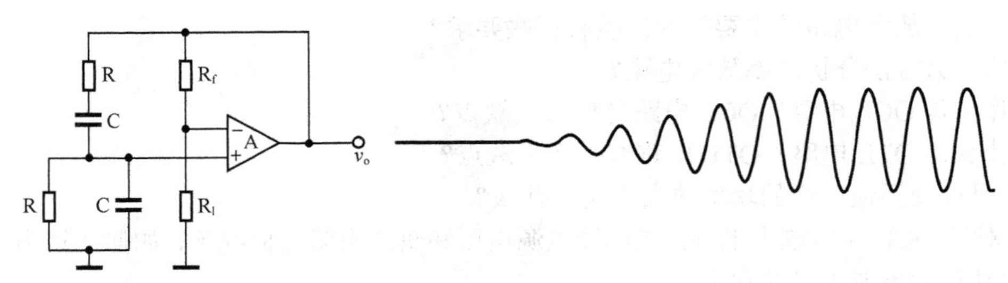

引言：在没有接入外界信号源的情况下，振荡器电路可以产生稳定的周期输出信号，也就是说振荡器的功能相当于信号发生器，可以作为信号源使用。顾名思义，正弦波振荡电路能够输出周期性正弦波信号，而正弦信号可以直接用作测试信号或控制信号，也可以作为源信号经变换后产生方波、三角波等重要信号，高频正弦信号还可以作为载波来实现信息的传递，因此正弦波振荡电路在电子电路中应用非常广泛。

本章内容：

- 正弦波振荡电路的振荡条件（基础）
- 正弦波振荡电路的起振过程（基础）
- RC 桥式振荡电路（重点）
- LC 变压器反馈式振荡电路（重点）
- LC 三点式振荡电路（重点）
- 石英晶体振荡器（了解）

建议：把握振荡条件和起振过程是理解正弦波振荡电路工作原理的基础，所以学习 RC 振荡电路和 LC 振荡电路首要先结合电路的结构去理解电路是如何满足振荡条件的，并在此基础上去记住电路的工作特点和典型形式，然后去学习分析和判断电路能否起振的方法，学

✍ 学习记录

习振荡频率等关键参数的计算方法，对于 RC 振荡电路还要掌握与起振和限幅相关的计算。

9.1 正弦波振荡电路的振荡条件

能自行产生正弦波输出的电路称为正弦波振荡电路，或正弦波振荡器、正弦波发生器，其结构是一个没有输入信号的带选频网络的正反馈放大电路。它与负反馈放大电路的区别如下。

① 工作任务不同。正弦波振荡电路用来产生信号；负反馈放大电路用来放大信号。

② 输入信号不同。正弦波振荡电路没有输入信号；负反馈放大电路有待放大的输入信号。

③ 反馈方式不同。正弦波振荡电路引入的是正反馈；负反馈放大电路引入的是负反馈。

④ 振荡方式不同。正弦波振荡电路的振荡方式不同于负反馈放大电路的自激振荡，前者是依靠外部接入的正反馈网络产生振荡；后者是放大电路的附加相移使负反馈变成正反馈而产生的振荡。

9.1.1 产生振荡的条件

产生振荡的原理可以用如图 9.1 所示框图说明，图中 $\dot{X}_i$ 为外加输入信号、$\dot{X}_a$ 为基本放大器的实际输入信号、$\dot{X}_o$ 为输出信号、$\dot{X}_f$ 为反馈信号、$\dot{A}$ 为基本放大器的增益、$\dot{F}$ 为反馈网络的反馈系数。图 9.1（a）中基本放大器在外加输入信号 $\dot{X}_i$ 的作用下输出稳定的信号 $\dot{X}_o$，有 $\dot{X}_a = \dot{X}_i$、$\dot{X}_f = \dot{F}\dot{X}_o$。如果合理选择 $\dot{A}$ 和 $\dot{F}$ 使 $\dot{X}_f = \dot{X}_a = \dot{X}_i$，则有理由认为当开关 S 接到 2 点时，如图 9.1（b）所示，电路仍然能够继续工作，输出稳定的信号 $\dot{X}_o$，此时电路没有接入输入信号 $\dot{X}_i$。

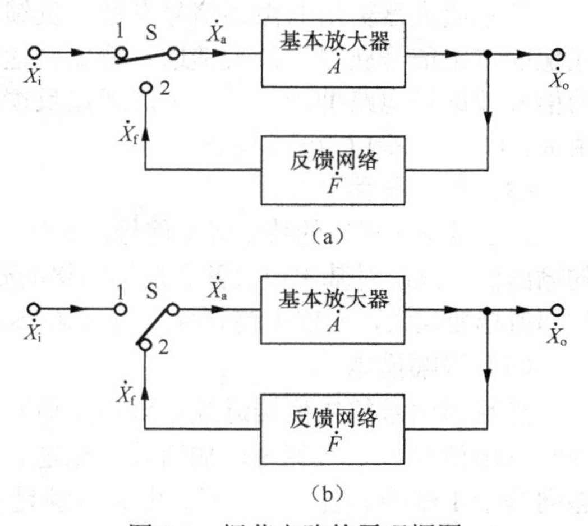

图 9.1 振荡电路的原理框图

综上分析可知，在没有外加输入信号的情况下要产生持续的输出，需要满足关系 $\dot{X}_f = \dot{X}_a$，便有

$$\frac{\dot{X}_f}{\dot{X}_a} = \frac{\dot{X}_o}{\dot{X}_a}\frac{\dot{X}_f}{\dot{X}_o} = \dot{A}\dot{F} = 1 \tag{9.1}$$

假设 $\dot{A} = A\angle\varphi_a$、$\dot{F} = F\angle\varphi_f$，则上式改写为

$$\dot{A}\dot{F} = AF\angle(\varphi_a + \varphi_f) = 1 \Rightarrow \begin{cases} AF = 1 & (9.2a) \\ \varphi_a + \varphi_f = 2n\pi,\ n = 0,1,2,\cdots & (9.2b) \end{cases}$$

✍ 学习记录

式（9.2a）称为振幅平衡条件，式（9.2b）称为相位平衡条件，这是正弦波振荡电路产生持续振荡的两个条件。相位平衡条件要求反馈网络引入的是正反馈。

9.1.2 振荡电路的起振过程

振荡电路的起振过程如图 9.2 所示，具体说明如下。

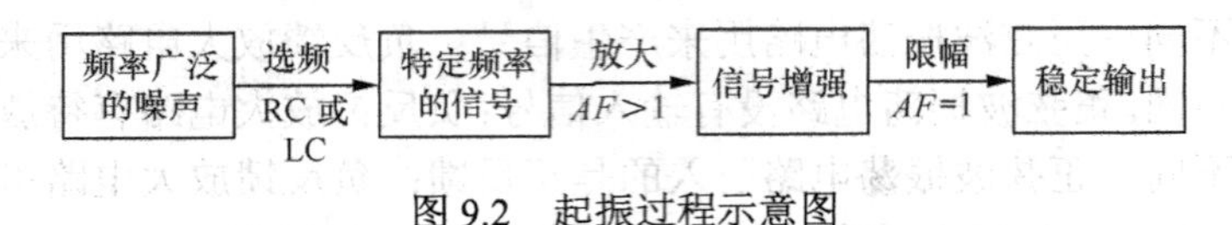

图 9.2 起振过程示意图

（1）噪声信号

当电源接通后，振荡电路内部的噪声和外部影响产生的干扰信号共同作为初始信号作用到基本放大器，并产生相应的输出信号。此时的输出信号不是一个稳定信号，而且包含的频率范围十分广泛，各频率点所对应信号分量的幅值非常微小，分布也是随机的。

（2）选频网络

基本放大器输出的微弱信号在通过反馈网络时会被选频电路选频，其中频率与选频电路匹配的特定信号获得了最大馈送，重新到达基本放大器的输入端，再次被放大；而其他频率的信号被选频电路抑制，几乎不能通过反馈网络而到达基本放大器的输入端。选频网络通常由 RC 电路或者 LC 电路构成。

（3）起振条件

经选频网络选出的特定频率信号，还需要被基本放大器反复放大，以使之幅值达到满足要求的输出值。此时对基本放大器和反馈网络的要求是 $AF>1$，这样才能保证选出的特定频率信号的幅值越变越大，实现电路起振。因而 $AF>1$ 称为起振条件，且 AF 的值越大起振越容易。

（4）限幅措施

当输出信号的幅值接近或达到预定值时，就需要通过限幅措施（或者称为稳幅措施）来控制输出信号的幅值不再增加而趋于稳定。限幅原理很简单，就是让 AF 自动从大于 1 的状态向等于 1 变换。当 $AF=1$ 时，电路就满足了振幅平衡条件，输出信号的幅值也就稳定下来。具体的限幅措施有热敏电阻限幅、二极管限幅、场效应管限幅等。

图 9.3 所示描述了正弦波振荡电路的起振波形，较清楚地展现了起振过程的几个基本环节。

通过对振荡电路的起振过程分析，可以知道正弦波振荡电路应该由具备下述 4 个功能的部分组成：放大电路、正反馈网络、选频网络、限幅电路。另外，根据选频网络所用元件不同，正弦波振荡电路主要有 RC 正弦波振荡电路、LC 正弦波振荡电路、石英晶体正弦波振荡电路。

学习记录

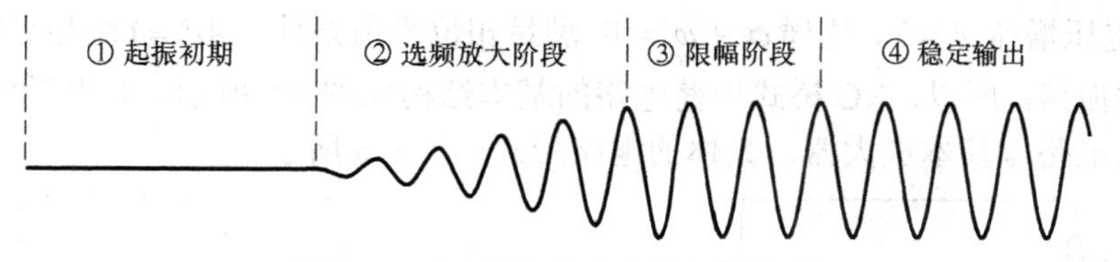

图 9.3 正弦波振荡电路的起振波形

9.2 RC 正弦波振荡电路

RC 正弦波振荡电路主要用于产生 1MHz 以内的低频信号。本节主要介绍 RC 桥式振荡电路和 RC 移相式振荡电路。

9.2.1 RC 桥式振荡电路

RC 桥式振荡电路习惯上也称为文氏电桥（Wien-bridge）正弦波振荡电路，其反馈兼选频网络是一个 RC 串并联电路。

1. RC 串并联电路的选频特性

RC 串并联电路如图 9.4（a）所示，其中 v_o 强调从放大电路输出端获得的信号，v_f 强调反馈网络的输出信号，即反馈信号，v_f 与 v_o 之比是该电路的反馈系数。图 9.4（b）和图 9.4（c）分别是该电路的幅频特性和相频特性。由频率特性可以很容易知道，在频率点 f_o 处反馈系数 F 最大，$F=1/3$，且相移 $\varphi_f=0°$，电路具有选频的特性，特征频率 f_o 为

$$f_o=\frac{1}{2\pi RC} \quad 或 \quad \omega_o=\frac{1}{RC} \tag{9.3}$$

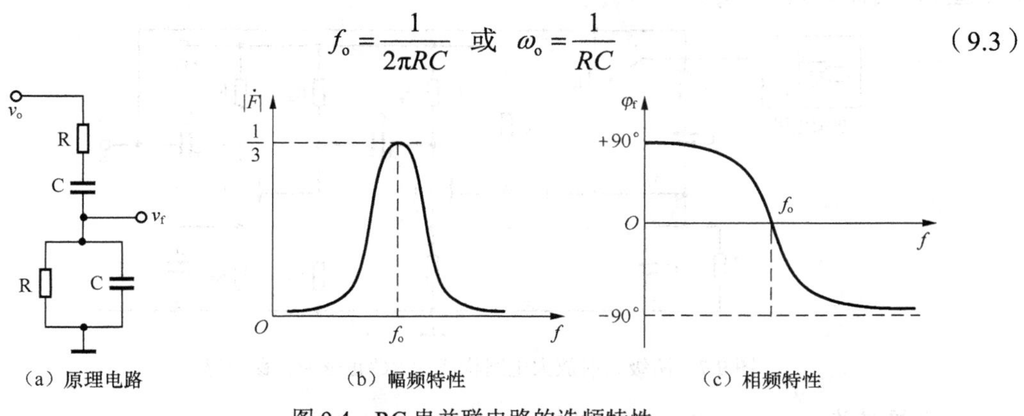

图 9.4 RC 串并联电路的选频特性

2. 原理电路图

根据 RC 串并联电路的选频特性，基本放大器应该选用带负反馈的同相放大电路（即

学习记录

$\varphi_a = 0°$），且电压增益 $A = 3$，这样 $\varphi_f + \varphi_a = 0°$ 满足相位平衡条件，$AF = 1$ 满足振幅平衡条件，电路能够正常振荡。所以，RC 桥式振荡电路的基本结构如图 9.5 所示。如果采用集成运放构成的同相放大电路作基本放大器，具体的电路形式如图 9.6 所示。

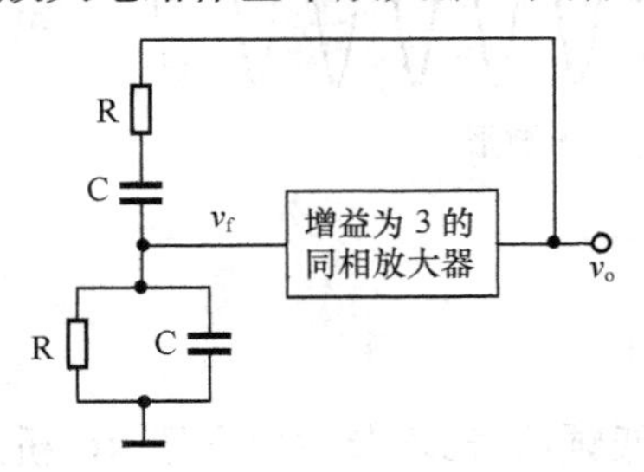

图 9.5　RC 桥式振荡电路的基本结构

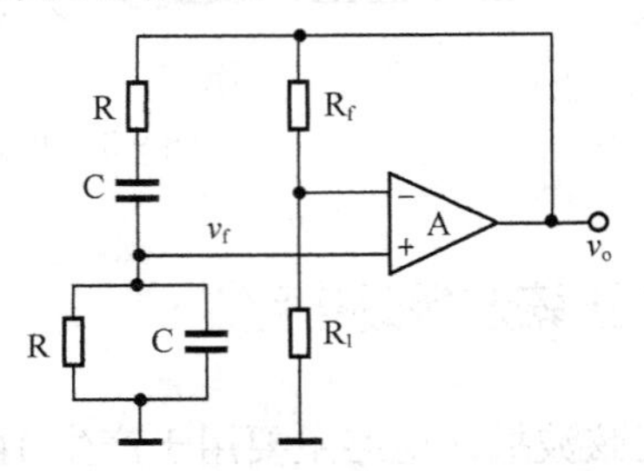

图 9.6　由集成运放构成的 RC 桥式振荡电路

在图 9.6 中，显然 RC 串联部分、RC 并联部分、R_f 和 R_1 共同构成了一个电桥电路，它们分别处于一个桥臂上，这也是桥式振荡电路得名的原因。另外，集成运放构成的同相放大电路的电压增益应该满足下式，即要求 $R_f = 2R_1$。但在起振阶段应该保证 $R_f > 2R_1$，以利于起振。

$$A_v = 1 + \frac{R_f}{R_1} = 3 \tag{9.4}$$

如果采用两级共射放大电路（这是一个同相放大电路）作基本放大器，RC 振荡电路的形式如图 9.7 所示。对于基本放大器，电阻 R_f 和 R_3 构成电压串联负反馈网络。在深度负反馈条件，基本放大器的电压增益 $A_v \approx 1 + R_f / R_3$，即只要满足 $R_f = 2R_3$ 电路就能够稳定振荡；如果要起振，则需要 $R_f > 2R_3$。

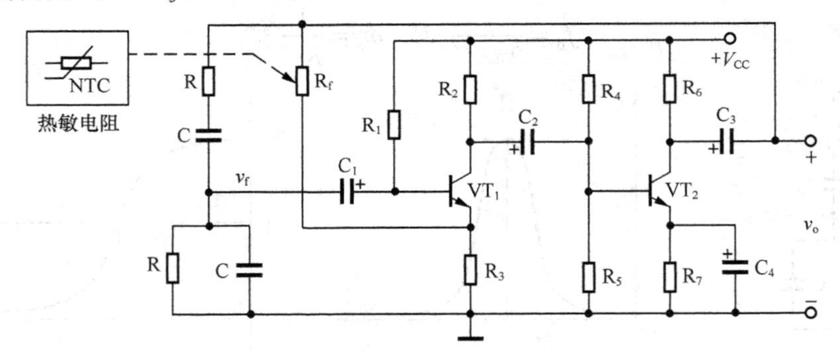

图 9.7　两级共射放大电路构成的 RC 正弦波振荡电路

3. 限幅措施

（1）热敏电阻限幅

如果将如图 9.6 或图 9.7 所示 RC 振荡电路中的电阻 R_f 换成具有负温度系数的热敏电阻，

学习记录

则电路就具有了自动限幅的功能。下面以图 9.6 为例来说明其限幅原理。

① 常温下使电阻满足关系 $R_f > 2R_1$，这样就有 $A_v > 3$ 、$A_vF > 1$ 的起振条件。

② 当电路开始工作后，电路中各元件消耗电能并转换为热能释放出来，使电路的温度上升，热敏电阻的阻值随之下降，这就使得基本放大器的电压增益随之下降，朝着 $A_vF = 1$ 的方向变化。当 $A_vF = 1$ 时，电路的输出也就稳定下来。

③ 通过合理选择热敏电阻的温度系数，就能控制 $A_vF = 1$ 时的输出电压幅值。

（2）二极管限幅

图 9.8 所示电路为使用二极管进行限幅的 RC 桥式振荡电路。电路的工作原理如下。

① 起振初期，因输出电压的幅值很小，两只二极管都处于截止状态，反馈支路上的电阻 $R_f = R_p + R_2$。此时有 $R_f > 2R_1$，以利于起振。

② 当输出电压的幅值增加到一定值时，两只二极管开始交替导通，VD_2 在输出为正值时导通，VD_1 在输出为负值时导通。考虑到二极管的导通电阻 R_D 较小，设 $R_D \ll R_2$，即二极管导通后反馈支路上的电阻 $R_f' = R_p + R_2 /\!/ R_D \approx R_p + R_D < R_f$，放大器增益下降、$A_vF$ 逐渐趋于 1，最终电路输出稳定。

（3）场效应管限幅

图 9.9 所示电路为使用场效应管进行限幅的 RC 桥式振荡电路。电路的工作原理如下。

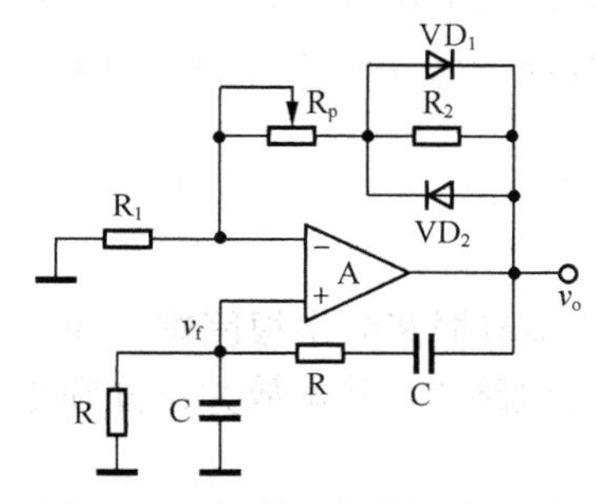

图 9.8 二极管限幅的振荡电路

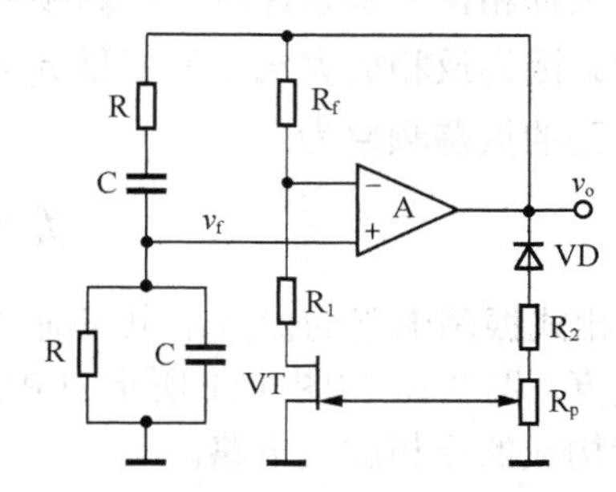

图 9.9 场效应管限幅的振荡电路

① 基本放大器的电压增益表达式如下，其中 R_{DS} 为 N 沟道 JFET 的栅源等效电阻，该电阻值会随反向栅源电压 $|v_{GS}|$ 的增加而增大，从而使电压增益随之减小。

$$A_v = 1 + \frac{R_f}{R_{DS} + R_1} \tag{9.5}$$

② 起振初期，输出电压的幅值很小，JFET 的反向栅源电压 $|v_{GS}|$ 较小，因此 R_{DS} 小，电压增益大。此时有 $R_f > 2(R_{DS} + R_1)$，以利于起振。

③ 随着输出电压幅值的增加，$|v_{GS}|$ 增大，R_{DS} 增大，电压增益下降，A_vF 逐渐趋于 1，

学习记录

最终电路输出稳定。

【例 9.1】 振荡电路如图 9.8 所示，已知 $R=10\text{k}\Omega$，$C=0.1\mu F$，$R_1=2\text{k}\Omega$，$R_2=4.5\text{k}\Omega$，R_P 在 $0\sim5\text{k}\Omega$ 范围内变化，设集成运放 A 是理想的，输出稳定后二极管的动态电阻 $r_\text{d}\approx500\Omega$。①试求 R_P 的阻值；②试求电路的振荡频率。

【解】 这是一个二极管限幅的 RC 桥式振荡电路，基本放大器的电压增益应为 3。

① 根据基本放大器的电压增益表达式可得

$$A_v=1+\frac{R_\text{f}}{R_1}=1+\frac{R_\text{p}+R_2//r_\text{d}}{R_1}=3\text{ , }R_2=4.5\text{k}\Omega>>r_\text{d}=0.5\text{k}\Omega$$

$$\Rightarrow\frac{R_\text{p}+R_2//r_\text{d}}{R_1}\approx\frac{R_\text{p}+r_\text{d}}{R_1}=2\Rightarrow R_\text{p}=2R_1-r_\text{d}=3.5\text{k}\Omega$$

② 电路的振荡频率

$$f_\text{o}=\frac{1}{2\pi RC}=\frac{1}{2\times3.14\times10\times10^3\times0.1\times10^{-6}}\approx159\text{Hz}$$

9.2.2 RC 移相式振荡电路

RC 移相式振荡电路的反馈兼选频网络是一个 3 节 RC 电路，其具有 180°的相移，即 $\varphi_\text{f}=180^\circ$。根据相位平衡条件可知，选频网络使用 RC 移相电路时应选用反相放大电路作为基本放大器。因为反相放大电路的相移 $\varphi_\text{a}=180^\circ$，故有 $\varphi_\text{f}+\varphi_\text{a}=360^\circ$，满足相位平衡条件。这种振荡电路的振荡频率为

$$f_\text{o}\approx\frac{1}{2\pi\sqrt{6}RC}\tag{9.6}$$

RC 移相式振荡电路的优点是电路简单，但缺点是调节振荡频率很困难，而且输出电压容易产生失真。图 9.10 和图 9.11 所示的 RC 移相式振荡电路中，基本放大器分别是由集成运放和三极管构成的反相放大电路。

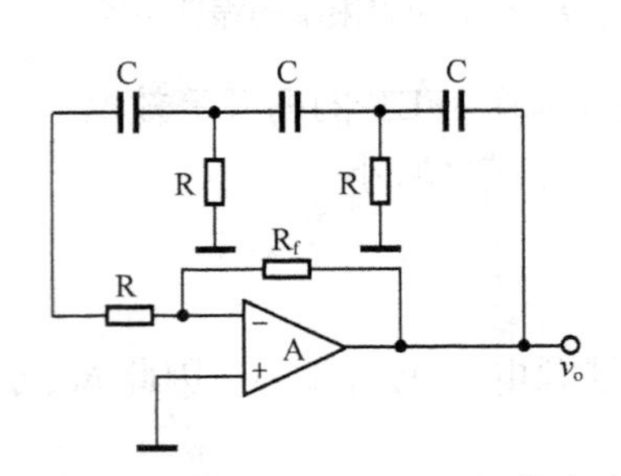

图 9.10 集成运放 RC 移相式振荡电路

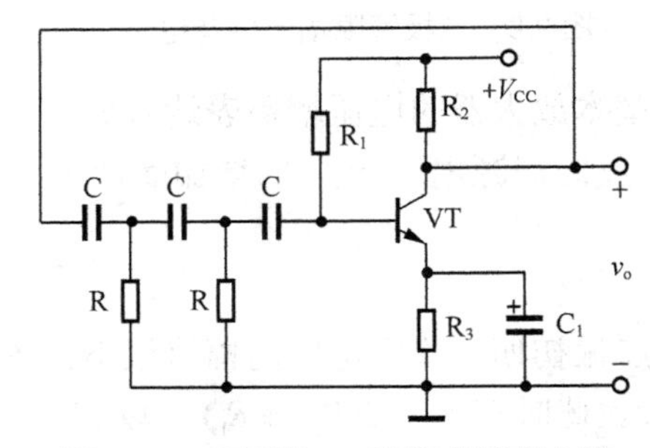

图 9.11 三极管 RC 移相式振荡电路

学习记录

9.3　LC 正弦波振荡电路

LC 正弦波振荡电路与 RC 正弦波振荡电路的工作原理相似，前者多用于产生 1MHz 以上的高频信号，而后者多用于产生 1MHz 以内的低频信号。两者的主要区别就在于选频网络，一个是 LC 并联谐振电路，另一个是 RC 串并联电路。

9.3.1　LC 并联谐振电路的选频特性

考虑线圈的电阻以及回路的损耗，LC 并联谐振回路的等效电路如图 9.12（a）所示。其中 R 就是包括线圈电阻和回路损耗在内的等效电阻。

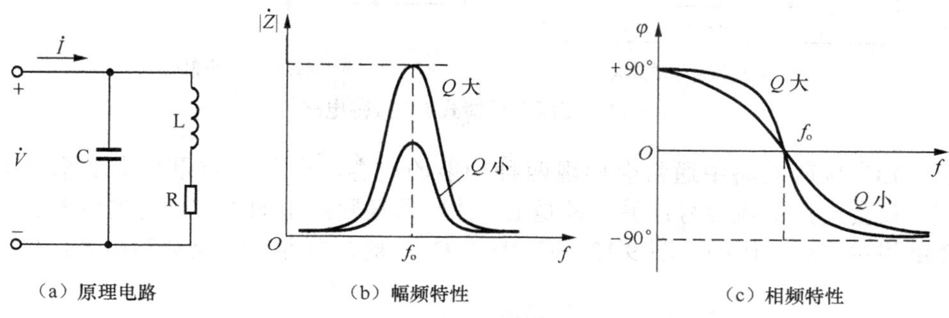

图 9.12　LC 并联谐振电路的选频特性

图 9.12（b）和（c）分别是该电路的幅频特性和相频特性，其中谐振频率为

$$f_o = \frac{1}{2\pi\sqrt{LC}} \quad 或 \quad \omega_o = \frac{1}{\sqrt{LC}} \tag{9.7}$$

发生谐振时的等效阻抗最大，表达式如下：

$$Z_o = \frac{L}{RC} = Q\omega_o L = \frac{Q}{\omega_o C} \tag{9.8}$$

式中：Q 为品质因数，定义为

$$Q = \frac{\omega_o L}{R} = \frac{1}{R}\frac{1}{\omega_o C} = \frac{1}{R}\sqrt{\frac{L}{C}} \tag{9.9}$$

9.3.2　变压器反馈式 LC 振荡电路

1. 典型电路

图 9.13 所示为变压器反馈式 LC 振荡电路，基本放大器分别是三极管共射和共基电路，

✍ 学习记录

LC 选频网络接在共射电路的输出端（三极管的集电极），通过变压器次级绕组将输出信号馈送到电路的输入回路，图 9.13（a）接基极，图 9.13（b）接发射极。

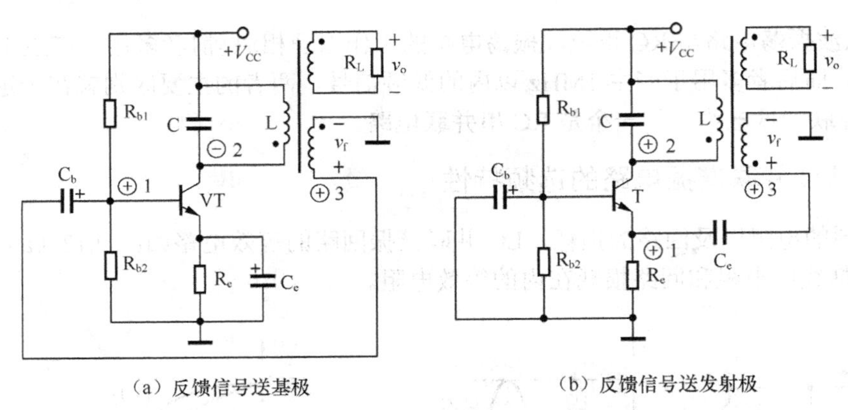

（a）反馈信号送基极　　（b）反馈信号送发射极

图 9.13　变压器反馈式 LC 振荡电路

注意，LC 振荡电路中通常会出现两种功能的电容，一种是容量较大的耦合电容或旁路电容，负责连接交流信号；另一种是 LC 并联谐振回路中的电容，与电感配合产生谐振，其容量相对较小。例如，图 9.13（a）中的 C_b 是耦合电容，C_e 是旁路电容，C 是谐振电容。

2. 分析方法

分析 LC 振荡电路是否能够振荡，主要是看电路是否满足相位平衡条件，而对于振幅平衡条件通常不作分析，因为通过调整基本放大器的电压增益一般都能使振幅平衡条件得到满足。对于相位平衡条件的分析，可以使用瞬时极性法判断反馈是否为正反馈，是则满足相位平衡条件，否则不满足。

具体分析相位平衡条件时还需要注意的是：① 准确找出反馈信号 v_f 的位置，特别是对于有中心抽头的线圈绕组；② 根据变压器的同极性端（或者同名端）来判断原副绕组的瞬时极性关系；③ 看清楚反馈在输入回路的接入点，接入点不同，需要的反馈信号极性是不同的。例如，图 9.13 中反馈分别接到共射放大电路的输入端（基极）和共基放大电路的输入端（发射极），反馈信号对地极性都应该为正。

3. 限幅措施

LC 振荡电路通常利于放大器件的非线性特性进行限幅。输出信号的幅值在增大过程中，会导致放大器件的工作点进入非线性区，从而限制输出信号的幅值继续增加，达到限幅的目的。

学习记录

9.3.3 三点式 LC 振荡电路

除了变压器反馈式 LC 振荡电路外，常用的还有电容三点式（也称考毕兹式）和电感三点式（也称哈特莱式）LC 振荡电路。

1. *原理电路*

三点式 LC 振荡电路的原理电路（仅考虑交流通路）如图 9.14 所示。

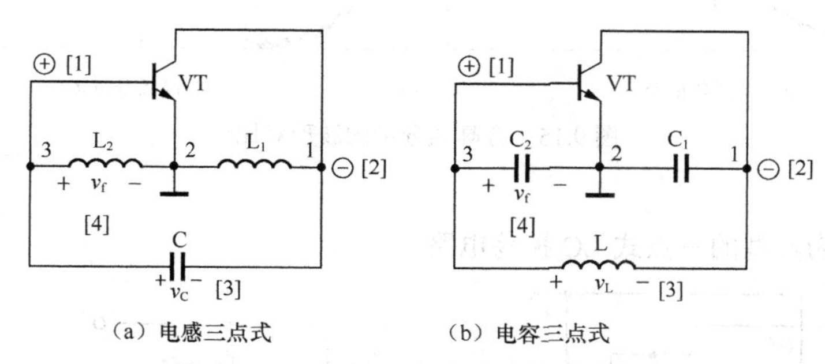

（a）电感三点式　　（b）电容三点式

图 9.14　三点式 LC 振荡电路的原理电路

下面从相位平衡条件的角度来说明电路的工作原理。

① 电路的反馈电压 v_f 来自电感 L_2（或电容 C_2）。

② 假设三极管的基极为正（对地瞬时极性）[1]，可推出集电极为负[2]，电容 C（或电感 L）两端的电压极性[3]，进而推出电感 L_2（或电容 C_2）上 v_f 的电压极性[4]，显然这是一个正反馈，即电路满足相位平衡条件。

至于振幅平衡条件，合理调整基本放大器的增益 A_v 和电感的比值 L_2/L_1（或电容的比值 C_2/C_1），就能够实现起振。理论上增大比值 L_2/L_1（或 C_2/C_1）有利于起振。

电感三点式振荡电路的工作频率范围可从数百千赫兹到数十兆赫兹。考虑到电感 L_1 和 L_2 之间的互感 M，电路振荡频率的计算式为

$$f_o=\frac{1}{2\pi\sqrt{(L_1+L_2+2M)C}} \quad 或 \quad \omega_o=\frac{1}{\sqrt{(L_1+L_2+2M)C}} \tag{9.10}$$

电容三点式振荡电路的工作频率范围可从数百千赫兹到数百兆赫兹，振荡频率的计算式为

$$f_o=\frac{1}{2\pi\sqrt{L\frac{C_1C_2}{C_1+C_2}}} \quad 或 \quad \omega_o=\frac{1}{\sqrt{L\frac{C_1C_2}{C_1+C_2}}} \tag{9.11}$$

从输出波形来看，由于电容对高次谐波具有较强的滤波效果，所以从电容 C_2 上取得的反

学习记录

馈信号中含有的高频分量少，输出波形也就相对较好。而对于电感三点式，反馈信号来自电感 L_2，电感对高次谐波的作用正好与电容相反，故输出波形中含有的高频分量多，波形相对较差。具体对比可以参见图 9.15。

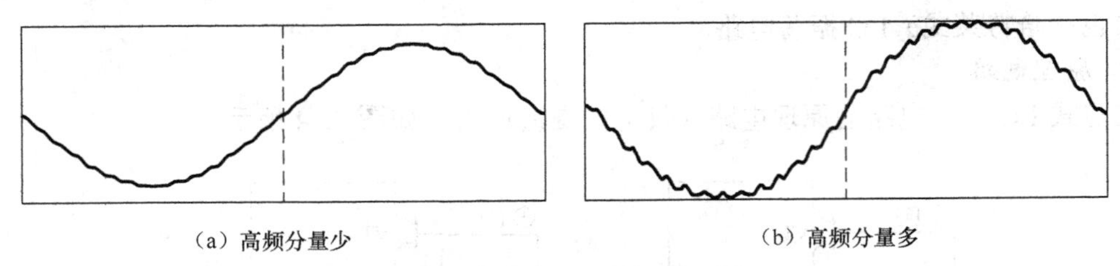

（a）高频分量少　　（b）高频分量多

图 9.15　含高频分量的波形对比

2. 典型电路

图 9.16 所示为典型的三点式 LC 振荡电路。

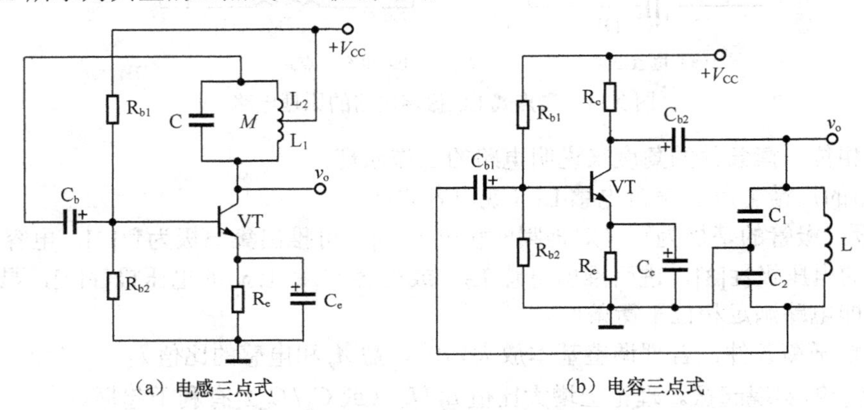

（a）电感三点式　　（b）电容三点式

图 9.16　三点式 LC 振荡电路

9.3.4　石英晶体正弦波振荡器

大多数通信和数字应用系统中要求振荡器有极稳定的输出，这时就需要用到石英晶体振荡器。石英晶体因为具有很高的品质因数（高达 1 万～50 万），其振荡稳定性非常高，所以用其构成的振荡电路有高度稳定的工作频率。

1. 石英晶体

石英晶体由二氧化硅构成，具有压电效应，即当石英晶体上加一电场时，晶片会产生机械变形，相反机械力又会在晶片上产生电场。当某一特定频率的交变电压作用于石英晶体时，能使晶片的机械振幅突然有很大增加，产生压电谐振的现象。用作电子元件时，石

✍ 学习记录

英晶体薄片会被放置在两片金属板之间，类似于电容。石英晶体的工作频率由它的物理尺寸决定。

石英晶体的等效电路及其电抗一频率特性如图 9.17 所示。其中C_0为静电容，为几个至几十个皮法；反映压电效应的电感 L 为几十毫亨至几百亨；电容 C 为$2\times10^{-4}\sim0.1$pF；代表损耗的电阻 R 约为100Ω；电路的品质因数Q可达10^4以上。

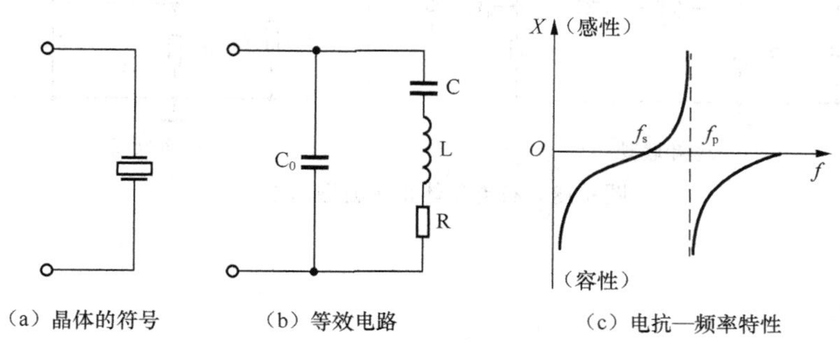

（a）晶体的符号　（b）等效电路　（c）电抗—频率特性

图 9.17　石英晶体的等效电路与电抗特性

从石英晶体的等效电路可知，电路可以发生串联谐振和并联谐振。其中 RLC 支路发生的是串联谐振，谐振频率f_s为

$$f_s=\frac{1}{2\pi\sqrt{LC}} \tag{9.12}$$

考虑到C_0很小，其容抗远大于 RLC 支路的谐振等效阻抗 R，因此发生串联谐振时，晶体电路近似等效为纯电阻 R。

当频率高于f_s后，RLC 支路呈电感性，可以与电容C_0发生并联谐振，谐振频率f_p为

$$f_p=\frac{1}{2\pi\sqrt{LC}}\sqrt{1+\frac{C}{C_0}}=f_s\sqrt{1+\frac{C}{C_0}} \tag{9.13}$$

由于$C\ll C_0$，所以f_s与f_p非常接近。

2. 石英晶体振荡电路

图 9.18（a）所示为串联型石英晶体正弦波振荡电路。其中石英晶体和电阻 R 组成反馈支路，当信号频率为晶体的串联谐振频率时，反馈支路整体呈电阻性，故此时的反馈为电压串联正反馈，满足相位平衡条件。显然，电路的振荡频率就是石英晶体的串联谐振频率f_s。另外，调节 R 的电阻值，可使电路满足振幅平衡条件。

图 9.18（b）所示为并联型石英晶体正弦波振荡电路。其中石英晶体代替了电容三点式选频网络中的电感元件，故电路的振荡频率应该介于晶体的f_s和f_p之间。考虑到f_s和f_p相差很

✍ 学习记录

小，所以电路的振荡频率与石英晶体本身的谐振频率十分接近。

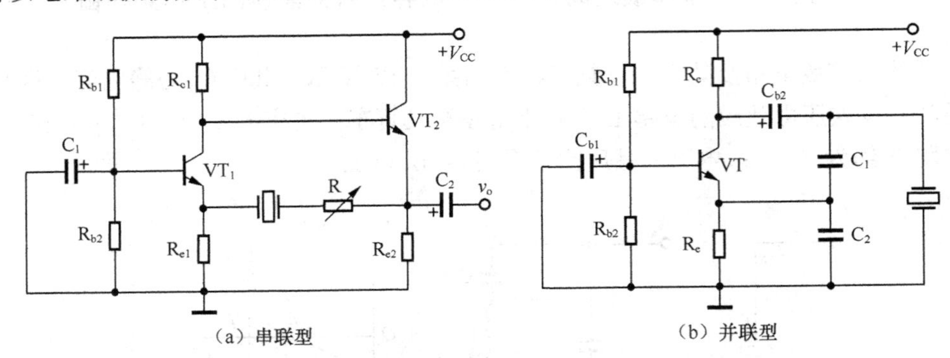

图 9.18　石英晶体正弦波振荡电路

9.4　本章小结

正弦波振荡电路由基本放大器、选频网络、正反馈网络和限幅电路组成。电路能否振荡，需要使用振幅平衡条件（$AF=1$）和相位平衡条件（$\varphi_a+\varphi_f=2n\pi,\ n=0,1,2,\cdots$）进行判断。在电路起振阶段，需要满足$AF>1$，但当电路输出达到要求值时，需要进行限幅。常用的限幅措施有热敏电阻限幅、二极管限幅、场效应管限幅等。

按照选频网络的不同，可以将正弦波振荡电路分为RC振荡电路、LC振荡电路和石英晶体振荡电路。RC振荡电路又分为桥式和移相式；LC振荡电路又分为变压器反馈式、电感三点式和电容三点式；石英晶体振荡电路又分为串联型和并联型。

通常RC振荡电路用于产生1MHz以内的低频信号，LC振荡电路用于产生1MHz以上的高频信号，而石英晶体振荡电路因石英晶体的固有特性具有很高的输出稳定性。RC桥式振荡电路的振荡频率为$f_o=1/2\pi RC$，LC振荡电路的振荡频率为$f_o=1/2\pi\sqrt{LC}$，石英晶体振荡电路的振荡频率由晶体的串联谐振频率f_s和并联谐振频率f_p决定。

9.5　思考题

1. 什么是正弦波振荡器？
2. 正弦波振荡器主要由哪些部分组成？
3. 正弦波振荡电路有哪些类型？
4. 产生正弦波振荡的条件是什么？

学习记录

5．试简述正弦波振荡电路的起振过程。
6．常用的限幅措施有哪些？试简述相应的限幅原理。
7．RC 正弦波振荡器的结构特点是什么？
8．RC 正弦波振荡器产生的频率特点是什么？
9．RC 正弦波振荡器中基本放大器的特点是什么？
10．LC 正弦波振荡器的结构特点是什么？
11．LC 正弦波振荡器产生的频率特点是什么？
12．LC 正弦波振荡器中基本放大器的特点是什么？
13．LC 正弦波振荡器主要有哪几种？
14．石英晶体能够产生哪些谐振？谐振频率是多少？
15．石英晶体在正弦波振荡器中等效为什么元件？
16．什么是并联型石英晶体振荡电路？
17．什么是串联型石英晶体振荡电路？
18．正弦波振荡器中引入的是什么反馈？
19．试总结振荡电路相位平衡的分析方法。
20．试总结集成运放在正弦波振荡电路中的应用。

学习记录

第10章 小功率直流稳压电源

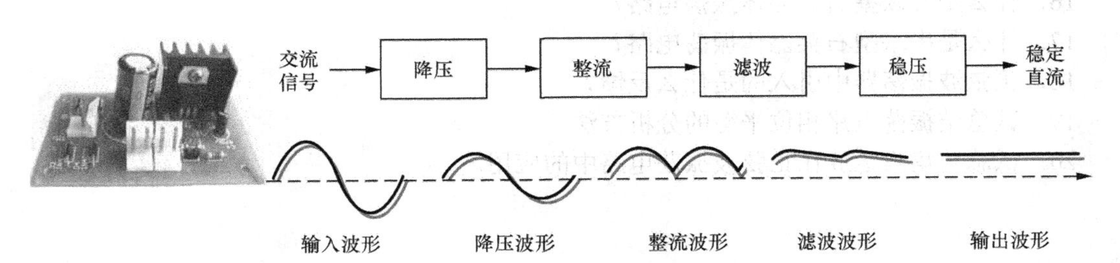

引言：电子电路大多数都需要直流稳压电源来驱动工作。例如，在放大电路中直流稳压电源一方面要为电路工作建立合适的静态工作点，另一方面还要为信号的放大提供所需的能量。发电设备输出的是交流电，对于小功率情况，要变成稳定的直流电还需要通过降压、整流、滤波和稳压等几个环节的处理。降压环节是用电源变压器将 220V、50Hz 的市电变换成几十伏的同频交流电，因为变压器的工作原理已经在《电路》课程中详细讲解过了，所以本章主要介绍整流电路、滤波电路和稳压电路的工作原理、特点，以及相关计算。

本章内容：

- 交流电变稳定直流电的方法（基础）
- 二极管整流电路（重点）
- 单电容滤波电路（重点）
- 串联反馈式稳压电路（重点）
- 三端集成稳压器（重点）
- 倍压整流电路（了解）

建议：本章所涉及的基本电路还是比较多，其中整流电路和滤波电路的学习相对简单，可以结合核心器件的特点去学习电路的工作原理，并掌握输出电压、输出电流、核心元件关

✍ 学习记录

键参数等内容的计算式。对于串联反馈式稳压电路，学习有一定难度，但在学习其电路结构的过程中，能够把整本书中的重要知识点串接起来，具有较强的学习意义。对于三端集成稳压器，重在应用，所以学习时要重点掌握其型号、工作特点和使用方法。

10.1 整流电路

所谓整流，就是要把交流电变成直流电（强调信号的方向不随时间变化）。对于小功率情况，可以直接利用二极管的单向导电性来实现整流。如果输入的是正弦交流电，经二极管整流后，输出的是脉动的直流电，这种直流电中含有大量交流成分。

1. 单相半波整流电路

（1）原理电路

单相半波整流电路如图 10.1（a）所示，这是一种最简单的整流电路。图 10.1（b）所示显示了电路的输入输出波形关系。电路说明如下。

① 图中v_1为变压器原边电压，正弦信号；v_2为副边电压（即整流电路的输入电压），正弦信号，其有效值为V_2，其幅值为$\sqrt{2}V_2$；v_o为输出电压，半波信号。

② 名称中“单相”强调电路仅考虑一相交流的变换，“半波”强调电路仅输出了半个周期的信号。

③ 另外，为了分析方便，假设负载为纯电阻负载，二极管是理想的。

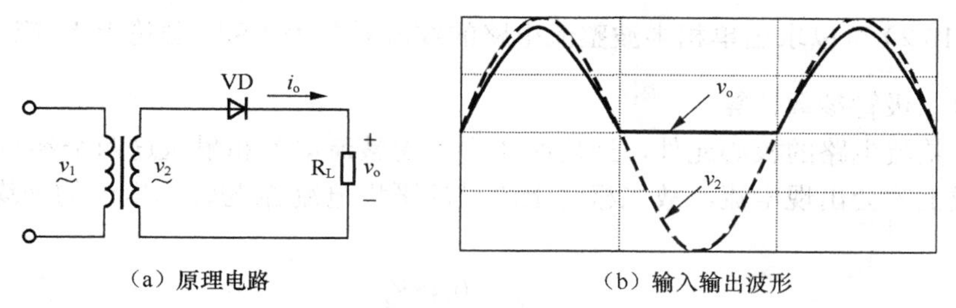

（a）原理电路　　（b）输入输出波形

图 10.1　单相半波整流电路

（2）工作原理

① 当v_2处于正半周期时，二极管 VD 正向导通，忽略二极管上的管压降，输出电压$v_o = v_2$。

② 当v_2处于负半周期时，二极管 VD 反向截止，电路中没有电流，输出电压$v_o = 0$。

综上，在整个周期内，二极管 VD 只在v_2的正半周期导通，此时的输出电压跟随输入电压变换；而在v_2的负半周期没有信号输出。所以电路进行的是半波整流。

学习记录

（3）输出参数计算

如果对半波整流电路的输出电压 v_2 作傅里叶级数展开可得

$$v_{\mathrm{o}}=\frac{\sqrt{2}\,V_2}{\pi}\left[1+\frac{\pi}{2}\sin\left(\omega_{\mathrm{o}}t\right)-\frac{2}{3}\cos\left(2\omega_{\mathrm{o}}t\right)-\frac{2}{15}\cos\left(4\omega_{\mathrm{o}}t\right)-\ldots\right] \tag{10.1}$$

式中：

① ω_{o} 为 v_2 的角频率，如果假设 v_2 的周期为 T，则 $\omega_{\mathrm{o}}=2\pi/T$；

② 与频率无关的部分为输出电压 v_0 的直流分量（也即输出电压在一个周期内的平均值）V_{o}

$$V_{\mathrm{o}}=\frac{1}{T}\int_0^T v_{\mathrm{o}}\mathrm{d}t=\frac{\sqrt{2}\,V_2}{\pi}=0.45V_2 \tag{10.2}$$

③ 根据 V_{o} 可以求出输出电流的直流值（平均值）I_{o}

$$I_{\mathrm{o}}=\frac{V_{\mathrm{o}}}{R_{\mathrm{L}}}=\frac{0.45V_2}{R_{\mathrm{L}}} \tag{10.3}$$

④ 与频率相关的部分是谐波分量，谐波分量总称为纹波，常用纹波系数 K_γ 来表示直流输出电压中纹波电压的相对大小，K_γ 为

$$K_\gamma=\frac{V_{\mathrm{r}}}{V_{\mathrm{o}}}=\frac{\sqrt{V_2^2-V_{\mathrm{o}}^2}}{V_{\mathrm{o}}}=\sqrt{\left(\frac{V_2}{V_{\mathrm{o}}}\right)^2-1} \tag{10.4}$$

根据式（10.2）可以求出单相半波整流电路的纹波系数为 1.98。理论上 K_γ 应是越小越好。

（4）整流二极管参数计算

二极管是整流电路的核心元件，选用时主要考虑整流电流和耐压这两个参数。因为二极管导通时负载上才会出现电流，故二极管上流过的平均电流 I_{D} 与输出电流的平均值 I_{o} 一致，即有

$$I_{\mathrm{D}}=I_{\mathrm{o}}=\frac{0.45V_2}{R_{\mathrm{L}}} \tag{10.5}$$

在 v_2 的负半周期二极管处于截止状态，其两端可能的最大反向电压为 v_2 的幅值，即

$$V_{\mathrm{RM}}=\sqrt{2}V_2 \tag{10.6}$$

I_{D} 和 V_{RM} 都是理论计算值，实际选择元件时通常还需要乘上 1.5～2 的系数，以使电路具有充分的余地去应对诸如电网电压波动[1]等因素对电路造成的突发影响。

[1] 一般允许的电网电压波动范围为±10%。

✍ 学习记录

2. 单相全波整流电路

（1）原理电路

单相半波整流电路结构虽然简单，但是输出只有半波，电路的工作效率较低，电源变压器未得到充分利用，且纹波系数较大，所以电路有必要进行改进。针对电路仅有半波输出的问题，提出了如图 10.2（a）所示的单相全波整流电路。

单相全波整流电路可以简单认为是两个单相半波整流电路的合成，且为同一个负载供电。注意，变压器副边有两个完全相同的绕组，假设输出电压都为 v_2。

（2）工作原理

① 当 v_2 处于正半周期时，二极管 VD_1 导通，VD_2 截止，忽略二极管上的管压降，输出电压 $v_o = v_2$（由与 VD_1 相连的次级绕组提供）。此时负载 R_L 上的电流 i_o 从右向左流，如图 10.2（a）所示。

② 当 v_2 处于负半周期时，二极管 VD2 导通，VD1 截止，忽略二极管上的管压降，输出电压 $v_o = v_2$（由与 VD_2 相连的次级绕组提供）。此时负载 R_L 上的电流 i_o 仍然从右向左流，与 VD_1 导通时一致。

综上，通过两只二极管 VD_1 和 VD_2 的交替导通，在整个周期内保证负载 R_L 上都有同向电流流过，负载电压的方向不变，如图 10.2（b）所示。因此电路进行的是全波整流。

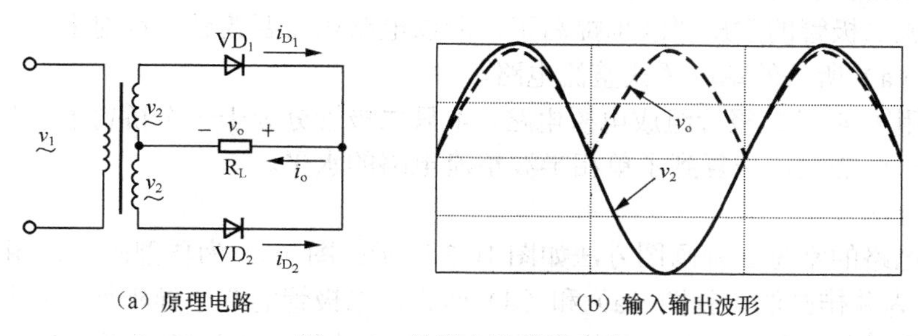

（a）原理电路　　（b）输入输出波形

图 10.2　单相全波整流电路

（3）输出参数计算

如果对全波整流电路的输出电压 v_2 作傅里叶级数展开可得

$$v_o = \frac{\sqrt{2}\,V_2}{\pi}\left[2 - \frac{4}{3}\cos(2\omega_o t) - \frac{4}{15}\cos(4\omega_o t) - \frac{4}{35}\cos(6\omega_o t) - \ldots\right] \tag{10.7}$$

① 输出电压 v_o 的直流分量（平均值）V_o：

$$V_o = \frac{1}{T}\int_0^T v_o \mathrm{d}t = \frac{2\sqrt{2}\,V_2}{\pi} = 0.9V_2 \tag{10.8}$$

学习记录

② 输出电流的直流值（平均值）I_o：

$$I_o = \frac{V_o}{R_L} = \frac{0.9V_2}{R_L} \tag{10.9}$$

③ 单相全波整流电路的纹波系数为 0.48。

（4）整流二极管参数计算

① 因为二极管 VD_1 和 VD_2 分别只导通了半个周期，故二极管上的平均电流为 I_o 的一半，即

$$I_{D_1} = I_{D_2} = \frac{1}{2}I_o = \frac{0.45V_2}{R_L} \tag{10.10}$$

② 在 v_2 的负半周期，二极管 VD_1 处于截止状态，VD_2 导通可看成导线，故 VD_1 两端可能的最大反向电压为两个变压器次级绕组电压幅值的总和，即

$$V_{RM1} = V_{RM2} = 2\sqrt{2}V_2 \tag{10.11}$$

3. 单相桥式整流电路

（1）原理电路

单相全波整流电路虽然解决了半波输出问题，提高了电路的工作效率，减小了纹波系数，但由于电源变压器次级绕组线圈匝数的成倍增加，使得电路的体积、质量和成本都将随之增加，而且对整流二极管的耐压要求也提高了，所以电路还需要改进。针对上述问题，进而提出了如图 10.3（a）所示的单相桥式整流电路。

电路中使用了 4 只二极管组成电桥电路，4 只二极管分处于一个桥臂上。但电源变压器的次级只用了一个绕组，恢复到了单相半波整流电路的水平。

（2）画图方法

桥式整流电路的常见 3 种画图方法如图 10.3 所示：图（a）为典型画法；图（c）为简化画法；图（d）为并排画法。就图（a）和（d）而言，二极管的两个异极性节点与变压器的次级绕组相联；而两个同极性节点与负载相联，阴极节点为输出电压的正极，阳极节点为负极。就图（c）而言，菱形框中的二极管是一个标识符，其阴阳极所对的两个节点接负载，靠近阴极端为正，靠近阳极端为负；而菱形框的另外两个节点接变压器。

（3）工作原理

① 当 v_2 处于正半周期时，二极管 VD_1 和 VD_3 导通，VD_2 和 VD_4 截止，电流从上向下流过负载 R_L，具体电流关系如图 10.4（a）所示，图中勾（√）表示二极管导通，叉（×）表示二极管截止。

② 当 v_2 处于负半周期时，二极管 VD_2 和 VD_4 导通，VD_1 和 VD_3 截止，电流仍然从上向下流过负载 R_L，具体电流关系如图 10.4（b）所示。

✍ 学习记录

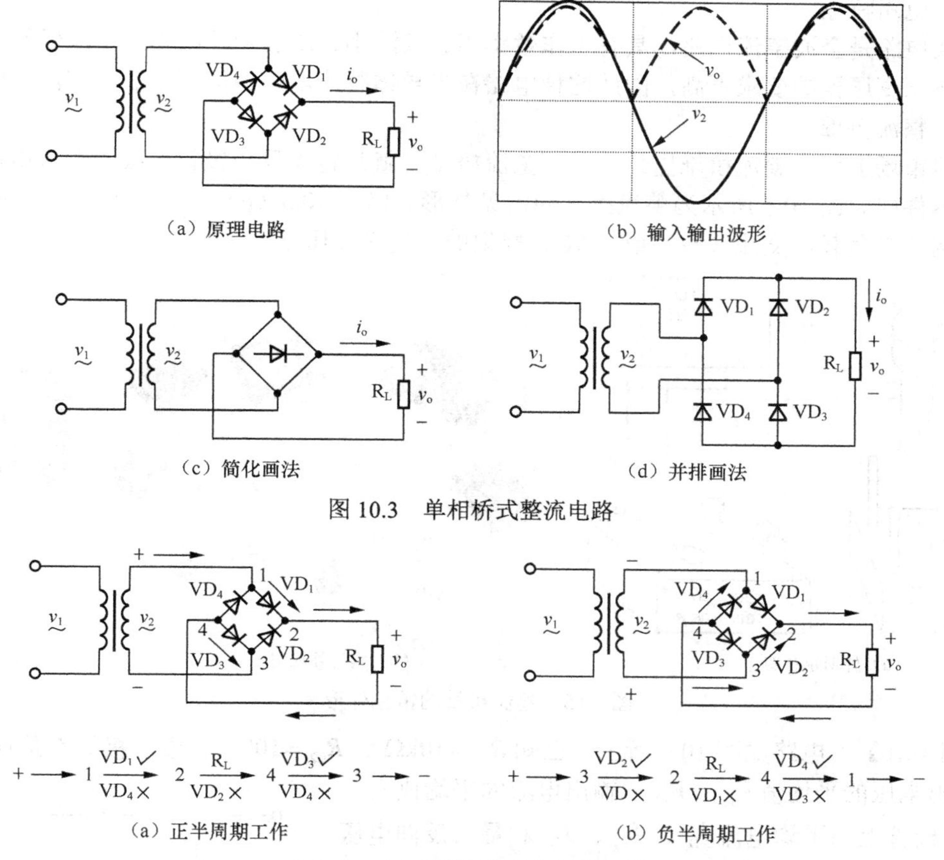

（a）原理电路　　（b）输入输出波形

（c）简化画法　　（d）并排画法

图 10.3　单相桥式整流电路

（a）正半周期工作　　（b）负半周期工作

图 10.4　桥式整流电路的工作原理

综上，通过 4 只二极管分组的交替导通，在整个周期内保证负载 R_L 上都有同向电流流过，负载电压的方向不变，如图 10.3（b）所示。因此电路进行的是全波整流。

（4）输出参数计算

单相桥式整流电路和单相全波整流电路都属于全波整流，故输出参数相同。

（5）整流二极管参数计算

① 因为二极管 VD_1 和 VD_3 与 VD_2 和 VD_4 分别只导通了半个周期，故二极管上的平均电流仍为 I_o 的一半。

② 在 v_2 的负半周期二极管 VD_1 和 VD_3 处于截止状态，VD_2 导通可看成导线，故 VD_1 两端可能的最大反向电压为 v_2 的幅值，即 $\sqrt{2}V_2$。

学习记录

（6）电路特点

桥式电路是全波整流电路，具有工作效率高、纹波小、二极管反向工作电压低等优点，而且对电源变压器的要求不高，因此这种电路在半导体整流电路中得到了非常广泛的应用。

（7）整流桥堆

目前市场上已有整流桥堆出售。所谓整流桥堆，就是将 4 只二极管构成的整流电桥集成到一个器件中。图 10.5 所示为整流桥堆的常见外形。以图 10.5（c）为例，正（＋）负（－）标记的两端接负载，交流（～）或（AC）标记的两端接变压器。

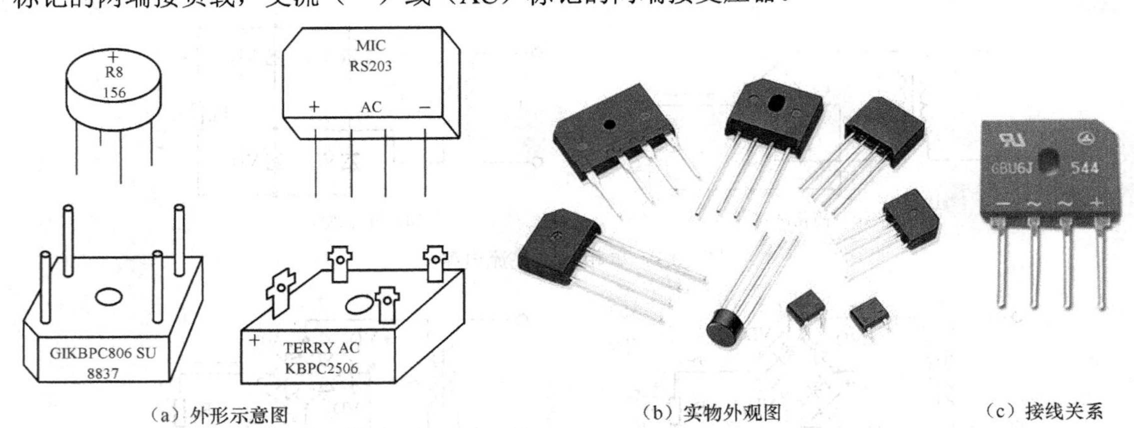

（a）外形示意图　（b）实物外观图　（c）接线关系

图 10.5　整流桥堆的常见外形

【例 10.1】　电路如图 10.6 所示，已知 $R_{L1}=10k\Omega$、$R_{L2}=100\Omega$，设二极管都是理想的。试求输出电压的平均值 V_{o1}、V_{o2}，输出电流的平均值 I_{o1}、I_{o2}，二极管上的平均电流 I_{D_1}、I_{D_2}、I_{D_3} 和最大反向电压 V_{RM1}、V_{RM2}、V_{RM3}。

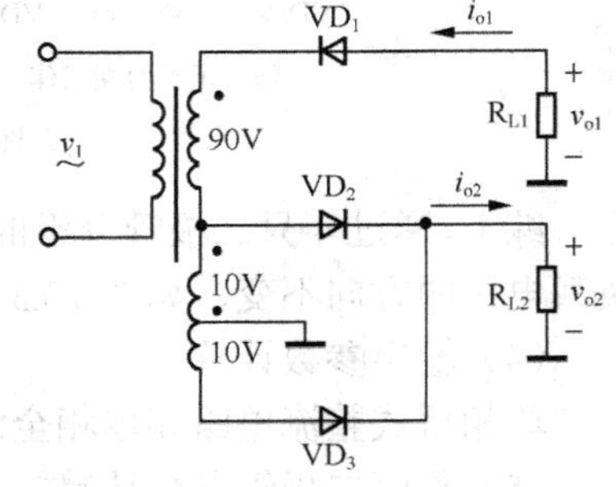

图 10.6　例 10.1 电路

【解】　这是一个多输出的整流电路，其中二极管 VD_1 构成了单相半波整流电路，二极管 VD_2 和 VD_3 构成了单相全波整流电路。需要注意的是：①VD_1 对应的变压器副边电压是对地电压，是 100V（90V＋10V）而非 90V；② 图中 VD_1 对应的输出电压方向与实际方向是相反的。

① 输出电压的平均值：

$$V_{o1}=-0.45\times100V=-45V\ ;\qquad V_{o2}=0.9\times10V=9V$$

② 输出电流的平均值：

$$I_{o1}=-\frac{V_{o1}}{R_{L1}}=-\frac{-45V}{10k\Omega}=4.5mA\ ;\qquad I_{o2}=\frac{V_{o2}}{R_{L2}}=\frac{9V}{100\Omega}=90mA$$

学习记录

③ 二极管上的平均电流：

$$I_{D_1}=I_{o1}=4.5\text{mA}\;;\qquad I_{D_2}=I_{D_3}=\frac{1}{2}I_{o2}=45\text{mA}$$

④ 二极管的最大反向电压：

$$V_{RM1}=\sqrt{2}\times100\text{V}=100\sqrt{2}\text{V}\;;\qquad V_{RM2}=V_{RM3}=2\sqrt{2}\times10\text{V}=20\sqrt{2}\text{V}$$

10.2 滤波电路

整流电路输入的是正弦交流电压，输出的是脉动直流电压，其中含有大量的交流成分，即纹波。所以脉动直流还需要通过滤波电路来滤出其中的交流成分。滤波电路主要由电容元件和电感元件组成，分为电容滤波电路、电感滤波电路和复合滤波电路。

10.2.1 电容滤波电路

电容滤波的原理是电容具有阻碍电压变化的特性，即稳压的作用。如果将电容并联在整流电路之后就能构成电容滤波电路。

1．半波整流电容滤波电路

图 10.7（a）所示为单相半波整流单电容滤波电路。图中电容 C 与负载 R_L 是并联关系，两端电压相同 $v_C=v_o$，即可以通过电容上的电压来研究输出电压的变化规律。下面首先从电容充放电的角度来分析电容上电压的变化规律。

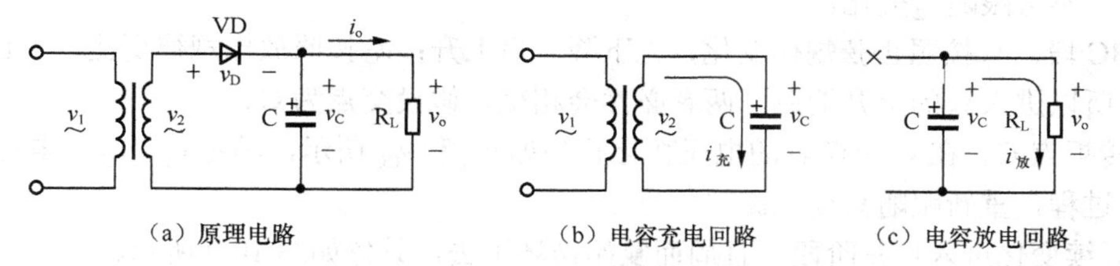

图 10.7 单相半波整流单电容滤波电路

（1）电容的充放电条件

① 当 $v_2>v_C$ 时，$v_D=v_2-v_C>0$，二极管 VD 处于导通状态，v_2 对电容 C 充电，如图 10.7（b）所示。考虑到变压器次级绕组的线圈电阻和二极管的导通电阻都很小，故电容的充电速度非常快，近似能够跟随 v_2 进行变化。

② 当 $v_2<v_C$ 时，$v_D=v_2-v_C<0$，二极管 VD 处于截止状态，电容 C 对负载 R_L 放电，如图 10.7（c）所示。放电速度越慢，输出电压就越平稳。

学习记录

（2）电容的充放电过程

电容的充放电波形如图 10.8 所示，具体变化过程如下。

① 起始点A。刚接通电源时，电容上的初始电压为零，v_2 从零开始升高，此时电压变化趋势如 v_{2A} 和 v_{CA} 所示，满足 $v_2 > v_C$，电容 C 进入快速充电过程，其电压 v_C 从 A 点开始跟随 v_2 上升。

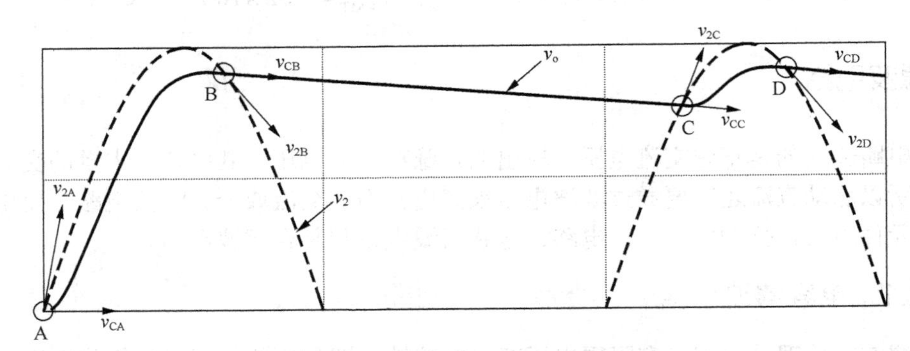

图 10.8　电容的充放电波形

② AB 段。v_C 快速跟随 v_2 上升，但速度比 v_2 稍慢，始终满足 $v_2 > v_C$，电容 C 保持充电状态。v_2 过了最高点后开始下降，v_C 也随之下降，v_2 的变化快，所以两者必定会在下降过程中的某点相交，这里假设交点为 B。

③ 转折点 B。在 B 点两者的电压变化趋势如 v_{2B} 和 v_{CB} 所示，满足 $v_2 < v_C$，电容 C 进入放电过程，不再跟随 v_2 变化。

④ BC 段。v_2 按照正弦规律变化，先下降然后上升；v_C 按照放电规律变化，一直保持下降状态。所以进入 v_2 的上升期后，两者必然会相交，假设交点为 C。

⑤ 转折点 C。在 C 点两者的电压变化趋势如 v_{2C} 和 v_{CC} 所示，满足 $v_2 > v_C$，电容 C 再次进入充电过程，重新跟随 v_2 变化。

⑥ 后续变化进入重复阶段，且周而复始循环下去，具体如图 10.9 所示。

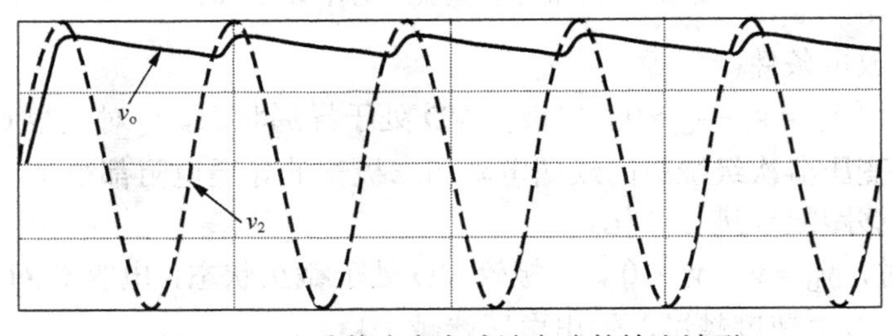

图 10.9　半波整流电容滤波电路的输出波形

✍ 学习记录

综上分析可知，经电容滤波后输出电压的波形比之前平缓了很多，纹波减小，这充分体现了电容的滤波效果。显然，如果电容的放电速度越慢，输出电压的波形越平缓，纹波越小，滤波效果越好。

接下来从阻抗的角度进一步说明电容滤波的原理。假设脉动直流分成直流分量和交流分量先后作用于电路，那么：

① 当直流分量作用时，电容的容抗无穷大，相当于对直流开路，所有的直流分量都流经负载 R_L，直流分量得到了保留；

② 当交流分量作用时，电容的容抗 $X_C = 1/\omega C$ 为有限值，与负载 R_L 构成并联电路，如果满足关系 $X_C << R_L$，则绝大部分交流分量将通过电容闭合，仅有少量交流分量通过负载，而这小部分交流成分就是输出波形中的纹波。

综上分析，如果电容足够大，其容抗就小，就能保证较好的滤波效果。这与前面通过电容充放电角度分析的结果是一致的。在工程计算时，通常以下式来计算滤波电容的容量：

$$R_L C \geqslant (3 \sim 5)\frac{T}{2} \tag{10.12}$$

式中：T 为电源交流电压的周期。

2. 桥式整流电容滤波电路

桥式整流电容滤波电路如图 10.10（a）所示，其工作原理与半波整流电容滤波电路相似，不同之处在于一个是全波整流、一个是半波整流。显然对于全波，电容的放电时间更短，输出波形更加平缓，滤波的效果更好。图 10.10（b）所示为电路的输出波形。

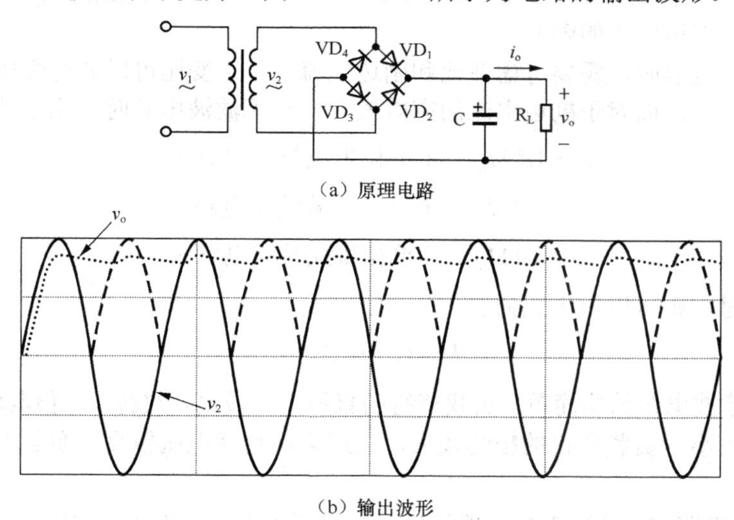

（a）原理电路

（b）输出波形

图 10.10　桥式整流电容滤波电路

✍ 学习记录

3. 电容滤波对电路的影响

（1）对输出电压的影响

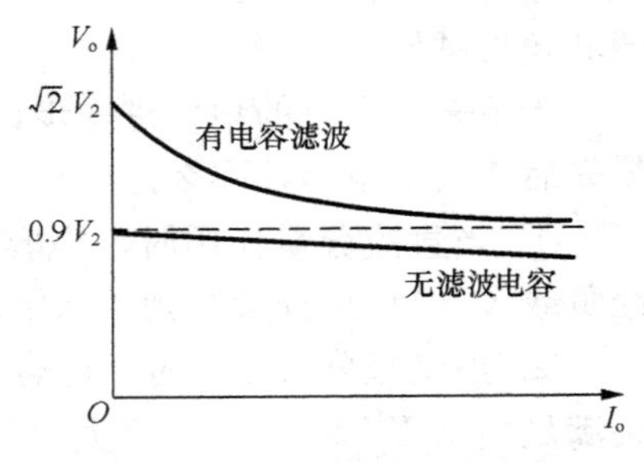

图 10.11 全波整流电路在有无滤波电容时的输出特性

加上电容滤波电路后，输出波形的变化平缓了，输出电压随之升高。当负载$R_L=\infty$时，电容没有放电通路，其上电压不会下降，为$\sqrt{2}V_2$；随着 R_L减小，放电时间常数$\tau_d=R_LC$减小，电容电压也随之下降。所以电路的输出电压 V_o（电容电压）整体上会随输出电流 I_o的增大（R_L减小，I_o增大）而减小。对于全波整流电容滤波电路，其输出特性（或外特性，即输出电压 V_o随输出电流 I_o的变化规律）如图 10.11 所示。

采用单电容滤波后，输出电压的平均值用下式计算：

$$V_o=1.0V_2 \quad （半波整流） \tag{10.13a}$$

$$V_o=1.2V_2 \quad （全波整流） \tag{10.13b}$$

（2）对二极管的影响

加电容滤波电路后，从图 10.9 或图 10.10 可知，二极管导通时间（与电容充电时间一致）缩短，同时输出电流的平均值随电压增大，故二极管上的瞬时电流很大。

对于二极管上的最大反相电压，单相半波和全波整流电容滤波电路为$2\sqrt{2}V_2$，单相桥式整流电容滤波电路为$\sqrt{2}V_2$。

（3）对变压器副边电流的影响

在选择电源变压器时，需要考虑变比和副边电流。关于变比可以通过变压器的输入电压和输出电压之比求得。而对于副边电流的有效值I_2，在无滤波电容时可用下式计算：

$$I_2=1.57I_o \quad （单相半波整流电路） \tag{10.14a}$$

$$I_2=0.79I_o \quad （单相全波整流电路） \tag{10.14b}$$

$$I_2=1.11I_o \quad （单相桥式整流电路） \tag{10.14c}$$

有电容滤波时，则可以用下式估算：

$$I_2=(1.5\sim2)I_o \tag{10.15}$$

总之，电容滤波电路结构简单，负载获得的直流电压较高，纹波小，但其输出特性较差，输出直流电压的大小受负载变化的影响较大，故适合在负载电压较高、负载变动不大的场合应用。

【例 10.2】 电路如图 10.10（a）所示，已知交流电源的频率$f=50\text{Hz}$、$R_L=200\Omega$，要

✍ 学习记录

求直流输出电压 $V_o = 30\text{V}$，试选择整流二极管和滤波电容。

【解】 这是一个全波整流电容滤波电路，可以先根据输出电压求出变压器的副边电压 V_2，然后去求解其他物理量。

（1）根据式（10.13b）求变压器副边电压

$$V_o = 1.2V_2 \Rightarrow V_2 = V_o / 1.2 = 30\text{V} / 1.2 = 25\text{V}$$

（2）选择整流二极管

① 根据负载电流求二极管上的平均电流：

$$I_D = \frac{1}{2} I_o = \frac{1}{2} \frac{V_o}{R_L} = \frac{1}{2} \times \frac{30\text{V}}{200\Omega} = 75\text{mA}$$

② 根据 V_2 求二极管的最大反向电压：

$$V_{RM} = \sqrt{2} V_2 = \sqrt{2} \times 25\text{V} = 35\text{V}$$

因此可以选用二极管 2CP11，其最大整流电流为 100mA，反向工作峰值电压为 50V。

（3）选择滤波电容

根据式（10.12）求电容：

$$R_L C \geqslant (3 \sim 5) \frac{T}{2} \Rightarrow R_L C = 5 \frac{T}{2} = \frac{5}{2f} = \frac{5}{2 \times 50\text{Hz}} = 0.05\text{s}$$

$$\Rightarrow C = \frac{0.05}{R_L} = \frac{0.05}{200} \text{F} = 250 \times 10^{-6} \text{F} = 250\mu\text{F}$$

所以可选用容量为 250μF，耐压为 50V 的极性电容。

【例 10.3】 电路如图 10.10（a）所示，已知 $v_2 = 25\sqrt{2}\sin(\omega t)\text{V}$，试回答下列问题：①当负载开路时，对直流输出电压 V_o 有何影响？②当滤波电容开路时，对 V_o 有何影响？③二极管 VD_1 若发生开路或短路，对 V_o 有何影响？④若 VD_1～VD_4 中有一个二极管的正、负极接反，将产生什么后果？

【解】 对于桥式整流电容滤波电路，正常情况下的直流输出电压为 $1.2V_2$，即 30V。

① 当负载开路时，电容没有放电回路，其两端电压充满后不再下降，故此时的输出电压恒为 v_2 的幅值，即 $25\sqrt{2}$ V。

② 当滤波电容开路时，电路变为一桥式整流电路，$V_o = 0.9V_2 = 22.5\text{V}$。

③ 当 VD_1 开路时，电路变为一单相半波整流电容滤波电路，$V_o = 1.0V_2 = 25\text{V}$；当 VD_1 短路时，在 v_2 的负半周期，次级绕组会与导通的 VD_2、短路的 VD_1 形成低阻通路，将导致 VD_2 或者变压器烧坏。

④ 若 VD_1～VD_4 中有一个二极管的正、负极接反，则会出现与 VD_1 短路时相同的问题。

学习记录

10.2.2 其他滤波电路

1. 电感滤波电路

电感元件具有阻碍电流变化的特点，即续流作用，所以也能用于滤波。电感滤波时需要串联在整流电路之后使用，如桥式整流电感滤波电路图 10.12 所示。下面从阻抗的角度作定性分析来说明电感的滤波原理。

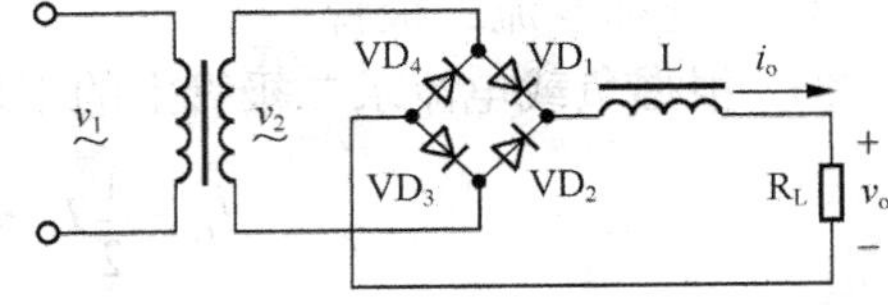

图 10.12 桥式整流电感滤波电路

电感的感抗 $X_L = \omega L$ 与负载 R_L 是串联关系：① 如果仅考虑脉动直流中的直流分量作用电路，因为 $X_L = 0$，故电感 L 上没有直流损耗，所有的直流量都降在负载 R_L 两端，直流量得以保留；② 如果仅考虑交流分量作用电路，只要满足关系 $X_L >> R_L$，就能确保绝大部分交流分量降在电感 L 两端，负载 R_L 上仅有少量的交流分量，这样就达到了滤波的效果。显然，电感量越大，电感的滤波效果越好。

电感滤波的特点是，二极管的导通时间因电感的续流作用而变长，输出无峰值电流，输出特性比较平坦。但由于线圈铁芯的存在，这种滤波电路笨重、体积大，且易引起电磁干扰，所以电感滤波一般适用于低电压、大电流的场合。

2. 复合滤波电路

常用的复合滤波电路有π型 LC 滤波电路和π型 RC 滤波电路，如图 10.13 所示。

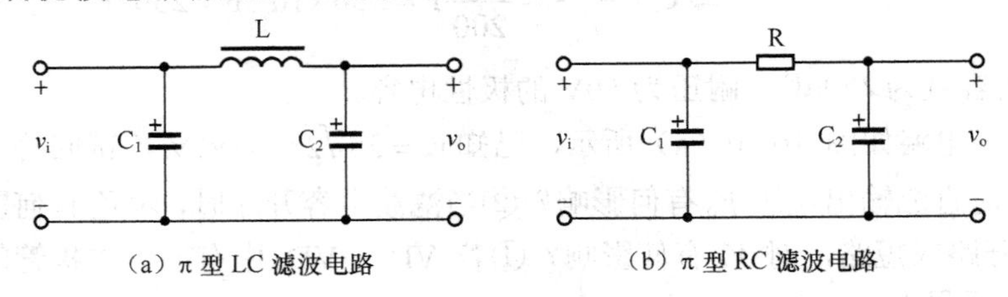

（a）π 型 LC 滤波电路　（b）π 型 RC 滤波电路

图 10.13 复合滤波电路

π型 LC 滤波电路，即感容π型滤波电路，具有滤波效果好，直流电压损耗小的优点，但滤波电感体积大、笨重，易引起电磁干扰，所以一般应用于负载电流大，又要求滤波效果好的场合。

π型 RC 滤波电路，即阻容π型滤波电路，具有体积小、成本低（与π型 LC 滤波电路相比）的优点，滤波效果也优于电容滤波电路，但滤波电阻 R 上有一定电压降，会使输出直流电压降低。因此，只适用于负载电流较小的场合。

10.2.3 倍压整流电路

如果希望通过上述各种整流、滤波电路来获得较高的直流电压输出，就必须增加变压器

学习记录

副边绕组的匝数，以提高输入的交流电压，但这样会增加变压器的加工难度，同时对整流二极管和滤波电容的耐压也会提出更高的要求。因而，在负载电流较小的情况下，可以利用电容器对充电电压的保持作用和二极管的单向导电作用，在不提高变压器副边电压的条件下，成倍提高输出的直流电压，这种电路就是所谓的倍压整流电路。

图 10.14 所示为一个多倍压电路，具体工作情况如下：① 首先，在v_2的正半周期，v_2经 VD_1对电容 C_1充电，多次充电后 C_1上的电压达到$\sqrt{2}V_2$，极性如图；② 其次，在v_2的负半周期，v_2和 C_1联合经 VD_2对电容 C_2充电，多次充电后 C_2上的电压达到$2\sqrt{2}V_2$，极性如图；③ 然后，在v_2的正半周期，v_2和 C_1、C_2联合经 VD_3对电容 C_3充电，多次充电后 C_3上的电压达到$2\sqrt{2}V_2$，极性如图；④ 最后，根据需要从多个电容上获取电压，如图中的$v_{o1}=\sqrt{2}V_2$、$v_{o2}=2\sqrt{2}V_2$、$v_{o3}=3\sqrt{2}V_2$，分别构成了 1 倍压、2 倍压、3 倍压输出。如果电路按照这种方式继续连接下去，可以为更多电容充电，其上电压都能达到$2\sqrt{2}V_2$，相应的就可以输出 4 倍压、5 倍压、6 倍压、……

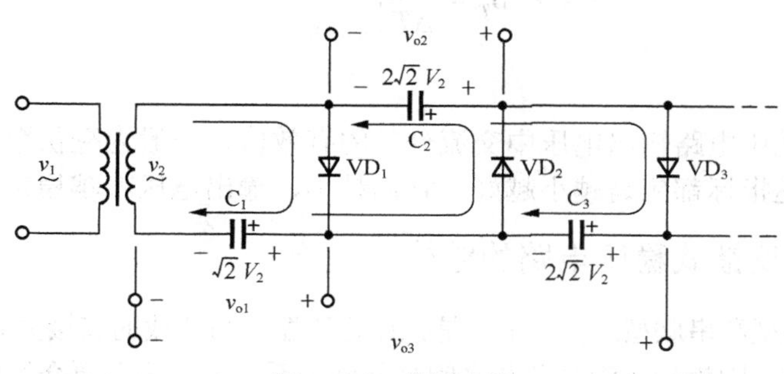

图 10.14　倍压电路

10.3　串联反馈式稳压电路

稳压电路连接在滤波电路之后，用于稳定输出电压。造成输出电压变化的因素很多，如输入电压中的纹波、负载的变化、温度的变化、电网电压的波动等。

10.3.1　稳压电路的质量指标

稳压电路的质量指标用来衡量其输出直流电压的稳定程度，包括稳压系数、输出电阻、温度系数及纹波电压等。

1．稳压系数

稳压系数S_γ用于反映输入电压 V_I波动对输出电压 V_O的影响，定义为负载一定时输出电

学习记录

压的相对变化量与输入电压的相对变化量之比，即

$$S_{\gamma}=\left.\frac{\Delta V_{o}/V_{o}}{\Delta V_{I}/V_{I}}\right|_{R_{L}=常数} \tag{10.16}$$

2. 输出电阻

输出电阻 R_o 用于反映负载电流 I_o 变化对输出电压 V_o 的影响，定义为输入电压一定时输出电压变化量与输出电流变化量之比，即

$$R_{o}=\left.\frac{\Delta V_{o}}{\Delta I_{o}}\right|_{V_{I}=常数} \tag{10.17}$$

3. 温度系数

温度系数 S_T 用于反映温度 T 变化对输出电压 V_o 的影响，定义为输入电压和负载一定时输出电压的变化量与温度的变化量之比，即

$$S_{T}=\left.\frac{\Delta V_{o}}{\Delta T}\right|_{\substack{V_{I}=常数\\R_{L}=常数}} \tag{10.18}$$

4. 纹波电压

纹波电压是指稳压电路输出电压中交流分量的有效值，一般为毫伏数量级，表示输出电压的微小波动。上述指标都应是越小越好，它们越小，输出电压就越稳定。

10.3.2 串联反馈式稳压电路的结构

稳压电路有并联型和串联型之分，主要是强调稳压器件与负载的连接关系。例如，稳压管稳压电路就属于并联型，因为稳压管与负载之间是并联关系。本节将主要介绍串联型稳压电路。

1. 原理电路

图 10.15 所示为串联反馈式稳压电路的原理电路。其中：① V_I 是输入电压，由滤波电路提供，V_o 是输出电压；② 三极管 VT 是稳压器件，称为调整管，用于稳定输出电压。由于调整管 VT 与负载 R_L 是串联关系，故这是一个串联型稳压电路。

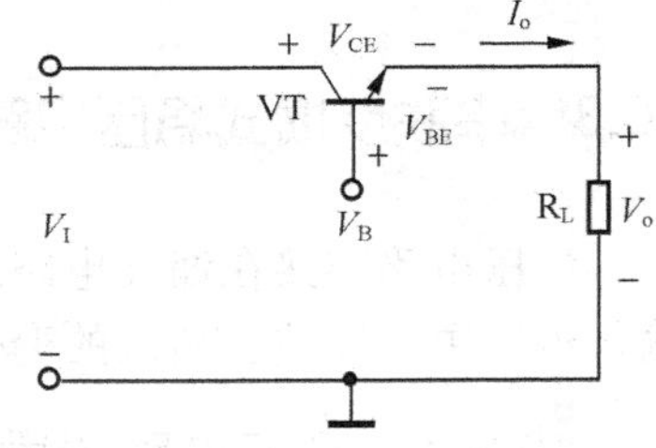

图 10.15 串联反馈式原理电路

下面假设三极管的基极电位 V_B 恒定，输入电压 V_I 足够大（能够驱使三极管工作在放大区），负载 R_L 不变，如果输入电压 V_I 增加，必然会导致输出电压 V_o 变大，接下来电路的连锁反应为

$$V_I\uparrow\rightarrow V_o\uparrow\rightarrow\downarrow V_{BE}=V_B-V_o\rightarrow I_B\downarrow\rightarrow I_C\downarrow$$
$$\downarrow V_o=I_oR_L\leftarrow I_o\downarrow\leftarrow$$

学习记录

上述过程说明如下。

① 输出电压V_o的变化会影响调整管 VT 的发射结电压V_{BE}，而V_{BE}的变化会使输出电流I_o变化，从而使V_o朝着反方向变化，最终趋于稳定。从反馈的角度来看，调整管 VT 连接成了电压跟随器，通过引入电压串联负反馈来稳定电路的输出电压V_o，故电路称为反馈式稳压电路。

② 输出电压的变化量ΔV_o通过电路的调节作用，最终都将被调整管的集射电压V_{CE}分担，以使V_o趋于不变。当V_o增加时，V_{CE}会吸收V_o的增量而变大（$V_{BE}\downarrow\rightarrow V_{CE}\uparrow$），如果正常情况下的集射电压表示为$V_{CE0}$，则此时的$V_{CE}=V_{CE0}+\Delta V_o$；相反当$V_o$减小时，$V_{CE}$又会切割出自身的一部分电压去补偿给$V_o$，即$V_{CE}$会变小，$V_{CE}=V_{CE0}-\Delta V_o$。因此调整管对输出电压的调节能力反映为$V_{CE}$的动态变化范围，这个范围越大，调整管的调节能力越强。

2. 引入基准电压产生电路

在上述对原理电路的分析过程中有一个基本假设，即假设调整管的基极电位V_B恒定，那在实际电路中如何才能保证V_B稳定呢？方法就是引入基准电压产生电路。稳压管稳压电路就是最简单的基准电压产生电路，用之可以构成基本的串联反馈式稳压电路，具体如图 10.16 所示。

通常基准电压用V_{REF}表示，在图示的基本电路中，稳压管的稳定电压V_Z就是该电路的基准电压值，充当了调整管的基极电位V_B。电路工作时，输出电压V_o会与基准电压V_{REF}进行实时比较，如果存在变化量（表明输出电压发生了变化，因为基准电压稳定）就驱动调整管工作去补偿输出电压。

基本电路的输出电压为

$$V_o=V_B-V_{BE}=V_{REF}-V_{BE}\approx V_{REF}=V_Z \tag{10.19}$$

显然，稳压电路的输出电压V_o与基准电压V_{REF}相关。

3. 引入放大环节提高调节灵敏度

对于基本电路，当输出电压的变化很小时，很可能其变化量ΔV_o不足以驱动调整管作出反应，输出电压也就得不到补偿，这就是说基本电路的调节灵敏度还不够高。为了提高稳压电路的调节灵敏度，可以引入一级放大电路来专门放大输出电压的变化量，这样经放大后的变化量再送到调整环节后，就能够很好地驱动调整管工作，从而使输出电压更加稳定。

引入放大环节的稳压电路如图 10.17 所示，其中 VT_1为调整管，VT_2、R_2和R_3组成共射放大电路，充当放大环节。电路工作时，电阻R_3将输出电压引到VT_2的基极，并与基准电压V_{REF}相比较，如果输出电压发生变化，则必将反映在VT_2的发射结上，该变化被VT_2放大后经VT_2的集电极送入调整管VT_1的基极，驱使VT_1对输出产生补偿。

当负载一定时，假设输出电压因输入电压增加而变大，电路的稳压过程如下：

学习记录

$$V_{\mathrm{I}}\uparrow \rightarrow V_{\mathrm{o}}\uparrow \rightarrow \uparrow V_{\mathrm{BE2}}=V_{\mathrm{B2}}-V_{\mathrm{REF}}\approx V_{\mathrm{o}}-V_{\mathrm{REF}}\rightarrow I_{\mathrm{B2}}\uparrow$$

$$V_{\mathrm{o}}\downarrow \leftarrow \downarrow V_{\mathrm{B1}}(V_{\mathrm{C2}})\leftarrow V_{\mathrm{R2}}\uparrow \leftarrow I_{\mathrm{C2}}\uparrow \leftarrow \text{—┘}$$

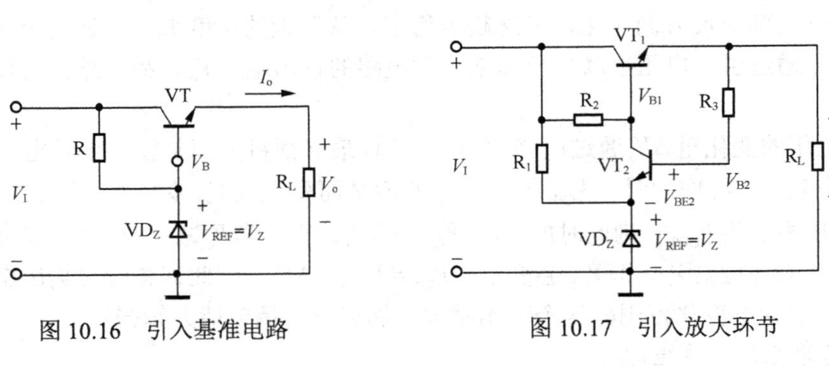

图 10.16 引入基准电路　　　　图 10.17 引入放大环节

考虑到 VT_2 的基极电流较小，故上述推导中忽略了电阻 R_3 上的电压。

图 10.17 所示电路的输出电压为

$$V_{\mathrm{o}}=V_{\mathrm{R_3}}+V_{\mathrm{BE2}}+V_{\mathrm{REF}}\approx V_{\mathrm{REF}}=V_{\mathrm{Z}} \tag{10.20}$$

虽然图 10.17 与图 10.16 所示稳压电路的输出电压计算式相同，但需要指出的是，从推导过程来看，图 10.17 的输出电压要明显高于图 10.16。

另外，为了说明引入放大环节对提高调节灵敏度的作用，假设负载电阻在 1~10kΩ 的范围内变化时，测量相应的输出电压，得到的曲线如图 10.18 所示。由图可知，加入放大环节后稳压电路的输出更加稳定，几乎不随负载变化，即电路的调节灵敏度非常高。

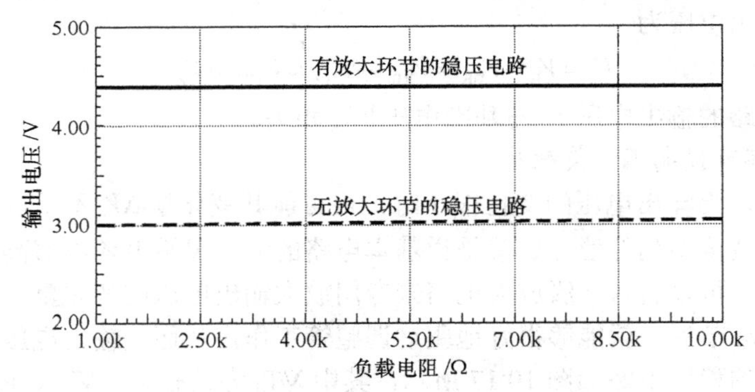

图 10.18 有无放大环节的带载能力对比

4. 引入取样电路使输出电压可调

上述稳压电路的输出电压值都是固定的，为了使输出电压变得可调，还需要引入取样电路。图 10.19 所示为带取样电路的稳压电路，其中电阻 R_3、R_4 和 R_5 构成取样电路，可调电

学习记录

阻 R_4 的滑动头与 VT_2 的基极相连。电路的具体工作原理如下。

① 考虑到 VT_2 的基极电流较小，取样电路可以近似看成一个串联电路，为计算方便，滑动头上方的电阻记为 R_A，滑动头下方的电阻记为 R_B。

② 滑动头位置的改变将导致反馈电压 V_f 随之变化，V_f 的表达式为

$$V_f=\frac{R_B}{R_A+R_B}V_o \tag{10.21}$$

③ 当滑动头的位置固定后，V_f 就只随输出电压 V_o 变化，因而输出电压 V_o 的变化能够通过 V_f 体现出来。电路的稳压过程类似于图 10.17，这里不再重复。

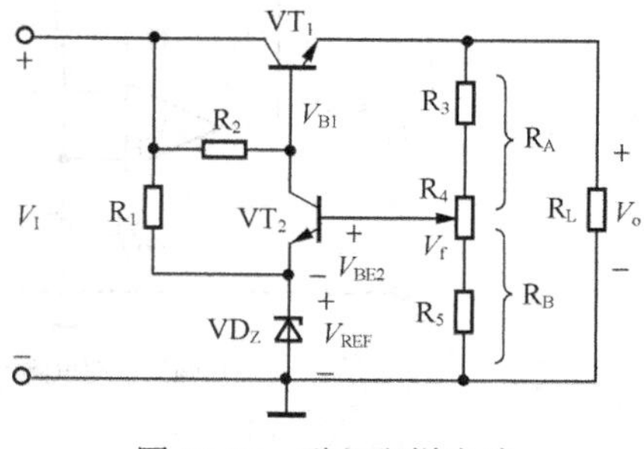

图 10.19　引入取样电路

④ 电路的输出电压为

$$V_f=V_{BE2}+V_{REF}\approx V_{REF}=\frac{R_B}{R_A+R_B}V_o\Rightarrow V_o=\left(1+\frac{R_A}{R_B}\right)V_{REF} \tag{10.22a}$$

⑤ 当滑动头处于最上方时，$R_{Amin}=R_3$ 最小，$R_{Bmax}=R_4+R_5$ 最大，故此时的输出最小，为

$$V_{omin}=\left(1+\frac{R_{Amin}}{R_{Bmax}}\right)V_{REF}=\frac{R_3+R_4+R_5}{R_4+R_5}V_{REF} \tag{10.22b}$$

⑥ 当滑动头处于最下方时，$R_{Amax}=R_3+R_4$ 最大，$R_{Bmin}=R_5$ 最小，故此时的输出最大，为

$$V_{omax}=\left(1+\frac{R_{Amax}}{R_{Bmim}}\right)V_{REF}=\frac{R_3+R_4+R_5}{R_5}V_{REF} \tag{10.22c}$$

5. 引入集成运放提高电路性能

考虑到集成运放的高增益和对温漂的抑制作用，如果将其用作稳压电路中的放大环节，有助于提高电路的调节灵敏度，并能使电路具有更好的温度特性。图 10.20（a）所示为引入集成运放后的电路形式，这是一种典型的串联反馈式稳压电路的结构，包含了基准电压环节（VD_Z 和 R_1 充当）、取样环节（电阻 R_3、R_4 和 R_5 充当）、比较放大环节（集成运放 A 充当）、调整环节（三极管 VT_1 充当）4 大部分。

注意，集成运放 A 在电路中仍就是处于闭环工作状态，而非开环状态，具体可以参看图 10.20（b）所示的简化电路，显然集成运放 A 接成了一个求差放大电路。

图 10.20（a）所示电路的输出电压为

$$v_+\approx v_-\Rightarrow V_{REF}\approx V_f=\frac{R_B}{R_A+R_B}V_o\Rightarrow V_o=\left(1+\frac{R_A}{R_B}\right)V_{REF} \tag{10.23}$$

其最小和最大输出电压与式（10.22b）和式（10.22c）一致。

学习记录

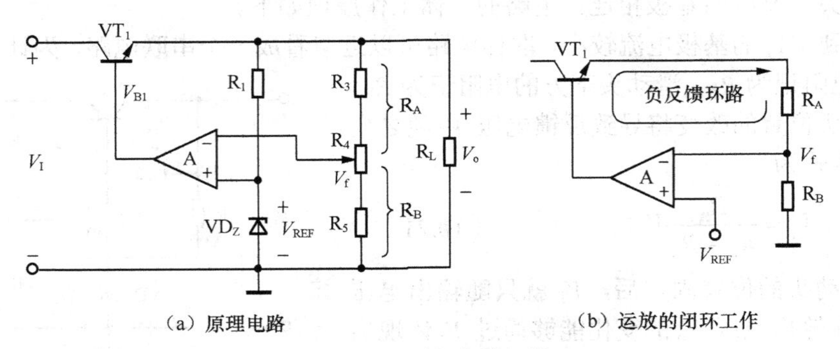

（a）原理电路　　（b）运放的闭环工作

图 10.20　引入集成运放

6. 串联反馈式稳压电路的结构框图

综上所述，典型的串联反馈式稳压电路应该包括以下 4 部分，对应的结构框图如图 10.21 所示。

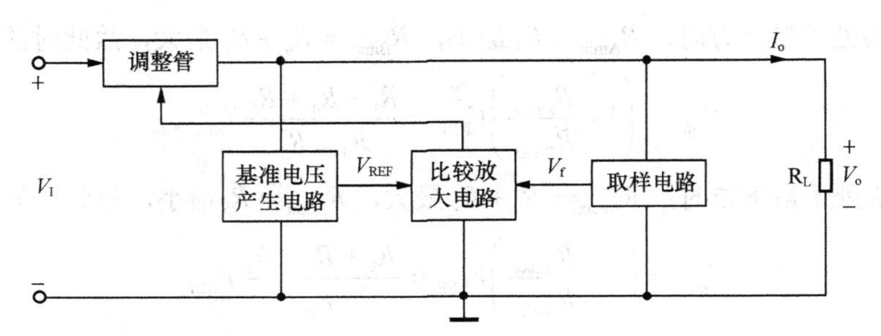

图 10.21　串联反馈式稳压电路的结构框图

（1）基准电压环节

用于提供电路所需的参考电压 V_{REF}，电路的输出电压都是在 V_{REF} 的基础上产生。一般情况下，基准电压环节可以使用稳压管稳压电路，如果要求较高，可以使用集成基准电压源电路。

（2）取样环节

引入取样环节的主要目的就是使稳压电路的输出电压可以在一个范围内连续可调。通常取样环节是一个带滑动头的串联电阻电路，需要并联在负载两端。

（3）比较放大环节

比较放大环节首先会把从取样电路获得的反馈电压 V_f 与基准电压 V_{REF} 进行比较，获取变化量并进行放大，输出送调整环节驱动调整器件工作。显然，只有在输出电压发生变化时，V_f 和 V_{REF} 之间才会出现差值，才会有后续的调整过程；如果输出电压没有变化，电路也就不

学习记录

会产生调整作用。比较放大环节可以使用单管放大电路、差分放大电路或集成运放电路来充当，其中集成运放电路的效果最好。

（4）调整环节

调整环节用于补偿输出电压的变化，使之趋于不变。注意，稳压电路只能使输出电压趋于不变，而非绝对不变；而且必须是先有输出电压的变化，才会出现相应的调整过程，即对电压的调整是滞后于电压变化的。考虑到直流稳压电路对外需要输出足够大的电压和电流，所以调整管通常是大功率管。

当然，对于实际的串联反馈式稳压电路，除了上述结构外，往往还包括有短路保护、过载保护及辅助电源等电路结构。

总之，串联反馈式稳压电路具有输出电压可调、输出电流范围大、输出电阻小、带负载能力强、稳压性能好、输出纹波小等优点。但是由于调整管需要工作在放大区，其上有较大的管压降（集射电压V_{CE}），所以这种稳压电路的功率转换效率较低。

【例 10.4】 稳压电路如图 10.22 所示，已知$V_2 = 20\text{V}$，$V_{Z1} = 6\text{V}$，$V_{BE} = 0.7\text{V}$，$R_L = 150\Omega$，$R_3 = 510\Omega$，$R_7 = 0.7\Omega$，$R_4 = R_5 = R_6 = 300\Omega$，假设电位器 R_5 的滑动头处于中心位置。①说明三极管 VT_1、VT_2 和 VT_3 的作用；②求 V_I 和 A、B、C、D、E 各点的电位；③求输出电压 V_o 的调节范围；④求此时 VT_1 的功耗；⑤求 VT_1 的极限值$I_{C1\max}$、$V_{CE1\max}$、$P_{T_1\max}$。

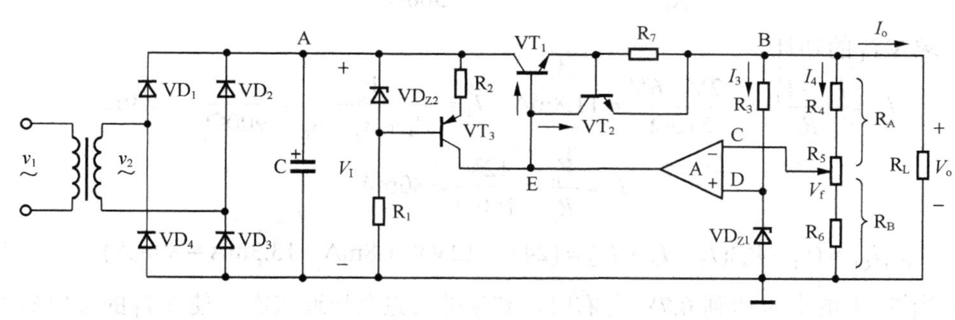

图 10.22 例 10.4 电路

【解】 这是一个桥式整流、电容滤波、串联反馈式直流稳压电路。

（1）说明三极管的作用

① VT_1 是稳压电路的调整管。

② VT_2 和 R_7 构成一个恒流式过流保护电路。当输出电流 I_o 正常时，R_7 上的电压很小，不足以驱动 VT_2 导通，VT_2 截止时对电路不产生影响。当输出电流 I_o 过大时（过流时），R_7 上的电压增大，使 VT_2 导通，其集电极电流对 VT_1 的基极电流产生分流作用，且 I_o 越大，R_7 上的电压越大，VT_2 的导通程度越大，分流作用越强。即过流后可以近似认为 VT_1 的基极电

学习记录

流不再变化，相应的集电极电流也就稳定下来，不会随 I_o 继续增大，从而避免调整管 VT_1 出现功耗过大甚至烧管的情况。

③ VT_3、VD_{Z2}、R_1 和 R_2 够成了稳压电路的启动电路。当 V_I 足够大时，VD_{Z2} 进入稳压状态，其稳定电压 V_{Z2} 驱动 VT_3 导通，从而使 E 点的电位（即调整管 VT_1 的基极电位）得以建立，电路开始正常工作。

（2）求 V_I 和各点电位

$$V_I = 1.2V_2 = 1.2\times 20\text{V} = 24\text{V} \Rightarrow V_A = V_I = 24\text{V}$$

$$V_B = V_o = \left(1+\frac{R_A}{R_B}\right)V_{REF} = \frac{R_4+R_5+R_6}{R_4+R_5/2}V_{Z1} = \frac{300\Omega+300\Omega+300\Omega}{300\Omega+300\Omega/2}\times 6\text{V} = 12\text{V}$$

$$v_+ \approx v_- \Rightarrow V_C = V_D = V_{Z1} = 6\text{V}$$

$$V_E = V_{BE} + V_{R7} + V_o \approx V_{BE} + V_o = 12.7\text{V}$$

（3）求输出电压的调节范围

$$V_{o\min} = \frac{R_4+R_5+R_6}{R_5+R_6}V_{Z1} = \frac{300\Omega+300\Omega+300\Omega}{300\Omega+300\Omega}\times 6\text{V} = 9\text{V}$$

$$V_{o\max} = \frac{R_4+R_5+R_6}{R_6}V_{Z1} = \frac{300\Omega+300\Omega+300\Omega}{300\Omega}\times 6\text{V} = 18\text{V}$$

（4）求 VT_1 的功耗

$$I_3 = \frac{V_B - V_D}{R_3} = \frac{12\text{V}-6\text{V}}{510\Omega} = 11.8\text{mA}\text{；}\ I_4 = \frac{V_o}{R_4+R_5+R_6} = \frac{12\text{V}}{900\Omega} = 13.3\text{mA}$$

$$I_o = \frac{V_o}{R_L} = \frac{12\text{V}}{150\Omega} = 80\text{mA}$$

$$P_{T_1} = V_{CE1}I_{C1} \approx (V_I - V_o)(I_3+I_4+I_o) = (24\text{V}-12\text{V})(11.8\text{mA}+13.3\text{mA}+80\text{mA}) = 1.26\text{W}$$

（5）当 R_7 上的电压达到 0.7V 左右时，VT_2 进入完全导通状态，使 VT_1 的集电极电流不再增加，所以

$$I_{C1} \approx I_{E1} \Rightarrow I_{C1\max} = \frac{0.7}{R_7} = \frac{0.7}{0.7}\text{A} = 1\text{A}$$

考虑到电网电压有 ±10% 的波动，VT_1 的集射电压 V_{CE1} 最大为

$$V_{CE1\max} = 1.1V_I - V_{o\min} = 1.1\times 24\text{V} - 9\text{V} = 17.4\text{V}$$

VT_1 的最大功耗为

$$P_{T_1\max} = V_{CE1\max}\, I_{C1\max} = 17.4\text{V}\times 1\text{A} = 17.4\text{W}$$

✍ 学习记录

10.3.3　三端集成稳压器

三端集成稳压器是一种集成化的串联型稳压电路，它有 3 个管脚，即输入端（1 端）、输出端（2 端）和公共端（3 端）。以 78XX 系列为例，其常见外形和电路符号如图 10.23 所示。

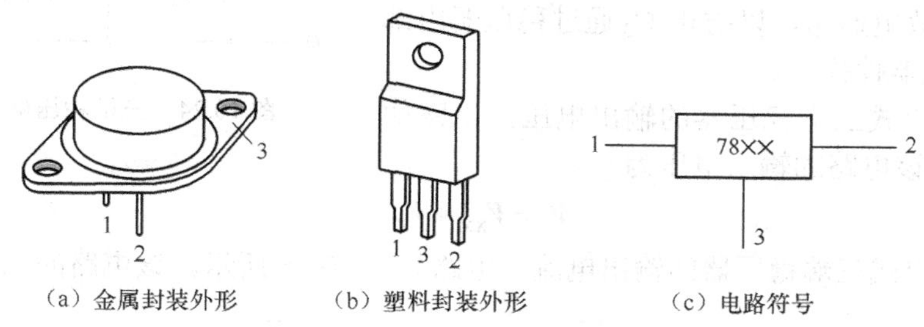

图 10.23　三端稳压器的外形和电路符号

1. 常用类型

三端稳压器的输出分为正电压和负电压两类，输出方式有固定式和可调式两种。目前三端稳压器的产品类型较多，常用的是：

① 三端固定正压集成稳压器——78XX 系列；

② 三端固定负压集成稳压器——79XX 系列；

③ 三端可调正压集成稳压器——317、117；

④ 三端可调负压集成稳压器——337、137。

2. 工作特性

78XX 和 79XX 系列型号中的“XX”是两个数字，代表输出的固定电压值。例如，7805 中的“05”代表输出电压为+5V，7912 中的“12”代表输出电压为−12V。78 和 79 系列的输出电压一般有 5V、6V、8V、12V、15V、18V 和 24V 等几种。

对于 78 和 79 系列的输出电流分为 1.5A（78XX 或 79XX）、0.5A（78MXX 或 79MXX）和 0.1A（78LXX 或 79LXX）。

3. 使用特点

三端稳压器属于线性稳压电路，它内部的调整管工作在放大区，需要有一定的 V_{CE} 电压值，所以这种稳压器的输入电压与输出电压之间必须有足够的电压差，一般应大于 2～2.5V。

串联型稳压电路实质上是一个电压负反馈放大电路，因此在使用时要注意防止发生自激振荡，通常需要在输入端、输出端和公共端之间分别并接一个 0.33 μF 和 0.1 μF 的电容。

另外，三端稳压器作为大功率器件使用时要注意散热问题。

✍ 学习记录

4. 典型电路

① 固定式三端稳压器的典型连接电路如图 10.24 所示。其中 C_1 和 C_2 是防稳压器产生自激振荡的，电解电容 C_3 用以消除输出电压中的高频噪声，减小纹波。二极管 VD 起保护作用，当输入端短路时，给电容 C_3 提供一个放电通路，以防止 C_3 通过稳压器内部电路放电，造成器件损坏。

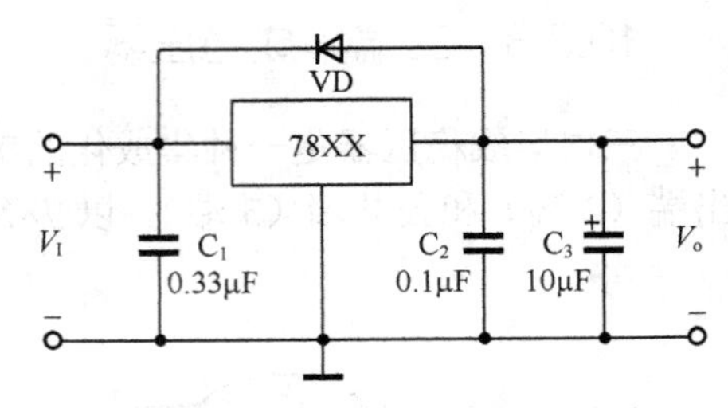

图 10.24　三端稳压器的典型接法

② 提高固定式三端稳压器的输出电压，电路如图 10.25 所示。该电路的输出电压为

$$V_o = V_{XX} + V_Z \tag{10.24}$$

③ 扩大固定式三端稳压器的输出电流，电路如图 10.26 所示。该电路的输出电流为

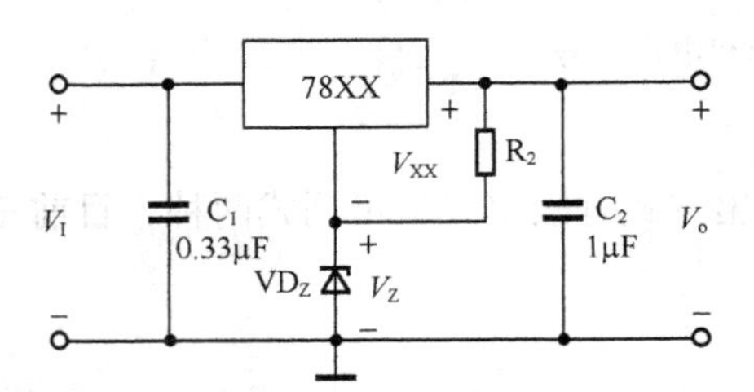

图 10.25　三端稳压器的扩压接法

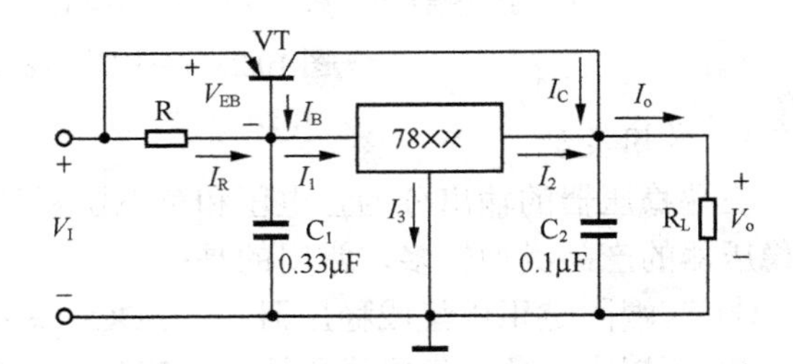

图 10.26　三端稳压器的扩流接法

$$\begin{aligned} & I_2 = I_1 - I_3 \approx I_1 = I_R + I_B = \frac{V_{EB}}{R} + \frac{I_C}{\beta} \Rightarrow I_C = \beta\left(I_2 + \frac{V_{BE}}{R}\right) \Rightarrow \\ & I_o = I_2 + I_C = I_2 + \beta\left(I_2 + \frac{V_{BE}}{R}\right) \approx \beta\left(I_2 + \frac{V_{BE}}{R}\right) \end{aligned} \tag{10.25}$$

式中：I_3 为稳压器公共端上的电流，该电流通常较小，可以忽略。

④ 输出电压可调的稳压器电路如图 10.27 所示。其中，集成运放接成电压跟随器，用于隔离稳压器和取样电路，以避免稳压器公共端上的电流影响输出电压。该电路输出电压的范围为

$$\begin{aligned} & v_+ \approx v_- \Rightarrow V_o - v_+ = V_o - v_- \Rightarrow V_{RA} = V_{XX} \Rightarrow \\ & \frac{R_A}{R_A + R_B} V_o = V_{XX} \Rightarrow V_o = \left(1 + \frac{R_B}{R_A}\right) V_{XX} \Rightarrow \begin{cases} V_{o\min} = \dfrac{R_1 + R_2 + R_3}{R_1 + R_2} V_{XX} \\ V_{o\max} = \dfrac{R_1 + R_2 + R_3}{R_1} V_{XX} \end{cases} \end{aligned} \tag{10.26}$$

✍ 学习记录

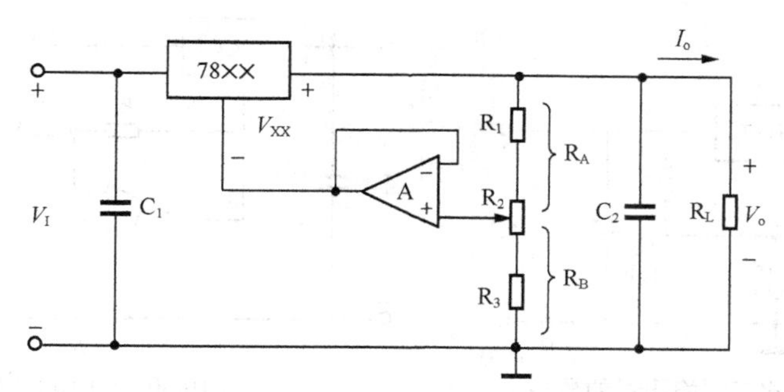

图 10.27　输出电压可调的稳压器电路

⑤ 正负电压输出的稳压电路，如图 10.28 所示。其中两只二极管起保护作用。

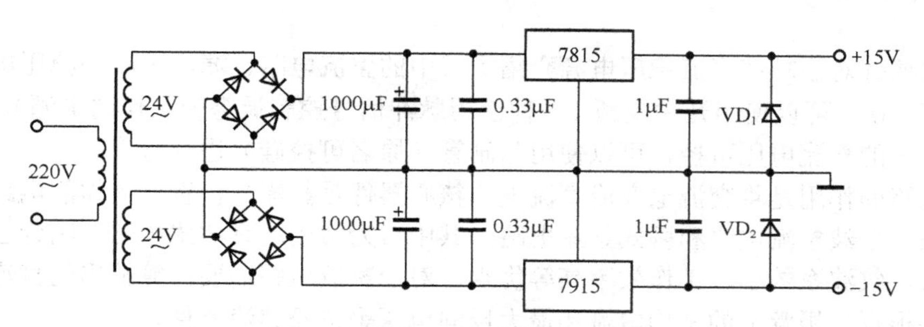

图 10.28　正负电压输出的稳压电路

⑥ 可调式三端稳压器的典型连接电路，如图 10.29 所示。该电路的输出电压为

$$V_o = \left(1 + \frac{R_2}{R_1}\right) \times 1.25\ \text{V} \tag{10.27}$$

【例 10.5】　稳压电路如图 10.30 所示，试求输出电压 V_o 的表达式。

【解】　这是一个输出电压可调的稳压电路，其结构类似与图 10.27 所示电路。分析思路仍然是从集成运放的虚短和虚断概念出发，显然电阻 R_4 和 R_5 构成串联电路，取样电路也是串联电路，且 R_5 和 R_A 上的电压相同，故有

$$v_+ \approx v_- \Rightarrow V_o - v_+ = V_o - v_- \Rightarrow V_{RA} = V_{R5} \Rightarrow$$

$$\frac{R_A}{R_A + R_B} V_o = \frac{R_5}{R_4 + R_5} V_{XX} \Rightarrow V_o = \left(1 + \frac{R_B}{R_A}\right) \frac{R_5}{R_4 + R_5} V_{XX} \tag{10.28}$$

学习记录

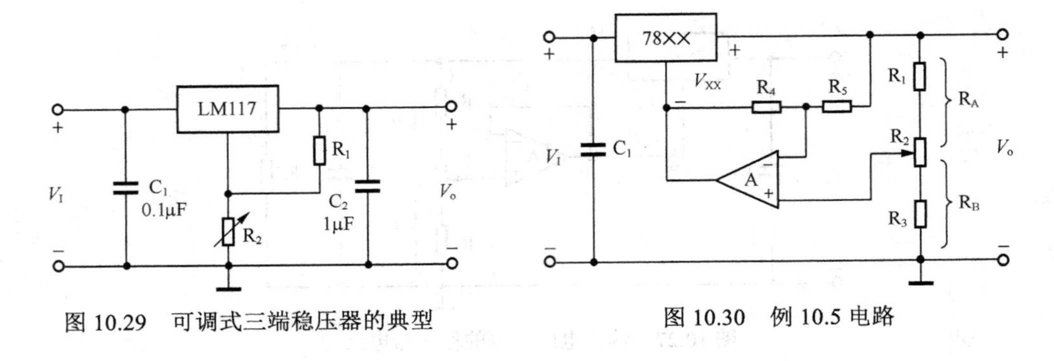

图 10.29　可调式三端稳压器的典型

图 10.30　例 10.5 电路

10.4　本章小结

本章主要针对小功率直流稳压电源介绍了其中的整流电路、滤波电路和稳压电路。如果对于大功率情况，可以使用开关电源（一种使用脉冲信号控制调整管工作的电源）。如果希望整流电路输出的直流电压可控，可以使用晶闸管（原名可控硅）进行整流。

整流电路的作用是将交流电变成直流电，核心器件是整流二极管，具体的电路形式有半波整流电路、全波整流电路和桥式整流电路，其中最为常用的是桥式电路，因为它具有输出直流电压大、纹波系数小、工作效率高等优点。对于整流电路需要计算输出的直流电压和直流电流，并根据二极管上的平均电流和最大反向电压来选择整流器件。

滤波电路的作用是滤除脉动直流中的交流成分，使输出波形变得平缓，核心器件是电容或电感。常用的滤波电路有电容滤波电路、π型 RC 滤波电路。加上滤波电容后，整流电路的相关参数会发生变化，例如，输出的直流电压会升高，半波整流电路中二极管的最大反向电压会变大，计算时需要注意。另外，还要注意滤波电容的选择方法。

稳压电路的作用是使输出电压保持平稳。稳压管构成的稳压电路结构简单，但输出电压不可调、输出电阻大，只适用于负载电流较小且变化范围不大的场合，例如，充当基准电压电路。串联反馈式稳压电路主要由调整管、基准电压电路、取样电路、比较放大电路 4 部分组成，电路中引入了电压负反馈，使输出电压非常稳定。三端集成稳压器产品种类多，性能优异，使用方便，在设计直流稳压电源时应作为稳压环节的首选器件。

10.5　思考题

1．小功率直流稳压电源由哪几部分组成？各有什么作用？

2．滤波电路的作用是什么？有哪些基本形式？其中最常用的是哪种？为什么？

学习记录

3．如果整流桥中一只二极管接反了，会出现什么情况？

4．如果整流桥中一只二极管开路或短路时，会出现什么情况？

5．什么是纹波？有何意义？

6．整流电路输出的直流电压与变压器副边电压有何关系？

7．电容滤波和电感滤波的原理是什么？滤波效果有何不同？

8．电容滤波对整流电路的输出有何影响？对整流二极管有何影响？

9．滤波后的输出电压波形已变得较为平稳，为什么其后还要连接一级稳压电路？能否不接？

10．稳压电源有哪些常用的质量指标？能够反映哪些问题？

11．串联反馈式稳压电路得名的原因是什么？具体由哪四部分组成？各有什么作用？

12．对于串联反馈式稳压电路，如何提高电路的输出电流？

13．整流之后，如果不接滤波电路而直接连接稳压电路，能否达到稳定输出电压的效果？

14．三端集成稳压有何优点？有哪些类型？

15．78XX和79XX系列稳压器输出电压的等级有哪一些？输出电流的等级又有哪一些？

16．LM117和LM317有何不同？

17．设计直流电源时，电源变压器、整流二极管和滤波电容应该如何选择？

18．试总结整流桥的画法和工作特点。

19．试总结三端集成稳压器的应用方法。

20．试总结集成运放在稳压电路中的应用。

学习记录

附录A 课程扩展学习内容

模电课既具有较强的理论性，同时又具有一定的实践性，因而在学习模电的过程中围绕课程的重点、难点问题去开展一些理论探讨与动手实践活动是非常有益的。这样做不仅能够调动积极性、促进学习，同时还能够培养一定的自学能力和动手能力，为后续的专业学习打下良好的基础。

A.1 课程小论文

这里所谓的课程小论文，是指学生结合课程内容开展的深入学习、研究、探讨和总结，并以论文形式予以表述。实施课程小论文的意义在于：

- 丰富课程教学内容，突出过程学习；
- 让学生深入理解课程知识；
- 培养学生独立分析问题的能力；
- 培养学生良好的课外阅读习惯；
- 培养学生科技文章的编写能力；
- 培养学生进行科学研究的兴趣。

A.1.1 选题指导

课程小论文的选题可以是课程中的重点或难点问题，可以是老师教学中引申的问题，也可以是学生感兴趣的问题。下面给出一些具体选题方向。

1. *知识点型*

知识点型选题主要是以课程中的某一知识点为对象来展开学习和研究工作，例如：

[1] 如何理解平面型三极管的结构特点

[2] 如何使用万用表测试二极管和三极管

[3] BJT 放大电路中集电极电阻 R_c 为何称为负载电阻

[4] BJT 与 FET 的区别与联系

[5] BJT 放大电路的偏置方式

[6] FET 放大电路的偏置方式

[7] BJT 差分电路射极耦合电阻的作用
[8] 单端输出的差分电路对零漂的抑制作用
[9] 镜像电流源中三极管的工作状态
[10] 单管放大电路的分类及工作特点
[11] 研究放大电路频率特性的意义
[12] BJT 放大电路的分析方法总结
[13] FET 放大电路的分析方法总结
[14] 差分电路的分析方法总结
[15] 运放电路的分析方法总结
[16] 自举电路在功放电路中的应用
[17] 散热对电子电路的意义及其常用的散热方式
[18] 负反馈放大电路的设计思路
[19] 如何理解串联反馈式稳压电路的结构特点
[20] 电子电路中地的概念

2. 概述型

概述型选题是以与课程相关的某一类问题为对象来开展学习和研究工作，例如：

[1] 二极管在电子电路中的应用
[2] 三极管在电子电路中的应用
[3] 场效应管在电子电路中的应用
[4] 复合管在电子电路中的应用
[5] 集成运放在电子电路中的应用
[6] 集成功率放大器在电子电路中的应用
[7] 正弦波振荡器在电子电路中的应用
[8] 整流桥堆的概念及其应用
[9] 晶闸管的概念及其应用
[10] 开关电源的概念及其应用

3. 电路分析型

掌握电子电路的基本识图方法是模电课的一项重要学习任务，这对于后续电类专业课的学习来说非常重要。因此这里把电路分析也列为课程小论文的一个选题方向。通过模电课程的学习，应该能够基本正确地分析类似图 A.1、图 A.2 和图 A.3 所示电路的功能及主要元器件的作用。

4. 其他类型

其他类型主要包括如下内容：

[1] 学习方法总结
[2] 学习建议

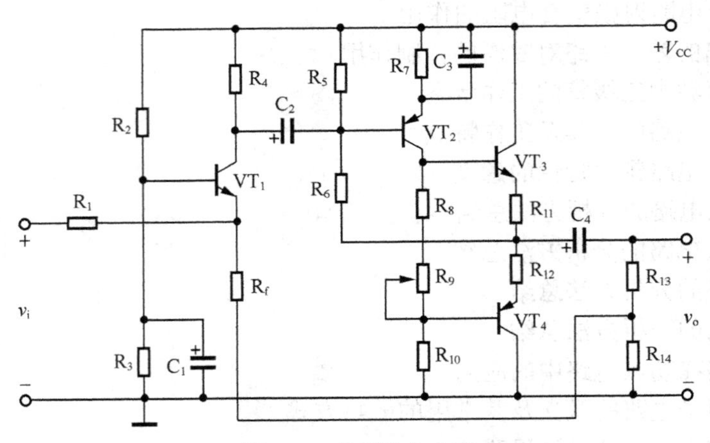

图 A.1 多级放大电路

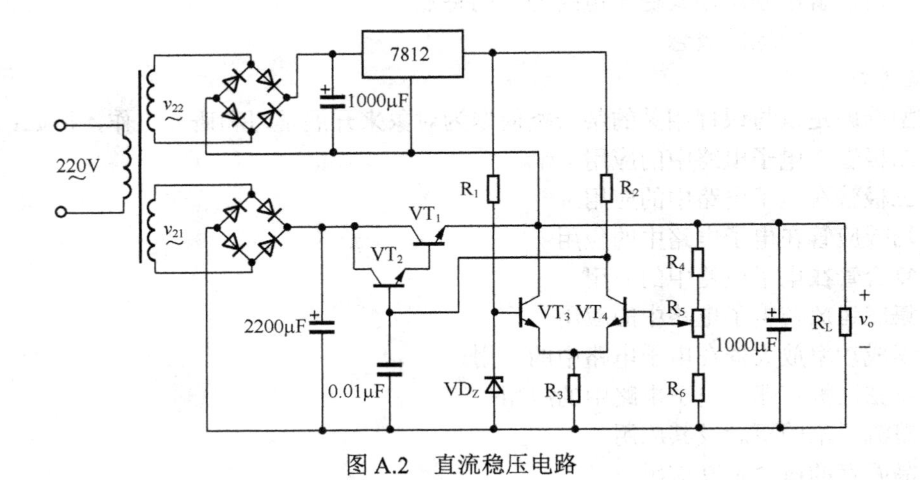

图 A.2 直流稳压电路

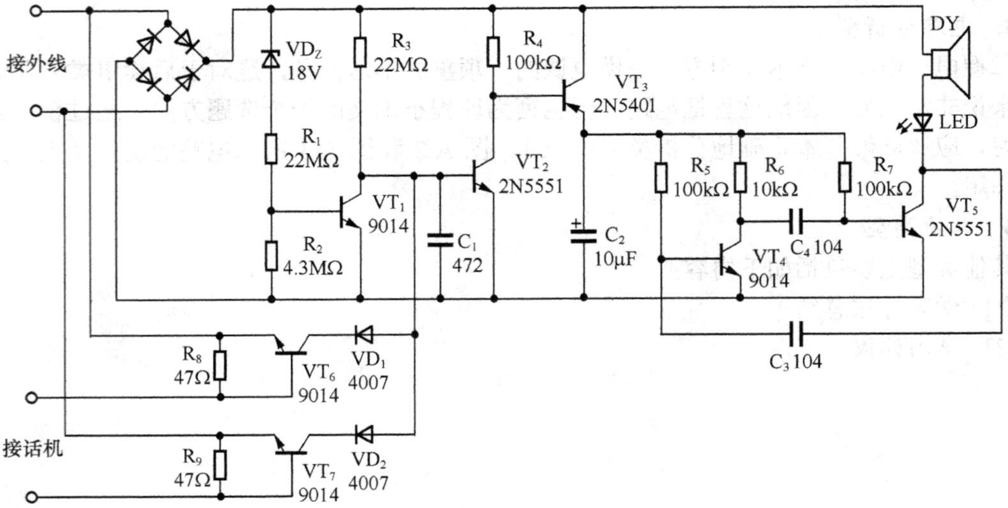

图 A.3 电话线路防盗报警器

A.1.2 写作指导

1. 基本内容

课程小论文应该包括如下一些内容：

【题目】中文 20 字以内，表意要清楚、主题要鲜明；

【作者信息】包括学生姓名和指导教师；

【摘要】200 字左右，概述全文主题思想；

【关键词】3～5 个关键词，用分号分隔，表达文中的核心知识点；

【正文】建议 1000 字左右，包括文本、公式、图和表；

【参考文献】列出相关文献资料。

2. 基本要求

（1）准备写作之前，请先确定指导教师。

（2）使用 MS Word 作为编辑器。

（3）使用 Word 中的公式编辑器或专用公式编辑器 MathType 等编写公式。

（4）电路图应使用 Protel、Spice、Multisim、Tina Pro 等 EDA 软件绘制。

（5）结构框图、流程图等应使用 Visio、SmartDraw 等专业工具编写。

（6）其他图形应使用 Flash、Photoshop 等矢量图绘图工具绘制。

3. 基本格式

【面页设置】纸张 A4、上下左右边距均为 2cm。

【文字、行距】中文用“宋体”，西文用“Times New Roman”；各级标题和图表标注采用 1.5 倍行距，其余都用单倍行距。

【字号、对齐方式】

- 题目：三号加粗、居中对齐；
- 作者：五号、居中对齐；
- 摘要和关键词：五号、两端对齐，段首分别用加粗“摘要：”和“关键词：”引导；
- 1 级标题：四号加粗，顶左边，格式 1、2、3、……；
- 2 级标题：小四号加粗，顶左边，格式 1.1、1.2、1.3、2.1、2.2、……；
- 3 级标题：小四，缩进 2 个文字，格式 （1）、（2）、（3）、……；
- 正文：小四、两端对齐，首行需缩进 2 个文字；
- 图表中的文字：五号；
- 图标注：五号，居中对齐，图标注写在图的正下方，格式为“图编号”＋“说明文字”，编号格式图 1、图 2、……，全文统一编号；
- 表标注：五号，居中对齐，表标注写在表格的正上方，格式为“表编号”＋“说明文字”，编号格式表 1、表 2、……，全文统一编号；
- 公式：居中对齐，公式后加式编号（式 1）、（式 2）、……，全文统一编号；
- 参考文献：五号，两端对齐，编号格式[1]、[2]、……。

4. 样文

图 A.4 为某课程小论文的结构样式。

三极管放大电路分析方法总结

学生×××　　指导教师×××

摘要：三极管放大电路是模电课程的重要学习内容，其学习好坏直接关系到整门课程的学习。该内容的学习难点在于三极管放大电路的形式多样，分析过程复杂，同时还需要画出放大电路的直流通路和小信号等效电路。本文针对直流通路和小信号等效电路，全面总结了画图的步骤、常见的电路形式、以及相应的分析方法。实践表明、对于初学者来说、本文能够起到很好的辅助学习作用。

关键词：三极管放大电路；静态分析；动态分析；直流通路；小信号等效电路

1. 引言

三极管放大电路分为共射、共集和共基电路，分析方法包括静态分析和动态分析，静态分析用于确定放大电路的静态工作点，而动态分析用于确定放大电路的动态性能。静态分析的思路是画出直流通路求 I_{BQ}、I_{CQ}、V_{CEQ}。动态分析的基本思路是画放大电路的小信号等效电路求电压增益 A_U、输入电阻 R_i 和输出电阻 R_o。

2. 静态分析

2.1 直流通路的画图方法

静态分析只考虑直流信号对电路的作用，故与交流相关的元器件要去掉，主要是电容开路处理，交流信号源短路处理。

2.2 直流通路的常见形式

三极管放大电路的常见直流通路形式如图 1 所示。

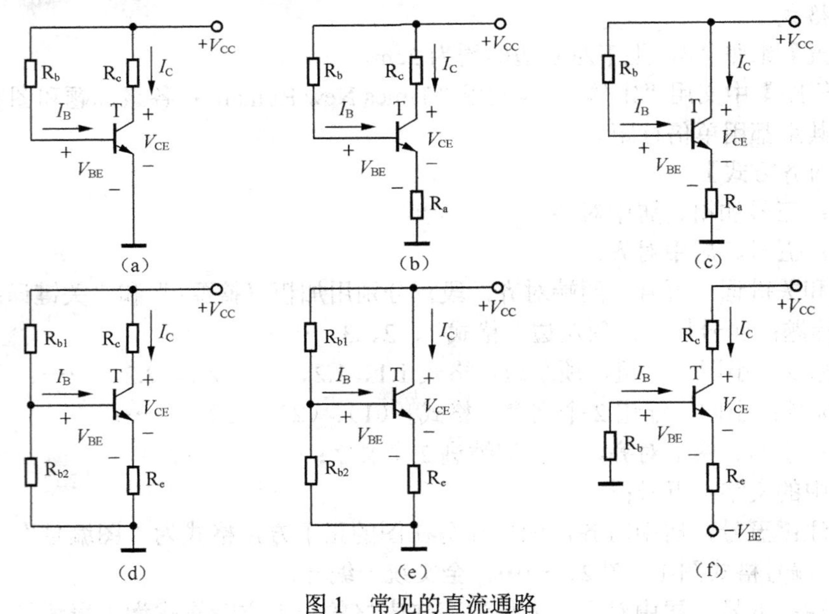

图 1　常见的直流通路

2.3 直流通路的分析方法

（1）图 1a 的相关计算公式

$$I_{Be}=\frac{V_{CC-}V_{BE}}{R_b};I_{ce}=\beta I_{Be};V_{CEe}=V_{CC}-I_C R_C \qquad (式 1)$$

（2）图 1b 的相关计算公式

$$I_{\mathrm{Be}} = \frac{V_{\mathrm{CC}} - V_{\mathrm{BE}}}{R_{\mathrm{b}} + (1+\beta)R_{\mathrm{e}}}; E_{\mathrm{ce}} = \beta I_{\mathrm{BQ}}; V_{\mathrm{CEQ}} \approx V_{\mathrm{CC}} - I_{\mathrm{C}}(R_{\mathrm{c}} + R_{\mathrm{c}}) \quad （式 2）$$

……

3 动态分析

因为三极管是非线性器件，所以需要在小信号的前提下将其等效为一个线性的小信号模型。而用三极管小信号模型画出的交流通路就是放大电路的小信号等效电路，这种电路就能用线性电路的分析方法来进行求解。

3.1 小信号等效电路的画图方法

动态分析只考虑交流信号对电路的作用，故直流电源要去掉，短接处理，即接直流电源点为交流地点。另外考虑到耦合电容的容量较大，可近似认为对交流短路，故电容看作导线。即直流电源接地和电容看作导线是画小信号等效电路的基础。

小信号等效电路的画图步骤如下：

① 根据放大电路的组态确定三极管的小信号模型样式，具体如表 1 所示。

表 1　三极管连接组态与小信号模型样式的关系

组　态	共　射	共　集	共　基
连接关系	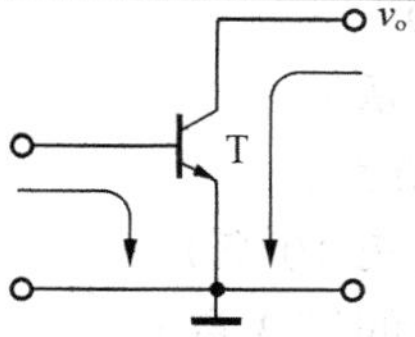 v_i T v_o	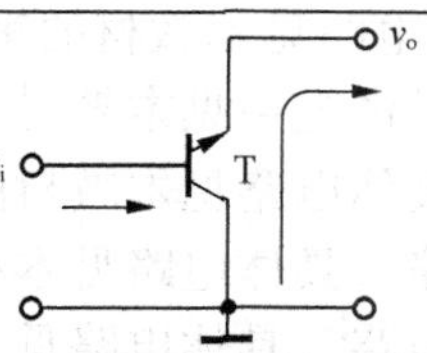 v_i T v_o	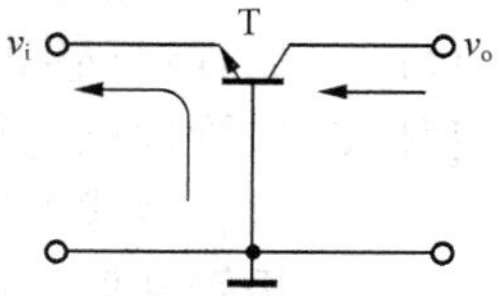 v_i T v_o
模型样式	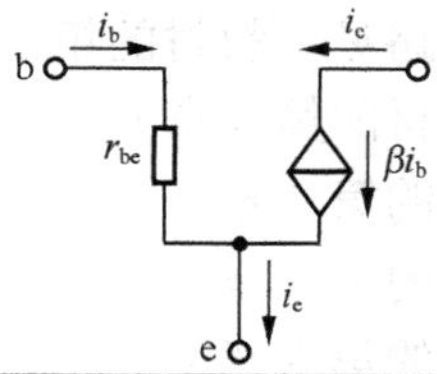 b i_b r_{be} i_c βi_b i_e e	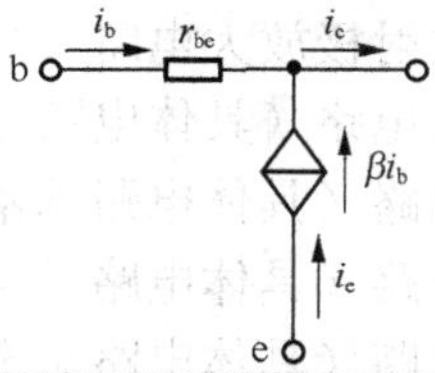 b i_b r_{be} i_e βi_b i_c e	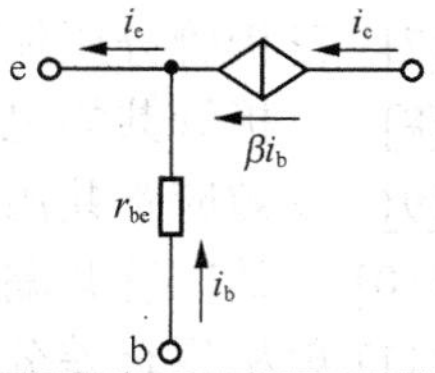 e i_e i_c βi_b r_{be} i_b b

……

3.2 小信号等效电路的常见形式

三极管放大电路的常见小信号等效电路形式如图 2 所示。

……

3.3 小信号等效电路的分析方法

……

4 结束语（总结或结论）

参考文献

[1] 康华光．电子技术基础模拟部分（第五版）[M]．北京：高等教育出版社．2006（12）

[2] 华成英．模拟电子技术基础（第四版）[M] ．北京：高等教育出版社．2007（11）

……

（b）第 2 页

图 A.4　课程小论文样文

A.2 课程小制作

这里所谓的课程小制作，是指学生选择与课程相关的典型电路进行实际动手制作，并完成测试工作。实施课程小制作的意义在于：

- 丰富课程教学内容，突出过程学习；
- 让学生在实践中提高自己的理论知识；
- 培养学生的实际动手能力；
- 让学生了解实际元器件的相关知识；
- 让学生了解制作电子电路的基本知识；
- 让学生了解电子电路的基本测试方法；
- 让学生明白理论和实际是存在差异的。

A.2.1 选题指导

本教材中建议作为课程小制作的典型电路如下：

[1] RC 微分电路（具体电路见本教材的第 6 章）
[2] RC 积分电路（具体电路见本教材的第 6 章）
[3] 二极管限幅电路（具体电路见本教材的第 2 章）
[4] 二极管稳压电路（具体电路见本教材的第 10 章）
[5] 二极管桥式整流电路（具体电路见本教材的第 10 章）
[6] 三极管共射极放大电路（具体电路见本教材的第 3 章）
[7] 三极管分压偏置式共射极放大电路（具体电路见本教材的第 3 章）
[8] 三极管共集电极放大电路（具体电路见本教材的第 3 章）
[9] 场效应管共源放大电路（具体电路见本教材的第 4 章）
[10] 场效应管共漏放大电路（具体电路见本教材的第 4 章）
[11] 射极耦合差分放大电路（具体电路见本教材的第 5 章）
[12] 运放反相比例运算电路（具体电路见本教材的第 6 章）
[13] 运放同相比例运算电路（具体电路见本教材的第 6 章）
[14] 运放差分运算电路（具体电路见本教材的第 6 章）
[15] 带自举功能的功放电路（具体电路见本教材的第 8 章）
[16] RC 文氏桥（具体电路见本教材的第 9 章）
[17] LC 振荡电路（具体电路见本教材的第 9 章）
[18] 电源滤波电路（具体电路见本教材的第 10 章）
[19] 串联反馈式稳压电路（具体电路见本教材的第 10 章）
[20] 小功率直流稳压电源（具体电路见本教材的第 10 章）

A.2.2 电路制作基础

1. 常用电子元件

常用的电子元器件主要包括电阻器、电容器、电感器、晶体二极管、晶体三极管和集成电路。虽然这些器件在电路课程和模电课程中多已介绍过，但主要是从理论知识的角度去讲解其工作原理，与实际应用还有较大差距。

如果要进行电路制作，还需要了解元器件的如下知识：

- 常用种类、外形、特性和功能；
- 在电路图中的符号和标注规则；
- 命名方式（包括国家和国外的）。

2. 通用印制电路板

通用印制电路板，如图 A.5 所示，也称为万能印制电路板，是进行业余电子制作的首选器材。通用印制电路板上整齐地排列着直径大约 2mm 的铜箔，即焊盘。在焊盘的中心钻有直径 0.8～1.0mm 的过孔，孔与孔的间距为 2.54mm（0.1 英寸）。因为绝大部分电子器件的引脚距离都是 2.54mm 或其整数倍，所以很容易将它们安装在通用印制电路板上。通用印制电路板有各种大小的规格，可以根据电路使用元件的数量来选择合适的尺寸，当然也可以将较大的板子切割成所需的大小来使用。

3. 焊接工具

进行焊接操作所需的基本工具是电烙铁和松香芯焊锡丝，如图 A.6 所示。当然为了方便操作，最好备有尖嘴钳、平口钳、镊子、小刀等辅助工具，如图 A.7 所示。

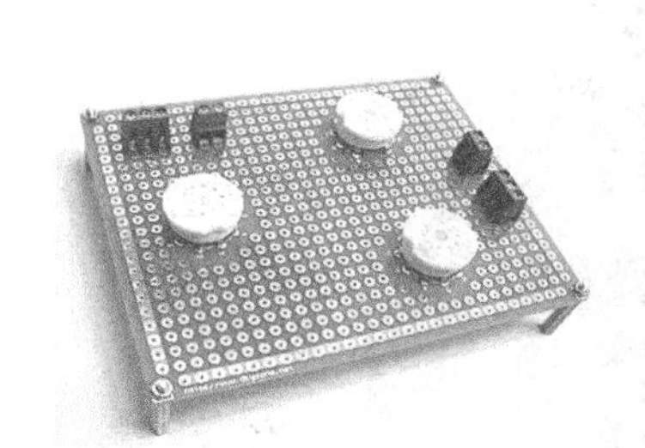

图 A.5　通用印制电路板

图 A.6　电烙铁和焊锡丝

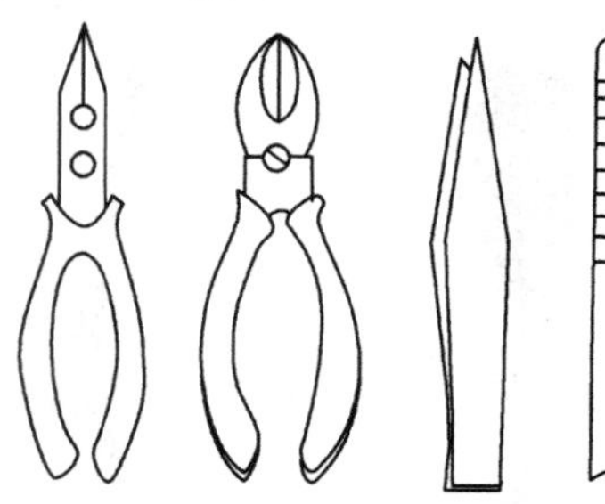

图 A.7　辅助工具

4. 实验设备

进行基本的电路测试需要用到一些实验设备，如万用表、稳压电源、信号发生器、示波器等，具体如图 A.8 所示。因为这些设备通常成本较高，不便自备，但学生可以到实验室中使用。

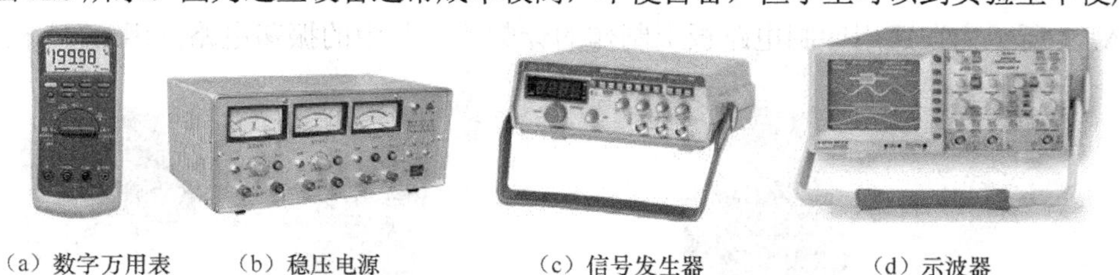

（a）数字万用表　（b）稳压电源　（c）信号发生器　（d）示波器

图 A.8　基本实验设备

5. 身边的设备

其实我们身边有很多电子设备，都可以用到课程小制作中。例如，电子设备的电源适配器，通常有几伏到几十伏的直流输出，如果电路中使用与之匹配的接口，就可以将电源适配器用作简易直流电源。又如耳机，只需在电路输出端加上音频接口，就可以把耳机用作简易的测试设备。

A.2.3 制作实例

1. 直流电源

图 A.9 所示为使用电源适配器改造的直流电源，输出电压 12V，输出电流 2A。该电源可以为单管放大电路供电。

2. 音频插头

图 A.10 所示为改接的音频插头，使用这个插头可以将自制电路的输出与小音箱等的设备连接。

3. 分压偏置式共射极放大电路

图 A.11 所示为在通用印制电路板上制作的分压偏置式共射极放大电路。

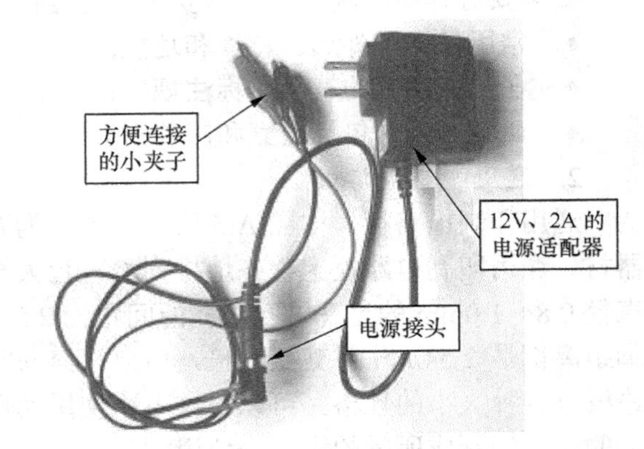

图 A.9 直流电源

4. 直流稳压电源

图 A.12 所示为在通用印制电路板上制作的小功率直流稳压电源。

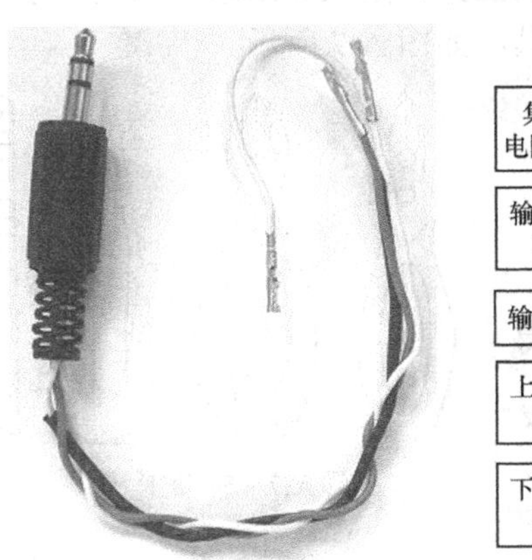

图 A.10 音频插头

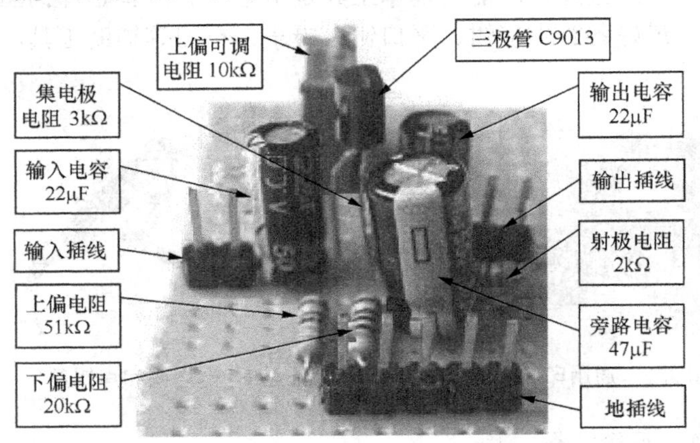

图 A.11 分压偏置式共射极放大电路

5. 计数器

图 A.13 所示为在通用印制电路板上制作的计数器，其中的振荡电路是用 μ741 构成的。

图 A.12 直流稳压电源

图 A.13 计数器

附录 B Tina 软件在课程学习中的应用

B.1 Tina 软件简介

B.1.1 概述

Tina Pro 最初是匈牙利 DesignSoft 公司推出的用于分析、设计电子电路的 EDA 软件。Tina Pro 具有如下特点：① 界面简单、直观形象、操作方便、容易掌握，特别适合初学者学习；② 元器件种类丰富齐全，电子技术课程所涉及的元器件基本都能找到；③ 采用图形方式创建电路，且元器件的外观与国标基本一致；④ 它所使用的虚拟测试仪器的外形和操作方法与实际仪器非常相似。总之，使用该软件，用户就如同拥有了一个完备的实验平台，可以对建模电路进行 DC 分析、AC 分析、瞬时分析、傅里叶分析、符号分析、噪声分析及最优化分析等十多种仿真分析方法，同时分析结果可以展现在完善的图表中。所以 Tina Pro 非常适合电子类课程的教学和实验，是大家学习电子技术课程非常理想的好帮手。

目前 DesignSoft 公司已和德州仪器联合推出了 Tina TI 9.x 版，但我们仍然强烈建议初学者使用 Tina Pro 6.0 教育版，因为：首先这是一款学习软件，不存在版权问题，虽然功能上有所限制，但学习电子技术课程足以；其次它的界面是简体中文的，这对于普通学生来说非常重要；再次它的体积非常小，打包成 Rar 文件后仅有 24M 左右，小小一个优盘就能实现备份，携带非常方便；然后该软件对运行环境的要求非常低，目前的中低档计算机都能够流畅运行；最后 Tina Pro 6.0 不需要安装，解压后便可运行。

图 B.1 所示为 Tina Pro 6.0 的工作界面。

B.1.2 基本操作

1. *查看帮助*

Tina 启动后，按下【F1】键或者选择【帮助\内容】菜单项，可以打开 Tina 的帮助窗口，如图 B.2 所示。使用该帮助窗口可以初步学习 Tina 的各项基本功能。

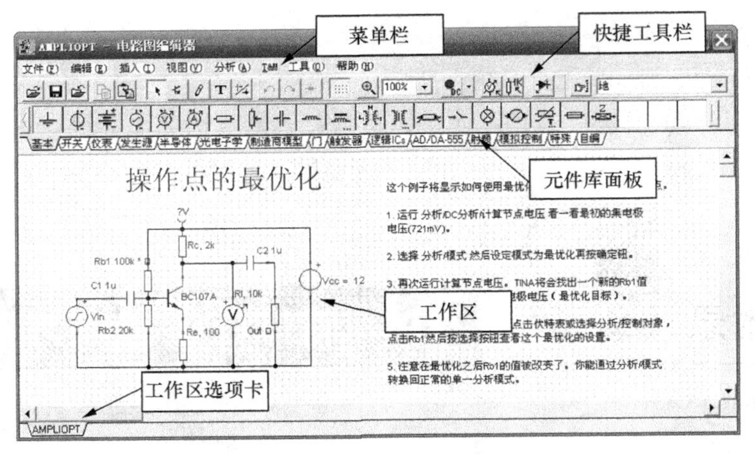

图 B.1　Tina 的工作界面

2. *设置元件符号*

如果在基本元件库面板中看到的元件符号如图 B.3（a）所示，这是“美标符号”；如果看到的是图 B.3（b）所示符号，则为“欧标符号”。设置元件符号的步骤如下。

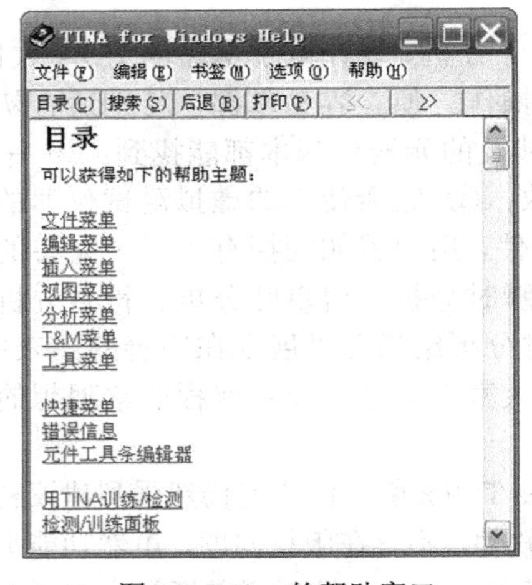

图 B.2　Tina 的帮助窗口

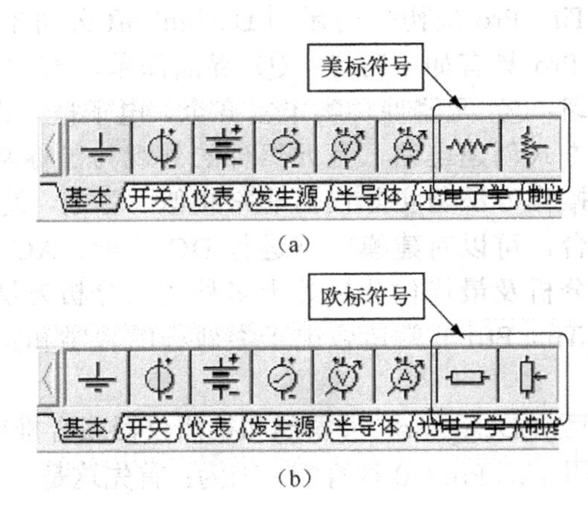

图 B.3　元件符号

① 选择【视图\选项】菜单项，打开“编辑器选项”对话框，如图 B.4 所示。

② 在当前对话框中通过“元件符号设置”栏中的“美国”和“欧洲”单选项，可以设置需要的元件符号。这里建议设置成“欧标符号”，其与国标符号相近。

③ 选定符号标准后单击【确定】按钮完成设置操作。

3. *放置元件*

放置元件的基本操作步骤如下。

① 选择元件库。Tina 的元件库位于工作区上方，如图 B.5 所示，用户可以根据需要进行选择。

② 选择元件。在选定的元件库中通过单击元件符号便可选中所需的元件。

③ 放置元件。选好元件后将鼠标移到工作区合适位置单击左键，所需元件出现在当前鼠标的位置。如果前面在“基本”元件库中选择“电阻”元件（▭），放置后如图 B.6 所示。

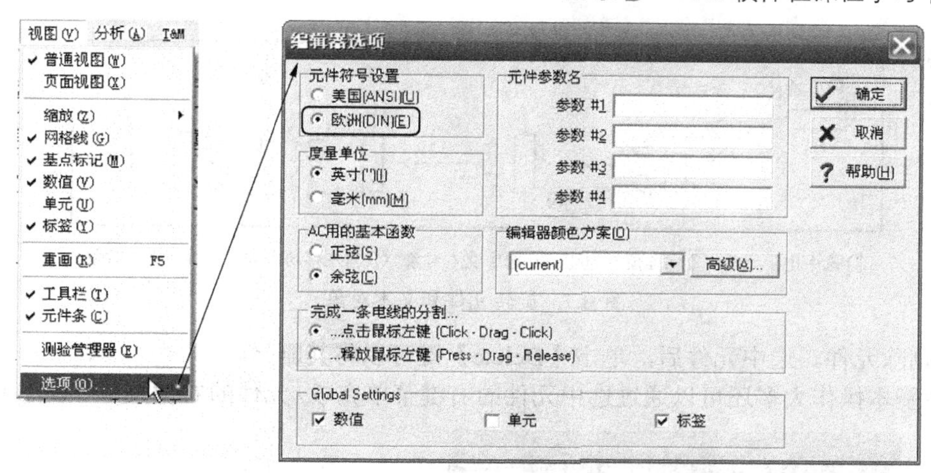

图 B.4 设置元件符号

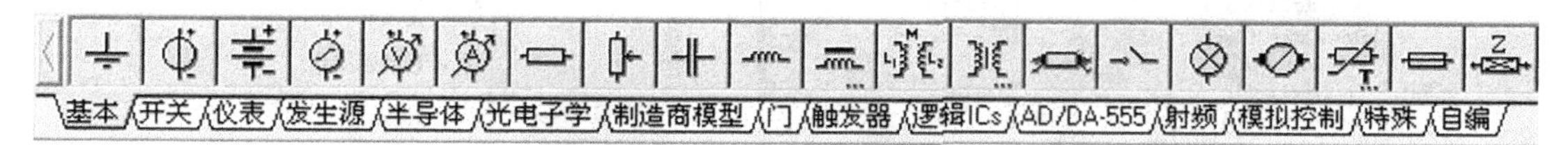

图 B.5 Tina 的元件库

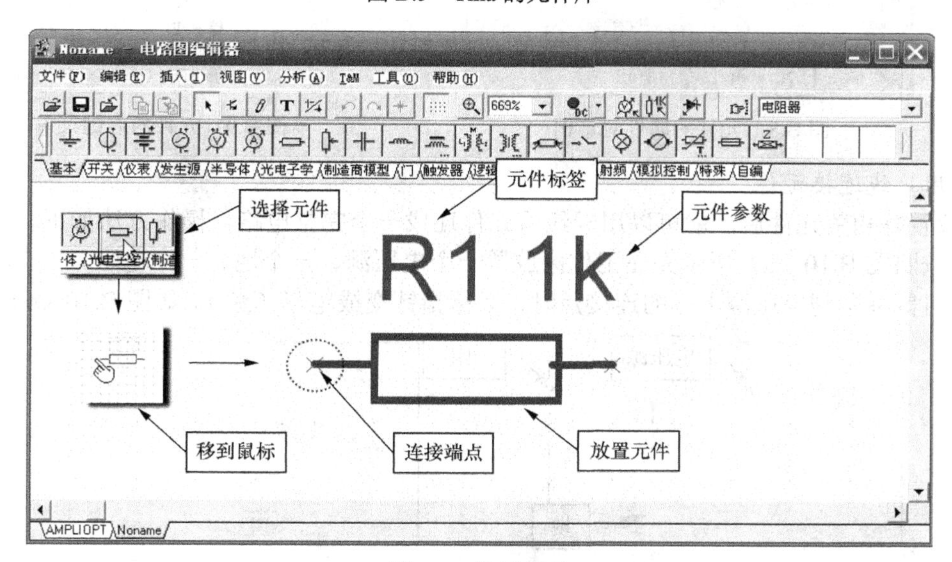

图 B.6 放置元件

④ 设置显示信息。如果希望显示或隐藏元件的相关信息，如标签、数值等，可以通过【视图】菜单进行设置。

⑤ 调整元件位置。在元件上单击左键，选中元件，选中的元件成红色，在按下左键的同时移动鼠标便可将元件移动到需要的位置。

⑥ 旋转元件和文本对象。选中元件或元件的标签文本后，单击快捷工具栏上的 左旋按钮或者 右旋按钮，可以实现对象的旋转，具体如图 B.7 所示。

⑦ 设置元件属性。选中元件后，双击左键，可快速打开“元件的属性”对话框，如图 B.8 所示，在该对话框中可以设置元件的相关属性。

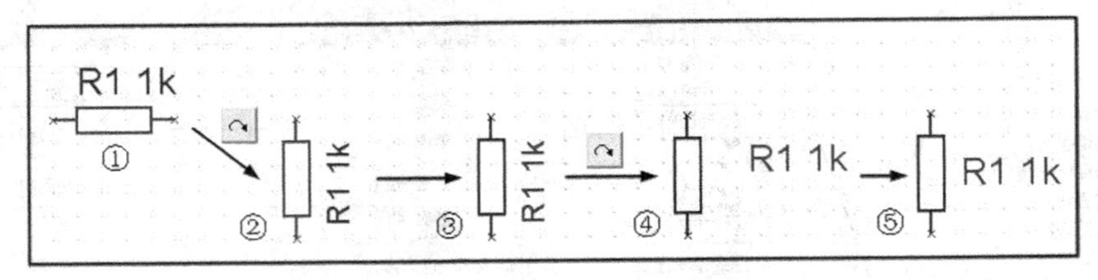

① 选中电阻元件 ② 向左旋转电阻 ③ 选中文本对象 ④ 向左移动文本 ⑤ 移动文本对象

图 B.7 旋转元件和文本对象

⑧ 删除元件。选中元件后，单击【Delete】键可以将其删除。

上述基本操作大多还可以通过选中元件的右键菜单完成。元件的右键菜单如图 B.9 所示。

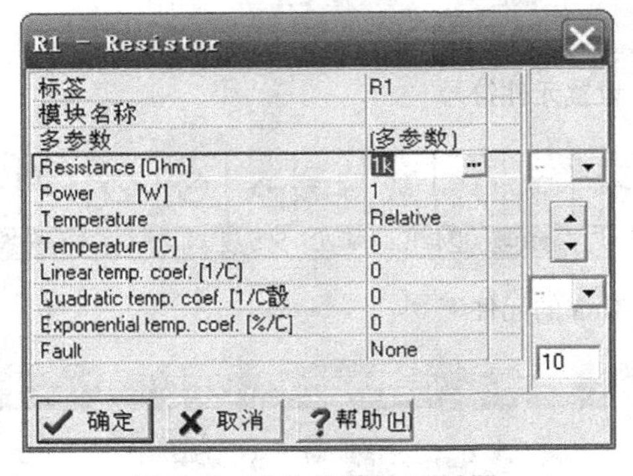

图 B.8 元件的属性对话框

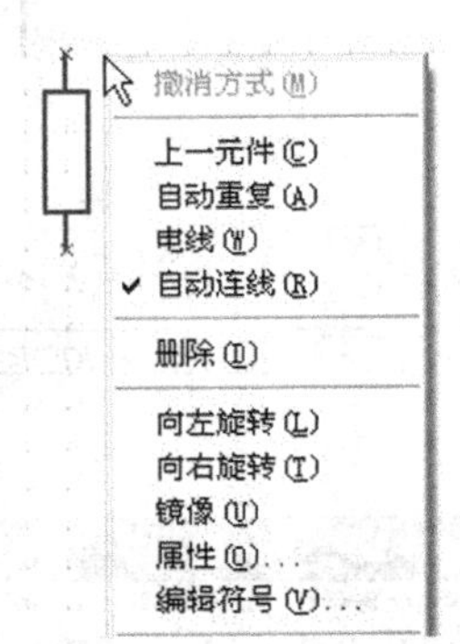

图 B.9 元件的右键菜单

4. 用导线连接元件

在放置好相关元件后，就可以用导线将元件连成一个完整电路，操作方法如下。

① 按照图 B.10（a）所示先在工作区放置一个电压源、一个地、一个电阻。

② 将鼠标移到电压源上方的连接点时，鼠标指针变成笔形（），如图 B.10（b）所示。

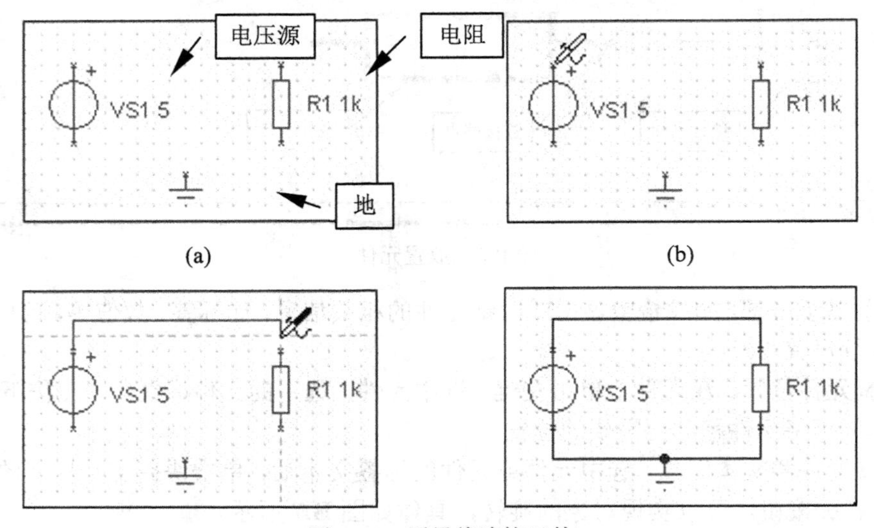

图 B.10 用导线连接元件

③ 此时单击鼠标左键（不用持续按下），然后移动鼠标就会从刚才的连接点引出一

条导线，鼠标指针也会变成半实心笔形（ ），如图 B.10（c）所示。

④ 在移动鼠标的过程中，导线会跟随鼠标运动方向自动转折，当移到另一个连接点时，再单击一下鼠标左键便可完成连线，如图 B.10（d）所示。

⑤ 导线连接好后，如果移动相关元件，导线会随元件一起移动（如变长、变短、转折等），如图 B.11 所示。

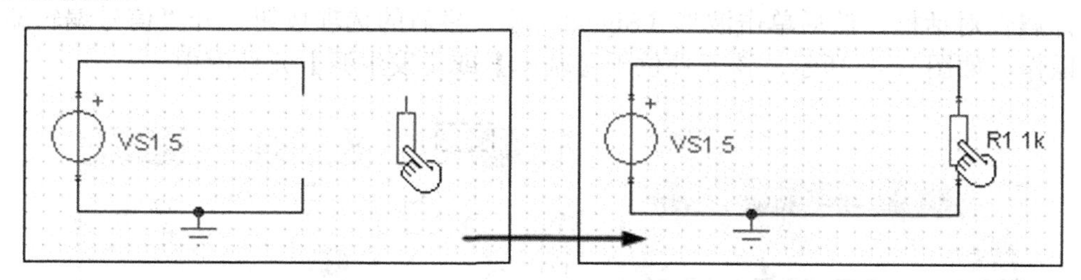

图 B.11　导线随元件移动而自动调整

⑥ 如果需要调整导线的位置，可以先选中导线，然后按箭头提示拖动鼠标，如图 B.12 所示。

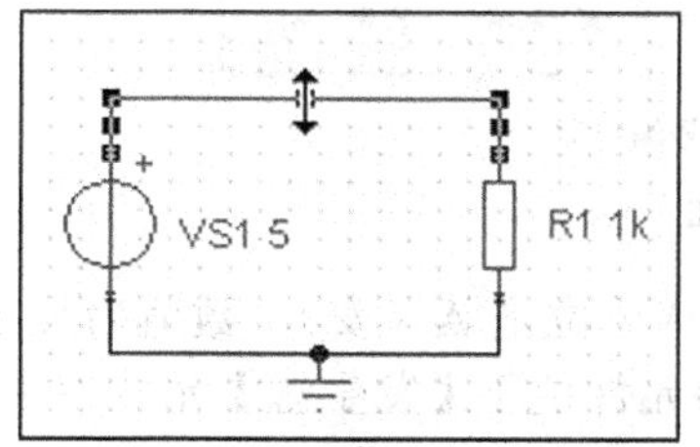

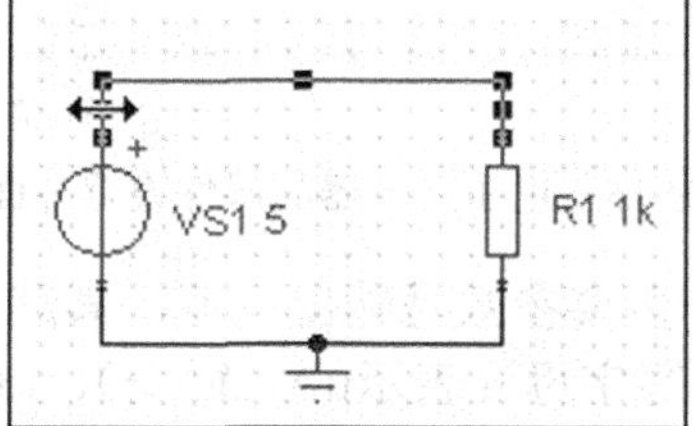

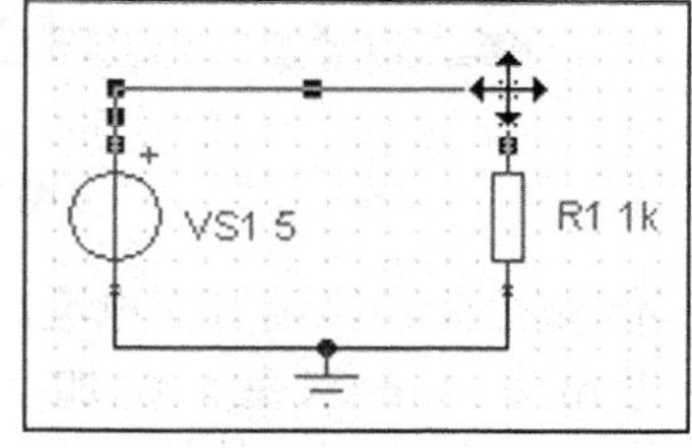

图 B.12　调整导线的位置

⑦ 有时需要在两根连接电线之间添加连接关系，但因无连接点而无法直接连线，这时可以通过快捷工具栏上的 （电线）按钮转入连线状态，以便在相应点上完成连线，具体如图 B.13 所示。

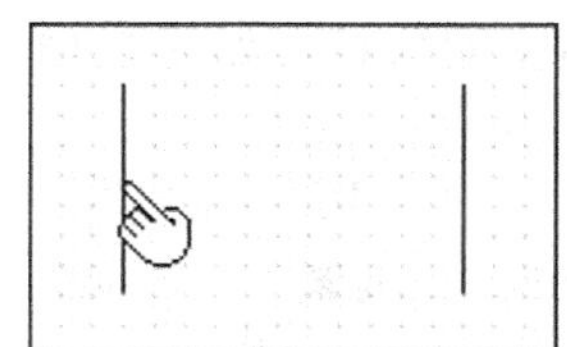
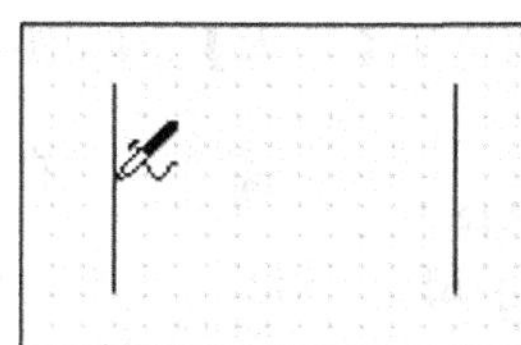
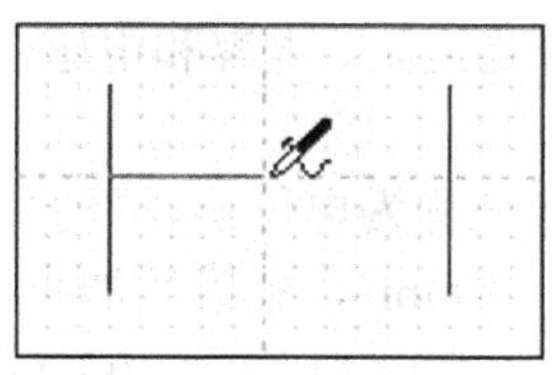
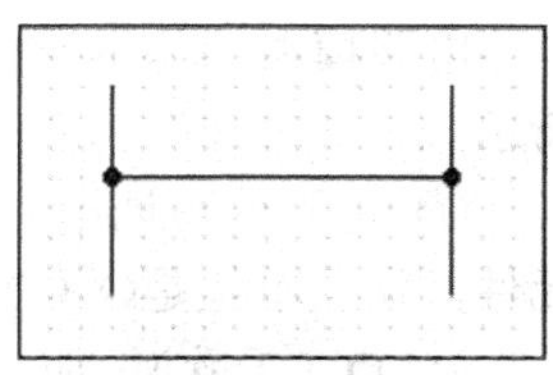

图 B.13　在无连接点时接线

⑧ 如果导线接错或不再需要了，可以先将其选中，然后按【Delete】键删除。

B.1.3　器件基础

1. 电源器件

元件库中主要的电源器件如图 B.14 所示。

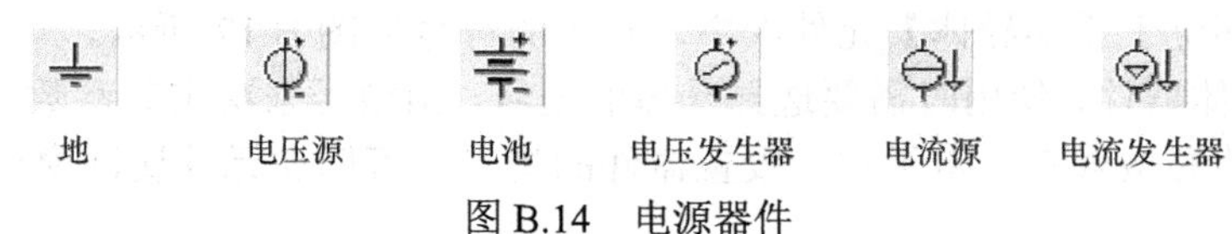

图 B.14　电源器件

① 地，如果要进行仿真操作，需要在电路中放入一个地元件，以作为电路工作的基本参考点。该元件位于【基本】元件库中。

② 电压源和电池，输出直流电压，默认单位是 V（伏），数值后加小写字母 m 表示 mV（毫伏），加小写字母 u 表示μV（微伏）。该元件位于【基本】或【发生源】元件库中。

③ 电压发生器，类似于信号发生器，能够输出各种复杂的电压信号。设置方法，先双击器件打开属性对话框，然后单击波形（Signal）输入栏后的选项按钮打开“信号编辑器”进行具体操作，如图 B.15 所示。该元件位于【基本】或【发生源】元件库中。

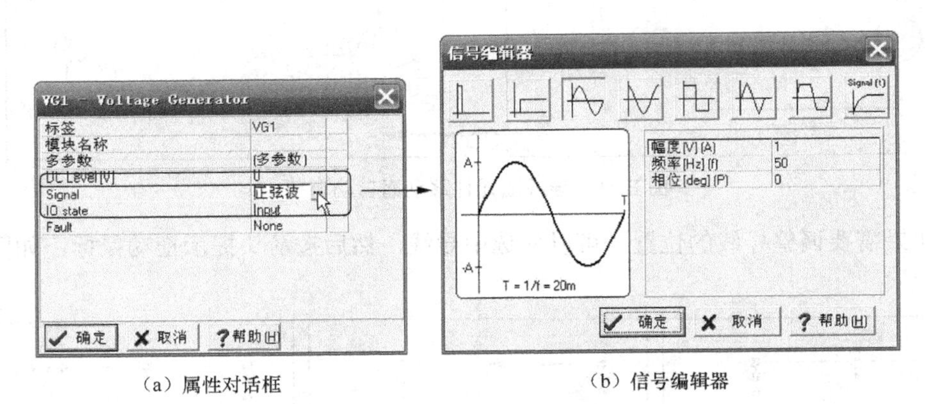

（a）属性对话框　　（b）信号编辑器

图 B.15　电压发生器的属性设置界面

④ 电流源，输出直流电流，主要参数是输出电流，其默认单位是 A（安），数值后加小写字母 m 表示 mA（毫安），加小写字母 u 表示μA（微安）。该元件位于【发生源】元件库中。

⑤ 电流发生器，能够输出各种复杂的电流信号。该元件位于【发生源】元件库中。

提示，Tina Pro 提供的电子器件参数较多，对于初学者来说，没有必要逐一掌握，可以先结合帮助文件去重点掌握其中的关键参数及其设置方法。查看元件帮助的方法是，先打开元件的属性对话框，然后单击其中的【帮助】按钮便可。

2. 电路基本元件

电路模型的基本元件是电阻、电容和电感，都位于【基本】元件库中，对应符号如图 B.16 所示。

电阻　可调电阻　电容　电感

图 B.16　电路基本元件

① 电阻或可调电阻（或称为电位器、滑动变阻器）元件，默认单位是Ω（欧，Ohm），数值后加小写字母 k 表示 kΩ（千欧），加大写字母 M 表示 MΩ（兆欧）。注意，不能使用小写 m，否则会报错。

② 电容，默认单位是 F（法），数值后加小写字母μ表示μF（微法），加小写字母 p 表示 pF（皮法）。也可以加小写字母 m 和 n，分别表示 mF（毫法）、nF（纳法）。

③ 电感，默认单位是 H（亨），数值后加小写字母 m 表示 mH（毫亨）。

3. 半导体器件

模电课程涉及的半导体器件主要有二极管、稳压管、三极管、场效应管、集成运放、整流桥堆等，它们都位于【半导体】元件库中，对应的符号如图 B.17 所示。

① 对于半导体器件，使用时需要选择具体的型号，由型号来决定其参数，这就要求用户对常用半导体器件的型号有一定了解。设置器件的型号，可以在元件属性窗口中对“Type”

栏进行操作。以三极管为例，相关设置界面如图 B.18 所示。

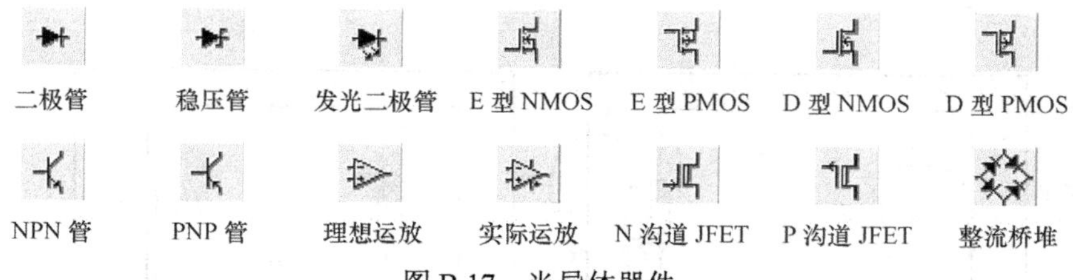

图 B.17　半导体器件

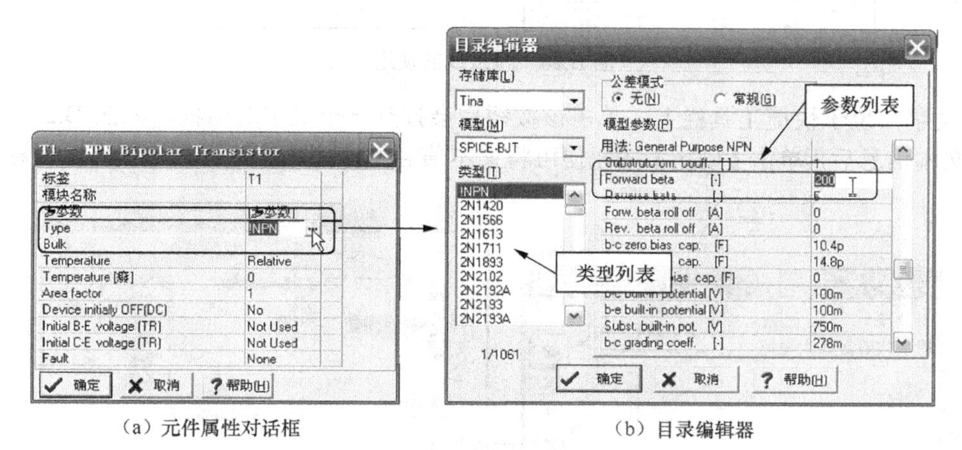

（a）元件属性对话框　　（b）目录编辑器

图 B.18　设置半导体器件的型号

② 对于三极管，如果需要人为设定其 β 值，建议将类型选为“!NPN”或“!PNP”，然后在参数列表中修改“Forward beta”值，默认为 200。

③ 理想运放和实际运放的区别，前者不需要连接电源线，后者需要。

4. 测量器件

Tina Pro 提供了丰富的测量器件，它们位于【仪表】元件库中。对于模电课程学习，需要用到的测量器件如图 B.19 所示。

图 B.19　常用测量器件

① 电压指针用于测量节点电压，故只有一个连接点，使用时该连接点与被测点相连。

② 伏特表、电压箭头用于测量电压，使用时与被测电路并联。

③ 安培表、电流箭头用于测量电流，使用时与被测电路串联。

④ 示波器，用于观察实时波形。

⑤ 万用表，用于实时测量电压、电流或电阻。

5. 特殊器件

跨接线，位于【特殊】元件库中，用于连接远距离的元件或节点，但不需要直接的电线连接，而是通过网络标签进行匹配，相同标签即表连接关系。这样做能够使电路的布局更加简洁，避免因连线过多过长而造成混乱。例如，在如图 B.20 所示的电路中，两个 J1 点之间相当于已经用导线连接好了。至于跨接线的标签文本，可以在其属性对话框的“标签”栏中设置。

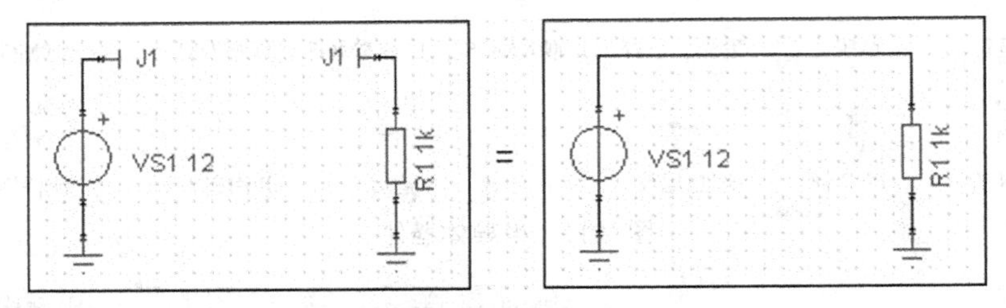

图 B.20　跨接线的使用

T 文字，位于快捷工具栏上，单击该按钮后会打开一个文字对话框，如图 B.21 所示，编辑好文本信息后，单击【确定】按钮便可将文本信息插入到工作区，其位置可以任意设定。

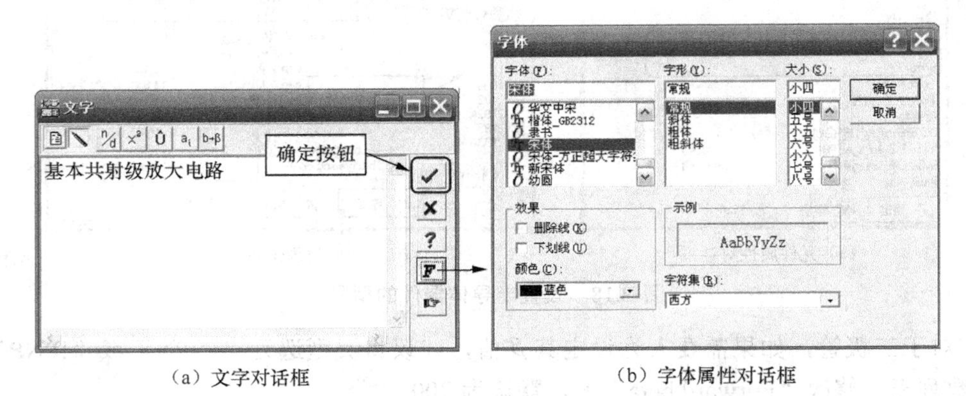

（a）文字对话框　（b）字体属性对话框

图 B.21　插入文本信息

B.1.4　仿真基础

Tina Pro 支持电路的实时仿真和仿真分析。进行实时仿真需要用到【交互模式开关】，而进行仿真分析需要用到【分析】菜单。

1. 交互模式开关

交互模式开关位于快捷工具栏上，如图 B.22 所示。这是一个下拉按钮，其中包含：

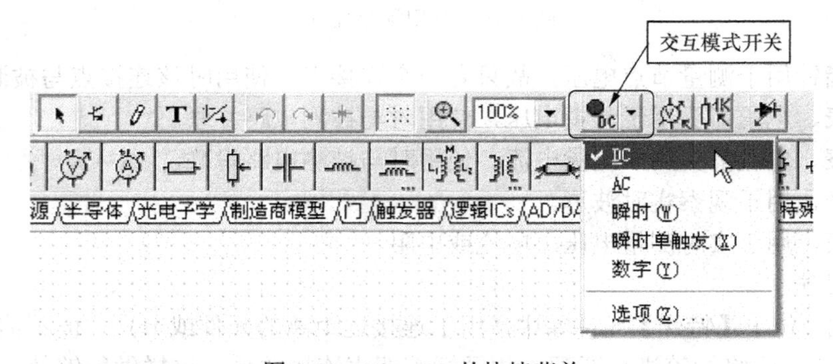

图 B.22　Tina Pro 的快捷菜单

① DC，用于进行实时的直流仿真；

② AC，用于进行实时的交流仿真；

③ 瞬时，用于进行实时的瞬时仿真；

④ 数字，用于进行实时的数字仿真。

2. DC 分析

DC 分析菜单，如图 B.23 所示。

① 计算节点电压，用于计算电路中相关节点的直流电压值。

② DC 结果表，用于计算电路中的全部直流电压值和直流电流值，并以列表方式显示。

③ DC 传输特性，用于计算直流输出电压与直流输入电压的变换关系，并绘制相应曲线。

④ 温度分析，用于测试电路在不同温度下的工作特性。

3. AC 分析

AC 分析菜单，如图 B.24 所示。

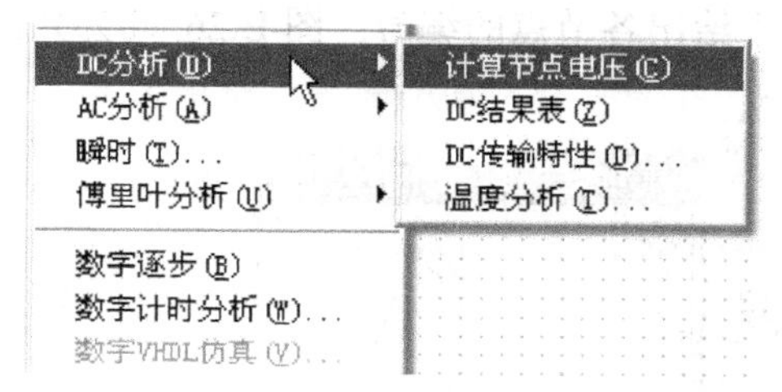

图 B.23　DC 分析菜单

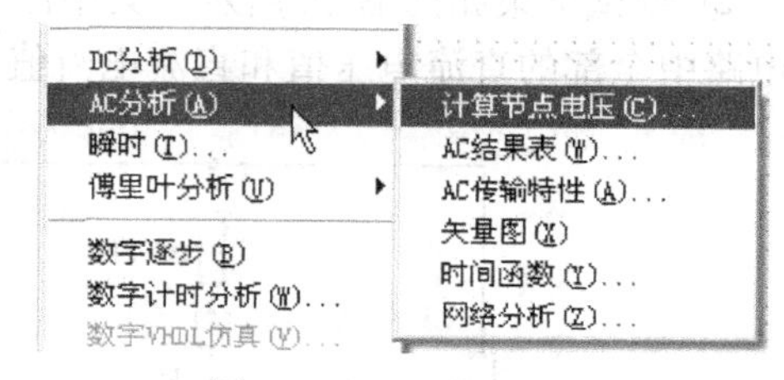

图 B.24　AC 分析菜单

① 计算节点电压，用于计算电路中相关节点的交流电压值。

② AC 结果表，用于计算电路中的全部交流电压值和交流电流值，并以列表方式显示。

③ AC 传输特性，用于计算电路增益随频率的变换关系，并绘制相应的幅频和相频曲线。

④ 矢量图，用于正弦稳态电路的相量图分析。

⑤ 时间函数，用于得到正弦稳态电路的时域波形。

⑥ 网络分析，用于测量网络参数。

4. 瞬时分析

瞬时分析用于绘制电路输入输出的时域波形，对于模电课程学习非常重要。

B.2　应用举例

1. 测试直流值

【例 B.1】　使用“DC 交互模式”测试电路的静态值，具体操作步骤如下。

① 按照如图 B.25（a）所示建立电路模型并设置元件参数，其中，① 三极管的型号设为 BF420；② V_b 和 V_c 为基极电位和集电极电位测试指针，I_b 和 I_c 为基极电流和集电极电流测试箭头。

② 在快捷工具栏上选择“DC 交互模式”并按下该开关按钮，其上的指示灯显示绿色。

③ 此时电路预设测试点的旁边将显示相应的直流电压值或直流电流值，如图 B.25（b）所示。

【例 B.2】　使用“DC 结果表”测试电路的静态值，具体操作步骤如下。

① 仍然采用如图 B.25（a）所示电路，选择【分析\DC 分析\DC 结果表】菜单项。

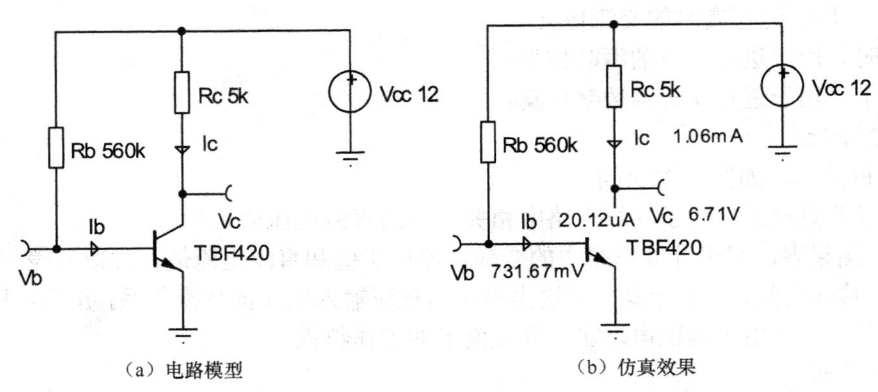

（a）电路模型　　　　（b）仿真效果

图 B.25　例 B.1 图

② 测试结果如图 B.26 所示。其中图 B.26（a）中给出各节点的编号；图 B.26（b）列出了电路中全部的直流电压值和直流电流值。

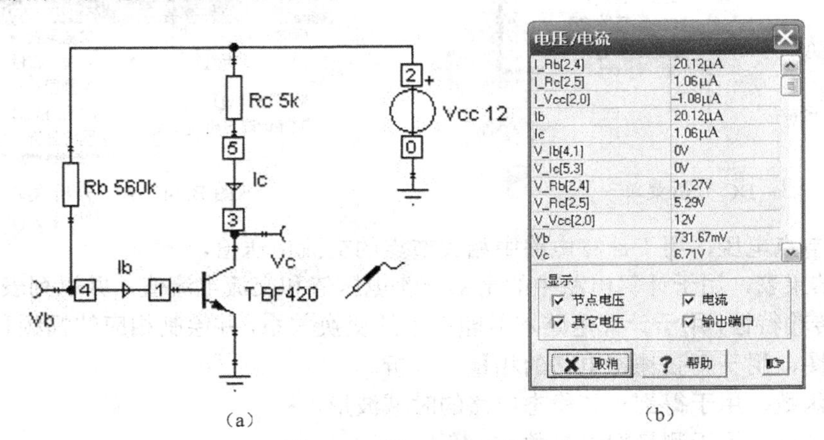

（a）　　　　（b）

图 B.26　例 B.2 测试结果

③ 此时鼠标指针变为一只测试笔，如果需要增加测试点，用笔尖单击便可。

2. 测试特性曲线

【例 B.3】　使用“DC 传输特性”测试二极管的伏安特性，具体操作步骤如下。

① 按如图 B.27 所示建立电路模型并设置元件参数。其中，电压源的名称（标签）为“VS1”，二极管 D 的型号设为“1N4001”。

② 选择【分析\DC 分析\DC 传输特性】菜单项，打开“DC 传输特性”对话框，如图 B.28 所示。

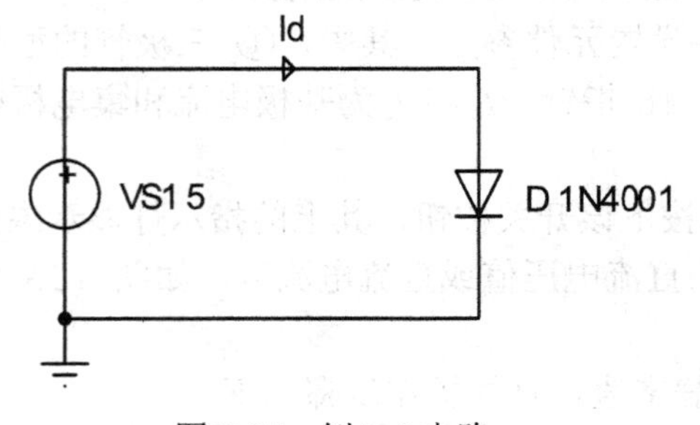

图 B.27　例 B.3 电路

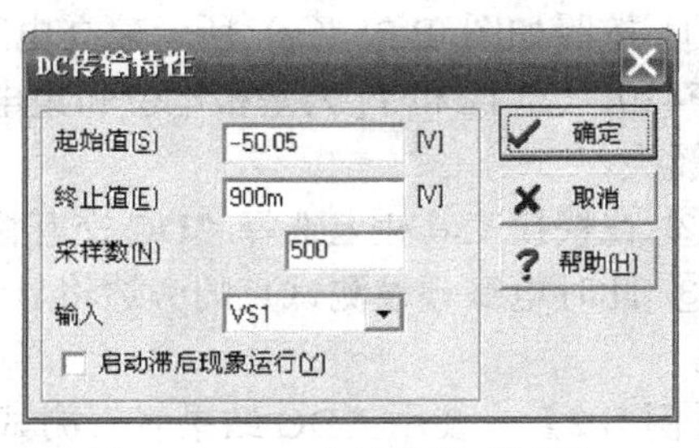

图 B.28　DC 传输特性对话框

③ 在当前对话框中，首先选择输入对象为“VS1”，然后将起始值设为“−50.05”[V]，终止值设为“900m”[V]，采样数为“500”。说明：① 考虑到二极管 1N4001 的击穿电压为−50V，故输入电压的起始值设为−50.05V，开启电压为 0.5V 左右，故终止值设为 900mV；② 采样数设得越大，绘制的曲线越平滑，但消耗的资源也越多，建议合理设置。

④ 单击【确定】按钮，便可得到如图 B.29（a）所示伏安特性曲线。

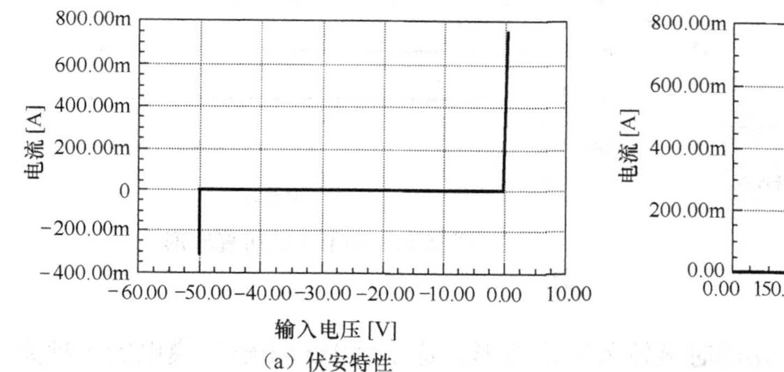

（a）伏安特性

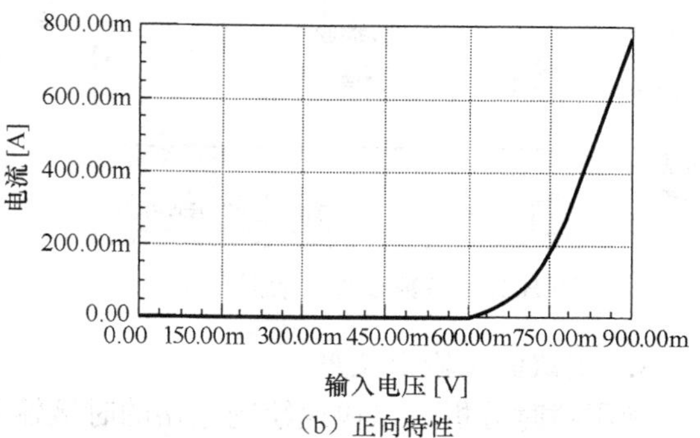

（b）正向特性

图 B.29　例 B.3 仿真结果

⑤ 如果将起始值设置为“0”，则可以得到二极管 1N4001 的正向特性，如图 B.29（b）所示。

【例 B.4】　使用“DC 传输特性”测试三极管的输出特性，具体操作步骤如下。

① 按如图 B.30 所示建立电路模型并设置元件参数。其中，电流源的名称（标签）为“Ib”，三极管 T1 的型号设为“!NPN”，安培表的名称设为“Ic”。

② 单击快捷工具栏上的（选择控制对象）按钮，鼠标指针变成，将指针移到电流源 Ib 上单击一下，打开其属性对话框，如图 B.31 所示。

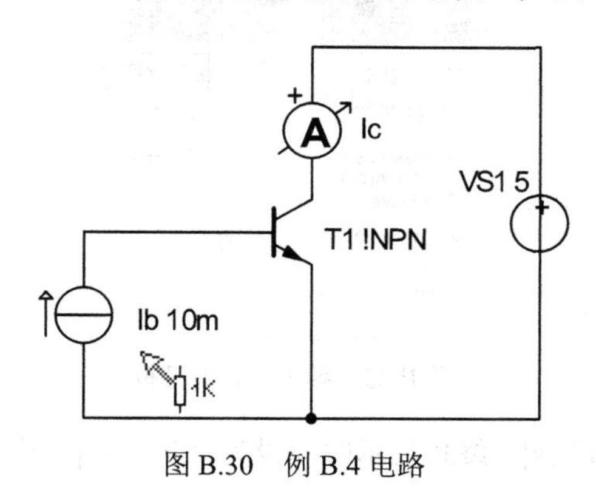

图 B.30　例 B.4 电路

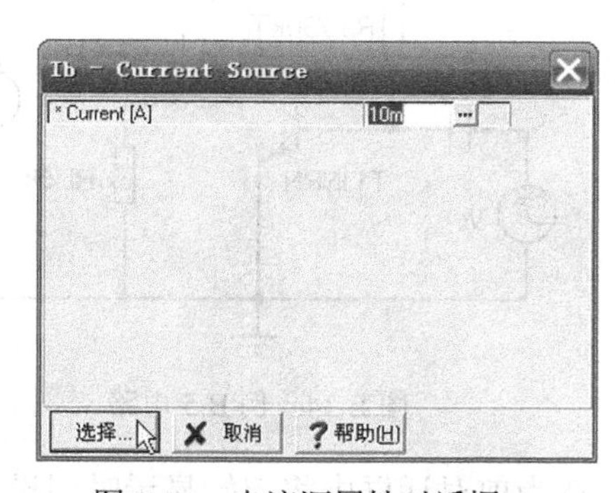

图 B.31　电流源属性对话框

③ 在当前对话框中单击【选择】按钮，打开参数设置对话框，如图 B.32 所示。

④ 在当前对话框的“参数步进”面板中将起始值设为“0”，终止值设为“20u”，情形数设为“5”。这些设置的含义是让 I_b 电流从 0 变化到 20μA，共分 5 个等级，即让 I_b 电流分别等于 0μA、5μA、10μA、15μA、20μA，以便在这些情况下分别测试 I_c 随 Vce 的变化规律，即输出特性。完成后单击【确定】按钮关闭当前对话框。

⑤ 选择【分析\DC 分析\DC 传输特性】菜单项，打开“DC 传输特性”对话框，先将输入对象选为“VS1”，然后将起始值、终止值和采样数分别设为“0”[V]、“20”[V]和“100”。

完成后单击【确定】按钮，得到如图 B.33 所示的输出特性，从下向上，I_b 分别为 0μA、5μA、10μA、15μA 和 20μA。

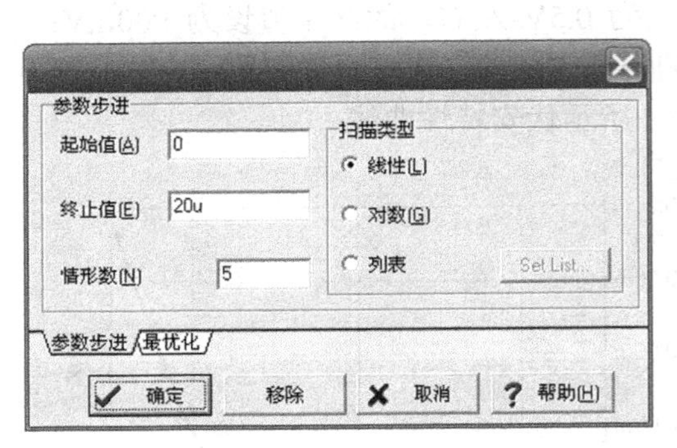

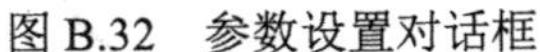
图 B.32 参数设置对话框

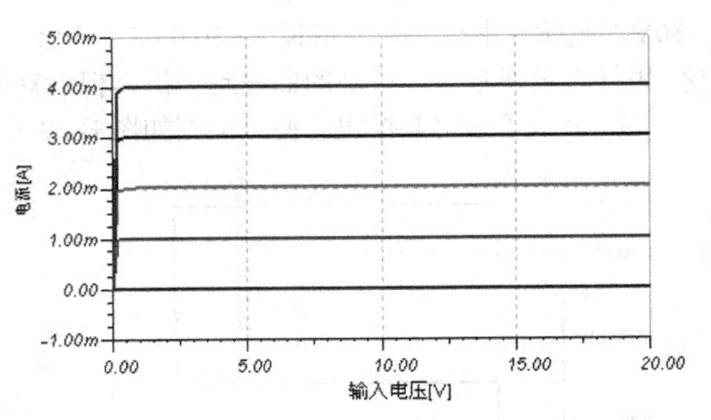

图 B.33 例 B.4 的仿真波形

3. 测试输入输出波形

利用瞬时分析可以快速绘制电路的时域输入输出波形，这个功能对于学习模电的各种典型电路非常有帮助——基于直观的输入输出波形，能够更好地理解电路的工作原理。

【例 B.5】 绘制三极管基本共射放大电路的输入输出波形，具体操作步骤如下。

① 按照 B.34 所示建立电路模型并设置元件参数。其中，三极管 T1 设为“!NPN”，并将其 Forward beta 参数设为 50；电压发生器 V_i 设为 1mV、50Hz、初相位为 0 的正弦交流信号；电压源 V_{cc} 的输出电压为 12V；V_o 为电压指针，用于测试输出电压。

② 选择【分析\瞬时…】菜单项，打开“瞬时分析”对话框，如图 B.35 所示。

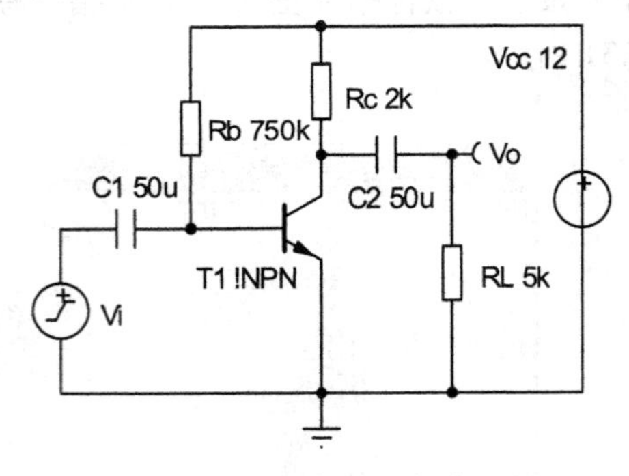

图 B.34 例 B.5 电路

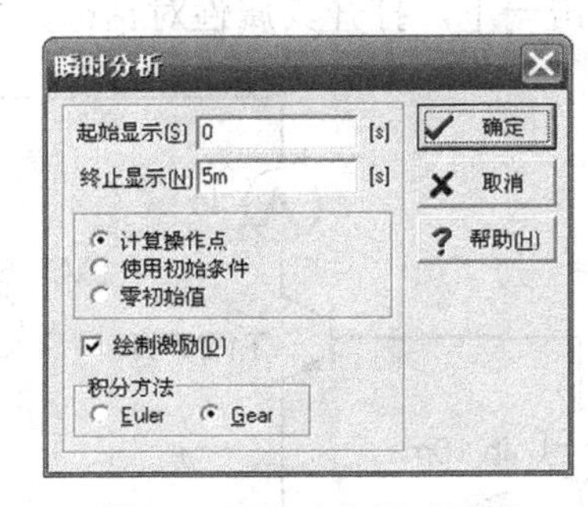

图 B.35 瞬时分析对话框

③ 在当前对话框中将起始显示时间设为“0”[s]，终止显示时间设为“5m”[s]，其他选项不变，完成后单击【确定】按钮。

④ 得到的电压波形如图 B.36 所示，幅值大的是输出波形 V_o，幅值小的是输入波形 V_i，显然输出与输入之间存在同频反相的关系。

⑤ 测试幅值关系。在波形窗口中，先单击工具栏上的（a 指针），然后在输入波形上单击一下，会出现如图 B.37 所示的辅助测试线，用鼠标拖动辅助测试线上方的标记，可使测试线在选中波形上滑动，同时相关数据会显示在一个小窗口中，“x”是横坐标，“y”是纵坐标。这里使 a 指针移动到输入波形最高点；用相同方法使用 b 指针测试输出波形，并移动到最高点。此时数据窗口会显示 a、b 指针测试到的结果，包括横纵坐标的差值。

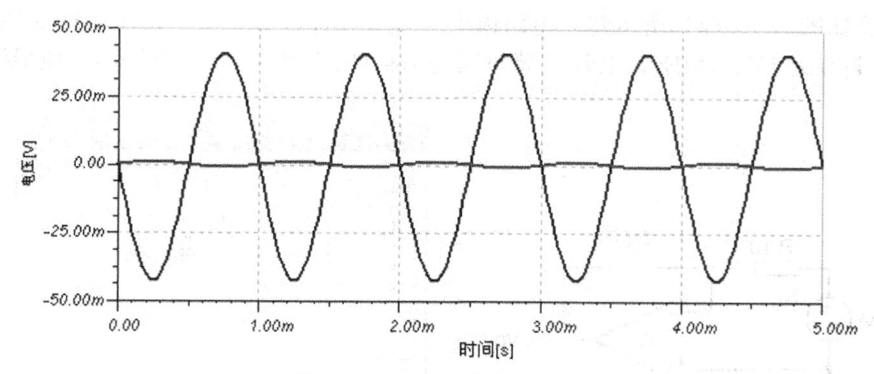

图 B.36 例 B.5 的仿真波形

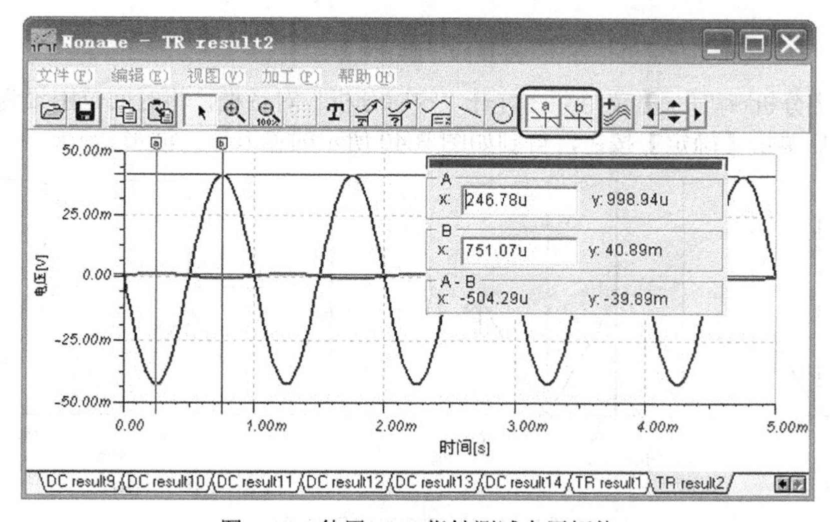

图 B.37 使用 a、b 指针测试电压幅值

⑥ 分离波形。如果同时绘制的波形较多，重叠在一起会相互干扰，不易看清楚，这时可以在当前窗口中选择【视图\分离曲线】菜单项，以获得如图 B.38 所示的效果。

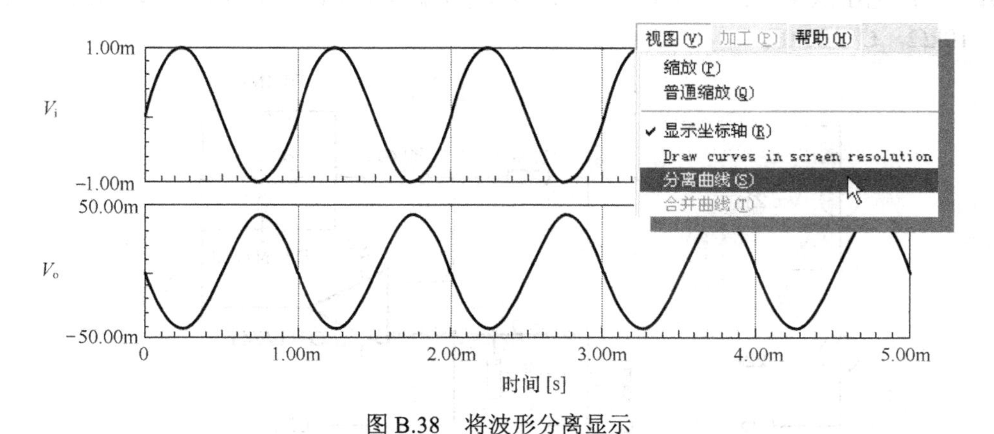

图 B.38 将波形分离显示

【例 B.6】 绘制积分电路的输入输出波形，具体操作步骤如下。

① 按照如图 B.39（a）所示建立电路模型并设置元件参数。其中，A 为理想集成运放；电压发生器 V_i 设为 1V、1MHz、上升/下降时间为 1ns 的方波信号，具体设置界面如图 B.39（b）所示。

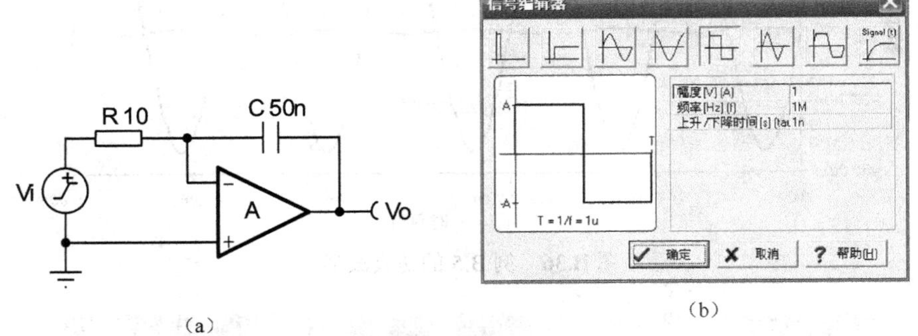

（a）　　（b）

图 B.39　例 B.6 图

② 选择【分析\瞬时...】菜单项，打开“瞬时分析”对话框，将时间范围设为“0”[s]～“3u”[s]，然后单击【确定】按钮，得到如图 B.40 所示的输入输出波形。

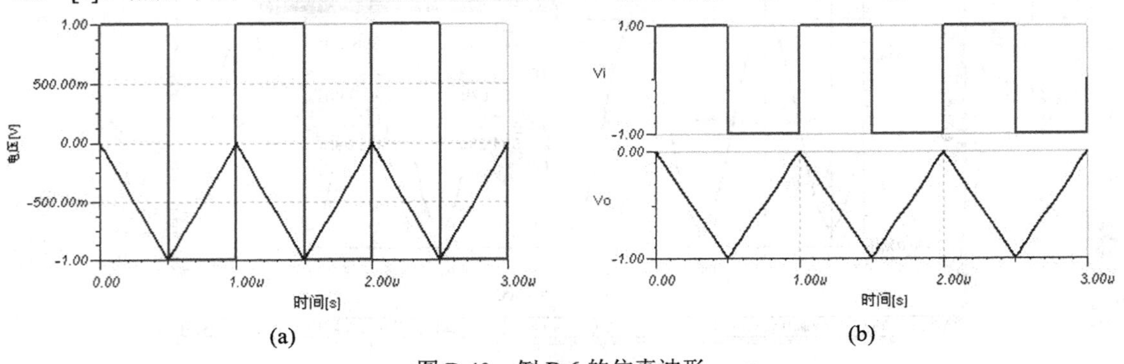

(a)　　(b)

图 B.40　例 B.6 的仿真波形

【例 B.7】　绘制 RC 桥式振荡电路的输出波形，具体操作步骤如下。

① 按照如图 B.41 所示建立电路模型并设置元件参数。其中，OP1 为实际运放，其型号为“uA741”；电压源 V_{CC} 输出电压 22V，跨接线 J1 输出+22V，J2 输出−22V；RC 选频网路的中 R=10kΩ，C=100nF。

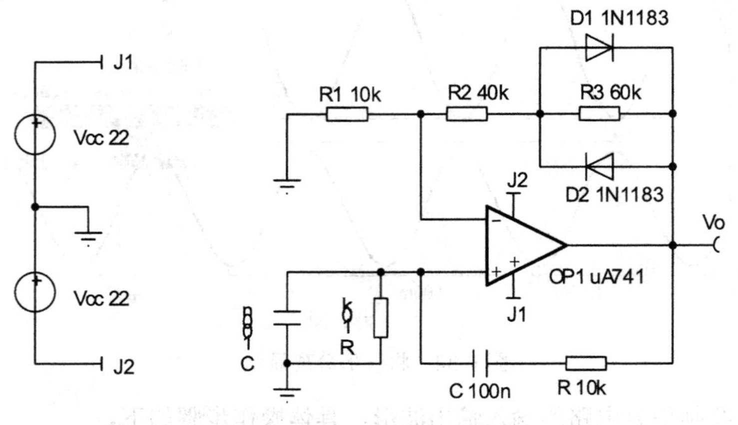

图 B.41　例 B.7 电路

② 单击快捷工具栏上的按钮，设置电阻 R_1 的参数变化范围为“10k”[Ω]～“30k”[Ω]，情形数为“3”。

③ 选择【分析\瞬时…】菜单项，打开“瞬时分析”对话框，将时间范围设为“0”[s]～“100m”[s]，并选择“使用初始条件”单选项，然后单击【确定】按钮，得到如图 B.42 所示的输出波形，从上至下电阻 R_1 分别为 10kΩ、20kΩ和 30kΩ。

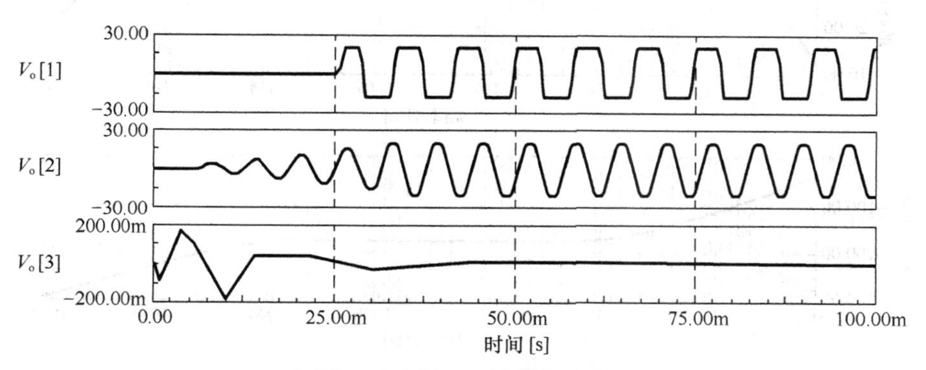

图 B.42　例 B.7 的仿真波形

对于 RC 桥式振荡电路来说，基本放大器的增益与电阻 R_1 成反比，R_1 越小增益越大，电路越容易起振。因此：① R_1 为 10kΩ时，电路产生振荡，但增益太大，导致输出波形因运放饱和而失真，可以近似看成方波信号；② R_1 为 20kΩ时，电路产生振荡，且增益合适，输出波形基本为正弦波；③ 而 R_1 为 30kΩ，因增益过小，电路不能产生振荡。

4. 测试频率特性

利用 AC 传输特性来分析电路，可以得到电路的频率特性。

【例 B.8】 测试基本共射极放大电路的频率特性，具体操作步骤如下。

① 按照如图 B.43 所示建立电路模型并设置元件参数。其中，三极管 VT_1 的型号为“BF420”；电压发生器 V_i 设为 1mV、50Hz、初相位为 0 的正弦交流信号；电压源 V_{CC} 的输出电压为 12V；V_o 为电压指针，用于测试输出电压。

② 选择【分析\AC 分析\AC 传输特性】菜单项，打开“AC 传输特性”对话框，如图 B.44 所示。

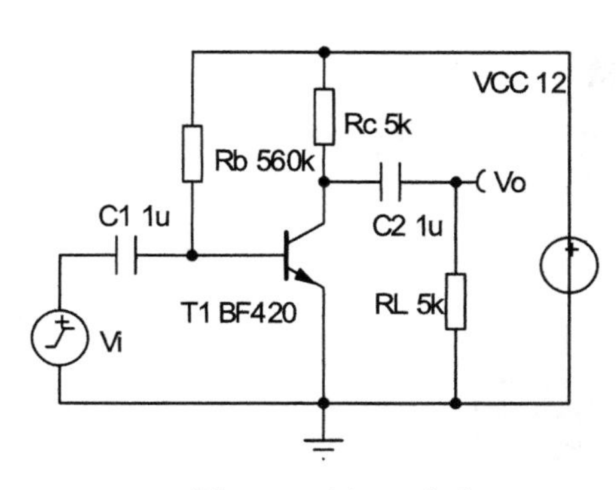

图 B.43　例 B.8 电路

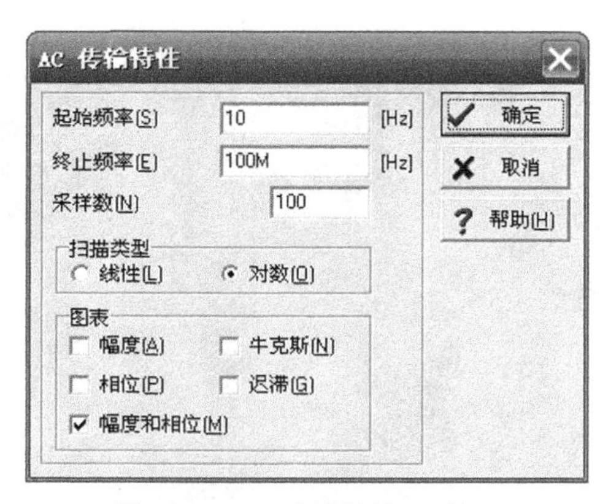

图 B.44　AC 传输特性对话框

③ 在当前对话框中将起始频率设为“10”[Hz]，终止频率设为“100M”[Hz]，采样数设为“100”，完成后单击【确定】按钮，得到如图 B.45 所示的频率特性，上面的是幅频特性，下面的是相频特性。

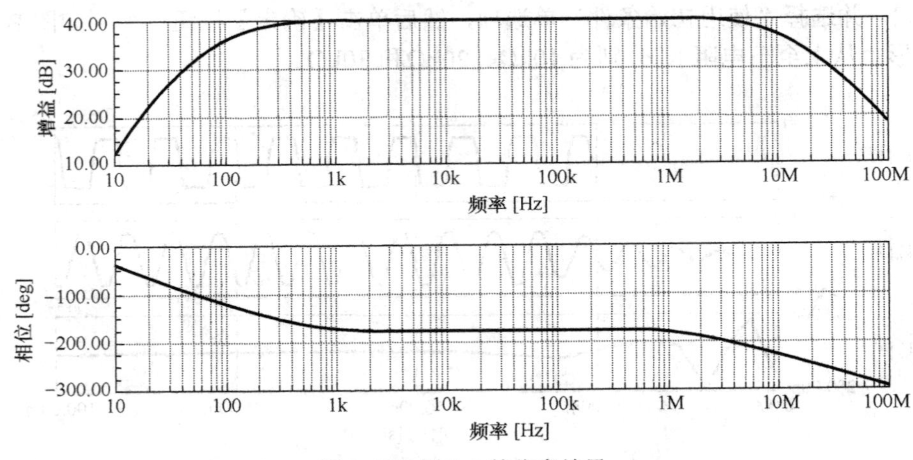

图 B.45　例 B.8 的仿真结果